Jahrbuch der
Geographischen Gesellschaft Bern
Band 59 / 1994–1996

UMWELT MENSCH GEBIRGE
Festschrift Bruno Messerli

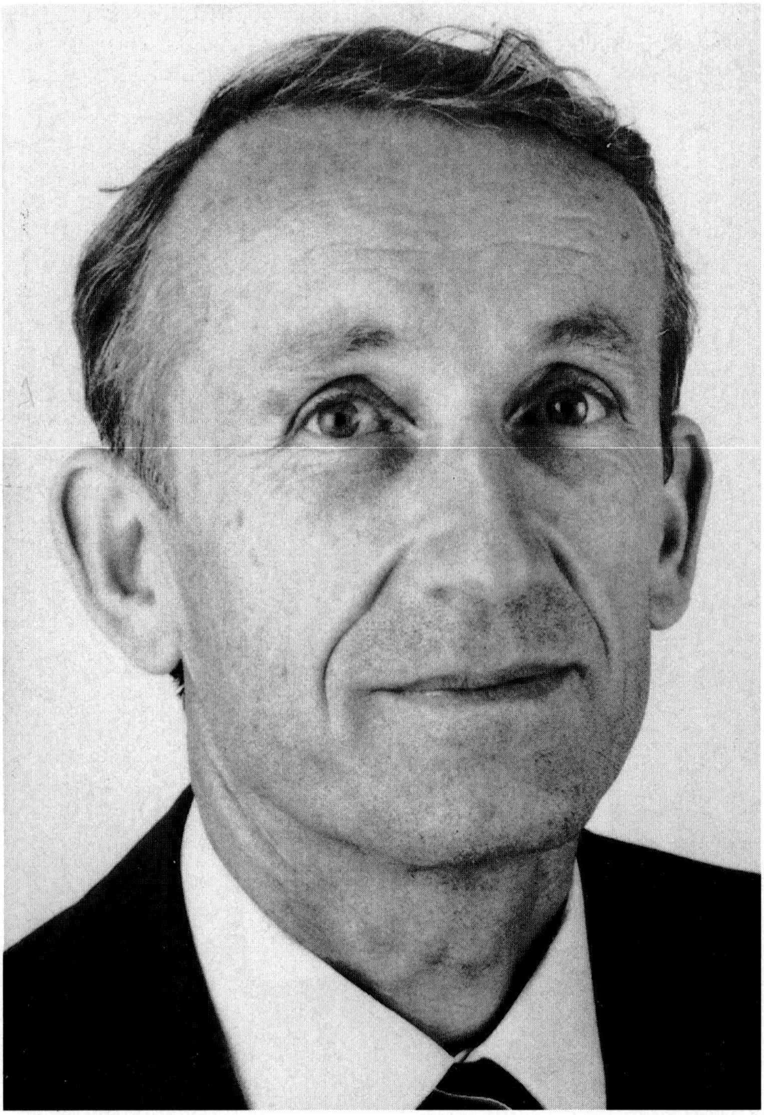

Jahrbuch der Geographischen Gesellschaft Bern
Band 59/1994–1996

Umwelt Mensch Gebirge

Beiträge zur Dynamik von Natur- und Lebensraum

Festschrift für Bruno Messerli
zum 65. Geburtstag, 17. September 1996

Gewidmet von der Geographischen Gesellschaft Bern,
von Kollegen, Mitarbeitern, Schülern und Freunden

Herausgegeben von
Hans Hurni, Hans Kienholz, Heinz Wanner und
Urs Wiesmann

Redaktion: Michael Schorer

Das vorliegende Jahrbuch wurde publiziert mit Unterstützung
des Geographischen Instituts der Universität Bern
der Arbeitsgemeinschaft Geographica Bernensia

Die Geographische Gesellschaft Bern dankt diesen Institutionen für die Mitfinanzierung.

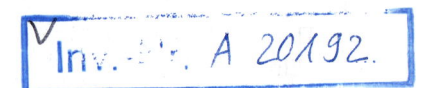

Herausgeber:	Geographische Gesellschaft Bern
Redaktionsbeirat:	Martin Grosjean, Hans Hurni, Hans Kienholz, Heinz Wanner, Urs Wiesmann
Redaktion:	Michael Schorer
Satz, Druck, Gestaltung:	Lang Druck AG, Liebefeld/Bern
Einband:	Werner Rolli AG, Bern
Erscheinen:	Das «Jahrbuch der Geographischen Gesellschaft Bern» erscheint in der Regel alle zwei Jahre, die «Berner Geographischen Mitteilungen» jährlich.
Preis:	Verkaufspreis im Buchhandel Fr. 60.–. Für die Mitglieder der Geographischen Gesellschaft Bern ist der Bezugspreis im Jahresbeitrag inbegriffen.
Auslieferung:	Geographische Gesellschaft Bern Hallerstrasse 12, CH–3012 Bern Fax: +41 31 631 85 11

© 1996 Geographische Gesellschaft Bern

ISBN 3–9520124–2–4
Printed in Switzerland

Umschlag: Laguna und Cerro Miscanti in der Atacama-Wüste Nordchiles: Der Schauplatz von acht Jahren wissenschaftlicher Arbeit von Bruno Messerli – die Erfüllung eines alten Forschungstraums. (Foto: Martin Grosjean)
Der Nachweis der Fotos erfolgt in den Abbildungslegenden.

Inhalt

Zum Geleit	7
Bruno Messerli als Mensch, Forscher und Lehrer	9
Ein Berufsleben für die Geographie – Publikationen von Bruno Messerli	17
HOFFMANN, Th. und MANSHARD, W.: Migrationsmuster der Sherpas im Wandel unter dem Einfluss globaler Entwicklungen	27
HOFER, Th., WEINGARTNER, R., DUTT, R., ESCHER, F., GROSJEAN, M., GUNTERSWEILER, R., HOLZER, Th., HOSSAIN, T., LIECHTI, R., SCHNEIDER, B. und ZUMSTEIN, S.: Zur Komplexität der Überschwemmungen in Bangladesh – Mit Bruno Messerli vom «Tiger Hill» (Darjeeling Himalaya) zum «Tiger Point» (Golf von Bengalen)	37
MUKERJI, A.B.: Traditional Domestic Fuel in Rural Himachal Himalaya: a Culture-ecological Understanding	49
WINIGER, M.: Karakorum im Wandel – Ein methodischer Beitrag zur Erfassung der Landschaftsdynamik in Hochgebirgen	59
SCHREIER, H. and WYMANN VON DACH, S.: Understanding Himalayan Processes: Shedding Light on the Dilemma	75
HURNI, H., KLAEY, A., KOHLER, Th. and WIESMANN, U.: Development and the Environment: a Social and Scientific Challenge	85
ROMERO, H. and RIVERA, A.: Global Changes and Unsustainable Development in the Andes of Northern Chile	103
GROSJEAN, M., AMMANN, C., EGLI, W., GEYH, M.A., JENNY, B., KAMMER, K., KULL, Ch., SCHOTTERER, U. und VUILLE, M.: Klimaforschung am Llullaillaco (Nordchile) – zwischen Pollenkörnern und globaler Zirkulation	111
IVES, J.D.: Glacier and Climate Reconstruction in Southeast Iceland During the Last Two Millennia: a Reconnaissance	123
FURRER, G.: Fossiles Holz und Paläogeographie	133
PFISTER, Ch.: Häufig, selten oder nie – Zur Wiederkehrperiode der grossräumigen Überschwemmungen im Schweizer Alpenraum seit 1500	139
ZUMBÜHL, H.: Die Gletscherzeichnungen Samuel Birmanns aus den Jahren 1814–1835	149
BADENKOV, Y. and MERZLIAKOVA, I.: Natural Hazards in Mountains: Their Impact on the Regional Development Trends	165
MESSERLI, P. und WIESMANN, U.: Nachhaltige Tourismusentwicklung in den Alpen – die Überwindung des Dilemmas zwischen Wachsen und Erhalten	175

JEANNERET, F.: Phänologie in einem Querschnitt durch Jura, Mittelland und Alpen – Ein Beitrag zu Umweltmonitoring und Gebirgsklimatologie 195

WANNER, H., BAUMGARTNER, M., NEU, U., PEREGO, S. und SIEGENTHALER, R.: «Pollumet» - eine Sommersmogstudie als Basis für die Optimierung von Luftreinhaltestrategien (Schweizer Mittelland) 205

GERMANN, P.: Highland–Lowland Interactions und der Stickstoffkreislauf – Vom Toggenburg, vom Hohen Atlas, von Kenia und dem Bielersee 223

AERNI, K.: Bremgarten bei Bern – Die Umsetzung raumplanerischer und ökologischer Anliegen in den Ortsplanungen 1964 bis 1995 233

KIENHOLZ, H., WEINGARTNER, R. und HEGG, Ch.: Prozesse in Wildbächen – Ein Beitrag zur Hochgebirgsforschung 249

BARSCH, D.: Aktive Blockgletscher: Bewegung und Prozessverständnis 263

HEUBERGER, H.: Das Ereignis von Köfels im Ötztal (Tirol) und Sintflut-Impakt-Hypothese 271

Zum Geleit

Wer einen Sachverhalt durchgedacht und begriffen hat, besagt die Erfahrung, ist in der Lage, diesen auch in verständliche Worte zu kleiden. Bruno Messerli, den wir mit dieser Festschrift ehren, besitzt diese Fähigkeit in hohem Masse. Er war einer der ersten, die erkannt haben, dass die Wissenschaft, wenn sie gesellschaftliche Wirkung haben will, aus den heiligen Tempeln der *Academia* ausbrechen und den Kontakt zur Öffentlichkeit suchen muss.

Der vorliegende Band 59 in der Reihe der Jahrbücher der Geographischen Gesellschaft Bern will dazu einen Beitrag leisten. Er dokumentiert Bruno Messerlis breites Wirken als Forscher und Lehrer. Der Bogen der Texte spannt sich über vier Kontinente und führt die verschiedensten Naturräume und Kulturen zu einem vielfältigen Bild unserer Erde zusammen. Es waren die ersten Astronauten auf dem Mond, die von dort aus bestätigten, dass der blaue Planet mit seinem zarten Atmosphärenschleier nur eine kleine, beschränkte Welt ist – und zudem die einzige, die wir haben.

Bruno Messerli wurde nie müde, seine Zuhörer und Leser an diesen Umstand zu erinnern. Inmitten globaler Disharmonie gehört er zu jenen, die schon früh vor unbeschränktem Wachstumsglauben warnten. Die von ihm mitgeprägte Erkenntnis, dass die Menschheit eine unauflösbare Schicksalsgemeinschaft bildet, wurde zwar an den internationalen Konferenzen über Entwicklung und Umwelt aufgenommen, doch dominiert immer noch das «Business as usual».

Und doch: In seinem erstrangigen Wirkungskreis, der Wissenschaft, hat Bruno Messerli Bewegung geschaffen. Seine zäh erhobene Forderung, angesichts der anstehenden globalen Fragen die Grenzen zwischen den Wissensbereichen aufzubrechen und die Länder des Südens in die wissenschaftliche Gemeinschaft einzubeziehen, wird heute Ernst genommen und trägt erste Früchte. Es war – und ist – ein langer, mit viel Engagement geführter Kampf. Die Beiträge in diesem Buch bezeugen, dass er nicht vergeblich war.

Die persönlichen Worte, die von den Autoren dieser Schrift ihren Beiträgen beigefügt wurden, führen uns zu den Gründen für dieses Gelingen. Bruno Messerli ist nicht nur ein ausgezeichneter Forscher und Lehrer – sein hervorragendes Talent besteht in seiner Fähigkeit, andere Menschen für eine Aufgabe zu motivieren. Er hat immer wieder den persönlichen Zugang zu seinen Kollegen, Mitarbeitern und Schülern gefunden und mit seiner Begeisterung und seinem unkomplizierten Wesen andere angesteckt. Wer mit ihm beruflich oder freundschaftlich verbunden ist, weiss um den Wert eines solches Vorbilds.

Dafür sind wir Bruno Messerli dankbar.

Bern, im Juni 1996 *Michael Schorer*

Dank

Eine Festschrift wie die vorliegende kann ohne die Hilfe einer grosser Zahl von Mitarbeitern vor und hinter den Kulissen nicht entstehen. Die Herausgeber danken in erster Linie den Autoren für ihre Beiträge. Der Dank geht aber auch an Andreas Brodbeck, der einige der Karten und Figuren gezeichnet hat, sowie an Francesca Escher und Martin Grosjean, die in der Endphase der Buchproduktion wertvolle Unterstützung leisteten.

Bruno Messerli
als Mensch, Forscher und Lehrer

Als junge Geographiestudenten der 68er Generation wurde uns zunächst von den beiden «Altmeistern» und Professoren Georges Grosjean und Fritz Gygax der Stempel aufgedrückt. Begeisterung für unser Fach wurde uns aber auch von einem jugendlichen und hageren Privatdozenten eingeimpft, welcher uns mit wachen Augen, klarer Sprache und farbigem Anschauungsmaterial die Geographie der Tropen und Subtropen und die damit verbundenen Probleme der Entwicklungsländer in unvergesslicher Form näher brachte: Bruno Messerli.

Bruno Messerli ist eine Persönlichkeit von ausserordentlicher Strahlungskraft. Wo er auftaucht, sei es im Hausgang, im Hörsaal, beim Kaffee, an Kongressen oder irgendwo auf einem Berggipfel, einer Moräne oder einer Gletscherzunge, erfüllt er die Umgebung mit jener schwer zu definierenden Aura, die oft dazu beigetragen hat, mehr Arbeiten, Publikationen, Kurse oder neue Projekte und Ideen ins Auge zu fassen, als eigentlich aufwand- und kräftemässig möglich erschien!

Bruno Messerli, heimatberechtigt in Längenbühl, ist ein Gürbetaler: Als Sohn eines Stationsbeamten der Gürbetalbahn wurde er am 17. September 1931 in Belp geboren. Zusammen mit seinem Bruder Max wuchs er zwischen Belp und Bern auf und besuchte die dortigen Schulen. Ein Foto zeigt den jungen Bruno Messerli als Schüler der ersten Klasse.

Bruno Messerli:
Schulfoto der 1. Klasse (1938).

Bruno Messerli im Alter von 20 Jahren auf dem Gipfel der Jungfrau (1951).

Die junge Familie von Bruno Messerli wohnte kurze Zeit in Ostermundigen, dann wohl einige Jahre in Bremgarten, nördlich von Bern, doch 1980 zog es Bruno Messerli mit seiner Frau Béatrice, den Töchtern Regula und Christine sowie den beiden Söhnen Jan und Peter zurück nach Zimmerwald, von wo der weite Blick aufs Gürbetal und auf die Berner Alpen frei wird.

1951 erwarb Bruno Messerli am Berner Gymnasium Kirchenfeld die Matura Typus D. Seine mit Leichtigkeit erworbenen Sprachkenntnisse, verbunden mit seiner Kommunikationsfreudigkeit, haben ihm später Türen und Tore zu seinen Expeditionen in alle Teile der Erde geöffnet.

Hochgebirge und Gletscher haben Bruno Messerli bereits früh fasziniert. Er verband damit Freude und Genugtuung an grossen physischen Leistungen, eine Eigenschaft, die ihn in seinem Leben als Gebirgsforscher, Sportler und Offizier stets begleitet hat. Ein Foto zeigt den Zwanzigjährigen auf dem Gipfel der Jungfrau.

Nach der Matura entschloss sich Bruno Messerli für das Sekundarlehrerstudium mit den Fächern Deutsch, Französisch, Geschichte und Geographie. 1956 erwarb er das Patent und schloss 1960 das Höhere Lehramt mit dem Hauptfach Geographie sowie den Nebenfächern Geschichte und Geologie ab. Aus dieser Fächerwahl spricht neben seiner Liebe zur Geographie auch seine Bindung zu Fremdsprachen, sowie seine Freude an Geologie und Geschichte. Lebensentscheidend war wohl seine private Liebe zu einer Geographin: Seine Gattin Béatrice hat nicht nur während seiner oft langen Auslandabwesenheiten als ruhender Pol der Familie gewirkt, sie hat mit ihrem welschen Charme stets seine Begeisterung für das Fach geteilt und ihn – teils hochschwanger – gelegentlich bei anstrengenden Feldaufenthalten im Ausland begleitet.

Bruno Messerlis Interesse für historische und kulturgeographische Zusammenhänge spricht auch aus seiner ersten wissenschaftlichen Arbeit zur Frage der ältesten gedruckten Schweizer Karte, die ihm den Seminarpreis des Faches Geschichte einbrachte. Sehr früh wandte er sich jedoch der Geomorphologie und der Klimageschichte zu. Er folgte dabei den Interessen seiner Vorgänger Eduard Brückner, Fritz Nussbaum und Fritz Gygax, und versuchte wie Brückner den Bogen weit, vergleichend und unter Einbezug kulturgeographischer Aspekte über den ganzen Globus zu spannen. Ab 1958 arbeitete Bruno Messerli in den einsamen Hochregionen der Sierra Nevada Andalusiens an seiner später auch in spanisch gedruckten Dissertation «Beiträge zur Geomorphologie der Sierra Nevada (Andalusien)», mit der er 1962 bei Fritz Gygax promovierte und sogleich zum Lektor für Länderkunde befördert wurde. Eine Äusserung in der Dissertation könnte stellvertretend für seine weiteren wissenschaftlichen Felduntersuchungen stehen: «Eigenes Zeltbiwak, in entfernten Tälern mit einem Maultier transportiert, genügend Vorräte, gesichert gegen Wetterumstürze und überraschende Kälteeinbrüche, war die einzige Arbeitsbasis.»

Die ausgezeichnete Dissertation eröffnete Bruno Messerli die Möglichkeit zu Kontakten mit Geomorphologen und Hochgebirgsforschern aus verschiedenen Ländern, und der Nationalfonds unterstützte ihn zwischen 1962 und 1964 bei seinen ausgedehnten Feldforschungen in Italien, Jugoslawien, Griechenland, der Türkei, im Liba-

Bruno Messerli bei einer Rast auf einer Hochfläche des Mouskorbé im Tibesti-Gebirge (1969).

non und in Nordafrika. Daraus resultierte 1965 die Habilitationsschrift mit dem Titel «Die eiszeitliche und die gegenwärtige Vergletscherung im Mittelmeergebiet», worauf ihm die *venia docendi* «für Geographie, insbesondere Morphologie» verliehen wurde. Bereits 1963 hatte ihn die philosophisch-naturwissenschaftliche Fakultät der Universität Bern für seine Arbeit «Klimatologische Probleme Anatoliens» mit einem ersten Preis bedacht.

Bruno Messerli war nun gänzlich vom Forschungsvirus angesteckt, beteiligte sich an Tagungen und Kongressen, wurde Humboldtstipendiat und bekam die grosse Chance, 1968 an der von Prof. Hövermann (damals Berlin) geleiteten Expedition ins Tibesti-Gebirge teilzunehmen, wo ihn ein zweiter Virus befiel, nämlich jener für die Hochgebirge, die Trockenräume und für die mit den dort lebenden Menschen verbundenen Entwicklungsprobleme der Erde. Das Photo zeigt den jungen Wissenschafter unterwegs im Tibesti-Gebirge der zentralen Sahara, wo er oft einsam und unter Aufbietung der letzten Kräfte die Feldaufnahmen vornahm.

Nach der Wahl von Bruno Messerli zum ausserordentlichen Professor konnten wir miterleben, wie er sich im Institut, bei Auslandbesuchen und an Kongressen neu zu orientieren begann. Oft lud er uns zu Gesprächen und Diskussionen bei ihm zu Hause oder irgendwo in der Abgeschiedenheit ein, wo wir dann über zukünftige Stossrichtungen diskutierten. Dabei hat Bruno Messerli immer wieder aufgezeigt, dass eine klassische Geomorphologie ohne Vernetzung mit Nachbardisziplinen und ohne Verbindung zur Praxis keine grosse Zukunft hat. Er hat uns Assistenten – darunter Hans Hurni, Daniel Indermühle, François Jeanneret, Hans Kienholz, Hans Mathys, Roland Maurer, Christian Pfister, Heinz Wanner, Matthias Winiger und Heinz Zumbühl – gefördert und in seinem Sinne gefordert, uns viel Spielraum gelassen und dabei auch viel Verantwortung übertragen. Neue Teildisziplinen unserer Forschung wie Naturgefahren, Fernerkundung, Klimageschichte, Gelände- und Stadtklimatologie, Luftverschmutzung und Entwicklungsländerstudien wurden damals neu angepackt oder zumindest stark weiterentwickelt.

Bruno Messerli brachte zusammen mit seinem Kollegen und Freund Klaus Aerni, der nur kurz nach ihm in den aktiven Ruhestand wechseln wird, viel frischen Wind in die neuen Institutsräume an der Hallerstrasse. Dori Florin hatte dann im Sekretariat grosse Berge von Manuskripten, Briefen und Tagungseinladungen zu bewältigen und oft mehrere Besucher gleichzeitig zu «beschäftigen». Georges Grosjean hat Bruno Messerlis Jahre des Aufschwungs in der Institutsgeschichte sehr schön beschrieben: «Mit seiner geistigen Überlegenheit und physischen Belastbarkeit, seiner Schaffenskraft, Zielstrebigkeit und Ausdauer, Gewandtheit in Wort und Schrift, Organisationstalent, Verhandlungsgeschick und der Fähigkeit, seine Begeisterung auf andere zu übertragen, hat sich Bruno Messerli in den siebziger Jahren national und international eine bedeutende Position geschaffen».

Bruno Messerli hat immer die Meinung vertreten, dass auch die geographische Forschung ihr erstes, starkes Standbein zu Hause haben muss. Er hat sich in den hiesigen Programmen, sei es in der Gletscher- und Klimageschichte, bei den Studien zu den Naturgefahren in den Alpen oder in den Klimaprojekten des Kantons und der Stadt Bern stark engagiert und sich vehement auch für eine Umsetzung der Ergebnisse in der Raumplanung eingesetzt. Bald zog es ihn auch wieder in die Ferne. Standen die 70er Jahre vor allem im Zeichen seiner Afrikaforschung, so kamen spä-

Feldaufenthalt in Kenia: Familienausflug zum Samburu-Park (1976).

ter der Himalaya und die Anden dazu. Vor allem mit Hans Hurni und Matthias Winiger wurden Projekte in den Hochgebirgen Aethiopiens und Kenias gestartet, die weit über naturwissenschaftliche Ansätze hinauszielten und Fragen der natürlichen Ressourcennutzung eng mit sozial- und geisteswissenschaftlichen Problemen der Bevölkerungsdynamik, der Ernährung und des nachhaltigen Wirtschaftens verbanden. Bruno Messerli wurde damit ein Anwalt der Entwicklungsländerproblematik, der bei Regierung, Verwaltung, Akademie und bei den Institutionen der Forschungsförderung immer wieder als Mahner auftrat.

Der Einstieg in die breite, interdisziplinäre Forschungslandschaft hat Bruno Messerli auch viele administrative Ämter gebracht. Oft ist er abgekämpft ins Institut zurückgekehrt, hat die Sinnfrage gestellt, hat sich gefragt, ob er dies alles noch schafft und am Schluss des Gesprächs freudig und mit Begeisterung von mehreren neuen Projekten, Tagungen und Feldeinsätzen berichtet, an denen sich das Institut nun integrativ beteiligen sollte! Neben der Institutsdirektion in den Jahren 1978–1983 diente er unter anderem der Geographischen Gesellschaft Bern und der Schweizerischen Naturforschenden Gesellschaft als Vizepräsident, war Präsident des schweizerischen MAB-Programms der UNESCO und versah das zeitraubende Amt als Forschungsrat des Nationalfonds.

Neben weiteren nationalen und internationalen Ämtern fand Bruno Messerli seine institutionelle Heimat vor allem in der International Geographical Union (IGU). Hier ist in erster Linie auf seine erfolgreiche Arbeit als Präsident der Commission on Mountain Geoecology (1980–1988) hinzuweisen. Sie hat ihn als Sachwalter der Entwicklungsländer und der Hochgebirgsregionen der Erde an die Konferenz von Rio gebracht. An der Spitze unserer Universität stand Bruno Messerli im Studienjahr 1986/1987. Für ihn, der trotz zeitweisem Fernweh seine Heimat, seine Familie, sein Institut und seine Universität über alles stellt, war es am 6. Dezember 1986 eine grosse Genugtuung, dass am *Dies Academicus* erstmals seit Eduard Brückner im Jahre 1899 wieder ein Geograph zur versammelten *Corona* sprechen durfte. Mit dem Thema «Universität und 'Um-Welt' 2000» nahm er die grosse Linie Brückners auf und zeichnete ein imposantes Gemälde der Umweltprobleme im Kleinen und im Grossen.

Kehren wir zurück zu Bruno Messerlis wissenschaftlicher Laufbahn. Nach kräfteraubenden Einsätzen im Institut wandte er sich 1976 in seinem ersten Forschungssemester den tropischen Hochgebirgen zu. Mit seiner Familie wohnte Bruno Messerli am östlichen Fuss des Mount Kenya (siehe Foto) und legte mit seinen Feldarbeiten nicht nur den Grundstein zu vergleichenden Betrachtungen der Ökologie und Klimageschichte unserer Erde, sondern lancierte zugleich auch die ausgedehnten Studien zur nachhaltigen Entwicklung des Raumes Mount Kenya.

Da die interdisziplinären Projekte oft einen Aufwand erforderten, der Bruno Messerlis Kräfte überstieg, verstand er es immer wieder, seine Mitarbeiter für die Forschungsvorhaben zu begeistern. Diese mussten dann rasch grosse Verantwortung übernehmen, und es soll hier nicht verschwiegen werden, dass wir ab und zu heimlich etwas fluchten, wenn wir in kurzer Zeit neben anderem noch zwei, drei zusätzliche Rucksäcke angehängt erhielten. In Aethiopien ist Hans Hurni eingestiegen. Das Kenia-Projekt haben Matthias Winiger (heute Ordinarius in Bonn), Hans Hurni und Urs Wiesmann «angeschnallt». Die Ende der 70er Jahre begonnen Arbeiten im Himalaya, die stark auf Landnutzung und Naturgefahren ausgerichtet sind, wurden und werden stark von Hans Kienholz und später auch von Rolf Weingartner geprägt.

Institutsdirektorium, MAB-Projekt, Rektorat und IGU hatten Bruno Messerli stark gefordert. Die Alpen, Aethiopien, Kenia und der Himalaya wurden deshalb bald von andern beackert. Die Zeitrechnung zeigte, dass bis zur Emeritierung noch eine Siebenjahresperiode vor ihm stand. Hatte der «Hochgebirgs-Weltenbummler» Bruno Messerli noch Träume? Er hatte sie, und wie! Seine Bemerkungen über die Anden, die Atacama und den Llullaillaco hatten seit einiger Zeit Aufbruchstimmung verkündet. Wieder war es ein Trockenraum und die Hochgebirge, die Bruno Messerli anzogen und in denen er Chancen zur Klärung offener Forschungsfragen witterte.

Seine alte 68er Assistentengarde hatte sich auf den Weg zum wissenschaftlichen Establishment gemacht, Dori Florin war in den Ruhestand getreten. Bruno Messerli fand nochmals die Energie, mit einer jungen Equipe südamerikanisches Neuland zu betreten und Forschungsgruppen aus verschiedenen Kontinenten in den Hochanden zu vereinen. Die Abbildung zeigt den Feldgeographen Bruno Messerli hinter einer Wand von Penitentes-Bildungen in den Anden. Martin Grosjean und

Bruno Messerli hinter einer Wand von Penitentes auf 4500 m Höhe in den Anden (1993; Foto Bettina Jenny).

Francesca Escher, die jugendliche Nachfolgerin Dori Florins im Sekretariat, bildeten den Nucleus für das neue Team, das sich nun regelmässig entweder in Südamerika oder in den Seminarräumen Berns traf. Ein weiteres junges Team unter der Leitung von Thomas Hofer führte die Untersuchungen zu Fragen der «Highland-Lowland-Interaction» im Himalaya weiter und befasste sich erfolgreich vor allem mit den Ursachen und Auswirkungen der Überschwemmungen am Unterlauf des Ganges und Brahmaputras in Bangladesh.

Bruno Messerli hat eine grosse Zahl von Publikationen verfasst, geniesst international ein bedeutendes Ansehen und ist mit verschiedenen Preisen ausgezeichnet worden, wobei ihn sicher die Ehrung mit dem Marcel-Benoist-Preis, die er zusammen mit seinem Kollegen und Freund Hans Oeschger erfahren durfte, am meisten gefreut hat. Bruno Messerlis Publikationen sind selten das Werk von ihm allein. Er hat darin meistens das ganze Team zu Wort kommen lassen. Damit wurde möglich, was ihm sehr am Herzen lag: das Zusammenspiel mehrerer Disziplinen und das breite Ausleuchten eines Problems. Wenn wir ihn spasseshalber mal als «klimahistorisch-pedogeomorphologischen Hochgebirgsökologen» bezeichnet haben, so hat er dies nie als Kritik, sondern als Lob für seinen Weitblick aufgefasst.

Bruno Messerli war sich nie zu schade, auch populäre Berichte mit politischem Hintergrund abzufassen. Dass man damit bei gewissen Kreisen im Nationalfonds weniger Ansehen geniesst als mit spezialisierten, sehr atomistisch gelagerten Arbei-

Béatrice und Bruno Messerli am 30. Hochzeitstag zwischen den Eisbergen der Laguna San Rafael in Südchile (1994).

ten, die man dann leicht in einer extrem schmalbrüstigen, fachlich ausgerichteten Zeitschrift unterbringen kann, hat ihn höchstens in Stunden grosser Müdigkeit etwas genervt. Daneben war und ist er eine Integrationsfigur, die immer ansprech- und begeisterbar ist!

Das letzte abgebildete Foto sei mit einer Hommage verbunden: Liebe Béatrice Messerli, ohne Dich wäre wohl fast alles nichts gewesen. Du hast Bruno begleitet, ihm geholfen, die Familie in den Zeiten seiner Auslandeinsätze betreut und gestützt, den vielen Besucherinnen und Besuchern aus der Ferne eine grosse Gastfreundschaft geboten und bist Bruno in Zeiten schwieriger Entscheide immer mit Rat zur Seite gestanden. Die Gemeinschaft der Geographinnen und Geographen ist Dir, der oft verhinderten Geographin, die aber doch ein grosses Stück Geographie mitgestaltet hat, zu grossem Dank verpflichtet!

Lieber Bruno, Du hast nun Deine Aufgabe als Hochschullehrer erfüllt. Viele Generationen von Studierenden sind Dir dankbar für die grosse Begeisterung, mit der Du vom Katheder aus mit klarer Sprache und methodischem Geschick den Stoff und vor allem die Sicht für die grossen Probleme dieses Planeten vermittelt hast. Bereits hast Du mit der Übernahme der Direktion von PAGES, dem IGBP-Unterprogramm Past Global Changes, Deine nächste Siebenjahresperiode eingeläutet. Wir wünschen Dir von Herzen Glück und die nötige Gesundheit, damit Du im Kreise Deiner Familie und Deiner Freunde noch möglichst zahlreiche Siebenjahrespakete anhängen kannst!

Heinz Wanner
Hans Hurni
Hans Kienholz

Ein Berufsleben für die Geographie

Publikationen von Prof. Bruno Messerli

1. Bücher (Autor, Herausgeber, Mitherausgeber)

MESSERLI, B., 1965: Beiträge zur Geomorphologie der Sierra Nevada (Andalusien). Dissertation Juris-Verlag: 190 p.
MESSERLI, B., 1972: Tibesti-Zentrale Sahara. Arbeiten aus der Hochgebirgsregion. Universitätsverlag Wagner, Innsbruck-München.
KUHN, W., AERNI, K., ALTMANN, H., MESSERLI, B., SCHWABE, E. (Eds.), 1973: Schweiz – Flugpanorama. Lang-Verlag, Bern.
AEBI, H., MESSERLI, B. (Eds.), 1980: Die Dritte Welt und Wir. Berner Universitätsschriften Nr. 22. Haupt, Bern.
OESCHGER, H., MESSERLI, B., SVILAR, M. (Eds.), 1980: Das Klima. Analysen und Modelle, Geschichte und Zukunft. Springer Verlag: 296 p.
MESSERLI, B. and IVES, J.D. (Eds.), 1984: Mountain Ecosystems, Stability and Instability. Spec. Publ. IGU Congress Paris – Alps 1984. Mountain Research and Development: 291 p.
BRUGGER, E., FURRER, G., MESSERLI, B., MESSERLI, P. (Eds.), 1984: Umbruch im Berggebiet. Die Entwicklung des schweizerischen Berggebietes zwischen Eigenständigkeit und Abhängigkeit aus ökonomischer und ökologischer Sicht. Haupt Bern: 1097 p.
IVES, J.D. and MESSERLI, B., 1989: The Himalayan Dilemma. Reconciling Development and Conservation. UNU and Routledge, London/New York. ISBN 0-415-01157-4: 295 p.
MESSERLI, B. and HURNI, H. (Eds.), 1990: African Mountains and Highlands. Problems and Perspectives. African Mountain Association. ISBN 3-906290-62-X: 450 p.
STONE, P., MESSERLI, B. et al, 1992 (ed. on behalf of Mountain Agenda): The State of the World's Mountains. A global report. ISBN 1-85649-116-1. ZED Books, London: 391 p.
MESSERLI, B., HOFER, T., WYMANN, S. (Eds), 1993: Himalayan Environment. Pressure-Problems-Processes. 12 years of Research. Geographica Bernensia G 38. University of Berne, Inst. of Geography: 206 p.

2. Publikationen

MESSERLI, B., 1958: Linosa. Geographica Helvetica H. 3: 232–240
MESSERLI, B., 1962: Die Frage der ältesten gedruckten Schweizerkarte. Jahresbericht Geographische Gesellschaft von Bern: 46–87.
MESSERLI, B., 1964: Der Gletscher am Erciyas Dagh und das Problem der rezenten Schneegrenze im anatolischen und mediterranen Raum. Geographica Helvetica H. 1: 19–34.

MESSERLI, B., 1965: Erciyas Dagh 3916 (Türkei). Die eiszeitliche Vergletscherung eines Vulkans. Die Alpen 2: 1–11.
MESSERLI, B., 1966: Das Problem der eiszeitlichen Vergletscherung am Libanon und Hermon. Z. f. Geomorphologie, NF Bd. 10: 37–68.
MESSERLI, B., 1966: Die Schneegrenzenhöhen in den ariden Zonen und das Problem Glazialzeit – Pluvialzeit. Mitt. Naturforschende Gesellschaft in Bern Bd. 23: 117–145.
MESSERLI, B., 1967: Die eiszeitliche und die gegenwärtige Vergletscherung im Mittelmeerraum. Geographica Helvetica H. 3: 105–228.
MESSERLI, B. und ZURBUCHEN, M., 1968: Blockgletscher im Weissmies und Aletsch und ihre photogrammetrische Kartierung. Die Alpen 3: 1–13.
MESSERLI, B., 1970: Tibesti–Zentrale Sahara. Möglichkeiten und Grenzen einer Satellitenbildinterpretation. Jahresber. Geogr. Ges. Bern: 139–159.
MESSERLI, B., 1972: Grundlagen (Tibesti). Hochgebirgsforschung H. 2, Universitätsverlag Wagner Innsbruck-München: 7–22.
MESSERLI, B., 1972: Formen und Formungsprozesse in der Hochgebirgsregion des Tibesti. Hochgebirgsforschung H. 2, Universitätsverlag Wagner Innsbruck-München: 23–86
SCHINDLER, P. und MESSERLI, B., 1972: Das Wasser der Tibesti-Region. Hochgebirgsforschung H. 2, Universitätsverlag Wagner Innsbruck-München: 143–152.
SIEGENTHALER, U., SCHOTTERER, U., OESCHGER, H., MESSERLI, B., 1972: Tritiummessungen an Wasserproben aus der Tibesti-Region. Hochgebirgsforschung H. 2, Universitätsverlag Wagner Innsbruck-München: 153–160.
MESSERLI, B., ZURBUCHEN, M., INDERMÜHLE, D., 1972: Emi Koussi–Tibesti. Eine topographische Karte vom höchsten Berg der Sahara. Berliner Geogr. Abh. 16: 117–121.
MESSERLI, B., KRUMMEN, A., MATHYS, H., MAURER, R., MESSERLI, P., WANNER, H. und WINIGER, M., 1973: Beiträge zum Klima des Raumes Bern. Ausgewählte Probleme und vorläufige Ergebnisse. Jahrb. Geogr. Ges. Bern Bd. 50: 45–78.
MESSERLI, B., 1973: Problems of vertical and horizontal arrangement in the high mountains of the extreme arid zone (Central Sahara). J. Arctic and Alpine Research Vol. 5: 139–147.
MESSERLI, B., KAMINSKI, H., WINIGER, M., 1974: Etude de la nébulosité faite sur plusieurs années, d'après des images prises par satellites METEO pour le Tibesti et le Hoggar-Tassili N'Ajjer. La Météorologie, Janvier/Mars 1974, Soc. Météorol. de France, Paris, 51 p.
MESSERLI, B., 1975: Natur und Mensch im urbanen Raum. Zum Spannungsverhältnis zwischen natürlicher Umwelt und urbaner Agglomeration als Motivation interdisziplinärer Arbeit. Geisteswissenschaften und Gesellschaft. Jahresber. SGG, öffentl. Kolloquium zur Feier des 25jährigen Bestehens der SGG 1972: 317–329.
MESSERLI, B., STÄHLI, P. und ZURBUCHEN, M., 1975: Eine topographische Karte aus dem Hochgebirge Semiens, Aethiopien. Vermessung, Photogrammetrie, Kulturtechnik. (Ein kartographisches Heft zum 80. Geburtstag Ed. Imhofs): 27–30 und Kartenbeilagen.
MESSERLI, B., ZUMBÜHL, H., AMMANN, K. KIENHOLZ, H., OESCHGER, H., PFISTER, C. ZURBUCHEN, M., 1975: Die Schwankungen des Unteren Grindelwaldglet-

schers seit dem Mittelalter. Ein interdisziplinärer Beitrag zur Klimageschichte. Z. f. Gletscherkunde u. Glazialgeologie Bd. XI, H. L., 110 S.

GINSBURG, T., IMBODEN, D., JUNOD, A., MESSERLI, B., SCHÜEPP, W., WINIGER, M., 1978: Die thermischen Auswirkungen von Kernkraftwerken. Bericht der SNG zur Kernenergie. Beih. z. Bull. 1978/1 der SNG/SGG: 31–60.

MESSERLI, B., MESSERLI, P., PFISTER, C., ZUMBÜHL, H., 1978: Fluctuations of climate and glaciers in the Bernese Oberland, Switzerland, and their geoecological significance, 1600 to 1975. J. Arctic and Alpine Research, Vol. 10, No. 2: 247–260.

MESSERLI, B., MESSERLI, P., 1978: Wirtschaftliche Entwicklung und ökologische Belastbarkeit im Berggebiet (MAB Schweiz). Geographica Helvetica 4: 203–210.

MESSERLI, B., 1978: Sozio-ökonomische Entwicklung und ökologische Belastbarkeit im Berggebiet. Beitrag des UNESCO-Programmes MAB 6. Raumplanung Schweiz 3/78. Inf. hefte des Delegierten f. Raumplanung EJPD: 17–26.

WINIGER, M., MESSERLI, B., 1978: Rezente und kaltzeitliche klimaökologische Gliederung der afrikanischen Hochgebirge zwischen Mittelmeer und Äquator. Tagungsber. 1. Teil, 15. Int. Tagung f. Alpine Meteorologie. Veröffentl. d. Schweiz. Meteorol. Zentr.anstalt, Zürich, Nr. 40: 125–128.

MESSERLI, B., 1978: Probleme des Periglazials in den Gebirgen der ariden Zone. Colloque sur le périglaciaire d'altitude du domaine méditerranéen et abords. Strasbourg – Université Louis Pasteur, 12–14 mai 1977: 332–345.

MESSERLI, B., 1978: Simen Mountains–Ethiopia. A conservation oriented development project. In: Cartography and its application for geographical and ecological problems. Ed. by Messerli and Aerni. Geographica Bernensia G 8. Contr. of the Commission on Mountain Geoecology. Univ. Berne, 102 p., 6 maps.

PFISTER, C., MESSERLI, B., MESSERLI, P., ZUMBÜHL, H., 1978: Die Rekonstruktion des Klima- und Witterungsverlaufes der letzten Jahrhunderte mit Hilfe verschiedener Datentypen. Jahrb. d. Schweiz. Nat. forsch. Ges., Wissenschaftl. Teil: 89–105.

MESSERLI, B., 1980: Der Nord-Süd-Dialog: Ein ökonomisches oder ein ökologisches Problem? Berner Universitätsschriften Nr. 22. Haupt Bern: 7–33.

MATHYS, H., MAURER, R., MESSERLI, B., WANNER, H. WINIGER, M., 1980: Klima und Lufthygiene im Raum Bern. Resultate des Forschungsprogrammes KLIMUS und ihre Anwendung in der Raumplanung. Veröffentl. d. Geogr. Kommission d. Schweiz. Nat. forsch. Ges. Nr. 7, 40 S. und 12 Karten.

MESSERLI, B., 1980: Klima und Planung. Ziele, Probleme und Ergebnisse eines klimatologischen Forschungsprogrammes im Kanton Bern. Jahrb. Geogr. Ges. Bern 52: 11–22.

MESSERLI, B., WINIGER, M., 1980: The Saharan and East African uplands during the Quaternary. The Sahara and the Nile. Balkema Rotterdam: 87–132.

MESSERLI, B., 1980: Mountain glaciers in the Mediterranean area and in Africa. Proceedings of the Riederalp Workshop September 1978. IAHS–AISH Publ. No. 126: 197–211.

MESSERLI, B., 1980: Climatological, Pedological and Geomorphological Processes in tropical Mountain Ecosystems. Conservation and Development in Northern Thailand. UNU-3/NRTS/UNEP-77: 55–62.

VORAURAI, P., IVES, J. and MESSERLI, B., 1980: The Huai Thung Choa Highland Project. Conservation and Development in Northern Thailand. UNU-3/NRTS/UNEP-77: 105–112.

MESSERLI, B., 1980: Die afrikanischen Hochgebirge und die Klimageschichte Afrikas in den letzten 20'000 Jahren. Das Klima, Springer Verlag: 64–90.
HURNI, H., MESSERLI, B., 1981: Mountain Research for conservation and development in Simen, Ethiopia (with map 1: 100 000). Mountain Research and Development Vol. l, No. 1: 49–54.
MESSERLI, B., 1981: Mountain Hazards and Mountain Geoecology. Geological and Ecological Studies of Qinghai-Xixang (Tibet). Science Press Beijing 1981: 1817–1828.
IVES, J., MESSERLI, B., 1981: Mountain Hazard Mapping in Nepal. Introduction to an applied mountain research project. Mountain Research and Development, Vol. l, No. 3–4: 223–230.
MESSERLI, B., 1983: Geographisches Institut der Universität Bern – 20 Jahre Arbeit in Afrika. Jahrb. d. Geogr. Ges. Bern, Bd. 54: 127–138.
MESSERLI, B., 1983: Stability and Instability of Mountain Ecosystems: Introduction to a Workshop sponsored by the United Nations University. Mountain Research and Development, Vol. 3, No. 2: 81–94.
MESSERLI, B., 1983: Stability and Instability in Mountain Ecosystems. An Integrated Approach, Environmental Management and Integrated Rural Development. Proceedings of the Seminar Kenya MAB Committee and UNESCO Africa and Paris: 29–47.
MESSERLI, B., 1983: Examples of Scientific, Application-oriented Research in the semi-arid Western Footzone of Mt. Kenya. Proceedings of the Seminar Kenya MAB Committee and UNESCO Africa and Paris: 48–79.
IVES, J. D. and MESSERLI, B., 1984: Stability and instability of mountain ecosystems: Lessons learned and recommendations for the future. Mountain Research and Development, Vol. 4, No. 1: 63–71.
MESSERLI, B., 1984: Critical Research Problems in Mountain Ecosystem Management. Editors Di Castri, Baler, Hadley, 2 vol., UNESCO Paris: 234–242.
MESSERLI, B. and IVES, J., 1984: Gongga Shan (7556 m) and Yulongxue Shan (5596 m). Geoecological Observations in the Hengduan Mountains of Southwestern China. Erdwissenschaftl. Forschung. Franz Steiner Verlag Wiesbaden, Stuttgart. Bd. XVIII: 56–77.
BRUGGER, E., FURRER, G., MESSERLI, B., MESSERLI, P., 1984: Welche Politik für das Berggebiet? Umbruch im Berggebiet. Haupt, Bern: 1071–1083.
MESSERLI, B., 1984: Highland-lowland interactive system on a local, national and international level. Proceedings of the 1st International Symposium of ICIMOD, Kathmandu 1–5 December 1983: 47–53 (Publ. by ICIMOD).
MESSERLI, B., 1985: The same publication has been translated into Chinese and was published by the Commission for Integrated Survey of Natural Resources. Chinese Academy of Sciences.
MESSERLI, B., 1985: Stability and Instability of Mountain Ecosystems. An Interdisciplinary Approach. In: Integrated Mountain Development. Tey Vir Singh and Jagdish Kaur (Eds., Consulting Eds. Jack D. Ives and Bruno Messerli). Himalayan Books, New Delhi. (Zusammengestellt aus Mountain Research and Development, Vol. 3, No. 3, 1983).
MESSERLI, B. und FREI, E., 1985: Klimageschichte und Paläoböden in den Gebirgen Afrikas zwischen Äquator und nördlichem Wendekreis. Geomethodica, Veröffentl. 10, BGC Basel: 31–70.
MESSERLI, B., 1986: Über die Bedeutung der Geschichte in der geographisch-öko-

logischen Forschung. Festschrift für Georges Grosjean. Jahrb. d. Geogr. Ges. Bern, Bd. 55, 1983–85: 51–66.

MESSERLI, B., 1986: Institute of Geography, University of Berne. 25 Years of Research in Africa. African Studies Series A 1 GEOGRAPHICA BERNENSIA: 9–18 (ähnlicher Artikel wie Messerli, 1983) ISBN 3-906290-14-X.

MESSERLI, B., 1986: Universität und «UmWelt» 2000. Berner Rektoratsreden. Paul Haupt Bern: 6–31.

IVES, J. D., MESSERLI, B., THOMPSON, M., 1987. Research Strategy for the Himalayan Region. Mountain Research and Development, Vol. 7, No. 3: 181–183. Reprinted in: R. B. Singh (Ed.) 1990: Environmental Geography. Contributions to Indian Geography. Heritage Publ. New Delhi: 218–240.

MESSERLI, B., 1987: Von der Skepsis zur Gesprächsbereitschaft. Symposium 22./24.6.1987 «Umwelt, Wirtschaft, Gesellschaft, Politik. Was erwartet die Öffentlichkeit von der Universität?». Haus der Universität Bern. Akzente Nr. 1, 1987: 5–9.

HURNI, H., TESHOME, A., KLÖTZLI, F., MESSERLI, B., NIEVERGELT, B., PETERS, T., ZURBUCHEN, M., 1987: Wildlife Conservation and Rural Development. Planning in the Simen mountains of Ethiopia (with map 1:100'000). Mountain Research and Development, Vol. 7, No. 4: 405–416.

MESSERLI, B., BISAZ, A., KIENHOLZ, H., WINIGER, M., BACHMANN, M., HOFER, T., LEHMANN, Ch., 1987: Umweltprobleme und Entwicklungszusammenarbeit. Entwicklungspolitik in weltweiter und langfristig ökologischer Sicht. Bericht zu Handen der Direktion für Entwicklungszusammenarbeit und humanitäre Hilfe (DEH). GEOGRAPHICA BERNENSIA P 16: 47 S., ISBN 3-906290-39-5.

MESSERLI, B., WOLDE-SEMAYAT, B., HURNI, H., IVES, J. D., WOLDE-MARIAM, M., TEDLA, S., (Eds.), 1988: African Mountains and Highlands. Mountain Research and Development, Vol. 8, Nrs. 2/3: 89–258.

GROSJEAN, M. and MESSERLI, B., 1988: African Mountains and Highlands: Potentials and Constraints (with 2 maps). Mountain Research and Development, Vol. 8, No. 2/3: 111–122.

MESSERLI, B., IVES, J. D., HOFER, T., LAUTERBURG, A., WYSS, M., 1988: Himalaya. Erosion und Abfluss als Zeugen ländlicher Entwicklung und natürlicher Ressourcen. Festschrift für Walther Manshard. Steiner Verlag Stuttgart: 218–236.

MESSERLI, B., 1989: The Information-oriented Society and the Limits of Growth. Scientists and their Responsibility. Ed. by W. Shea and B. Sitter. Watson Publ. International: 330–341.

MESSERLI, B., 1989: Geographie und Dritte Welt – Verantwortung und Zukunft. Geographica Helvetica Nr. 4: 166–179.

GROSJEAN, M., HOFER, T., LAUTERBURG, A., MESSERLI, B., WYMANN, S., WYSS, M., 1989: Photogrammetrie und Vermessung, Vielfalt und Praxis. Festschrift Max Zurbuchen. Geographica Bernensia P 18: 72 S. mit Kartenbeilagen.

IVES, J. D. and MESSERLI, B., 1990: Progress in Theoretical and Applied Mountain Research 1973–1989, and Major Future Needs. Mountain Research and Development, Vol. 10, Nr. 1: 101–127.

MESSERLI, B., 1990: Die natürlichen Ressourcen – Grundlagen des Lebens und Überlebens in der Dritten Welt. Publikation der Schweizerischen Akademie der Naturwissenschaften. Universitätsverlag Fribourg: 17–52.

MESSERLI, B., 1991: Umwelt und Ressourcen in der Welt von morgen – eine globale Herausforderung. 21. Internationales Management Gespräch, Hochschule St. Gallen. ISC: 71–80.
MESSERLI, B., HOFER, T., 1992: Die Umweltkrise im Himalaya. Fiktion und Fakten. Geographische Rundschau, Juli-August 7-8/1992. Westermann Verlag, Braunschweig: 435–445.
MESSERLI, B. et al., 1992: An Appeal for the Mountains. Prepared for UNCED, Rio de Janeiro, June 1992. Mountain Agenda, Geographisches Institut, Universität Bern: 44 S.
MESSERLI, B. and WINIGER, M., 1992: Climate, Environmental Change and Resources of the African Mountains from the Mediterranean to the Equator. Mountain Research and Development Vol. 12, No. 4: 315–336.
Gleiche Publikation in BENCHERIFA, A.(Ed.), 1993: Montagnes et Haut-Pays de l'Afrique (2). Utilisation et Conservation des Ressources. Publ. de la Fac. des Lettres. Université Mohammed V, Rabat: 3–34.
MESSERLI, B., GROSJEAN, M., GRAF, K., SCHOTTERER, U., SCHREIER, H., VUILLE, M., 1992: Die Veränderungen von Klima und Umwelt in der Region Atacama (Nordchile) seit der letzten Kaltzeit. Erdkunde, Bd.46: 257–272.
MESSERLI, B., 1993: Geographie und Umwelt in einer Welt im Wandel. Festvortrag. D. Barsch/H. Karrasch (Hrsg.): Geographie und Umwelt: Verh. des Deutschen Geographentages, Bd.48, Basel 1991. Verlag F. Steiner, Stuttgart: 29–58.
MESSERLI, B., GROSJEAN, M., BONANI, G., BÜRGI, A., GEYH, M., GRAF, K., RAMSEYER, K., ROMERO, H., SCHOTTERER, U., SCHREIER, H., VUILLE. M., 1993: Climate Change and Natural Resource Dynamics of the Atacama Altiplano during the last 18,000 years: A preliminary synthesis. Mountain Research and Development. Univ. of California Press. Vol 13, No2: 117–127.
MESSERLI, B. and HOFER, T., 1995: Assessing the Impact of Anthropogenic Land Use Change in the Himalayas. Global Development and the Environment: Water and the Quest for Sustainable Development in the Ganges Valley, ed. by Chapman G.P. and Thompson M., Mamsell Publ. Lim., London: 64–89.
MESSERLI, B., 1995: Environment and Resources–Natural and Human Dimensions of «Global Change». In: Culture within Nature, ed. by Sitter B. and B., Swiss Ac. of Humanities and Soc. Sciences and UNESCO, Wiese Publ., Basel: 17–36.
GROSJEAN, M., GEYH, M.A., MESSERLI, B., SCHOTTERER, U., 1995: Late-glacial and early Holocene lake sediments, groundwater formation and climate in the Atacama Altiplano. Journal of Palaeolimnology 14: 241–252.

3. Kürzere Publikationen, Proceedings, usw.

MESSERLI, B., 1962: Sierra Nevada. Estudios Geograficos No. 86: 25–28.
MESSERLI, B., 1971: Die Geographische Kommission der SNG und ihr Forschungsprogramm. Geographica Helvetica H. 2: 72–74.
MESSERLI, B., 1975: Klimatologisch-ökologische Grundlagen zum Sahelproblem. Nationale Schweizerische UNESCO-Kommission, Bern: 17–32.
HAEFNER, H., MESSERLI, B., 1975: Erderkundung aus dem Weltraum. Das schweizerische ERTS- und EREP-Satellitenprojekt. Geographica Helvetica H. 3: 97–100.

MESSERLI, B., 1975: Formen und Formungsprozesse in den Hochgebirgen Äthiopiens. Tagungsber. und wissenschaftl. Abh., 40. Dt. Geographentag, Innsbruck: 389–395.

MESSERLI, B., HURNI, H., KIENHOLZ, H., WINIGER, M., 1977: Bale Mountains: Largest Pleistocene Mountain Glacier System of Ethiopia. In: INQUA Congress, Birmingham.

MESSERLI, B., WINIGER, M., 1977: Probleme der Entwicklungsländer. Seminarbericht. GEOGRAPHICA BERNENSIA U 13.

MESSERLI, B., BAUMGARTNER, R., 1978: Kamerun. Grundlagen zum Natur- und Kulturraum. Probleme der Entwicklungszusammenarbeit. Geographica Bernensia G 9, Geogr. Inst. Univ. Bern.

MESSERLI, B., MESSERLI, P., 1979: MAB Schweiz. Bericht über Forschung und Wissenschaft an der Universität Bern. UNIPRESS 20: 4–8.

MESSERLI, B., 1980: Klima und Planung. Zusammenfassung einer Tagung vom 19./20. September in Bern. Veröffentl. Geogr. Kommission d. Schweiz. Nat. forsch. Ges. Nr. 6: 179–190.

HURNI, H., MESSERLI, B., 1981: Conflict between Man and Nature in Ethiopia's Mountain Massif. UNU Newsletter, Vol. 5, No. 3, Tokyo.

MESSERLI, B., 1982: Tourismus und regionale Entwicklung. Einige Gedanken zur Einleitung. NFP Regionalprobleme des Schweizerischen Nationalfonds. Verlag Rüegger Diessenhofen: 13–18.

CAINE, N., IVES, J., KIENHOLZ, H., MESSERLI, B., 1982: A Burried Podzol near Namche Bazar; Solu-Khumbu, Nepal. Mountain Research and Development, Vol. 2, No. 4: 405–406.

MESSERLI, B., 1984: Work and History of the Commission on Mountain Geoecology of the International Geographical Union (IGU). Erdwissenschaftl. Forschung. Franz Steiner Verlag Wiesbaden, Stuttgart. Bd. XVIII: 56–77.

MESSERLI, B. und FLURY, M., 1984: Umwelt und Entwicklung, Ökologie ist Langzeitökonomie. ED, Entwicklung–Développement, Nr. 18: 3–7.

MESSERLI, B., BISAZ, A., LAUTERBURG, A., 1985: Entwicklungsstrategien im Wandel. Ausgewählte Probleme der Dritten Welt. Seminarbericht, GEOGRAPHICA BERNENSIA U 17: 184 S.

MESSERLI, B., 1986: Commission on Mountain Geoecology. The Himalaya-Ganges Problem. IGU Bulletin Vol. XXXVI, Nr. 1–2: 76–78.

MESSERLI, B., 1987: Comparative Studies on Tropical Mountain Ecosystems (Ed.: Monasterio M., Sarmiento G., Solbrig O. T.). Natural and human system: an integrated approach. IUBS Spec. Issue 12: 3–11.

MESSERLI, B. und STÄBLEIN, G., 1987: Hochgebirgs- und Polarforschung. Einführung. Verh. des Dt. Geographentages, Bd. 45, Stuttgart: 258–259.

MESSERLI, B., 1987: Rechenschaftsbericht des abtretenden Rektors. Studienjahr 1986/87. Jahresbericht der Universität Bern: 24–34.

MESSERLI, B., 1988: Gunst- und Ungunsträume der Erde. Schriftenreihe der Schweizerischen Doron-Preis-Stiftung. Zug: 9 S.

MESSERLI, B., 1989: Ökologie – Wissenschaft – Zukunft. Wissenschaftspolitik, Bern, 18. Jg., Nr. 2: 7–20. Erschienen auch im Bulletin der Embassy of Switzerland, Vol. 29, Nr. 3: 1–15.

MESSERLI, B., 1990: Die Erde – ein gefährdetes System? UNIPRESS Bern, Nr. 65: 43–49.

IVES, J. D. and MESSERLI, B., 1990: The Human Factors in the Himalayas. Coping with Modern Intrusions. UNU, work in progress, Vol. 13, No. 1: 8 p.

MESSERLI, B., 1990: 150th Anniversary of the University of Athens (1837–1987). National and Capodistrian University, Anniversary Celebrations Athens, 263 p.

MESSERLI, B., 1991: Die Erde – ein gefährdetes System. Vermessung, Photogrammetrie, Kulturtechnik. Jg. 89, Nr. 9: 482–487 (reprint).

MESSERLI, B., 1991: Von der Lernfähigkeit des Menschen hängt unsere Zukunft ab. Die Schweiz: Aufbruch aus der Verspätung. Unsere Zukunft – 78 Autoren im Gespräch. Weltwoche Verlag, Zürich: 157–161.

MESSERLI, B. und WASSERFALLEN, K., 1991: Ökologie – Umweltwissenschaften. Wo stehen die Schweizerischen Hochschulen heute? Wissenschaftspolitik 1/91: 19–28.

MESSERLI, B., 1991: Naturressourcen und Landnutzung in den Hochgebirgen der Tropen – eine Problemübersicht. Nova acta Leopoldina NF 64, Nr. 276: 165–171.

MESSERLI, B., 1991: Umwelt und Ressourcen in der Welt von morgen. Die Schweiz und die Bretton-Woods-Institutionen. Unterlagen zu Bildungsveranstaltungen des Eidg. Personalamtes. Volkswirtschaftliches Institut Universität Bern. EDMZ, Bern (ähnliche Publikation wie MESSERLI, 1991, St. Gallen).

GROSJEAN, M., MESSERLI, B., SCHREIER, H., 1991: Seehochstände, Bodenbildung und Vergletscherung im Altiplano Nordchiles: Ein interdisziplinärer Beitrag zur Klimageschichte der Atacama. Erste Resultate. Bamberger Geogr. Schriften Bd. 11: 99–108.

MESSERLI, Bruno, 1991: Unsere Erde – ein gefährdetes System? ASCOM Vortragsreihe «Die Menschen und das Klima». ASCOM Bern: 30–40.

WYSS, M., MESSERLI, B., STRAUBHAAR, T., 1991: Environmental Arbitrage and the Location of Industrial Plants in Third World Countries. Proceedings: Innovation, Progrès Industriel et Environnement. Fédération Européenne des Ass. Nat. d'Ingénieurs, Strasbourg.

MESSERLI, B., 1992: Industrieländer – Entwicklungsländer: Eine wachsende Disparität? Die ungleichen ökologischen Grundlagen – eine Ursache unter vielen! Die Volkswirtschaft, BIGA, Bern, 1/92: 20–29. (Gleicher Artikel auf französisch: Pays industrialisés – pays en développement: une disparité croissante? Irrégalité des bases écologiques: une cause parmi d'autres! (ähnlicher Text wie St. Gallen 1991 und Bern, EDMZ 1991).

HOEGGER, R., MESSERLI, B., STONE, P., 1992: Document: Mountain Agenda – UNCED 1992. Jahrbuch Schweiz–Dritte Welt. IUED, Genf: 235–245.

MESSERLI, B., 1992: Natur als Lebensraum von Kulturen. Kulturhistorische Vorlesungen, Collegium generale, Universität Bern 1990/91: Kultur und Natur. Hrsg. M. Svilar: 223–245, P. Lang, Bern.

MESSERLI, B., 1992: Umwelt im Wandel. Dynamik und Risiken von der lokalen bis zur globalen Ebene (Auszug Vortrag Deutscher Geographentag 1991). Geographische Rundschau, Jg. 44, H. 12: 727–731.

MESSERLI, B., 1993: Umgang mit Unsicherheiten. Ökologische und soziale Aspekte. Kolleg Montreux 1990 über Sicherheitspolitik. Eidg. Personalamt: 41–52. (Starke Repetitionen von Messerli in Unipress 1990).

MESSERLI, B., HOFER, T., WYMANN VON DACH, S., 1993: Erosion im Himalaya – Überschwemmung in Bangladesh. UNI PRESS Nr. 78: 4–9.

BRUGGER, E., MESSERLI, B., STRAUBHAAR, T., WYSS, M., 1993: Schwarze Schafe oder Weisse Ritter. Zur Öko-Effizienz multinationaler Unternehmungen in Entwicklungsländern. Nationales Forschungsprogramm Nr. 28. Geogr. Inst. Univ. Bern: 29 S.

WYSS, M., MESSERLI, B., STRAUBHAAR, T., 1994: Förderung einer ökologisch verträglichen wirtschaftlichen Zusammenarbeit mit weniger entwickelten Ländern. In: Nationales Forschungsprogramm 28. Synthesebericht 10. Schweizerischer Nationalfonds, 24 S.

MESSERLI, B., 1994: Umweltforschung: Strukturen durchbrechen! In: Vision – Das Schweizer Magazin für Wissenschaft und Forschung. Nr. 3/94 (September 1994), S. 37–39.

MESSERLI, B., 1994: Risikoreiche Lebensräume – die Trockenzonen der Erde in naturwissenschaftlicher Sicht. In: Lebensräume, Kulturhistorische Vorlesungen der Universität Bern WS 1992/93. Hrsg.: Moser R. und Svilar M. Verlag Lang Bern: 139–166.

GROSJEAN, M., HOFER, T., LIECHTI, R., MESSERLI, B., WEINGARTNER, R., ZUMSTEIN, S., 1995: Sediments and Soils in the Floodplain of Bangladesh: Looking up to the Himalayas? Challenging in Mountain Resource Management in Nepal. Proceedings of a workshop: 10–12. 4. 95. ICIMOD, Kathmandu: 25–32.

Migrationsmuster der Sherpas im Wandel unter dem Einfluss globaler Entwicklungen (1860–1993)

Thomas Hoffmann und Walther Manshard

«Neue Völkerwanderung», «Flucht», «Umweltflucht» und «internationale Arbeitskräftemigration» sind Schlagworte, welche die seit Jahren weltweit geführte und nach wie vor hochaktuelle Diskussion über die global auf allen räumlichen Massstabsebenen zu beobachtenden Migrationsbewegungen kennzeichnen. Wenngleich die hier aufgeführten unterschiedlichen Phänomene der Migrationsbewegungen im Mittelpunkt dieser Debatte stehen, so dominieren sie, rein quantitativ gesehen, doch nicht die weltweit zu konstatierenden Wanderungsbewegungen. Während sich heute etwa 20 Mio. Menschen auf der Flucht befinden (NEWLAND, 1994) und nahezu 100 Mio. Menschen das Mosaik der internationalen Arbeitskräftemigration gestalten (RUSSEL/ TEITELBAUM, 1992), werden die Binnenwanderungen – also Wanderungen im Rahmen nationalstaatlicher Grenzen – auf die Dimension von 380 Mio. Menschen geschätzt (UNFPA, 1994).

Unter den in ihrer überwiegenden Mehrzahl als ökologisch labil zu charakterisierenden ländlichen Abwanderungsgebieten wie überschwemmungs- oder dürregefährdeten Räumen, nehmen die Hochgebirge der Erde eine herausragende Stellung im Rahmen der Binnenwanderungsströme ein. Sie sind als Abwanderungsräume par excellence zu charakterisieren. Diese Beobachtung gilt in historischer Perspektive für die Alpen ebenso wie für die Gebirgsregionen Südamerikas, Afrikas und Asiens heute.

Wenngleich verschiedene Migrationsbewegungen aus Teilgebieten des Himalayas seit geraumer Zeit bekannt sind und in der geographischen Migrationsforschung auch thematisiert wurden (RAWAT, 1987; PANDE/JOSHI, 1987; HUSAIN, 1989), wurden die realen Dimensionen der aktuellen Abwanderungsbewegungen aus dem nepalesischen Himalaya erst mit den Ergebnissen des nationalen Bevölkerungszensus von 1981 erkannt. Auf der Grundlage dieses Datenmaterials basiert eine Vielzahl breit angelegter und in ihrem Ansatz stark generalisierender Studien über die innernepalesischen Migrationsströme (GURUNG, 1989; ESCAP, 1991). Als gemeinsames Ergebnis dieser Untersuchungen lassen sich vier Beobachtungen benennen:
– Es dominieren Abwanderungsbewegungen aus dem Bereich der «Middle mountains» – Nepals Hauptsiedlungszone – in das Terai im Süden des Landes.
– Zweitens ist eine starke Zuwanderung aus allen Bereichen Nepals in das Kathmandu-Becken zu erkennen.
– Drittens konnte festgestellt werden, dass die Intensität der Wanderungsbewegungen aus den Middle mountains ins Terai von West nach Ost zunimmt.
– Viertens ist zu konstatieren, dass die nordöstliche Hochgebirgszone nicht nur eine der am stärksten von Abwanderungsbewegungen betroffenen Zensusregionen des Landes ist, sondern dass dieses Abwanderungsgeschehen durch eine auffallende Vielzahl an Migrationszielgebieten gekennzeichnet ist.

Die vorliegenden Überblicksstudien zum innernepalesischen Wanderungsgeschehen können diese Trends zwar als Momentaufnahme zeigen, sie aber weder für die Gegenwart erklären noch in ihrer historischen Veränderlichkeit nachzeichnen. Zugleich sind solcherart konzipierte Detailstudien nur in einigen wenigen Bereichen Nepals durchgeführt worden, wie etwa für die Tamang-Thakali des Kali-Gandaki-Tales (VON DER HEIDE, 1988, 1993) oder für die westnepalesische Region Karnali (BISHOP, 1990).

Weitgehend unberücksichtigt von der geographischen Migrationsforschung blieb hingegen die in besonderem Masse von Abwanderungsbewegungen gekennzeichnete nordöstliche Zensusregion Nepals, in der das Siedlungsgebiet der Sherpas liegt. Zwar waren die Sherpas seit ihrer ersten wissenschaftlichen Beschreibung durch FÜRER-HAIMENDORF (1964) vielfach Gegenstand ethnologischer und kulturgeographischer Forschung (AXELSON, 1977; ORTNER, 1989; BROWER, 1991; STEVENS, 1993), ihr weitreichendes, filigran verzweigtes und in historischer Perspektive vielfachen Wandlungen unterlegenes Migrationsmuster war aber nur von peripherem Interesse. Am Beispiel der im zentralen Solu-Khumbu-Distrikt behei-

Abb. 1: Blick über das Sherpa-Dorf Junbesi im nördlichen Solu.

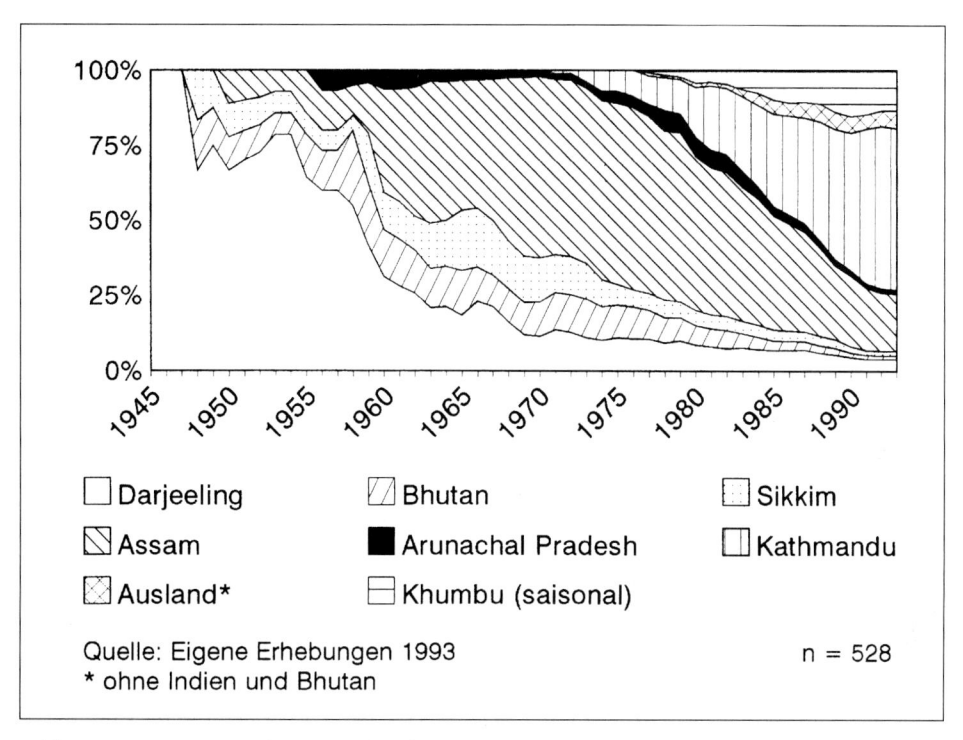

Abb. 2: Migrationsziele der Solu-Sherpas 1945-1993 (unter Berücksichtigung von Abwanderungszeitpunkt, Verweildauer und Rückkehr der Migranten).

mateten Sherpas werden nachfolgend die Grundzüge der Sherpa-Migrationsgeschichte skizziert.

Die Geschichte der Sherpas ist zugleich die Geschichte ihrer vielfältigen Wanderungen. Die Sherpas verliessen um die Mitte des 15. Jh. ihre Heimat im Osten Tibets, überschritten nach jahrzehntelangen Wanderungen durch das südliche Tibet zwischen 1480 und 1500 den Himalaya-Hauptkamm über den Nangpa La und liessen sich in den hochgelegenen Regionen Khumbu, Pharak und Solu im Südwesten des Khumbu-Himal nieder (OPPITZ, 1968). In den nachfolgenden Jahrhunderten weiteten sie ihr Siedlungsareal infolge steigender Bevölkerungszahlen und unzureichender Landreserven in die unmittelbar benachbarten Täler aus, so nach Deorali-Bandar (1725–1750), ins Arun- (1825) und Rolwaling-Tal (1860) (BAUMGARTNER, 1980).

Als die Sherpa-Bevölkerung Mitte des 19. Jh. infolge der verbesserten Ernährungsgrundlage nach Einführung der Kartoffel stark anstieg und zudem eine neue Zuwanderungswelle aus Tibet in ihren Siedlungsraum einsetzte, kam es mit der Abwanderung von Sherpas nach Darjeeling erstmals zu einer Emigrationswelle, die nicht in unmittelbar benachbarte Talschaften führte, sondern in räumlich entfernt gelegene Gebiete. Damit begann eine bis heute anhaltende Abwanderungsbewegung, die – zutreffend für die Sherpa-Bevölkerung des zentralen Solu – in folgende drei, von unterschiedlichen externen Einflüssen bestimmte Phasen zu unterteilen ist:

1. Phase: Migrationsbewegungen nach Darjeeling in der Zeit von 1860 bis 1947/50 unter dem Einfluss der britischen Kolonialzeit in Indien

Seit der Mitte des 19. Jh. eröffnete das auf Darjeeling konzentrierte britische Engagement im östlichen Himalaya neue wirtschaftliche Perspektiven für die arbeit- und landsuchende Bevölkerung der übervölkerten nepalesischen Hochgebirgs- und Middle mountains-Regionen, zu denen auch das Siedlungsgebiet der Sherpas zählte.

Ausschlaggebend für die Entwicklung Darjeelings zum regionalen Migrationsziel des östlichen Himalayaraumes waren dabei vier, in etwa zeitgleich einsetzende und parallel verlaufende Entwicklungen:
– Der Beschluss, seit den 1830er Jahren in Darjeeling eine «Hill station» zu errichten und diese 1879 zur offiziellen Sommerhauptstadt Bengalens zu ernennen.
– Die erfolgreichen Versuche, in und um Darjeeling Teeplantagen anzulegen und deren rasche Ausbreitung nach 1854.
– Das Engagement der britischen Regierung bezüglich des Ausbaus der Verkehrsinfrastruktur nach Darjeeling (Strassen- und Eisenbahnbau).
– Das Aufkommen des Himalaya-Alpinismus und dessen Konzentration auf Darjeeling.

Das Zusammenwirken dieser Entwicklungen bewirkte einen grossen Bedarf an Arbeitskräften und schuf gleichzeitig einen Markt, der Darjeeling auch für Geschäftsleute und Händler attraktiv werden liess. Der Bedarf an Arbeitskräften wurde in der Mehrheit durch nepalesische Zuwanderer – darunter bis zur Jahrhundertwende 3450 Sherpas (ORTNER, 1989) – befriedigt, die bis zu Beginn des 20. Jh. über 80% der Bevölkerung Darjeelings stellten (CHAUDHURI, 1986).

Seit Ende der 40er Jahre änderte sich diese Situation mit der Unabhängigkeit Indiens grundlegend. Der Wirtschaft Darjeelings wurde in allen dominanten Bereichen die Grundlage entzogen, als die Sommergäste aus Kalkutta ausblieben, das britische Management die Teeplantagen verliess, der Tibethandel nach der Grenzschliessung infolge der chinesischen Okkupation Tibets zusammenbrach und sich schliesslich durch die Öffnung Nepals das internationale Alpinismus-Zentrum sukzessive nach Kathmandu verlagerte. Für Darjeeling bedeuteten diese Veränderungen den Verlust seiner Funktion als wirtschaftliches Zentrum und vorherrschendes Migrationszielgebiet im Ost-Himalaya. Dieser Umstand findet seinen Ausdruck auch in den rückläufigen Bevölkerungszahlen der Sherpa-Gemeinde in Darjeeling, die einerseits durch Abwanderungen dezimiert wurde, andererseits durch die unterbrochene Zuwanderung keinen Zuwachs mehr erfuhr und zu Beginn der 60er Jahre wieder auf den Stand von 1941 zurückfiel (HOFFMANN, 1995).

2. Phase: Migrationsbewegungen in den Nordosten des Indischen Subkontinentes zwischen 1950/55 und 1975/80 unter dem Einfluss der indisch-chinesischen Rivalität (Sikkim, Bhutan, Arunachal Pradesh, Assam)

Die zweite Phase der Migrationsgeschichte war räumlich auf den Nordosten des indischen Subkontinentes konzentriert, wobei folgende vier Regionen als Zielgebiete für die Sherpa-Migranten Bedeutung erlangten: Bhutan, Sikkim, Arunachal Pradesh und Assam. Diese Regionen ersetzten im Verlaufe der 50er Jahre sukzessive das traditionelle Migrationszielgebiet der Sherpas im östlichen Himalaya, Darjeeling, und dominierten während der 60er bis zur Mitte der 70er Jahre das Wanderungsverhalten der Solu-Sherpas, ehe auch diese Region als Migrationszielgebiet an Bedeutung verlor. Bis zu 80% aller Sherpa-Emigranten eines Jahres wandten sich auf der Suche nach Einkommensmöglichkeiten in die Region Nordostindien. Während in Sikkim, Bhutan und Arunachal Pradesh Strassenbauprojekte den Migranten Arbeits- und Verdienstmöglichkeiten boten, lag das wirtschaftliche Betätigungsfeld der Sherpas in Assam in erster Linie im Bereich der Kleingastronomie (Teestuben, Spirituosenverkauf).

Die Ursache für den in den 50er Jahren im Nordosten des Indischen Subkontinentes entstehenden Arbeitsmarkt ist primär in der politischen Grosswetterlage der Zeit zu sehen. Nach dem Sieg der KP Chinas und der Unabhängigkeit Indiens aus der britischen Kolonialherrschaft war es, basierend auf den unterschiedlichen Gesellschaftssystemen Chinas und Indiens, zwischen den beiden asiatischen Grossmächten im Verlauf der 50er Jahre zur Rivalität hinsichtlich ihres jeweiligen Einflussbereiches auf dem asiatischen Kontinent gekommen (BECHTHOLD, 1964). Beide Staaten waren in diesem Zusammenhang bestrebt, politischen Einfluss auf die als Puffer fungierenden, neutralen Himalayastaaten Nepal, Bhutan und Sikkim zu erlangen. Aus der Umsetzung dieser Politik resultierte eine Vielzahl von Strassenbauprojekten entlang des südasiatischen Hochgebirgsgürtels von Kashmir im Nordwesten bis nach Arunachal Pradesh im Osten. So finanzierte die Regierung Nehru die strassenbauliche Erschliessung von Assam, Sikkim, Bhutan und Arunachal Pradesh sowie diverse Projekte in Nepal. Da der Bedarf an Arbeitskräften für die verschiedenen Projekte nicht durch die jeweilige autochthone Bevölkerung gedeckt werden konnte, entwickelte sich der Nordosten des Indischen Subkontinentes zum Zielgebiet nepalesischer Wanderarbeiter bzw. Arbeitsmigranten, unter denen wiederum mehrere Hundert Sherpas waren. Der kleinere Teil dieser Sherpa-Migranten verdingte sich dabei als Lohnarbeiter oder als Subunternehmer im Strassenbau, während das Gros der Sherpas sich in der durch Teeanbau charakterisierten Region Tezpur sowie in den wenigen städtischen Wirtschaftszentren Assams niederliess und durch die Destillation und den Verkauf von Rakshi (Schnaps) an Teeplantagenarbeiter ein überdurchschnittliches Einkommen erzielte.

Ende der 70er, Anfang der 80er Jahre schlug die zunehmend fremdenfeindliche Stimmung in Assam, die sich zunächst ausschliesslich gegen die seit der britischen Kolonialzeit anhaltende Zuwanderung von Biharis gerichtet hatte, in offene Aggression gegen Nicht-Assamesen generell um. Dies hatte neben der Tatsache, dass der

Grossteil der Strassenbauprojekte in der Region zwischenzeitlich fertiggestellt worden war, zur Folge, dass die weitere Zuwanderung von Sherpas nach Assam ausblieb und zugleich eine Abwanderung von Sherpas aus Assam nach Nepal einsetzte. Mit diesen Ereignissen verlor der Nordosten des Indischen Subkontinentes seine Funktion als Migrationszielgebiet der Sherpas, die ihr Migrationsmuster seit Mitte der 70er Jahre neu organisierten. Kathmandu und Khumbu wurden binnen weniger Jahre zu den bis heute vorherrschenden Migrationszielgebieten der Solu-Sherpas.

Abb. 3: Sherpa-Migrantinnen aus Solu-Khumbu in einer Teppich-Knüpferei in Kathmandu.

3. Phase: Migrationsbewegungen nach Kathmandu und in die Region Khumbu seit 1975/80 unter dem Einfluss des internationalen Tourismus

Die Entwicklung des internationalen Tourismus nach Nepal im allgemeinen und des Trekking-Tourismus seit der zweiten Hälfte der 70er Jahre im besonderen ist letztendlich die Ursache für die wirtschaftliche Entwicklung Kathmandus und Khumbus und damit einhergehend für deren Bedeutungsgewinn als Migrationszielgebiet der Sherpas aus dem zentralen Solu. Während bis Ende der 70er Jahre lediglich erste Ansätze eines neuen Migrationsstranges beobachtet werden konnten, löste dieser binnen weniger Jahre den Nordosten des Indischen Subkontinentes als Hauptmigrationsziel ab und dominiert das aktuelle Migrationsgeschehen aus dem zentralen Solu. Die Sherpa-Migranten gehen in Kathmandu dabei vorrangig einer Betätigung in folgenden Branchen nach:

Das Gros der männlichen Sherpa-Migranten findet in Kathmandu eine Arbeitsmöglichkeit als Bergführer, Organisator der Träger (Sirdars), Koch oder Träger in einer der Trekking-Agenturen. Diese Konzentration erklärt sich aus der jahrzehntelangen Tradition der Sherpas im Himalaya-Alpinismus und ihrem diesbezüglichen hervorragenden Renommee, das sie bereits zu Beginn des 20. Jh. in Darjeeling begründeten. Eine zweite Gruppe von Migranten betätigt sich als selbständige Geschäftsleute und Unternehmer, die eine Garküche, eine Trekking-Agentur oder eine Teppichfabrik betreiben. Das für die verschiedenen Unternehmungen erforderliche Investitionskapital wurde in vielen Fällen in Assam durch den Handel mit Rakshi oder im Trekking-Geschäft erworben. Darüber hinaus ist die Gruppe der Studenten zu erwähnen. Es handelt sich dabei um Kinder der wohlhabenden Familien aus dem zentralen Solu, die ihre über das zehnte Schuljahr hinausreichende schulische oder universitäre Ausbildung in Kathmandu fortsetzen. Schliesslich ist auf die Lohnarbeiter zu verweisen, die als Knüpfer in einer der zahlreichen Teppichfabriken Kathmandus eine Einkommensmöglichkeit fanden. Diese Tätigkeit wird zumeist von Frauen und Mädchen ausgeführt. Der grösste Teil all dieser Migranten siedelt permanent nach Kathmandu über und unterhält nurmehr lose, auf einen Besuch pro Jahr begrenzte Kontakte zum Herkunftsgebiet.

Gleichfalls im direkten Zusammenhang mit dem Trekking-Tourismus ist die Entstehung einer saisonalen Arbeitskräftemigration von ein- bis zweihundert Männern zu sehen, die jährlich für einen Zeitraum von drei bis sechs Monaten in die Region Khumbu gehen, um dort im Baugewerbe als Maurer, Schreiner oder Hilfsarbeiter ein monetäres Einkommen zu erzielen.

Das Basislager für die Besteigungen des Mt. Everest in der Region Khumbu ist neben dem Annapurna-Massiv und der nördlich Kathmandu gelegenen Helambu-Langtang-Region Hauptziel des Trekking-Tourismus in Nepal, das 1992 von über 12'000 Bergwanderern aufgesucht wurde. Das jährlich wachsende Besucheraufkommen in Khumbu bedingt einen entsprechenden Bedarf an touristischen Infrastruktureinrichtungen zur Versorgung und Unterbringung der Wanderer. Da die wenigen aus der Zeit des aktiven Tibethandels in Namche Basar vorhandenen Unterkünfte weder quantitativ noch qualitativ den seit Ende der 70er Jahre ständig stei-

Abb. 4: Blick über Namche Basar, dem wirtschaftlichen und touristischen Zentrum des Solu-Khumbu-Distriktes.

genden Bedarf decken konnten, setzte ein seither anhaltender Boom im lokalen Baugewerbe ein, der insbesondere auf Lukla und Namche Basar, den touristischen Zentren Khumbus, konzentriert ist. Der damit einhergehende Bedarf an Arbeitskräften wird primär, nämlich zu über 80%, durch saisonale Arbeitsmigranten aus dem südwestlich an Khumbu angrenzenden Solu befriedigt. Damit entstand in relativer Nähe zum Siedlungsgebiet der Solu-Sherpas ein Migrationszielgebiet, das parallel zu Kathmandu genutzt wird und gemeinsam mit diesem den Nordosten des Indischen Subkontinentes als Migrationszielgebiet im Verlauf der zweiten Hälfte der 70er Jahre ersetzte.

Die Migrationsgeschichte der Solu-Sherpas zeigt nicht nur die historischen Veränderungen im Wanderungsverhalten von Bewohnern des östlichen Himalayas, sondern verdeutlicht zugleich, welchen entscheidenden Einfluss externe, übergeordnete national- und globalpolitische bzw. wirtschaftliche Prozesse und Entwicklungen im Sinne von BISHOP (1990) und SCHMIDT-WULFFEN (1987) auf das Wanderungsverhalten peripherer Gesellschaften nehmen können. Dieser Erkenntnis muss bei der Erforschung der Ursachen, des Verlaufes sowie der Folgen von Migrationsbewegungen generell Rechnung getragen werden.

Literatur

AXELSON, H., 1977: The Sherpas in the Solu-District. A preliminary report on ethnological field research in the Solu-District of north-eastern Nepal. Kopenhagen.
BAUMGARTNER, R., 1980: Trekking und Entwicklung im Himalaya. Die Rolwaling-Sherpa in Ost-Nepal im Dilemma zwischen Tourismus und Tradition. Zürich.
BECHTHOLD, H., 1964: Indien oder China? Die Alternative in Asien. München.
BISHOP, B., 1990: Karnali under stress. Livelihood strategies and seasonal rhythms in a changing Nepal Himalaya. Chicago.
BROWER, B., 1991: Sherpa of Khumbu. People, livestock and landscape. Delhi.
CHAUDHURI, B., 1986: Economy, migration and development in the Eastern Himalayas: A study with special reference to the hill areas of Darjeeling, West Bengal. In: UIDYARTHI, L.P. & JHA, M. (Hrsg.): Ecology, economy and religion of the Himalayas. Delhi, 72–85.
ECONOMIC AND SOCIAL COMMISSION FOR ASIA AND THE PACIFIC (ESCAP), 1991: Small town and rural human resources development to reduce migration to large cities – China, India, Indonesia, Nepal, Papua New Guinea. Asian Population Studies Series, No. 110, Washington.
VON FÜRER-HAIMENDORF, Ch., 1964: The Sherpas of Nepal. London.
GURUNG, H., 1989: Regional patterns of migration in Nepal. Honolulu. (= Papers of the East-West-Population Institute, No. 113).
VON DER HEIDE, S., 1988: Aspekte des sozio-kulturellen Wandels der migrierten Thakali in Nepal. Organisation und Migration. Freiburg. Dissertation.
VON DER HEIDE, S., 1993: Die Thakali des Thak Khola, Zentralnepal, und ihr Wanderungsverhalten. In: SCHWEINFURTH, U., (Hrsg.): Neue Forschungen im Himalaya. Stuttgart, 129–154.
HOFFMANN, T., 1994: Die Sherpas. Tradition und Wandel am höchsten Ende der Welt. In: Südasien, 14. Jg., Nr. 4–5, 48–51.
HOFFMANN, T. 1995: Migration und Entwicklung, untersucht am Beispiel des Solu-Khumbu Distriktes, Ost-Nepal. Freiburg. (= Freiburger Studien zur Entwicklungsforschung, Bd. 10).
HUSAIN, M., 1989: Seasonal migration of Kashmiri labour. A spatio-temporal analysis. Delhi.
IVES, J., 1980: Highland-lowland interactive systems in the humid tropics and sub-tropics. In: IVES, J., SABHASRI, S. & VORAURAI, P. (Hrsg.): Conservation and development in Northern Thailand. UNU. Tokio, 3–8.
IVES, J., 1982: Highland-lowland interactive systems. In: The natural resources programme (1977–1981). UNU Tokio, 23–39.
IVES, J. & MESSERLI, B., 1989: The Himalayan Dilemma. Reconciling development and conservation. London/New York.
MESSERLI, B., 1980: Climatological, pedological and geomorphological processes in tropical mountain ecosystems. In: IVES, J., SABHASRI, S. & VORAURAI, P. (Hrsg.): Conservation and development in Northern Thailand. UNU. Tokio, 55–62.
NEWLAND, K., 1994: Flüchtlinge. In: World Watch, 3. Jg., H.3, 10–19.
ORTNER, S.B., 1989: High religion – a cultural and political history of Sherpa Buddhism. New Delhi.
PANDE, D. & JOSHI, S., 1987: Occupational migration in rural Kumaun. In: Pangtey, Y. & Joshi, S., (Hrsg.): Western Himalaya, Vol.II: Problems and development, Nainital, 463–475.
RAWAT, P., 1987: Migration and development in Uttar Pradesh Himalaya. In: Pangtey, Y. & Joshi, S., (Hrsg.): Western Himalaya, Vol.II: Problems and development, Nainital, 805–809.
RUSSEL, S. & TEITELBAUM, M., 1992: International migration and international trade. Washington, D.C. (World Bank Discussion Paper No. 160).
SCHMIDT-WULFFEN, W., 1987: 10 Jahre entwicklungstheoretischer Diskussion. In: Geographische Rundschau, 39. Jg., H.3, 130–135.
STEVENS, S., 1993: Claiming the high ground. Sherpas, subsistence and environmental change in the highest Himalaya. Berkeley.
UNITED NATIONS FUND FOR POPULATION ACTIVITIES (UNFPA) 1994: World Population Report 1994. Deutsche Ausgabe. Bonn.

Persönlich

Im Spätherbst 1975 trafen sich Bruno Messerli, Jack Ives und Walther Manshard in Bad Krozingen (bei Freiburg), um über Zukunftsprojekte im Bereich der Gebirgsökologie zu beraten, die der zuletzt Genannte, der gerade zum Vizerektor der United Nations University, Tokio, ernannt worden war, im Rahmen eines neuen Forschungsprogrammes zu realisieren gedachte. Nach anfänglicher Skepsis (besonders von Jack Ives) gegenüber den bereits bestehenden UNESCO-Projekten (Man and Biosphere; MAB 6: «Study of the Impact of Human Activities on Mountain Ecosystems»), verständigten wir uns schnell auf ein schrittweises Vorgehen mit einer Reihe von Planungsworkshops und einigen bereits regional fixierten Forschungsvorhaben. Vorgesehen war auch die enge Zusammenarbeit mit einem Projekt über «Agroforestry Systems» der UNU (initiiert durch Gerardo Budowski, Turrialba, Costa Rica). Eine weitere flankierende Massnahme war die enge Kooperation mit der von Carl Troll begründeten Kommission «Mountain Geoecology» der Internationalen Geographischen Union (IGU), an der Bruno Messerli und Jack Ives von Anfang an intensiv beteiligt waren, und die von Walther Manshard als dem damaligen Generalsekretär der IGU betreut wurde.

In einem Workshop (Boulder, Colorado 1977) wurde das Konzept des «Highland–Lowland Interactive System» weiter entwickelt (IVES, 1980, 1982 und MESSERLI, 1980), das dann nach verschiedenen explorativen Missionen, z.B. nach Thailand (Chiang Mai), Papua Neuguinea und Nepal, «in situ» zur Anwendung kam.

Zwischen diesen ersten Jahren und der Gegenwart liegen zwei Jahrzehnte intensiver Forschung, an der Bruno Messerli (gemeinsam mit seinem Berner Institutsteam) immer massgeblich beteiligt war. Die langjährigen Arbeiten gipfelten in vielen Aktivitäten, von denen hier nur die Begründung des Journals «Mountain Research and Development», das Buch «The Himalayan Dilemma» (1989) und der wichtige Beitrag der Forschungsgruppe zur UN-Konferenz über Umwelt und Entwicklung (UNCED, Rio de Janeiro 1992) als Höhepunkte erwähnt seien. Aber es war nicht nur der hervorragende wissenschaftliche Einsatz von Bruno Messerli, der zählte. Es waren auch die vielfältigen Berner Kontakte, die eine grosszügige Finanzierung vieler Gebirgsprojekte in Afrika, Asien und Lateinamerika durch schweizerische Entwicklungshilfe-Organisationen ermöglichte. Unser erstes und recht erfolgreiches Forschungsfeld lag in Nepal, wo Bruno Messeli (gemeinsam mit Hans Kienholz) wichtige Pionierarbeit zu Fragen des «Mountain Hazard Research» (insbesondere durch die geomorphologische Kartierung von «Landslides») leistete.

Als Zeichen unserer engen Verbundenheit sei der obenstehende Beitrag, der auf einer Freiburger Dissertation (HOFFMANN, 1995) basiert, Bruno Messerli mit allen guten Wünschen zu seiner Emeritierung gewidmet.

Prof. Dr. Walther Manshard, Institut für Kulturgeographie, Albert-Ludwigs-Universität, Freiburg i. Br.

Zur Komplexität der Überschwemmungen in Bangladesh

Mit Bruno Messerli vom «Tiger Hill» (Darjeeling Himalaya) zum «Tiger Point» (Golf von Bengalen)

Thomas Hofer, Rolf Weingartner, Robeen Dutt, Francesca Escher,
Martin Grosjean, Roland Guntersweiler, Thorbjörn Holzer, Talim Hossain,
Regina Liechti, Barbara Schneider, Susanne Zumstein

1. Himalayaforschung – eine langjährige Tradition von Bruno Messerli

Alljährlich treffen während der Monsunzeit Nachrichten über verheerende Überschwemmungen aus dem indischen Subkontinent bei uns ein. Die zunehmende Entwaldung und die expandierende Landnutzung in den Berggebieten werden für die Flutkatastrophen in Indien und Bangladesh verantwortlich gemacht (z.B. FARZEND, 1987). Die Wirkungskette scheint einleuchtend und folgerichtig: Bevölkerungswachstum im Gebirge – zunehmende Nachfrage nach Land, Brennholz und Viehfutter – unkontrollierte Entwaldung in immer steileren Gebieten – erhöhte Spitzenabflüsse und verstärkte Erosion im Gebirge – grössere Sedimentfracht und zunehmende Überschwemmungen in den dicht genutzten Flussebenen des Ganges und Brahmaputra. Diese Wirkungskette wird heute noch von Politikern und einigen Wissenschaftern vertreten, ohne dabei allerdings über eine solide Datengrundlage zu verfügen. Sind die Verhältnisse wirklich so einfach? Ist die politisch hochbrisante Schuldzuweisung an die Bevölkerung der Gebirgsräume überhaupt haltbar?

Im Jahre 1979 begann Bruno Messerlis Engagement im Himalaya. Zusammen mit seinem Kollegen Jack Ives initiierte er das von der United Nations University (UNU) finanzierte Projekt «Highland-Lowland Interactive Systems», später umbenannt in «Mountain Ecology and Sustainable Development». Bruno Messerlis Anliegen als Koordinator dieses Programmes war und ist es, Grundlagen zu den komplexen ökologischen Zusammenhängen zwischen dem Himalaya und den ausgedehnten Tiefebenen zu erarbeiten und damit zu einer fundierteren und differenzierteren Diskussion anzuregen.

Bis zum Ende der 80er Jahre konzentrierten sich die Forschungsaktivitäten auf das Gebirge. Die Erosionsprozesse und deren Zusammenhang mit der Landnutzung, das Abflussverhalten der Himalayaflüsse, die Funktion des Waldes sowie die Entwaldungsgeschichte waren die dominierenden Themen. Immer wurde dabei versucht, die Erkenntnisse aus dem Gebirge mit den Überschwemmungsprozessen in der Ebene in Beziehung zu setzen. Bruno Messerli und sein Team begannen, mehr und mehr an der eingangs kurz skizzierten «Theory of Himalayan Degradation» (IVES, 1987) zu zweifeln. In den Bänden «The Himalayan Dilemma» (IVES & MESSERLI, 1989) und «Himalayan Environment: Pressure-Problems-Processes» (MESSERLI et al.,

1993) sind die Resultate dieser langjährigen Forschungsaktivitäten zusammengestellt. Im Folgenden wollen wir die entscheidenden Thesen herausgreifen:
– Vom Menschen verursachte Veränderungen der natürlichen Prozesse im Himalaya können nur auf lokaler Ebene festgestellt werden. Auswirkungen in grösseren Einzugsgebieten sind nicht erkennbar.
– Es ist nicht möglich, einen ursächlichen Zusammenhang zwischen menschlichen Aktivitäten im Gebirge, insbesondere Abholzung, und Katastrophen in der Ebene, insbesondere Überschwemmungen, herzustellen.

2. Überschwemmungen in Bangladesh – ein Forschungsschwerpunkt seit 1992

2.1. Projektübersicht

Im Jahr 1992 erfolgte in konsequenter Fortsetzung der Forschungsaktivitäten der Schritt vom Himalaya in die Tiefebene von Bangladesh. Von diesem Projekt wird im Folgenden schwergewichtig vor dem Hintergrund der Highland-Lowland-Problematik berichtet.

Abb. 1 zeigt eine Statistik der jährlich überschwemmten Flächen in Bangladesh. 1988 kam es zu einer der schlimmsten Fluten des Jahrhunderts: Knapp 90 000 km^2 oder gut 60% der Staatsfläche standen unter Wasser. Dieses Ereignis löste national und international zahlreiche Initiativen aus. Unter anderem wurde – mit starker internationaler Beteiligung und koordiniert von der Weltbank – der sogenannte «Flood Action Plan» (FAP) ins Leben gerufen mit dem Ziel, die Überschwemmungen zu kontrollieren.

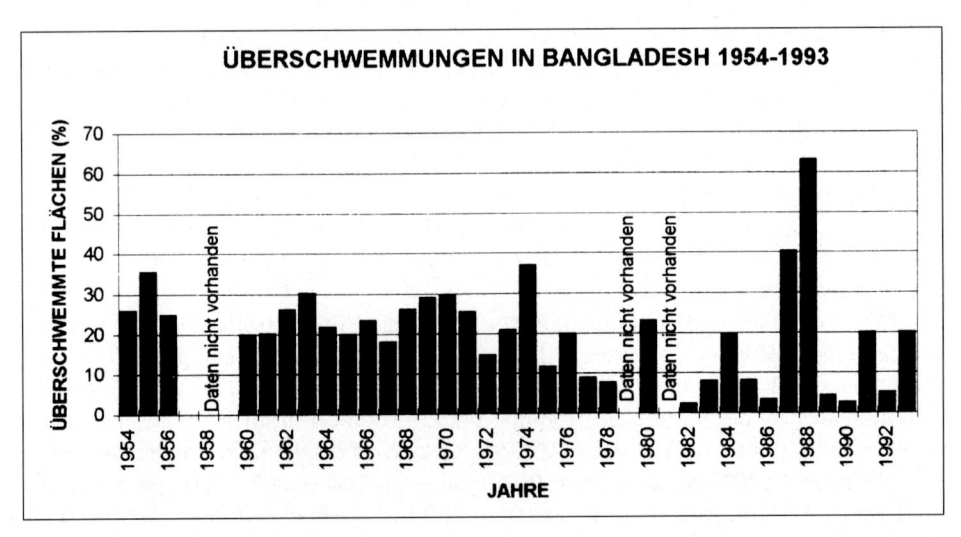

Abb. 1: Überschwemmte Flächen in Bangladesh in % der Staatsfläche, 1954 bis 1993 (Quelle: BWDB, 1991)

Dieser Plan ist ökologisch sehr umstritten. Da Bangladesh ein Schwerpunktland der schweizerischen Entwicklungszusammenarbeit ist, wird die Direktion für Entwicklung und Zusammenarbeit (DEZA) im Eidg. Departement für auswärtige Angelegenheiten immer wieder mit der Frage der Überschwemmungen und deren Eindämmung konfrontiert, obwohl die DEZA selbst nicht im FAP integriert ist.

Das von der DEZA und der UNU finanzierte und von Bruno Messerli geleitete Projekt «Überschwemmungen in Bangladesh – Prozesse und Auswirkungen» hat somit zwei Beweggründe: Es bildet die Fortsetzung der langjährigen Forschungspraxis von Bruno Messerli im Grossraum Himalaya, jetzt mit einem neuen Focus auf das Tiefland; gleichzeitig orientiert es sich an den praxisbezogenen Fragestellungen der DEZA. Das Projekt konzentriert sich auf vier Kernbereiche:

– *«Highland-Lowland Interactions»:* Sind monsunale Überschwemmungen in Bangladesh vor allem durch im Land selbst gefallene Niederschläge verursacht, oder haben Niederschlagsereignisse in der Fusszone des Himalayas oder sogar im Gebirge selbst einen signifikanten Einfluss?
– *Komplexität:* Wird jede Überschwemmung durch eine individuelle Kombination von Faktoren (Niederschlag, Abfluss, Grundwasser, Ebbe-Flut etc.) verursacht, oder gibt es wiederkehrende räumlich-zeitliche Muster?
– *Geschichte:* Haben Intensität und Dimension der Überschwemmungen wirklich zugenommen, wie so oft behauptet wird?
– *Erfahrung der betroffenen Bevölkerung:* Wie nimmt die Bevölkerung die Überschwemmungen wahr? Welches sind ihre Strategien im Umgang mit Überschwemmungen? Welches sind ihre Erfahrungen mit den bereits bestehenden seitlichen Flussverbauungen zur Eindämmung der Fluten?

Die Projektstruktur ist ein Spiegel von Bruno Messerlis vielschichtigem Forschungsansatz. Das Projekt
– ist integrativ, da es die Überschwemmungsthematik aus dem Blickwinkel der Physischen Geographie als auch der Humangeographie angeht;
– ist forschungs- und zugleich anwendungsorientiert;
– arbeitet in unterschiedlichen geographischen Massstäben.

2.2. Eine unvergessliche Exkursion im September 1994

Die Exkursion hatte zum Ziel, einen «Highland-Lowland»-Querschnitt vom Himalaya in den Golf von Bengalen zu legen und Themen wie Erosionsprozesse, Flussmorphologie, Überschwemmungsprozesse, Bodenverhältnisse oder Landnutzungssysteme auf verschiedenen Stufen dieses Transsektes vergleichend zu diskutieren, um mit dieser Felderfahrung die Fragestellungen des Projektes fundierter angehen zu können. Gleichzeitig aber schlug dieser Gang vom Himalaya in die Ebene die Brücke zwischen den früheren Forschungsschwerpunkten im Himalaya und den heutigen im Tiefland.

Schon allein die gewählte Route (Abb. 2) machte das Unterfangen zu einem Ereignis. Bruno Messerli aber ist verantwortlich dafür, dass die Exkursion zu einer wahrhaft legendären Reise wurde. Es ist eine einmalige Erfahrung, mit Bruno Messerli vor Ort Beobachtungen zu diskutieren, diese zu interpretieren und in den grösseren Zusammenhang zu stellen. Nie verliert er ob den Details den Überblick, immer

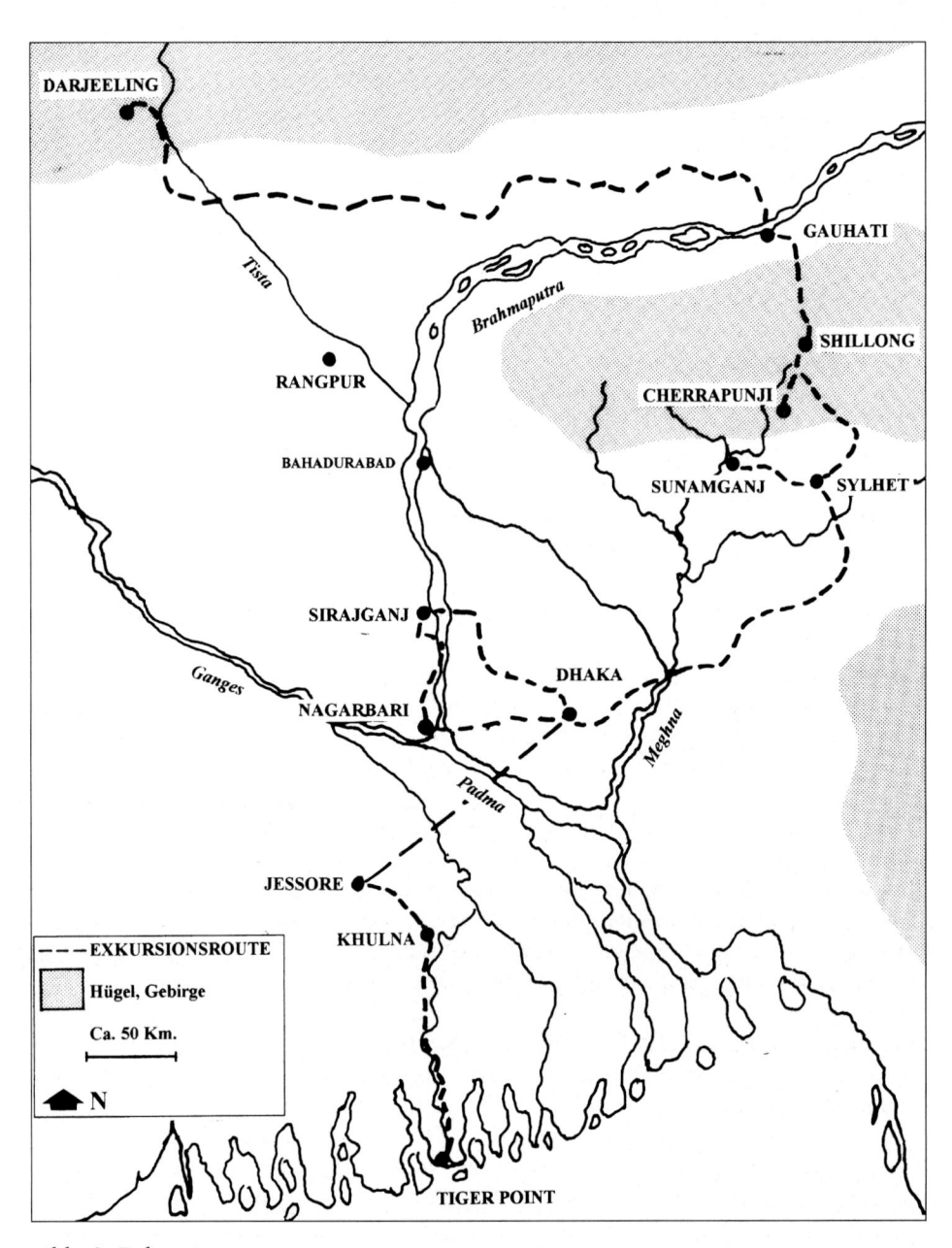

Abb. 2: Exkursionsroute

gelingt es ihm, integrale Ansätze und Interpretationen in den Vordergrund zu stellen, die Vielfalt von Beobachtungen auf die wesentlichen Punkte zusammenzuführen. Dazu kommt, dass die Exkursion in einer äusserst harmonischen, kollegialen und fröhlichen Atmosphäre stattfand, zu der Bruno Messerli Entscheidendes beigetragen hat.

Kasten 1

- Darjeeling/Tista: 1994 war im östlichen Himalaya, in Assam und in Bangladesh ein wenig ausgeprägtes Monsunjahr. Die Wasserführung der Flüsse war eher gering, die Überschwemmungen im Tiefland unterdurchschnittlich. Es war für uns in dieser Situation kaum vorstellbar, dass der Pegel des Tista um 3 bis 5 Meter ansteigen und Brücken wegschwemmen kann, wie er es Anfang Oktober 1968 getan hatte (STARKEL, 1972). Die Talhänge waren mit dichter Vegetation bedeckt, Spuren früherer Rutschungen waren kaum sichtbar. Auch im Flussbett sind keine Hinweise auf eine starke Seitenerosion zu finden (Fig. 3). Können Himalayaflüsse wirklich für Überschwemmungen bis nach Bangladesh hinunter verantwortlich gemacht werden?
- Assam/Gauhati: Der Brahmaputra ist ein weitverzweigtes Fluss-System mit unzähligen Nebenarmen, Teichen und Sümpfen. Gerade letztere bilden grosse, natürliche Speichersysteme für die in der Monsunzeit anfallenden Wassermassen. Sind seitliche Verbauungen des Brahmaputra, welche diese Teiche und Sümpfe vom hydrologischen System isolieren, wirklich die richtige Massnahme zur Eindämmung der Überschwemmungen?
- Meghalaya/Cherrapunji: Die Station Cherrapunji kann Rekordwerte des Niederschlags (durchschnittlich 12000 bis maximal 26000 mm/Jahr) vorweisen (TEICH, 1975). Diese hohen Niederschläge sind auf die Monsunmonate konzentriert und fallen auf sehr flachgründige, auf der Südseite des Hochlandes nur mit Gras bewachsene Böden. Ein enorm grosser Oberflächenabfluss bzw. oberflächennaher Abfluss muss angenommen werden. Wäre es denkbar, dass die Niederschläge in den «Meghalaya Hills» entscheidend sind für die Auslösung von Überschwemmungen in Bangladesh?
- Sunamganj: Die Senke von Sylhet steht alljährlich während ungefähr sechs Monaten unter Wasser, die Dörfer verwandeln sich in kleine Inseln (Fig. 4). Die Region bildet somit einen grossen Zwischenspeicher für die Wassermassen, die während der Monsunzeit aus den umliegenden Regionen anfallen. Zur Erschliessung der Dörfer in der Senke sind zahlreiche, durch Dämme erhöhte Verbindungswege im Bau. Ist nicht gerade die Verbesserung der Infrastruktur längerfristig ein sinnvoller Umgang mit der Überschwemmungsproblematik als der Bau seitlicher Dämme entlang der Hauptflüsse?
- Testgebiet Sirajganj: Der Brahmaputra ist ein extrem dynamisches Fluss-System. Insbesondere auf der Westseite kann die laterale Erosion bis zu einem halben Kilometer pro Jahr (!) betragen, andernorts finden grossflächige Depositionen statt. Die Art der Ablagerung (Sand, Silt, Ton) entscheidet über die Nutzungsmöglichkeiten dieser aufgeschütteten Gebiete. Sind diese Flusslaufveränderungen längerfristig für die betroffene Bevölkerung einschneidender als Überschwemmungen?
- Testgebiet Nagarbari: Der Zusammenfluss von Ganges und Brahmaputra ist äusserst faszinierend. Im August z.B. treffen hier durchschnittlich 38000 m^3/s des Ganges und 43000 m^3/s des Brahmaputra zusammen. Die beiden Ströme lassen sich noch weit unterhalb ihrer Vereinigung durch die unterschiedliche Färbung unterscheiden. Je nach Wasserführung des Ganges und des Brahmaputra wird der eine oder der andere Fluss zurückgestaut. Ist der zeitliche Ablauf bzw. die Staffelung der Hochwasserscheitel von Ganges und Brahmaputra entscheidend für die Hochwassersituation in Bangladesh? Tritt der «worst case» immer dann auf, wenn sich die Hochwasserspitzen der beiden Ströme überlagern, wie es z.B. 1988 der Fall war?
- Sundarbans/Tiger Point: Die Sundarbans bilden eines der grössten Mangrovengebiete der Welt. Mangroven bieten einen natürlichen Schutz vor Flutwellen, die vor allem durch Wirbelstürme verursacht werden. Mangroven deuten aber auch auf Gezeitenprozesse hin, deren Einfluss in Bangladesh ungewöhnlich weit ins Landesinnere reicht. Fördern Springfluten grossräumige monsunale Überschwemmungen entscheidend, indem sie die Wassermassen der Flüsse zurückstauen?

Es ist unmöglich, die Vielfalt der Exkursionseindrücke und der Resultate in kurze Worte zu fassen. Im Kasten 1 wird deshalb für jede Exkursionsetappe eine zentrale Beobachtung herausgegriffen und eine für das laufende Projekt entscheidende Frage formuliert.

3. Überschwemmungen in Bangladesh – Thesen aus der Analyse von Monatsdaten

Die Kernfragen sind dieselben wie bei den früheren Arbeiten im Himalaya (siehe Kapitel 1), das Augenmerk aber ist auf das Tiefland von Bangladesh gerichtet, um die Thesen aus dem Gebirge zu verifizieren. Bei der Analyse wurde versucht, möglichst das gesamte Einzugsgebiet des Ganges, des Brahmaputra und des Meghna einzubeziehen, was aber mit erheblichen Datenproblemen verbunden ist:
– Für den gesamten Grossraum sind Niederschlagsdaten nur auf Monatsbasis verfügbar. Es zeigte sich aber, dass für das Ausmass der Überschwemmungen in Bangladesh Monatsdaten durchaus erste grundlegende Hinweise geben.
– Das Thema Wasser ist im indischen Grossraum ein hochbrisantes Politikum. Deshalb gelten Abflussdaten grundsätzlich als geheim. Es stehen uns lediglich einzelne Messreihen der wichtigsten Flüsse zur Verfügung.

Im Rahmen der Niederschlagsauswertungen wurde eine Methodik entwickelt, für 13 definierte Teileinzugsgebiete (Abb. 5) aus Monatsniederschlägen potentielle Abflüsse

Abb. 3: Der Tista kurz vor seinem Austritt in die Ebene (Aufnahme 7.9.1994)

Abb. 4: Überschwemmungen im Gebiet von Sunamganj (Aufnahme 14.9.1994)

zu schätzen und deren Relevanz für die Überschwemmungen in Bangladesh zu gewichten (Formeln siehe Kasten 2).

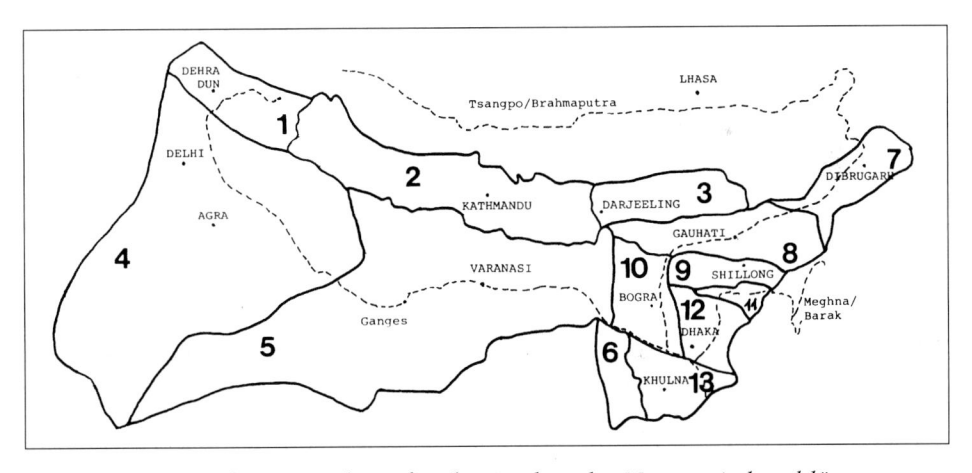

Abb. 5: Die 13 Teileinzugsgebiete für die Analyse der Monatsniederschläge
1: Nordwesticher Himalaya
2: Nepal
3: Darjeeling Himalaya
4: Obere Indische Gangesebene
5: Untere Indische Gangesebene
6: Südliches West Bengal
7: Oberer Assam
8: Unterer Assam
9: Meghalaya
10: Nordwestliches Bangladesh
11: Senke von Sylhet
12: Zentrales und östliches Bangladesh
13: Südliches Bangladesh

> **Kasten 2**
>
> **R_{ij} (pot) =** $\quad P_{ij} * \alpha_{ij} * F_i$
>
> R_{ij} (pot) $\quad$ Potentieller Monatsabfluss aus dem i-ten Teileinzugsgebiet im j-ten Monat
> P_{ij}: $\quad$ Gebietsniederschlag im i-ten Teileinzugsgebiet im j-ten Monat
> α_{ij}: $\quad$ Abflussfaktor des i-ten Teileinzugsgebietes im j-ten Monat
> F_i: $\quad$ Fläche des i-ten Teileinzugsgebietes
>
> **R_{ij} (relev) =** $\quad R_{ij}$ (pot) * $dist_i$
>
> mit $dist_i = \dfrac{1/d_i^2}{\sum_{i=1}^{n}(1/d_i^2)}$
>
> R_{ij} (relev) $\quad$ Indikator für die Überschwemmungsrelevanz des potentiellen Abflusses des i-ten Teileinzugsgebietes im j-ten Monat
> $dist_i$ $\quad$ gewichtete Distanz des i-ten Teileinzugsgebietes
> d_i: $\quad$ Distanz des i-ten Gebietes (Schwerpunkt) zum Zusammenfluss von Padma und Meghna (Abb. 2)

Mit Hilfe der beiden Formeln ist es möglich, die Teileinzugsgebiete im Ganges-Brahmaputra-Meghna-Gebiet räumlich-zeitlich differenziert zu betrachten. Insbesondere kann das Hochwassergeschehen in ausgewählten Überschwemmungs-, Trocken- und Durchschnittsjahren analysiert werden. Zusätzlich zu den Niederschlagsauswertungen wurden, soweit vorhanden, auch Monatsabflüsse verschiedener Gewässer interpretiert. Aufgrund all dieser Analysen lassen sich folgende Thesen ableiten:

These 1: Die Niederschläge im Ganges-Brahmaputra-Meghna-System müssen für jede Monsunzeit räumlich differenziert betrachtet werden.
Trockenjahre im Westen sind häufig gekoppelt mit Feuchtjahren im Osten und umgekehrt. Die Niederschlagsanomalien spezifischer Jahre im Himalaya korrelieren nicht unbedingt mit denjenigen der indischen Tiefebenen. Die Überschwemmungen in Bangladesh werden also durch eine Kombination regional differenzierter Niederschlags- und Abflusscharakteristika beeinflusst.

These 2: Die Überschwemmungen in Bangladesh scheinen einen Zusammenhang mit Fluten in Assam zu haben, nicht aber mit Fluten in der indischen Gangesebene.
1987 und 1988 fanden zwei aussergewöhnliche Überschwemmungen in Bangladesh statt (Abb. 1). Zu ähnlichen Zeitpunkten wurden auch aus Assam Flutereignisse gemeldet. 1971 und 1978 waren katastrophale Überschwemmungssommer in der indischen Gangesebene. In Bangladesh wurden keine besonderen Fluten beobachtet, 1978 war statistisch gesehen sogar ein Trockenjahr!

These 3: Der Niederschlag in Meghalaya und in Bangladesh selber ist entscheidend für die Überschwemmungsprozesse in Bangladesh

Von April bis Juni trägt das Hügelgebiet von Meghalaya durchschnittlich 20-25% des gesamten potentiellen Abflusses der 13 Teileinzugsgebiete bei, obwohl diese Region nur knapp 2% der Fläche ausmacht. Im Vergleich mit den übrigen Teileinzugsgebieten ist die Relevanz der Abflüsse aus dem Meghna-Gebiet für die Überschwemmungen in Bangladesh stets am grössten. Dazu kommt, dass in Meghalaya und Bangladesh Jahre mit positiven oder negativen Anomalien des potentiellen Abflusses sehr gut mit Jahren überdurchschnittlicher oder unterdurchschnittlicher Überschwemmungen übereinstimmen, was für die anderen Regionen nicht zutrifft.

These 4: Eine Kombination von hohem externem «Basisabfluss» mit kurzfristigen, im Land selber produzierten Abfluss-Spitzen ist wichtig für die Überschwemmungsprozesse in Bangladesh

Das Niveau des «Basisabflusses» des Brahmaputra und des Ganges gibt zwar Hinweise auf das Überschwemmungspotential, die Auslöser von Überschwemmungen aber sind oftmals kurzfristige Abfluss-Spitzen, verursacht durch regionale oder sogar

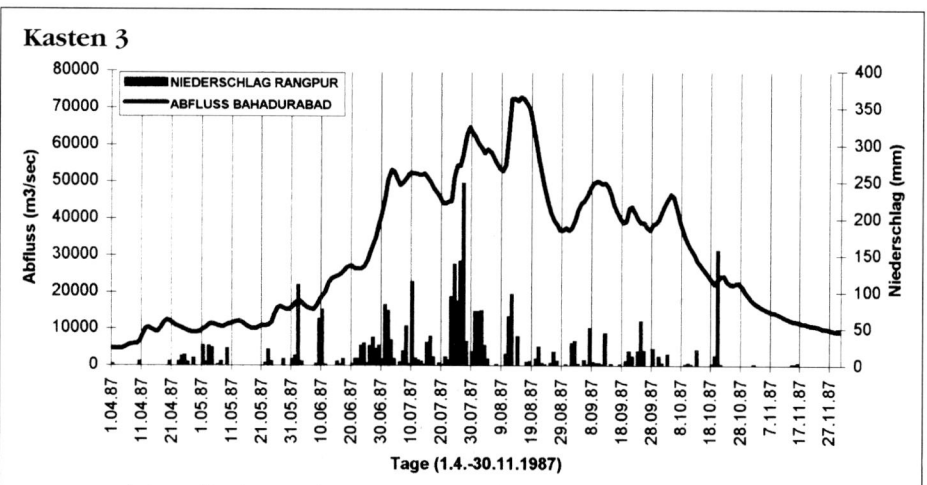

Kasten 3

Die Graphik stellt den Abfluss des Brahmaputra in Bahadurabad dem Niederschlag in Rangpur von April bis November 1987 gegenüber (Lokalisierung siehe Abb. 2). Im Jahre 1987 erreichten die Überschwemmungen ihr Maximum im August und konzentrierten sich auf den Nordwesten von Bangladesh, also auf die Region der ausgewählten Datenbeispiele.
Das allmähliche Ansteigen von April bis ca. zum 10. August und das anschliessende allmähliche Fallen der Abflusskurve dokumentiert den «Basisabfluss». Dieser wird differenziert durch kurzfristige Schwankungen. Die teilweise zeitliche Übereinstimmung dieser Variationen mit den Niederschlägen deutet darauf hin, dass kurzfristige Abflussschwankungen wesentlich von den regionalen Regenfällen beeinfusst werden. (Datenquelle: Bangladesh Meteorological Department; Bangladesh Water Development Board).

lokale Niederschläge. Somit ist der externe hydrologische Input nach Bangladesh wichtig als Basisbeitrag zu den Überschwemmungen, aber wahrscheinlich allein nicht imstande, Überschwemmungen auszulösen.

Zur Verifizierung und Illustration dieser These mit Tagesdaten ist im Kasten 3 ein Beispiel aus dem Überschwemmungsjahr 1987 dokumentiert.

These 5: In der Regenzeit ist in Bangladesh die Hydrologie von flächenhaften Prozessen dominiert, in der Trockenzeit von linearen.

Diese These beruht auf der Annahme, dass das hydrologische System in Bangladesh aus einem mehr oder weniger zusammenhängenden Wasserkörper besteht. In der Regenzeit steigt der Wasserkörper, wie die Aufzeichnungen der Grundwasserpegel, aber auch die Entstehung von Teichen und Seen belegen. Das ohnehin geringe Relief in Bangladesh verschwindet fast vollständig, es gibt kein klares Entwässerungssystem in die Hauptflüsse mehr, die verschiedenen Teile des Wasserkörpers stehen miteinander in Verbindung. In der Trockenzeit sinkt dieser Wasserkörper wieder allmählich ab, die Flussläufe und einige tiefgelegene Sümpfe sind die einzigen Elemente, die noch an der Oberfläche sichtbar bleiben. Das Mikrorelief taucht auf, die Entwässerung ist wieder klar auf die Hauptflüsse gerichtet.

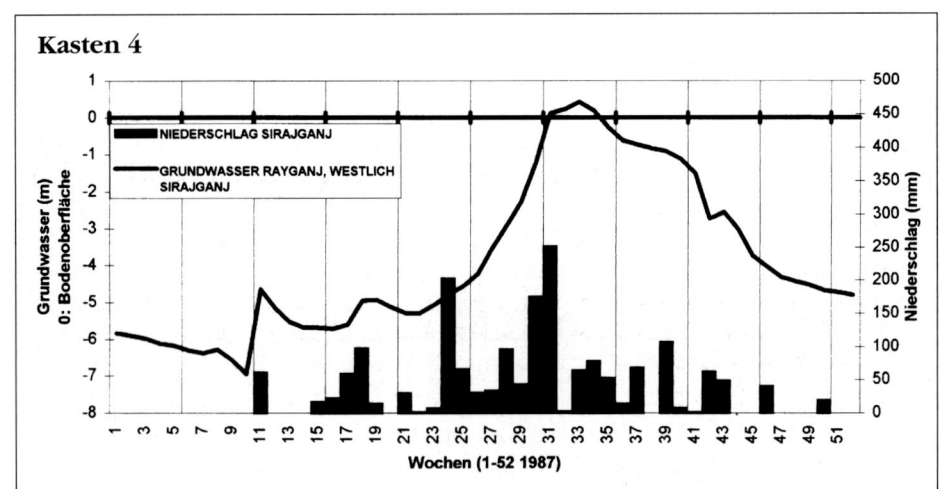

Kasten 4

In der Graphik sind der Grundwasserpegel der Station Rayganj (westlich von Sirajganj) und die Niederschläge von Sirajganj für das Jahr 1987 aufgezeichnet (Lokalisierung siehe Abb. 2). Da die Grundwasserpegel jeweils am Montag abgelesen werden, wurden auch für die Niederschläge Wochenwerte gerechnet. Ab der 17. Woche (Ende April) steigt der Grundwasserspiegel allmählich an, erreicht in der 31. Woche (Ende Juli/Anfang August) die Bodenoberfläche und bildet während etwa drei Wochen einen See. Erst in der 35. Woche (Ende August) verschwindet das Grundwasser wieder unter die Bodenoberfläche.

Der Verlauf der Grundwasserkurve dokumentiert das Ansteigen und Absinken des in These 5 postulierten Wasserkörpers und zeigt zumindest teilweise einen Zusammenhang mit den Niederschlägen in der Region.

Zur Illustration dieser These enthält Kasten 4 wiederum eine Dokumentation aus dem Jahre 1987.

These 6: Die Niederschläge im Himalaya haben praktisch keine Bedeutung für die Überschwemmungen in Bangladesh
Ein Starkniederschlag in den ersten Gebirgsketten oder im Hangfussbereich des Himalaya verursacht einen kurzfristigen, steilen Anstieg der Flusspegel in den betroffenen Gebieten und ist dadurch ein entscheidender Faktor für Überschwemmungen in den unmittelbar angrenzenden Ebenen. Mit zunehmender Distanz vom Niederschlagsereignis flacht diese Abfluss-Spitze allmählich ab und wird in einen hohen «Basisabfluss» verwandelt – die Überschwemmungen verlieren sich.

Die Einzugsgebiete der Flüsse in Bangladesh und die an Überschwemmungen beteiligten Wassermassen sind riesig. Entsprechend der bisher genannten Thesen bauen sich die Voraussetzungen für Überschwemmungen über eine längere Zeit durch das allmähliche Akkumulieren der Wassermassen auf. Somit ist das obgenannte Niederschlagsereignis im Himalaya kaum von Bedeutung, der Basisabfluss aus dem Himalaya kann lediglich die Disposition für Überschwemmungen erhöhen. Lokale oder regionale Starkniederschläge in Bangladesh sind wichtig beim Auslösen von Überschwemmungen, indem sie zum Überfliessen des Systems führen können.

4. Schlussbetrachtung

Im vorangehenden Kapitel haben wir nur *einen* Baustein aus dem laufenden Projekt herausgegriffen. Die Verifizierung der Thesen mit Hilfe von Tagesdaten aus Bangladesh (Niederschlag, Abfluss, Grundwasser, Gezeiten) stand zur Zeit des Redaktionsschlusses für diesen Beitrag noch bevor, die Dokumentationen im Kasten 3 und 4 geben lediglich einige Ideen. Zahlreiche Elemente konnten nicht zur Sprache gebracht werden, insbesondere die Arbeit in den Testgebieten. Unzählige Fragen sind nach wie vor unbeantwortet. Eines aber steht fest: Die im «Himalayan Dilemma» von Bruno Messerli angeregte differenziertere Denkweise im Zusammenhang mit den «Highland-Lowland Interactions» wird durch die Analysen mit Schwerpunkt in den Tiefländern vollumfänglich unterstützt. Falls sich die sechs Thesen in den künftigen, weitergehenden Analysen bestätigen sollten, so lassen sich wohl die letzten jener Argumente aus dem Weg räumen, welche die Hauptursache der Überschwemmungen in Bangladesh in der Abholzung im Himalaya sehen. Es stellt sich ferner grundsätzlich die Frage, ob die seitlichen Verbauungen entlang der grossen Flüsse wirklich für einen nachhaltigen Hochwasserschutz geeignet sind.

Die komplexen ökologischen Zusammenhänge zwischen dem Himalaya und den Tiefländern sowie zwischen entscheidenden Parametern innerhalb von Bangladesh selber fordern einen differenzierten Umgang mit den Überschwemmungen. Mit ihren traditionellen Anpassungsstrategien trägt die betroffene Bevölkerung dieser Komplexität Rechnung. Einseitige technische Ansätze jedoch (z.B. seitliche Flussverbauungen zur Eindämmung der Überschwemmungen) tragen ihr nicht Rechnung. Solides Grundlagenwissen, wie es Bruno Messerli in seinen Projekten bereitstellt, bildet eine Voraussetzung für die nachhaltige Entwicklung solcher komplexer Systeme.

Literatur

BWDB, 1991: Flood Report 1991. Bangladesh Water Development Board. Dhaka, Bangladesh.

FARZEND, A., 1987: Bihar floods: Looking northward. India Today, 15.10.1987.

IVES, J.D. & MESSERLI, B., 1989: The Himalayan Dilemma – reconciling development and conservation. Routledge, London and New York.

IVES, J.D., 1987: The theory of Himalayan environmental degradation: It's validity and application challenged by recent research. Mountain Research and Development, 7 (3): 189–199.

MESSERLI, B., HOFER, T., WYMANN, S., (Eds), 1993: Himalayan environment: Pressure-problems-processes. 12 years of research. Geographica Bernensia, G38, Geographisches Institut Universität Bern.

STARKEL, L., 1972: The role of catastrophic rainfall in the shaping of the relief of the lower Himalayas (Darjeeling Hills). Geographica Polonica 21.

TEICH, M., 1975: Neue Spitzenwerte des Niederschlags in Cherrapunji. Meteorologische Rundschau, 28 (3): 94–95.

Persönlich

Lieber Bruno, wir hoffen, dass Du weiterhin Zeit und Musse findest, den Grossraum Himalaya zu besuchen und die Grundlagen für eine differenzierte Betrachtung im Rahmen der «Highland-Lowland Interactions» weiterzuentwickeln. Für die Gelegenheit, mit Dir den faszinierenden Gang vom Himalaya in den Golf von Bengalen zu tun, danken wir Dir von ganzem Herzen!

Die Autoren haben alle mit Bruno Messerli im Projekt «Überschwemmungen in Bangladesh – Prozesse und Auswirkungen» zusammengearbeitet. Die meisten von ihnen haben den Gang vom «Tiger Hill» zum «Tiger Point» mitgemacht. Die Faszination dieses Raumes, die uns Bruno in begeisternder Weise vermittelt hat, wird uns alle nicht mehr verlassen.

Traditional Domestic Fuel in Rural Himachal Himalaya: a Culture-ecological Understanding

Anath B. Mukerji

Abstract

Throughout the Himachal Himalaya, in all its altitudinal-ecological zones, the rural households use traditional domestic fuels that are entirely derived from forests, livestocks, and crops. These fuels comprising of wood, livestock residue, and crop residue, and the web of activities woven around them constitute an ancient, inherited, and continuing tradition that can be considered a culture complex of product system, technology system, and value-system located centrally in the Himachal Himalaya representing indeed a "genre de vie". The traditional domestic fuels are based entirely on the local ecological resources and are founded in a regional tradition that displays both persistence and change, the former related to the value systems and culture-ecological nexus, and the latter to the state-induced processes of modernisation. The detailed analysis of the data collected from the households of the selected villages representing all the altitudinal-ecological zones reveals clear zonal patterns of
– the amount of total fuel consumption and the three types of fuels derived from different sources
– the fuel combinations of the three sources
– the amount of fuel consumption in cooking meals, heating water, warming rooms and repelling insects
– the degree of modernisation.

A reconstruction of the evolution of the inter-relationship of the various factors that influence the zonal pattern reveals three stages: The first extending in the pre-1947 period was characterised by the continuity of tradition; the second stage, from 1948 to 1965, may be described as one in which there was continuity of tradition but also a deepened environmental crisis; and the third stage, after 1965, can be described as the one that is experiencing both, the continuity of tradition and the emergence of modernisation.

Introduction

Traditional domestic fuel is extensively used in the rural areas of the Third World. Within these countries its use is particularly widespread in the poorer and less accessible areas. In the hills and mountains it is universal, the persistence of use being sustained by the local ecological resources and a continuing ancient tradition. Through-

out the Himalayas, traditional domestic fuel is the only one used in the rural households. It is derived from three different sources (Fig. 1):
– natural vegetation cover that includes forest, woodlands and grasslands
– agricultural residue
– animal residue.

Complex in nature, the use of traditional fuel has multitudinous ramifications in contributing to deforestation, environmental degradation, increasing women's burden in all the fuel-related activities, severe health risks, and slow and hesitant adoption of alternative modern technological fuels and non-conventional energy resources. Through the last few centuries there has been a rapid decline in the available fuel resources. Today, for the people of the Himalayas in general, and the Himachal Himalaya in particular, the struggle for the traditional domestic fuel is the struggle for survival. Many scholars of mountain geoecology across the world have been attracted toward this problem (ARNOLD and JOGMA, 1978: 2–9; AGARWAL, 1986: 180–187, 190–195, 199–200; CHATURVEDI, 1987: 60–65; DHAR and SHARMA, 1987; ECKHOLM et al., 1984: 9–46, 88–105; IVES and MESSERLI, 1989: 1–16; KEEFE, 1983: 6–12; SMITH, 1981). A general understanding of the traditional domestic fuel and its associated problems has been attained in these research publications; but the Himalayas constitute a region of vast diversity in culture and ecology and the scholars tend to

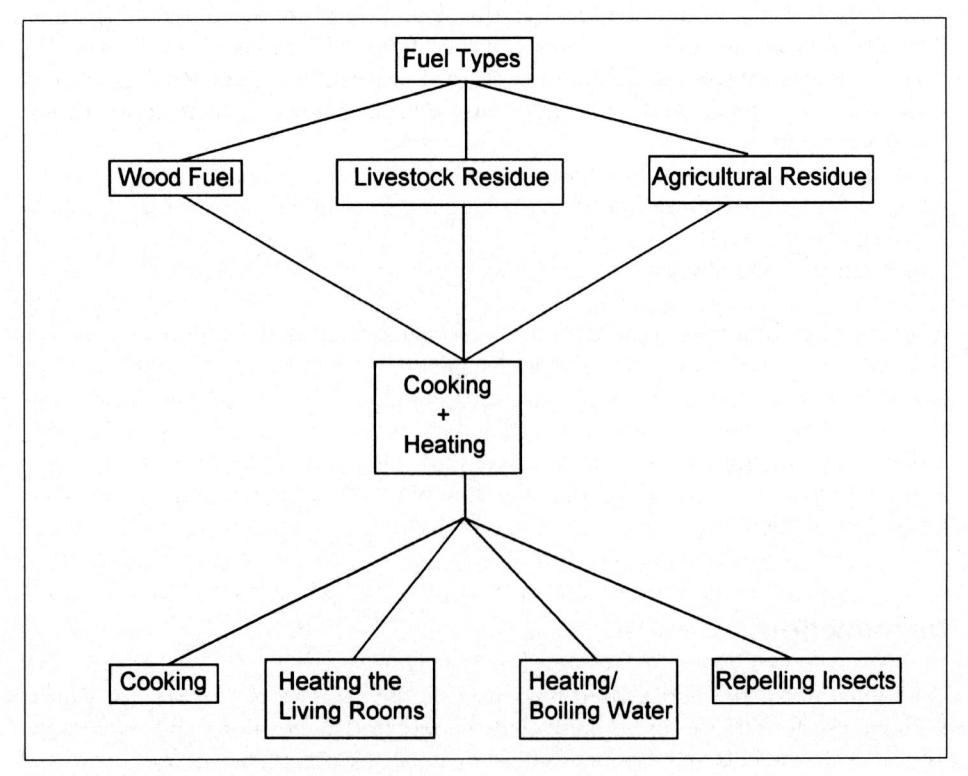

Fig. 1: basic fuel types and their domestic uses.

generalise and to rush to formulate solutions which may not be economically viable, culturally acceptable, technologically feasible, and politically supportive.

This paper attempts to study some of the less investigated and understood aspects of the traditional domestic fuel of the Himachal Himalaya, its resources and their spatial pattern, women's involvement in fuel-related activities, the indigenous technology of its use, its continuity and change, and the regions of fuel use. The study is based on the following tentative hypotheses:
– In a forested, hilly region, characterised by agricultural mode of living, the core component of the fuel system would be formed by wood supplemented by the agricultural and livestock residues.
– The component types are likely to vary according to the altitudinal-ecological zones. Hence their proportions in the total fuel consumption will vary accordingly.
– The preferred types of fuels and the levels of their consumption also vary among different social segments identified by economic levels determined by the size of landholdings within particular social groups, but not related to the social groups per se.
– In the simpler agrarian cultures of the rural Himachal, it is expected that the women would do most of the work of collecting, transporting, storing, and using the fuels.
– With the increase in the local population and the gradual decrease in the forest land area the precarious and subtle balance between fuel needs and fuel resources is adversely affected, necessitating increasingly longer distances to be walked and more time to be spent in collecting and transporting fuelwood home and in search for alternative fuels.
– Modernisation of the Himalayan traditional domestic fuel system is related to the nearness to the towns that act as centres of diffusion of modern technological elements.
– The consumption level of the traditional domestic fuel would vary according to the seasons and altitudinal ecological zones.

This paper is being submitted as a humble tribute to Professor Bruno Messerli, a friend of many years and unquestionably the greatest scientist and the most humane and inspiring scholar of the Asian Himalayan geoecology.

The Himachal Himalaya: Context

The Himachal Himalaya, located between the Uttarkhand Himalaya to the east and the Kashmir Himalaya to the west, extends from Tibet to the Indo-Gangetic Plains. In common with other parts of the Himalayas, the Himachal Himalaya displays vast diversities in the physical and human elements of the region (Fig. 2):
– Altitudinal-ecological zones: At least five altitudinal-ecological zones can be identified: Trans-Himalayan Zone, Greater Himalayan Zone, Lesser Himalayan Zone, Lower Himalayan Zone, Outer Himalayan Zone. The zonal pattern displays a climatic profile of sub-tropical regime in the lower elevations and polar regimes in the higher ones.

– Vegetation: The natural vegetation consists of forest, grasslands, woodlands, and thorn and scrublands. Obviously the most important resource of the fuels is the forest cover, the distribution pattern of which corresponds, more or less, to the pattern of altitudinal variations. Forest cover is almost absent in the Trans-Himalayan zone. It is sparse and fragmented in very small patches in the Outer Himalayan zone. Even in the higher tracts of the Greater Himalayan zone the original forest cover is all but gone or was not there at all in the past. In the lower and the southern parts of the greater Himalayan zone forest cover occurs in small, extensive patches. Wood is collected in the form of small branches and twigs, more as fallen on the ground than by chopping. Almost all the vegetation species provide fuelwood in one form or another. Even leaves are collected in large bundles. Forest trees and grass provide fuel in every ecological-altitudinal zone.

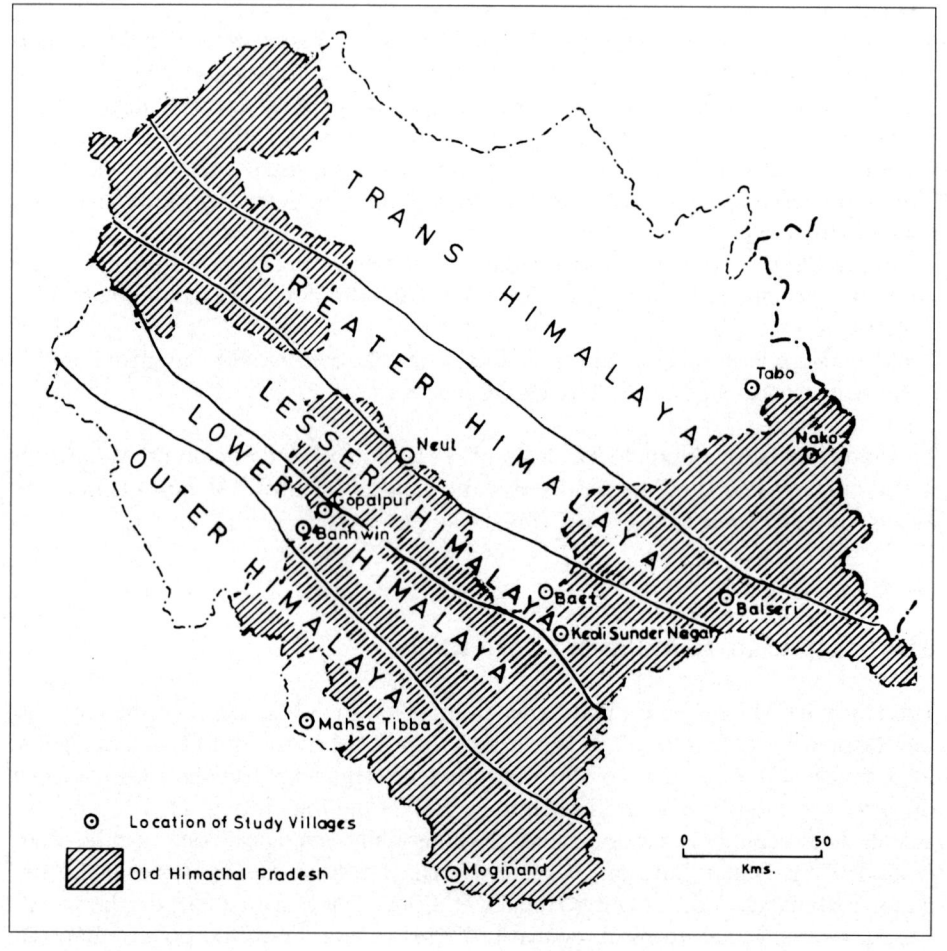

Fig. 2: Himachal Pradesh and the location of the study villages.

- Territorial evolution: The state of Himachal Pradesh is historically divided into the old and the new part; the new part has been under the state rule for much longer time than the old part that was administered for a longer time by the Government of India. The territory of the present-day Himachal Pradesh, which corresponds to Himachal Himalaya, has evolved through several stages, each of them characterised by a particular kind of administration that included the administration of the survey, exploitation, and conservation of the forests and forest resources. This in turn affected the status of the forests and ultimately the resources of the traditional domestic fuels.
- Rural population: The rural population is about 3.9 million persons, which is a little more than 90% of the total population of the state. This population lives in about 17 000 villages, at an average of about 230 persons per village. The life in the state is, therefore, agrarian in production organisation, social character and traditional living. Throughout the state of Himachal Pradesh the rural households use the traditional domestic fuels for their hearth and home in a combination of wood, agricultural residue, and livestock residue. Their dependence on this fuel is almost complete. The rural population has registered a growth of about 23% between 1971 and 1981 that is accompanied by a large consumption of fuel; and this, in its turn, has entailed a heavy drawl from the forest cover of the woodfuel. During this period, the forest area has declined from 2 143 000 hectares to 2 116 000 hectares.

Methodology

The methodology is founded in spatial-environmental and spatial-cultural approaches. Ten villages have been selected on the basis of their location in the map prepared by superimposing the altitudinal-ecological zones, the distribution of forest cover, and the Old and the New divisions of Himachal Pradesh (Fig. 2, Tab. 1).

Tab. 1: Characteristics of the study villages. Source: field work and Census of Himachal Pradesh. For location of villages see Fig. 2.

Village	District	Ecological zone	Old or New	Distance to forest (km)	Distance to road (km)	Nearest town (km and name)	Population	Households	Average size of household	Number of hamlets
Moginand	Sirmaur	Outer	Old	3	0	13 (Nahan)	668	128	5	5
Mahsa Tibba	Solan	Outer	New	3	1	9 (Nalagarh)	208	33	6	2
Gopalpur	Mandi	Lower	Old	2	2	49 (Mandi)	343	61	6	4
Bahnwin	Hamirpur	Lower	New	2	5	26 (Hamirpur)	290	59	5	3
Keoli Sundernagar	Shimla	Lesser	Old	2	5	20 (Rohru)	287	50	6	2
Baet	Kullu	Lesser	New	3	5	15 (Rampur)	429	90	5	2
Balseri	Kinnaur	Greater	Old	1	20	139 (Rampur)	479	90	5	2
Neul	Kullu	Greater	New	2	10	30 (Kullu)	1304	196	7	5
Nako	Kinnaur	Trans	Old	–	5	185 (Rampur)	529	132	4	2
Tabo	Lahaul&Spiti	Trans	New	–	2	244 (Manali)	538	115	5	1

Each zone is represented by two villages in the Old and New Himachal Pradesh. The in-depth study of the selected, individual villages has the same strong basis as the old established practise of the cultural anthropologists and cultural geographers (BERREMAN, 1972: 1–30; BHATT, 1978: 251–258; GROVER, 1990: 124–134). Most anthropologists argued for the validity of a cultural analysis of individual, representative villages and the formulation of conceptual and many methodological statements. Thus, even though they are individual villages, they will be able to express the spatial patterns.

This paper is based entirely on the data collected through fieldwork with the following components:

– *Questionnaire:* The entire body of data has been captured by the questionnaires that were administered to all the selected households of the study villages. The questionnaire used is basically anthropological in character; its orientation is not only to culture but also to environment and the processes of interaction; the questions asked many, if not all the aspects of the traditional domestic fuel system of Himachal Pradesh. The selected households fully represent all the socio-economic and social groups living in the villages.
– *Observation:* Observations of the ecological landscape, the perpetual struggle of women with this landscape, daily life cycle, diet system, and fuel system helped us enormously in our understanding of the fuel system and the essentials of the Himalayan way of living. Observations were conducted on the relevant features in such a way that the inhabitants of the village are neither alerted nor involved in my work.
– *Measurement:* The quantity of wood, dung, and crop residue used as fuel in a family has not been documented as yet in published literature. We weighed by a simple weighing machine the amounts of fuelwood, dung cakes, and crop residue consumed by all households of a specific selected village separately.
– Unstructured conversation: Unstructured conversation with wide-ranging groups of persons, villagers and officials of various ranks were conducted to collect both general and specific information particularly related to the entire gamut of the fuel-related problems. Conversations with environmentalists living in the area and village women revealed many aspects of the fuel that could not be obtained by any other method.
– Collecting material from the Village and Forest Officials: We collected large amounts of information from the villagers and their suggestions on many less known aspects of the fuel problem. In particular we collected information on the continuity of the traditional domestic fuel phenomenon and the changes affected by the state governmental intervention of alternative fuels and related equipment.

Major conclusions

1. The indigenous traditional domestic fuels and the variety of their uses constitute a continuing tradition that is slowly changing in response to the internal stimuli of increase of population and of demand for the traditional fuel on the one hand, and of ecological depletion resulting from a tremendous increase in the external

demand for timber and wood and the adoption of new technologies, modernisation, and developmental attributes on the other hand.

2. The analysis of data collected from the households of the selected villages reveals that the genetic types of indigenous domestic fuels are derived from within the small, local, ecological niches of natural vegetation, agricultural resources, and livestock resources specific to the particular altitudinal-ecological zones of the Himalayas.

3. Woodfuel, derived entirely from the forest trees and constituting the core of the traditional domestic fuel system, is used universally in all the zones in each and every rural household for a wide range of purposes, the principal use being that of preparing the meals, and its use cuts across the entire socio-economic spectrum (Tables 2 and 3). The total woodfuel consumption comes to a staggering 260 000 kilograms, almost 80 per cent of the total fuel consumption; its proportion in the total fuel consumption of each zone varying sharply, depending upon its use in the several domes-

Tab. 2: Annual consumption of woodfuel, livestock residue, and agricultural residue (kilograms). For location of villages see Fig. 2.

Village	Total consumption	Woodfuel	%	Livestock residue	%	Agricultural residue	%
Moginand	31 200	15 600	50	9 360	30	6 240	20
Mahsa Tibba	8 320	4 160	50	2 496	30	1 664	20
Gopalpur	46 800	23 400	50	11 700	25	11 700	25
Bahnwin	30 982	15 496	50	7 748	25	7 748	25
Keoli Sundernagar	59 852	41 860	70	8 996	15	8 996	15
Baet	57 200	40 040	70	8 580	15	8 580	15
Balseri	60 320	51 272	85	6 032	10	3 016	5
Neul	48 700	42 408	87	4 212	9	2 080	4
Nako	26 156	15 704	60	7 852	21	2 600	19
Tabo	14 614	9 362	64	3 952	27	1 300	9
Total	384 144	259 386	67	70 934	18	53 924	15

Tab. 3: Annual fuel consumption (% of the total) in different purposes (N1 stands for a condition in which the hearth for the heating of rooms is the same as for heating water). Source: field enquiries. For location of villages see Fig. 2.

Village	Cooking	Water heating	Heating of rooms	Repelling insects
Moginand	68.67	17.83	11.22	2.26
Mahsa Tibba	67.15	17.43	10.97	4.42
Gopalpur	58.51	21.00	14.17	6.30
Bahnwin	67.53	17.31	11.68	3.46
Keoli Sundernagar	56.56	28.28	14.68	0.46
Baet	55.63	27.81	14.44	2.09
Balseri	63.79	18.10	18.10	Nil
Neul	52.17	28.08	21.73	Nil
Nako	50.00	50.00	N1	Nil
Tabo	66.66	33.33	N1	Nil

tic purposes and the extent to which it is supplemented by other traditional fuels. From the Lower to the Lesser and Greater Himalayas the proportion increases considerably.

4. Many allegations of the forest officers against the local hillfolk felling trees for extracting fuelwood can be proved false only by sustained observations: The ordinary mountain-folk almost never fell a tree for the extraction of woodfuel but derive it mostly from fallen twigs, branches, and collect even dried leaves. Lopping of branches and twigs, however, can be observed.

5. Although all the three traditional fuels – wood, agricultural residue, and livestock residue – are used in all the households regardless of the socio-economic class, the proportion of each in the total fuel consumption varies markedly among such classes; the consumption of wood being lesser and that of the two types of residues far lesser among the lower classes than among the higher.

6. Woodfuel consumption has larger share than even the combined total of the two residues' share in the total traditional fuel consumption in all the four domestic purposes (Tab. 2), notwithstanding the fact that – contrary to what the environmentalists would have us to believe – animal residue and crop residue contribute to a significant share to the total domestic energy consumption.

7. Economic determinism does not provide either all or even convincing explanations of the amount of traditional domestic fuel consumption and its zonal variations, the explanations being hidden in such intricate details of the number of items comprising a meal, and modes of cooking, all of which are integrated to constitute an old and continuing tradition.

8. Although people are aware of the presence of the technological fuels their adoption is not at all impressive (Tab. 4), being limited mainly to kerosene and kerosene stoves, and a wider adoption is hampered by small and irregular supply. Even where adopted, kerosene is merely a supplementary fuel. There has been a much wider diffusion of improved Chullah, an integral part of the traditional trait.

Tab. 4: Extent of use of modern fuels, hearth equipment, and cooking utensils by households. Source: field enquiries. For location of villages see Fig. 2.

Village	households selected	modern fuels	Modern hearth equipment	Modern cooking utensils	Landholding per household
Moginand	42	27 (64)	14 (33)	22 (29)	2.88
Mahsa Tibba	11	8 (73)	6 (55)	3 (27)	2.81
Gopalpur	20	10 (50)	3 (15)	15 (75)	1.24
Bahnwin	20	9 (45)	10 (50)	6 (30)	0.76
Keoli Sundernagar	16	11 (69)	5 (31)	5 (31)	1.42
Baet	30	4 (13)	X	4 (13)	0.76
Balseri	30	3 (10)	25 (83)	5 (17)	1.60
Neul	65	4 (6)	60 (92)	5 (8)	0.99
Nako	44	32 (73)	4 (32)	3 (7)	0.75
Tabo	38	26 (68)	25 (66)	5 (13)	0.41

Legend: X = absence of response. Figures outside brackets: number of responding households. Figures within brackets: percentage of the responding households to the enumerated households. Modern fuels include kerosene, coal, L.P.G. and electricity. Landholdings are expressed in hectare units.

9. Modernisation level continues to be low because of tradition-bind, even though the state agencies are trying to effectively distribute kerosene.

10. A reconstruction of the evolution of the inter-relationship of population growth, reduced forest cover, and modernisation of traditional fuel system reveals three stages: pre-1947, 1948–1965, and post-1965. During the first stage the state had a population of about 2.3 million, a fairly large forest cover, and limited internal and external demand on fuelwood and timber. The burden of fuel-related activities on women was light. They walked small distances to pick up the woodfuel and timber and the level of modernisation was very low. This stage can be described as one of continuity and tradition. During the second stage the population went up to more than 2.4 million, and in 1961 it went up to more than 2.8 million. The period saw rapid and widespread development through urbanisation, industrialisation, and the construction of a network of roads resulting in a considerable increase in both internal and external accessibility and a sudden spurt in the exploitation of forest resources. Women had to walk longer distances to collect fuelwood. This stage can be described as one in which the tradition continued and the environmental stress deepened. In the third stage, the state became a full-fledged administrative unit with larger area and resources, the population now was 3.4 million in 1971. Development accelerated with the emergence of a wider road network and a frighteningly high level of exploitation of forest wealth; the women walked more frequently longer distances to collect fuelwood and carried heavier headloads. It was during this stage that modernisation of the traditional fuel became perceptible over a much larger area. This stage can be described as one of the continuity of tradition of domestic fuels and of emergent modernisation.

References

ARNOLD, J.E.M., JOGMA, J., 1978: Fuel and Charcoal in Developing Countries. Unosylva, No. 29: 2–9.
AGARWAL, B., 1986: Cold Hearths and Barren Slopes. Allied Publications: 185–187, 190–195, 199–200. New Delhi.
BERREMAN, G.P., 1972: The Hindus of the Himalayas, Ethnography and Change. University of California Press, Berkeley.
BHATT, G.S., 1978: From Cast Structure to Tribe: the Case of Jaunsar Bawar. The Eastern Anthropologist, vol. 31: 251–258.
CHATURVEDI, A.N., 1987: Firewood as Main Energy Source in the Hills. In: DHAR, T.N., SHARMA, P.N. (eds.): Himalayan Energy Systems: 60–65. Gyanodaya Prakashan, Naini Tal.
DHAR, T.N., SHARMA, P.N. (eds.)., 1987: Himalayan Energy Systems. Gyanodaya Prakashan, Naini Tal.
ECKHOLM, E., POLEY, G., BARNARD, G., TIMBERLAKE, I., 1984: Fuelwood: an Energy Crisis That Won't Go Away. Earthscan: 9–46, 88–105. London.
GROVER, N., 1990: A Culturo-geographical Analysis of an Indian Village, Some Conceptual and Methodological Statements. Panjab University Research Bulletin, vol. 91, No. 1: 124–134.
IVES, J.D., MESSERLI, B., 1989: The Himalayan Dilemma. Reconciling Development and Conservation: 1–16. Routledge, London.
KEEFE, P.O., 1983: Fuel for the People: Fuelwood in the Third World. Ambio, vol. 12, No. 2.
MUKERJI, A.B., 1974: Morphogenetic Analysis of Rural Settlements of the Chandigarh Siwalik Hills. Panjab University Research Bulletin, vol. 5, No. 2: 59–93.
MUKERJI, A.B., 1976: Chandigarh Siwalik Hills. Some Aspects of Regional Rural Development. S.M. Ali Memorial Volume: 301–315. University of Sagar Press, Sagar.
MUKERJI, A.B., 1976: Rural Settlements of the Chandigarh Siwalik Hills, India. A Morphogenetic Analysis. Geographiska Annaler, vol. 58, Ser. B, No. 2: 95–115.

MUKERJI, A.B., 1983: Altitudinal Zonation of the Principal Land-use Components in the Western Himalayas (Himachal Pradesh). In MUKERJI, A.B., AHMAD, A. (eds): India: Culture, Society, and Economy: 513–540. Inter-India Publications. New Delhi.
SMITH, N., 1981: Wood: An Ancient Fuel With a New Future. Worldwatch No. 42.

Personal
Around the year 1970 Ruedi Kunz and Ueli Bichsel, two former students of Professor Bruno Messerli, happened to meet me in my office at Panjab University, Chandigarh, India. We struck friendship almost immediately and we remain family friends to this day. My Swiss friends kept on returning to India and through many occasions to our humble house. It was during these visits that Ueli and Ruedi introduced their former teacher Bruno Messerli in absentia, and in glowing words praised his personality, teaching, and scholarship.
During these occasional meetings I persuaded Ueli and Ruedi to recommend my name to Bruno Messerli for a possible appointment as a guest professor during the summer term at the Department of Geography of the University of Berne. Eventually Bruno Messerli sent an invitation for me to stay at the Institute during the summer of 1977 and deliver a series of lectures. This visit in Berne provided me a wide scope for interaction with Bruno Messerli, his colleagues, and his students. It was from all of them but especially from Bruno Messerli that I first became aware of the expanding sub-discipline of mountain geoecology. Without making any fetish of it, Bruno Messerli and the brilliant and productive research group – that he lead and continues to do so with dedication, commitment, and brilliance – effectively practised, published, and propagated the necessity of scientific knowledge to the understanding of the urgent problems facing the mankind all over the world in the areas where environmental resources are on the brink of exhaustion and the traditional ways of living are collapsing. Mountain geoecology was just beginning to take hold of the geographers' interest when Bruno Messerli emerged and established himself, through his path-breaking research, as the leading guru, perhaps a prophet, and certainly the principal spokesman, protagonist, and acclaimed leader of this field. It was very exciting for me to have been interacting with Bruno Messerli during the period when he was struggling hard in conducting fieldwork, formulating methodology, proposing concepts, and evolving hypotheses, all related to mountain geoecology. What inspired me most was his unflagging enthusiasm for questions, debate, discussions, fieldwork that encompasses the globe and not just Switzerland, his uncomprising integrity, and genuine modesty. The outstanding leadership and camaraderie that he commands is not only founded in his scholarship but also in his charming personality; I shall always cherish his friendship and remember him with gratitude for the many acts of moral support, encouragement, care, and concern. I pray for Bruno Messserli's long and healthy life for greater success in his studies of the mountains, that he so outstandingly represents.
Anath B. Mukerji is Professor emeritus of Geography at Panjab University, Chandigarh, India. He got his PhD from Louisiana State University. His major research interests are in cultural geography an in alluvial morphology.
Address: Prof. A.B. Mukerji, House No. 1161, Sector 7, Panchkula – 134 109, Haryana, India.

Karakorum im Wandel

Ein methodischer Beitrag zur Erfassung der Landschaftsdynamik in Hochgebirgen[1]

Matthias Winiger

1. Vergleichende Hochgebirgsforschung und methodische Defizite

Erfassung und Interpretation von Umweltveränderungen sind zentrale Themen von «Global Change». In Hochgebirgsräumen wird das Problemfeld durch die zwischen Hoch- und Tiefländern ablaufenden Prozesse erweitert, fokussiert auf die Frage, wieweit Umweltveränderungen im Gebirge sich auch auf die Verhältnisse im Vorland auswirken. Diesem speziellen Aspekt, und darüber hinaus generell der globalen Bedeutung der Gebirge als fragile Ressourcenräume, wird in verschiedenen internationalen Strategiepapieren und Konventionen Rechnung getragen (z.B. «Agenda 21» der UNCED-Konferenz in Rio de Janeiro 1992, Alpenkonvention, Forschungsprogramme UNESCO–MAB usw.).

Die in diesem Kontext erarbeiteten Modellvorstellungen sind in erster Linie auf das Prozessverständnis ausgerichtet. Sie haben sich bezüglich ihrer prognostischen Relevanz an der gegenwärtigen und der abgelaufenen Umweltdynamik zu messen – vorausgesetzt, Umweltveränderungen sind das Ergebnis systemimmanenter Gesetze und nicht verursacht durch externe Einflüsse, die ausserhalb der untersuchten Prozess-Skala eines deterministischen «Umweltmodells» liegen. Umweltzustände und -prozesse, einschliesslich der anthropogenen Einwirkungen, werden hier im Sinne LESER's (1991:187) als Charakteristika eines Landschaftsökosystems verstanden, das sich räumlich als «Landschaft» manifestiert. Der anthropogene Anteil der Landschaftsausstattung variiert je nach Nutzungsform und -intensität und findet seinen Ausdruck in der Landnutzung (MESSERLI & MESSERLI, 1978).

Qualitativ und quantitativ erfassbare Landschafts-, insbesondere Landnutzungsveränderungen können als visuell feststellbares Ergebnis der sich inhaltlich und in der Intensität wandelnden Mensch–Umweltbeziehungen gewertet werden. Das veränderte Landschaftsbild ist dabei nicht monokausal interpretierbar, wohl aber Beleg für abgelaufene oder immer noch aktive Prozesse. So haben beispielsweise im Zusammenhang mit der Entwaldung des Himalaya und allenfalls daraus abzuleitender Erosions- und Überschwemmungsvorgänge IVES & MESSERLI (1989) auf die Bedeutung der Erfassung von Landschaftsveränderungen als Indikator der sie verursachenden

---

[1] Die diskutierte Thematik ist Teil des noch laufenden interdisziplinären DFG-Schwerpunktprogrammes «Kulturraum Karakorum» (CAK, «Culture Area Karakorum»). CAK wird von Prof. Dr. Irmtraud STELLRECHT (Ethnologie, Tübingen; Gesamtkoordination), Prof. Dr. Eckart EHLERS (Anthropogeographie, Bonn) und Prof. Dr. Matthias WINIGER (Physische Geographie, Bonn) geleitet. Neben Wissenschaftlern aus den genannten Fächern beteiligen sich auch Sprach-, Religionswissenschaftler und Ökologen an CAK.

Prozesse hingewiesen. Sie haben gleichzeitig beklagt, dass einschlägige Untersuchungen in den Teilregionen des Himalaya kaum existieren und noch viel weniger das Zusammenwirken der Prozesse unterschiedlicher Skalen verstanden wird.

Dabei gilt für den überwiegenden Teil der Hochgebirgslandschaften, dass Rekonstruktionsmöglichkeiten der Landschaftsdynamik unter der spärlichen und heterogenen Datenlage leiden. Die Kategorien interpretierbarer Daten sind von Zeit und Ökosystem abhängig und decken ein breites Spektrum von Paläodaten (z.B. Pollen, Geomorphologie) bis zu bildlichen Darstellungen ab. Aber selbst die Veränderungen des jüngsten, für den globalen Wandel dynamischsten Zeitabschnittes des 20. Jahrhunderts lassen sich häufig nur summarisch oder dann nur sehr lokal dokumentieren oder im Blick auf ihre Ursachen untersuchen. Luftbilder, Karten und andere landschaftsbezogene Dokumente, Daten oder Beschreibungen sind nur für wenige Gebirgsräume in repräsentativer Dichte verfügbar. Eine gezielte und systematische Sichtung von Archiven, der Einbezug der Möglichkeiten Geographischer Informationssysteme (GIS) und ergänzende Felderhebungen dürften allerdings in vielen Fällen ein noch nicht ausgeschöpftes Interpretationspotential erschliessen. Drei Beispiele aus dem Karakorum sollen dies belegen.

2. Karakorum: Landschaft, Probleme und Indikatoren

Das Karakorum-Gebirge (Abb. 1) im Scharnierbereich zwischen Himalaya, Hindukusch und Pamir gilt als weltweit höchste Massenerhebung. Die Lage in diesem tektonisch immer noch sehr aktiven kontinentalen Kollisionsbereich resultiert in einem extrem steilen, instabilen Relief. Die dominante Ausrichtung der Gebirgsketten von NW nach SE erzeugt ein Talsystem, das neben Längstälern im Gebirgsinnern auch eine Reihe meridional verlaufender, schluchtartiger Durchbruchstäler aufweist.

Für das Landschaftsbild ebenso entscheidend ist die Tatsache, dass sich der altweltliche Trockengürtel diagonal über das Gebirge legt und damit zu einer klimatisch-ökologischen Gliederung führt, die deutlich vom randtropischen SE-Himalaya abweicht. Die bereits von TROLL (1939), PAFFEN et al (1956) und SCHWEINFURTH (1957) beschriebenen Vegetationsverhältnisse belegen die Trockenheit der tief eingeschnittenen Täler, die kühl-temperierten mittleren Gebirgslagen und kalt-humide Hochgebirgsstufe. Nord- und Südhänge unterscheiden sich auf Grund unterschiedlicher Strahlungs- und Schneebedeckungsverhältnisse. Ein hygrischer Gradient überlagert die Vertikalstruktur von den humideren Randketten des westlichen Himalaya zu den arideren Gebirgsteilen im Norden. Für das Feuchteregime verantwortlich sind die saisonalen Einflüsse von monsunal, bzw. ektropisch geprägten Luftmassen, deren synoptische Charakteristika FLOHN (1969) analysierte. Die Niederschlagswirksamkeit wurde von REIMERS (1992) und WEIERS (1995) untersucht. Im Rahmen der gegenwärtig laufenden Geländearbeiten werden die klimatischen und ökologischen Bedingungen vor allem in der dreidimensionalen Struktur erfasst, unter anderem mit Hilfe eines Netzes automatischer Klimastationen, die den mittleren Höhenbereich (3000–5000 m ü.M.) ausgewählter Berträume abdecken.

Die traditionelle landwirtschaftliche Nutzung basiert auf der Kombination von Bewässerungsfeldbau in den trockenen, thermisch begünstigten Talböden, bzw. tie-

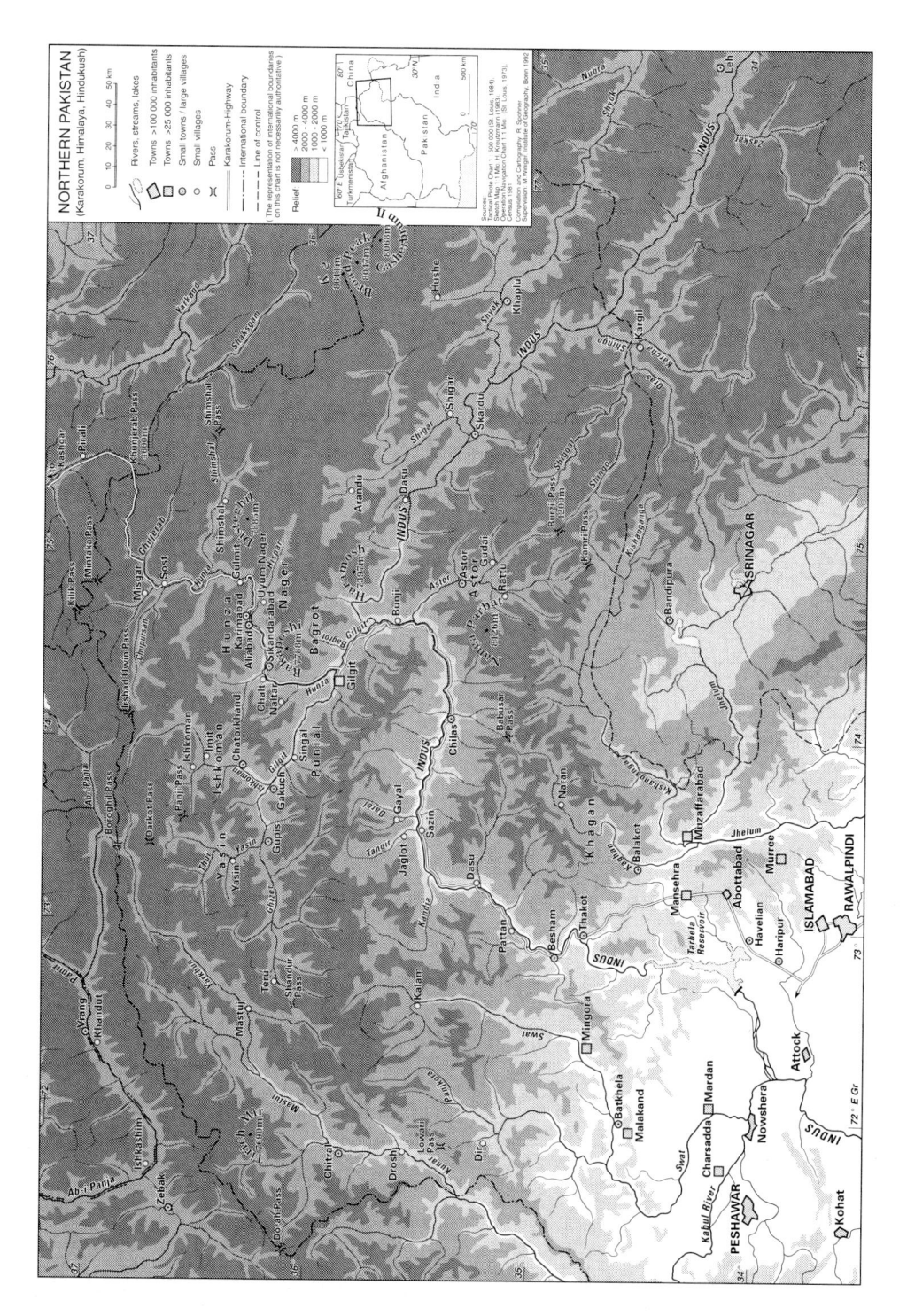

Abb. 1: Karakorum, West-Himalaya, östlicher Hindukusch.

feren Hanglagen, sowie extensiver Beweidung der trockenen Steppenformation der unteren Hangbereiche (Winterweiden) und der feuchtigkeitsbegünstigten Hochweiden (Sommerweiden). In den südlicheren Gebirgsketten liegt zwischen den Weidestufen ein Waldgürtel, der weiter nordwärts – mit zunehmender Trockenheit – nur noch auf nordexponierten Hängen vorhanden ist und schliesslich ganz ausbleibt. Mit diesem räumlichen Formationswandel verbunden ist auch der Wechsel von feuchten Waldgesellschaften zu solchen trockener Ausprägung. Diese Wälder, ebenso wie die verbuschten Gebiete (z.B. *Juniperus*-Büsche in den trockenen Hangbereichen unterhalb der unteren Waldgrenze) sind ein wesentlicher Teil des Nutzungssystems.

Die limtierenden naturräumlichen Faktoren der Nutzung sind – bezogen auf die einzelnen Nutzungskomponenten – topographischer und klimatischer, bzw. hydrologischer Natur: Anbauflächen und Bewässerungswasser entscheiden über das Bewässerungspotential. Ausdehnung, Ergiebigkeit und Zugänglichkeit der Winter- und Sommerweiden bestimmen die naturräumlichen Grundlagen der Tierhaltung. Die Kontrolle dieser natürlichen Ressourcen sind in der traditionellen landwirtschaftlichen Gesellschaft immer wieder Gegenstand von Verhandlungen und Streitfällen. Räumlich und zeitlich wird die Nutzbarkeit des Raumes, insbesondere aber die Kommunikation innerhalb der Täler und zu den Vorländern durch die Begehbarkeit der Pässe und Täler und durch gebirgsspezifische Naturgefahren eingeschränkt (Hochwasser, Schnee, Lawinen, Steinschlag).

Marktzugang, ausserlandwirtschaftliche Einkommen und Zufluss von Mitteln aus staatlicher und privater Förderung sind immer wichtiger werdende Stützen des wirtschaftlichen und gesellschaftlichen Systems. Der externe Mittelzufluss ergibt sich nicht zuletzt aus der Kommunikation mit den vorgelagerten Tiefländern – eine Verbindung, die im historisch wechselnden Kontext von grosser Dynamik gekennzeichnet ist. Der in jüngster Zeit entscheidende Kommunikations- und Innovationsschub ist mit der 1978 erfolgten Eröffnung des *Karakorum Highway* (KKH) verbunden, der einen Austausch materieller und nicht-materieller Güter in bisher nicht gekanntem Ausmass einleitete. Der zunehmende Massentransport von Gütern und Menschen führt zu einer sich beschleunigenden Anpassung von Wirtschaft und Gesellschaft des Hochgebirgsraumes an die Wirtschafts- und Lebensformen des Vorlandes. Besonders attraktive Räume (z.B. Hunza) öffnen sich zudem immer mehr dem Tourismus – mit den aus dem Himalaya bekannten Begleiterscheinungen. Es ergeben sich neue Abhängigkeiten von Umweltfaktoren: In den nahe des KKH gelegenen Gebirgsteilen sind nicht mehr in erster Linie der Zugang zu den Weiden und Bewässerungsmöglichkeiten prioritär, sondern ebenso die Anbindung an den KKH und die Sekundärstrassen, wie auch das Sicherstellen der ganzjährigen Befahrbarkeit dieser Verbindungen. Diese neuen verkehrspolitischen Kriterien werden immer mehr zum entscheidenden limitierenden Faktor.

Aus der Verkehrserschliessung der Hochgebirgsregion entstehen teilweise neue Nutzungsmuster und -intensitäten. Betroffen sind namentlich die Waldgebiete, Weiden, Siedlungs- und Anbauflächen. In zahlreichen Tälern Kohistans, aber auch in den Nachbartälern Gilgits hat der lukrative Holzhandel zu gebietsweisem Kahlschlag oder zumindest massiver Beeinträchtigung der Waldgebiete geführt. Vielerorts werden die alten, eng zusammengebauten Dörfer (*Kots*) dem Verfall preisgegeben und durch Streusiedlungen ersetzt.

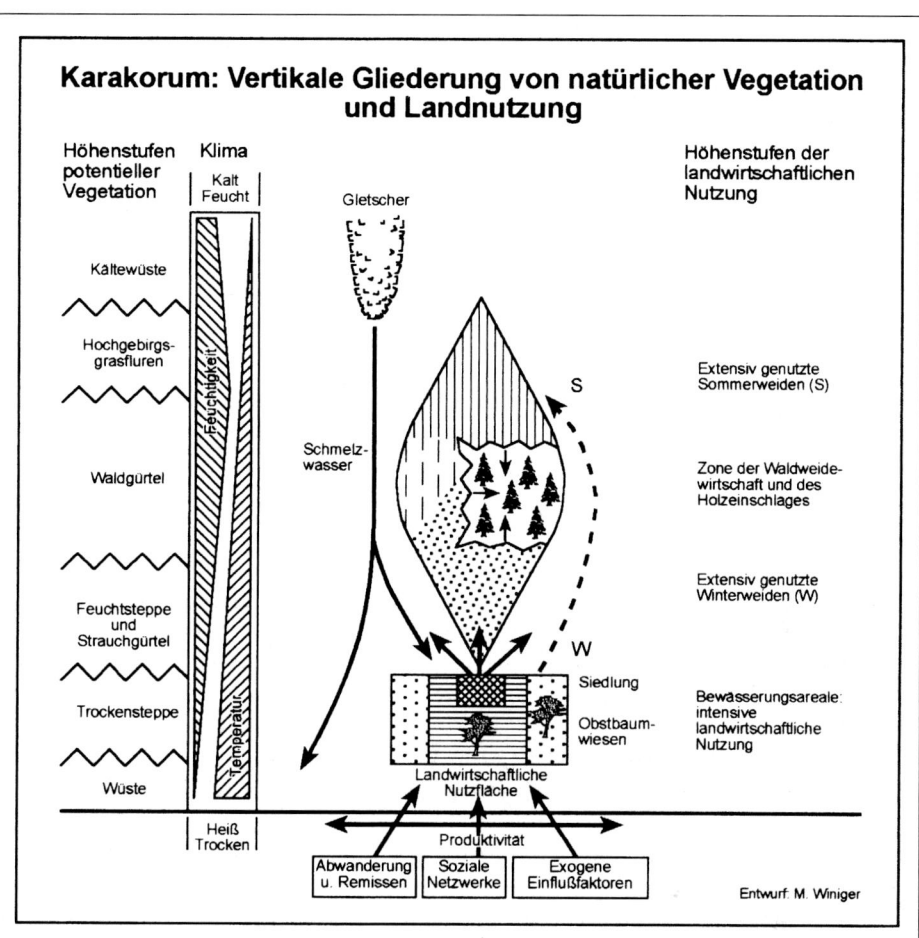

Karakorum: Vertikale Gliederung von natürlicher Vegetation und Landnutzung

Höhenstufen potentieller Vegetation:
- Kältewüste
- Hochgebirgsgrasfluren
- Waldgürtel
- Feuchtsteppe und Strauchgürtel
- Trockensteppe
- Wüste

Klima: Kalt Feuchtigkeit / Heiß Trocken (Temperatur)

Gletscher — Schmelzwasser — Siedlung — Obstbaumwiesen — Landwirtschaftliche Nutzfläche

Produktivität: Abwanderung u. Remissen | Soziale Netzwerke | Exogene Einflußfaktoren

Höhenstufen der landwirtschaftlichen Nutzung:
- Extensiv genutzte Sommerweiden (S)
- Zone der Waldweidewirtschaft und des Holzeinschlages
- Extensiv genutzte Winterweiden (W)
- Bewässerungsareale: intensive landwirtschaftliche Nutzung

Entwurf: M. Winiger

+ POTENTIALE

- **Anbauflächen**
  (Schuttfächer; Uferterrassen)
- **Gletscherschmelzwasser**
  (Zeitlich unlimitiert)
- **Weide, Waldgebiete**
  (In Relation Anbauflächen ausreichend)
- **Nähe KKH und Zentren**

− LIMITIERUNGEN

- **Hazards**
  (Steinschlag; Überflutungen; Murengänge; Lawinen)
- **Schneeschmelzwasser**
  (Zeitlich limitiert)
- **Weide, Waldgebiete**
  (In Relation Anbauflächen knapp)
- **Abgelegen von KKH und Zentren**

Abb. 2: Die vertikale Anordnung der natürlichen Vegetation und der Landnutzung im Karakorum-Gebirge. Aufgeführt sind die Vegetationsstufen, klimatischen Gradienten, Nutzungen. Die Produktivität ist als relative Grösse zu verstehen (Netto-Primärproduktion). Gunst-, bzw. Ungunstfaktoren sind als +Potentiale, bzw. −Limitierungen aufgelistet.

Zeichen der Intensivierung sind neue Anbaumethoden und -kulturen. Auch steile und äusserst instabile Hänge in tieferen Lagen werden bewässert. Wasser wird in vielen Fällen mit grossem technischem Aufwand herangeführt, Terrassen werden an Steilhängen angelegt und stark gefährdete Überflutungsbereiche unter Kultur genommen. Die Winterweiden sind fast überall extrem übernutzt und der grosse Bedarf an Brennholz führte namentlich in der Umgebung vieler Orte (z.B. Astor) zu einer weitgehenden Verödung der Hänge. Der Druck auf die Hochweiden scheint dagegen nicht überall gleich stark zu sein. Unverändert intensiv werden sie im Raum des Nanga Parbat genutzt (CLEMENS, NÜSSER, 1994), während ein gebietsweise leichter Rückgang in Hunza beobachtet worden ist. Über die Auswirkungen der Veränderungen innerhalb dieses Raumes und auf das Vorland gibt es noch keine Untersuchungen.

Naturräumliche Ausstattung, traditionelle landwirtschaftliche Nutzung und Potentiale, bzw. Einschränkungen sowie die neuen Formen wirtschaftlicher Ergänzungen sind in Abb. 2 schematisch dargestellt. Als Indikator für die höhenabhängige, natürliche Vegetationsausstattung und deren Nutzung steht eine hier nicht weiter definierte «Biomassen-Produktivität». Ebenso aufgeführt sind Bewässerungspotential und ausserlandwirtschaftliche Komponenten des Nutzungssystems.

Erschliessung, gesteigerter Güteraustausch und neue Nutzungsformen sind also landschaftswirksame, räumlich differenzierte Aktivitäten. Sie sind an den erkennbaren physischen Veränderungen festzumachen, deren exemplarische Erfassung im folgenden diskutiert werden soll.

3. Indikatoren der Landschaftsveränderung und Daten

Wir haben «Landnutzung» als Ausdruck anthropogener Inwertsetzung der natürlichen Potentiale, «Landschaft» als räumliche Manifestation der gesamten naturräumlichen und anthropogen veränderten Raumausstattung definiert. Die Erfassung der landschafts-ökosystemaren Komponenten, Flüsse und Strukturen verlangt ein wissenschaftlich umfassendes Instrumentarium aus verschiedensten Fachbereichen. Der damit verbundene Aufwand ist jedoch nur in Ausnahmefällen zu erbringen. Die Reduktion der Landschaft auf deren visuell erkennbare Ausstattung ist dann ein vertretbarer Kompromiss, wenn es gelingt, die sichtbaren Landschaftselemente als Indikatoren für umfassendere Teilkomplexe des Ökosystems zu interpretieren.

So sind Vegetationsformationen (z.B. Wälder in charakteristischer Zusammensetzung) Zeiger klimatisch-bodenbedingter Voraussetzungen, wobei Modifikationen durch die Nutzung in Rechnung zu stellen sind. Waldstrukturen (Zusammensetzung, Alter, Nutzungsspuren usw.) sind als Nutzungsweiser interpretierbar. Die Kulturlandschaft, insbesondere die bebauten und überbauten Gebiete, liefert eine Fülle von Hinweisen auf die in ihr ablaufenden menschlichen Aktivitäten, aber auch auf die sie beeinträchtigenden Naturgefahren. Parzellierung, Erschliessung, Infrastruktur (Mauern, Kanäle, Terrassen, Wege, Brücken, usw.), Anbaufrüchte, Bebauung (Häuser, erkennbare Funktionen, Zustand) sind in ihrer räumlichen Struktur und ihrer zeitlichen Veränderung wichtige Elemente der Raumanalyse. Für weiterführende Interpretationen, etwa mit Blick auf Entscheidungen und Handlungen, sind allerdings grösste Vorbehalte und Zurückhaltung angezeigt. Sie setzen eine gute Kenntnis der geographischen und historischen Gesamtsituation voraus.

Im Blick auf Zeitreihenanalysen sind Bilddokumente (Luftbilder, Schrägansichten), möglichst in Kombination mit Karten, aussagestarke Daten, deren Auswertung EWALD (1987) exemplarisch für schweizerische Landschaften durchgeführt hat. Das Auswertungspotential von künstlerischen Landschaftsdarstellungen ist von ZUMBÜHL (1980) am Beispiel des Alpenraumes für gletschergeschichtliche und darüber hinausgehende Analysen aufgezeigt worden. KICK (1993, 1994) wertete Bildmaterial von Adolph Schlagintweit für das Gebiet des Nanga Parbat aus. Im Verbund mit naturwissenschaftlichen und historischen Methoden lässt sich das Aussagepotential wesentlich steigern, wie die Arbeiten von PFISTER et al. (1994), wiederum im Zusammenhang mit klimageschichtlichen Veränderungen, belegen.

Interessant sind neue Möglichkeiten der Datenmodellierung im Zusammenhang mit Naturraumausstattung und Landschaftsentwicklung. Aus der statistischen Auswertung digitaler Geländedaten und Angaben zur Raumausstattung (Vegetation, Landnutzung) lassen sich dreidimensionale Verteilungen bestimmen, die unter gewissen Voraussetzungen (Verfügbarkeit vertikaler Klimagradienten) regional klimatisch-ökologisch interpretierbar sind. Aus solchen Modellen lassen sich potentielle Vegetationsverteilungen annähern und allenfalls klimatische Veränderungen in ihrer Auswirkung auf die Vegetation interpretieren. Auch hier ist der Beizug von komplementären Untersuchungen angezeigt, wie das zweite Auswertungsbeispiel nahelegt.

Für die Rekonstruktion dynamischer Prozesse und spezifischer Landschaftsveränderungen ist die Interpretation «Stummer Zeugen» grundlegend, wie sie beispielsweise in der Geomorphologie, der Naturgefahrenforschung oder in der Paläoökologie (Pollenanalysen, Dendroökologie, physikalische Datierungsmethoden usw.) eingeführt sind. Im Zusammenhang mit der Entwaldung von Gebirgen hat sich die Analyse von Baumrelikten als effiziente und aussagestarke Rekonstruktionsmethode erwiesen. Eine entsprechende Analyse für das Gebiet des Karakorum soll am dritten Beispiel gezeigt werden.

4. Beispiele zur Analyse von Landschaftsveränderungen im Karakorum

4.1. Der Photovergleich

Die systematische entdeckungsgeschichtliche und wissenschaftliche Erschliessung des Karakorums setzte – abgesehen von einigen früheren Unternehmen – Mitte des 19. Jahrhunderts ein. Die ausgedehnten Forschungsreisen der Brüder SCHLAGINTWEIT brachten eine überwältigende Fülle detaillierter Beobachtungen, darunter eine Reihe hervorragender Skizzen und Aquarelle, um deren Auswertung sich W. KICK verdient macht (KICK, 1993; 1994). Für die Rekonstruktion des dynamischen Verhaltens einiger Karakorum-Gletscher sind diese minutiösen Aufzeichnungen wichtige Grundlagen. Qualitativ hervorragendes Bildmaterial des westlichen Karakorum steht von den Kampagnen des «Geological Survey of India» zur Verfügung (HAYDEN, 1907). Regional praktisch flächendeckend sind die terrestrischen photogrammetrischen Aufnahmen des Nanga Parbat und des Hunza-Tales, die im Rahmen der Deutschen Himalaya-Expedition 1934 (FINSTERWALDER, 1935) und der Hunza-Karakorum-Expedition 1956/59 (PAFFEN, PILLEWIZER, SCHNEIDER, 1956) erstellt wurden[2].

Die standortgenaue Wiederholung ausgewählter Aufnahmen von 1934 und 1956/59 im Rahmen des CAK-Projektes in den Jahren 1994–1996 bildet die Basis der Erfassung regionaler Landschaftsveränderungen. Die methodischen Grundlagen des Vorgehens erarbeitete SPOHNER (1993). Die Auswertungen werden gegenwärtig an zahlreichen Beispielen weitergeführt. Die Analysen erfolgen je nach Fragestellung mit Hilfe der stereoskopischen Bildinterpretation oder mit den Methoden der terrestrischen Photogrammetrie.

Der grossräumige Bildvergleich mit direkter Umzeichnung des Bildinhaltes ist zweckmässig bei der Erfassung flächenhafter Veränderungen der Wald- und Weidebedeckung, die sich nicht parzellenscharf abgrenzen lassen. Als grösstes Problem bleibt die eindeutige Kategorisierung der Landschaftselemente. So konnten am Beispiel des Astor-Tals (östliche Begrenzung des Nanga Parbat) aus dem Photovergleich (1934/1995) der weitgehende Kahlschlag der offenen *Pinus*- und *Picea*-Bestände sowie die gebietsweise praktisch völlige Eliminierung der *Juniperus*-Büsche nachgewiesen werden. Der Vergleich des heutigen Landschaftsbildes mit der beispielhaften Vegetationskarte TROLL's (1939) hätte diese Aussage nicht ermöglicht.

Beide Prozesse sind in den Zusammenhang mit der Siedlungsverdichtung, der Ausnutzung der letzten verfügbaren Anbauflächen, der nicht optimalen Anbindung an den KKH und den daraus ableitbaren enorm gesteigerten Bedarf an Brennholz zu stellen. Eine differenziertere und weiterführende Interpretation (z.B. Bedeutung der nahegelegenen Waffenstillstands-Linie, verbunden mit hoher militärischer Präsenz und gleichzeitiger Blockierung alter Handelsrouten nach Kaschmir) kann im Rahmen dieses Aufsatzes nicht gegeben werden. Interessant ist aber die Feststellung, dass auf Grund ähnlicher Bildvergleiche im Chaprot-Tal (westliche Verlängerung des Hunza-Tals) eine ebenso weitgehende Abholzung nicht festgestellt werden kann. Ganz im Gegenteil hat sich der an Südhängen verbreitete *Juniperus*-Bestand zwischen 1959 und 1994 leicht verdichtete.

Für lagegenaue Analysen der Landschaftsveränderungen ist der Einsatz photogrammetrischer Auswerteverfahren unverzichtbar. So wird das mit Hilfe von Mittelformat- und vereinzelt auch mit Kleinbildkameras aufgenommene Bildmaterial an einem Analytischen Auswertegerät (MPSII) bearbeitet, in ein übergeordnetes Koordinatensystem transformiert und mit Hilfe eines Geographischen Informationssystems (ARC/INFO) den älteren Aufnahmen überlagert. Damit sind die Grundlagen für statistische Analysen und kartographische Darstellungen der Landschaftsdynamik verfügbar.

Grundlage für den gewählten photogrammetrischen Bildvergleich sind hochaufgelöste photographische Aufnahmen, standortgenau und mit möglichst identischer

---

2 Das originale Bildmaterial für unsere Auswertungsarbeiten, sowie die Kurvenpläne für das digitale Höhenmodell wurden uns freundlicherweise von Prof. Dr. R. Finsterwalder, Lehrstuhl für Kartographie und Reproduktionstechnik, TU München, zur Verfügung gestellt. Die topographische Karte des Hunza-Karakorum ist nachträglich fertiggestellt worden und wird von R. FINSTERWALDER in der ERDKUNDE, 1996, Heft 3, publiziert.

Orientierung aufgenommen. Für eine absolute räumliche Orientierung sind identifizierbare Fixpunkte nötig, was gerade in ausseralpinen Hochgebirgsregionen sehr häufig problematisch ist. Die maximalen Lagefehler innerhalb eines Bildpaares liegen im Bereich von <1 m und sind für einen Kartiermassstab von 1:10000 für landschaftsökologische Interpretationen völlig ausreichend.

Als Beispiel sind in Abb. 3 Ausschnitte aus Aufnahmen der Jahre 1959 und 1992 für das Gebiet von Sikandarabad (westlichstes Hunzatal) wiedergegeben. Erkennbar sind zum einen die Verlegung des natürlichen Verlaufs des Hunzaflusses und die fortschreitende Erosion des Prallhanges (nicht zuletzt auch durch das Überschusswasser aus den bewässerten Feldern, die die Terrassenkante radial zerschneiden), vor allem aber die Ausweitung der Agrarfläche, bzw. die erneute Nutzung eines durch Murgänge vor 1959 teilweise zerstörten Teils der Flur. An den Hängen sind neue Bewässerungsanlagen angelegt worden. Die Auslagerung der Häuser im Zuge der Individualisierung der Gesellschaft ist in den Originalphotos unübersehbar, ebenso die Zunahme der Baumpflanzungen. Die photogrammetrische Auswertung der beiden Aufnahmen ist umgesetzt in Abb. 4, die die zeitliche Veränderung einer groben Nutzungsklassifikation erfasst. Weiterführende statistische Analysen im GIS basieren auf differenzierteren Nutzungskategorien. Sie werden ergänzt durch lokal erhobene Ertragswerte und dienen der Abschätzung des agroökologischen Produktionspotentials und seiner Veränderungen.

4.2. Modellierung der potentiellen Vegetationsverteilung

Von der direkten Bildanalyse weicht der nachfolgend skizzierte Ansatz der Rekonstruktion von Verbreitungsarealen ausgewählter Vegetationsformationen – in diesem Falle feucht-temperierter Nadelwälder – ab. Im Rahmen von CAK nutzte BRAUN (1996) die Möglichkeiten der GIS-Verknüpfung von topographischen, klimatologischen und vegetationskundlichen Daten unter Verwendung eines statistischen Modells. Dem Ansatz liegt die Hypothese zugrunde, dass bei gleichen topographischen, bodenbezogenen und klimatischen Voraussetzungen potentiell gleiche oder vergleichbare Vegetationsformationen auftreten müssten. Von ähnlichen Überlegungen sind bereits HORMANN (1980) für ein Untersuchungsgebiet in Nepal und WINIGER, MENZ (1993) für Kenia ausgegangen. Abgesehen von der Schwierigkeit, Datensätze in vergleichbarer Qualität einbeziehen zu können, vernachlässigt die vertretene Hypothese vorerst wichtige vegetationskundliche Aspekte, wie Fragen der Standortkonkurrenz oder der Sukzession von Pflanzengesellschaften. Andererseits konnte die für Testgebiete im Karakorum postulierten Waldverteilungen mit Hilfe älterer photographischer Aufnahmen teilweise verifiziert und bestätigt werden.

Das digitale Höhenmodell konnte auf der Basis der Kurvenpläne der im Rahmen der deutsch-österreichischen Karakorum-Expedition 1956 vorbereiteten Hunza-Karte (PAFFEN, SCHNEIDER, PILLEWIZER, 1956) aufbereitet werden[3]. Die ebenfalls flächendeckenden klimatischen Informationen basieren auf der Berechnung von thermischen und hygrischen Höhengradienten (aus WEIERS, 1995 und CRAMER, 1994) und einem Modell der potentiellen Einstrahlung (SCHMIDT, 1993). Die Vege-

---

[3] Die Höhenlinien wurden von Dipl. Geogr. U. SCHMIDT digitalisiert, der auch an der Berechnung des Höhenmodells beteiligt war.

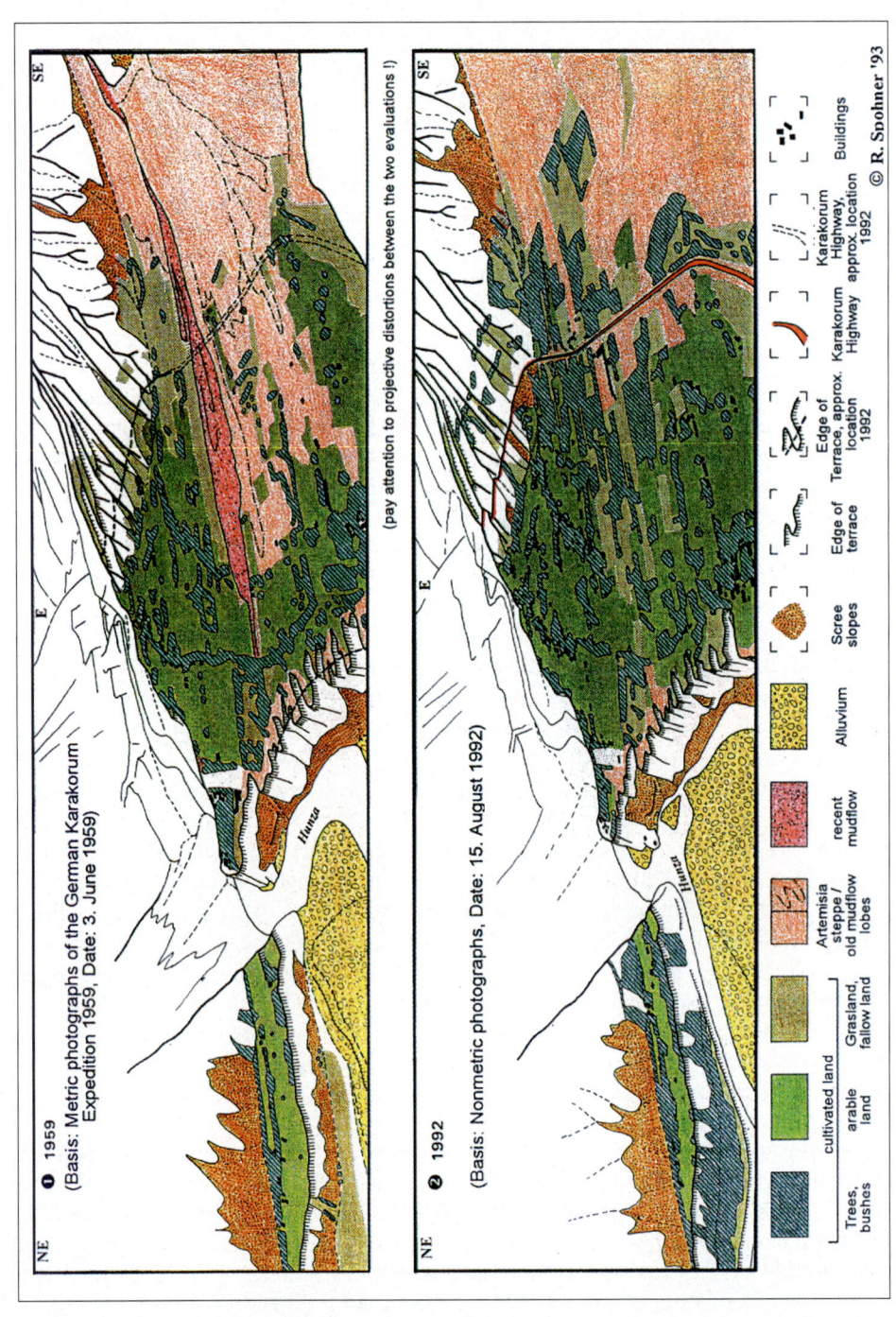

Abb. 3: Landschafts- und Landnutzungswandel im unteren Hunza-Tal (Sikandarabad) 1959–1992: Umzeichnung terrestrischer Messbilder (1959) und nicht-metrischer Aufnahmen (1992). (SPOHNER, 1993:(II):18)

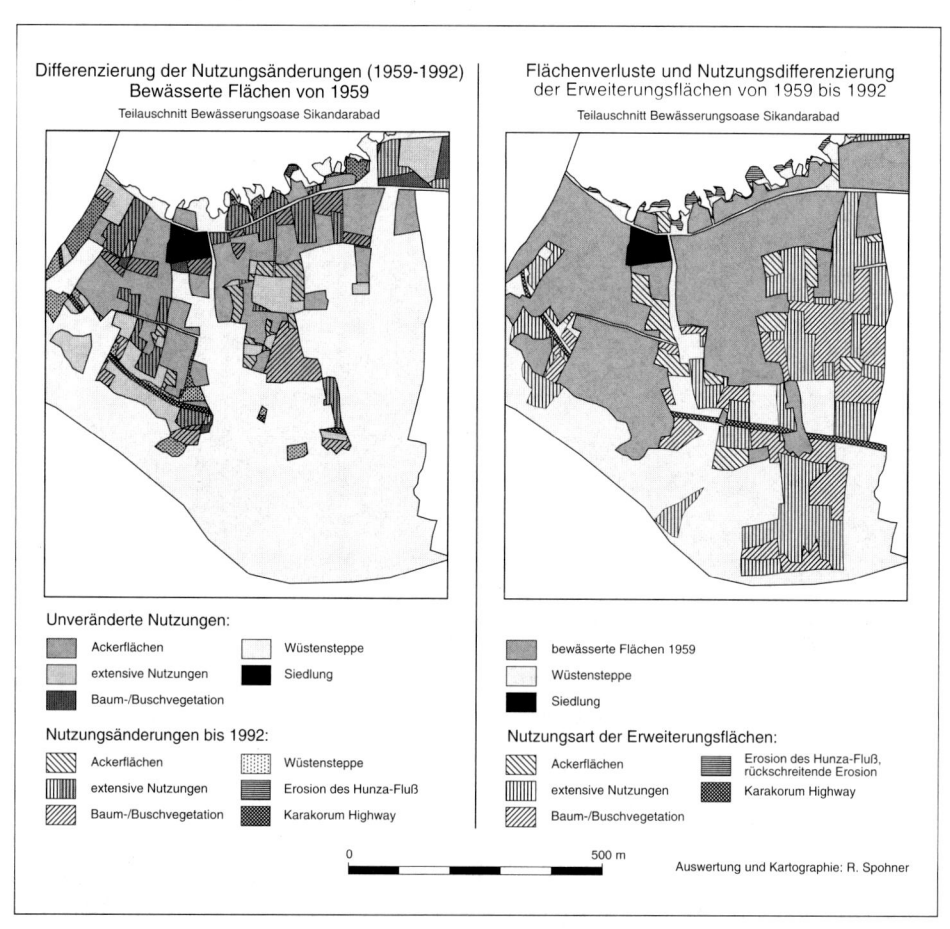

Abb. 4: Veränderungen der Flächennutzungen in Sikandarabad 1959/1992. Die terrestrischen Expeditionsphotos wurden photogrammetrisch ausgewertet. Links: 1959 vorhandene Bewässerungsflächen und deren Nutzungsänderung bis 1992 (schraffiert). Rechts: zwischen 1959 und 1992 erfolgte Erweiterung der Kulturflächen mit Nutzungsart (schraffiert). (SPOHNER, 1993:91)

tationsformationen wurden mit Hilfe einer überwachten Klassifikation digitaler LANDSAT-TM-Daten bestimmt. Die vegetationskundliche Aufnahme der Trainingsgebiete, wie auch die Überprüfung der Kartierungsergebnisse erfolgte im Gelände. Die statistische Analyse der Zuweisungsgenauigkeit der Bodenbedeckungskategorien ergab für die weiter zu untersuchenden feucht-temperierten Nadelwälder den Wert von 86% (Vergleichswerte: Bewässerungsgebiete 100%; Birkengehölze 83%; Artemisiensteppe 91%; alpine Matten 82%; Weiden- und Wacholdergebüsch 54%). In Diagrammen werden die topographisch-klimatisch-ökologischen Beziehungen regional differenziert zusammengestellt (Abb. 5). Mit Hilfe von Wahrscheinlichkeitsfunktionen lassen sich, ausgehend von gegebenen topographischen und kli-

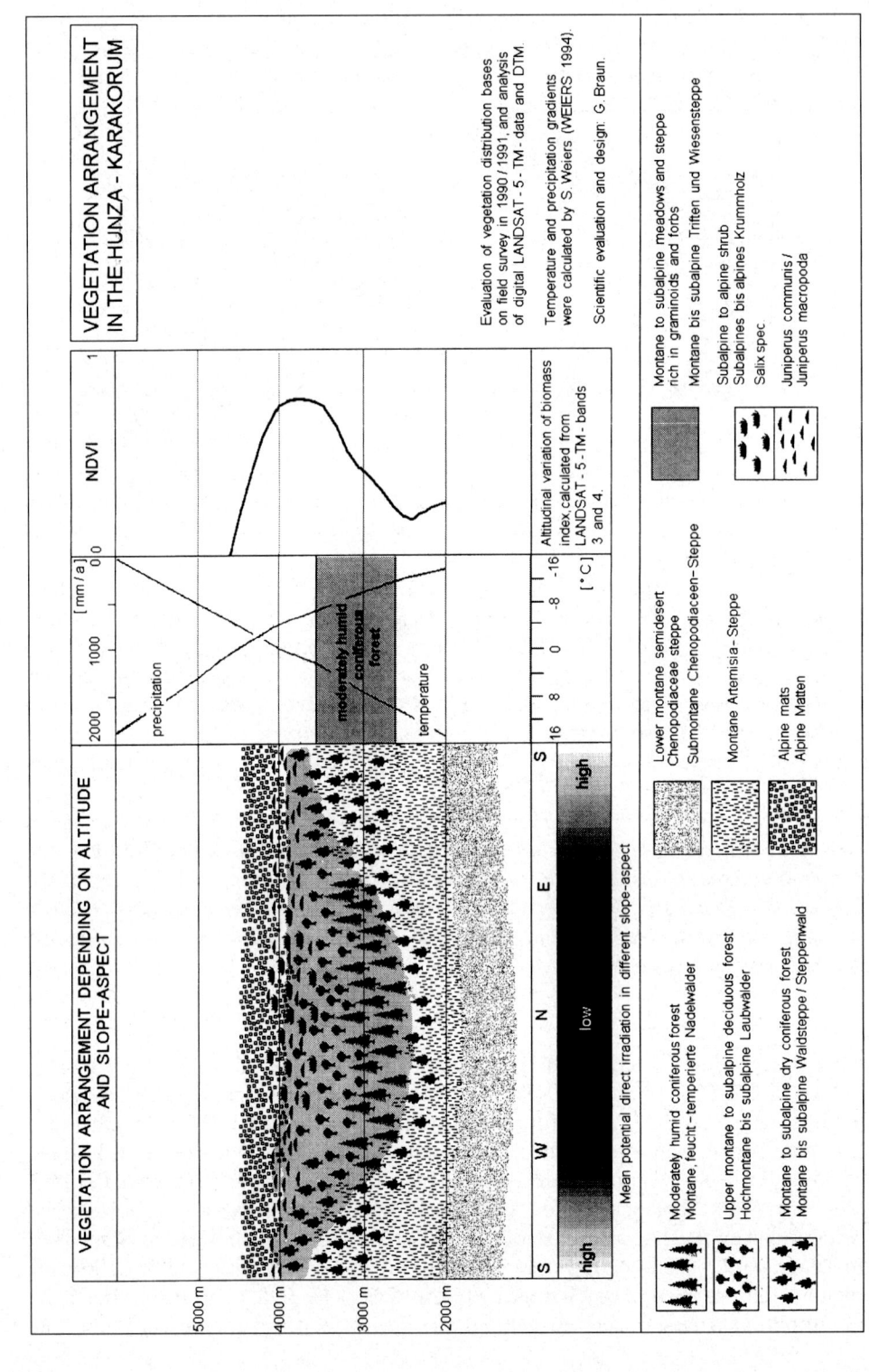

VEGETATION ARRANGEMENT IN THE HUNZA - KARAKORUM

VEGETATION ARRANGEMENT DEPENDING ON ALTITUDE AND SLOPE-ASPECT

Mean potential direct irradiation in different slope-aspect

Altitudinal variation of biomass index, calculated from LANDSAT - 5 - TM - bands 3 and 4.

Evaluation of vegetation distribution bases on field survey in 1990 / 1991, and analysis of digital LANDSAT - 5 - TM - data and DTM

Temperature and precipitation gradients were calculated by S. Weiers (WEIERS 1994).

Scientific evaluation and design: G. Braun.

- Moderately humid coniferous forest / Montane, feucht-temperierte Nadelwälder
- Upper montane to subalpine deciduous forest / Hochmontane bis subalpine Laubwälder
- Montane to subalpine dry coniferous forest / Montane bis subalpine Waldsteppe / Steppenwald
- Lower montane semidesert Chenopodiaceae steppe / Submontane Chenopodiaceen-Steppe
- Montane Artemisia-Steppe
- Alpine mats / Alpine Matten
- Montane to subalpine meadows and steppe rich in graminoids and forbs / Montane bis subalpine Triften und Wiesensteppe
- Subalpine to alpine shrub / Subalpines bis alpines Krummholz Salix spec
- Juniperus communis / Juniperus macropoda

matischen Verhältnissen, räumliche Vegetationsverteilungen ableiten, die als potentielle Verbreitungsmuster interpretierbar sind. Auch wenn der Nachweis der Richtigkeit dieser Vegetationskarten aus einsichtigen Gründen in vielen Fällen nicht erbracht werden kann, führen sie doch zu wichtigen, weiterführenden Hypothesen bei der Rekonstruktion von Landschaftsveränderungen.

4.3. Die Waldfrage

Die Frage der Entwaldung steht, wie einleitend hervorgehoben, bei vielen Untersuchungen zur Degradierung von Hochgebirgslandschaften im Zentrum. Wälder bestimmen den visuellen Aspekt der Landschaft wesentlich ausgeprägter als andere Bedeckungen. Waldflächenveränderungen können aus dem Photovergleich abgeleitet werden, die ebenso wichtigen Bestandesveränderungen lassen sich allerdings mit hinreichender Genauigkeit nur im Gelände bestimmen. Die in der Forstwirtschaft seit langem angewandte Strukturanalyse ist mit Erfolg auch im Kontext der Landschaftsdegradierung praktiziert worden. Für die Wälder Nepals im Höhenbereich zwischen 2700–3700 m legte SCHMIDT-VOGT (1990) eine grundlegende Studie vor, die nicht nur die Degradierung des Waldes erfasst, sondern auch den verursachenden anthropogenen Einfluss differenziert analysiert. Im erweiterten CAK-Projektgebiet von West-Himalaya, West-Karakorum und östlichem Hindukusch bearbeitet SCHICKHOFF (1995) eine in mehreren Aspekten vergleichbare Fragestellung.

Der Bau befahrbarer Strassen erfasst, ausgehend vom KKH, immer abgelegenere Gebirgsteile und öffnet diese dem rationellen Abtransport des begehrten Stammholzes ins Tiefland. In SCHICKHOFFs Untersuchungen wird – vor dem Hintergrund dieser intensiv vorangetriebenen Erschliessung des Hochgebirgsraumes – der Frage nach Verbreitung, Ökologie und Zustand der Höhenwälder auf 62 repräsentativ ausgesuchten Testflächen in 36 Tälern nachgegangen. Auf den Testflächen wurden neben pflanzensoziologischen Erhebungen auch eine Reihe forstwirtschaftlich wichtiger Parameter nach standardisierten Vorschriften bestimmt, von denen für unsere Fragestellung die Zusammensetzung und Altersstruktur der Wälder, vor allem aber der Anteil an Baumstöcken und das Ausmass der feststellbaren Naturverjüngung entscheidend sind.

SCHICKHOFFs Analysen runden das bereits aus Photovergleichen und der Berechnung der potentiellen Waldverbreitung gewonnene Bild ab: Fast alle Hochwälder in gut erschlossenen Tälern weisen teilweise gravierende Degradierungen auf, die um so schwerer wiegen, als eine natürliche Verjüngung nur vereinzelt erkennbar ist. Dabei ist der Zusammenhang zwischen Entwaldung und Erschliessungsgrad offensichtlich, was auch Abb. 6 deutlich belegt. Die Unterschiede erklären sich zum einen aus den regional variierenden Kontroll- und Entscheidungsmechanismen, aber ebenso aus dem unterschiedlichen Erschliessungszeitpunkt der einzelnen Talschaften.

◁ *Abb. 5: Verbreitung der Vegetationsformationen im Hunza-Tal in Abhängigkeit von Höhenlage und Exposition des Standortes (Abgeleitet aus LANDSAT-TM und DGM). Eingezeichnet sind zusätzlich die mittleren klimatischen Bedingungen (vertikaler Niederschlags- und Temperaturverlauf, potentielle Einstrahlung) und der NDVI (Normalized Difference Vegetation Index) als Indikator für die stehende Biomasse. (BRAUN, 1996; Abb. 26)*

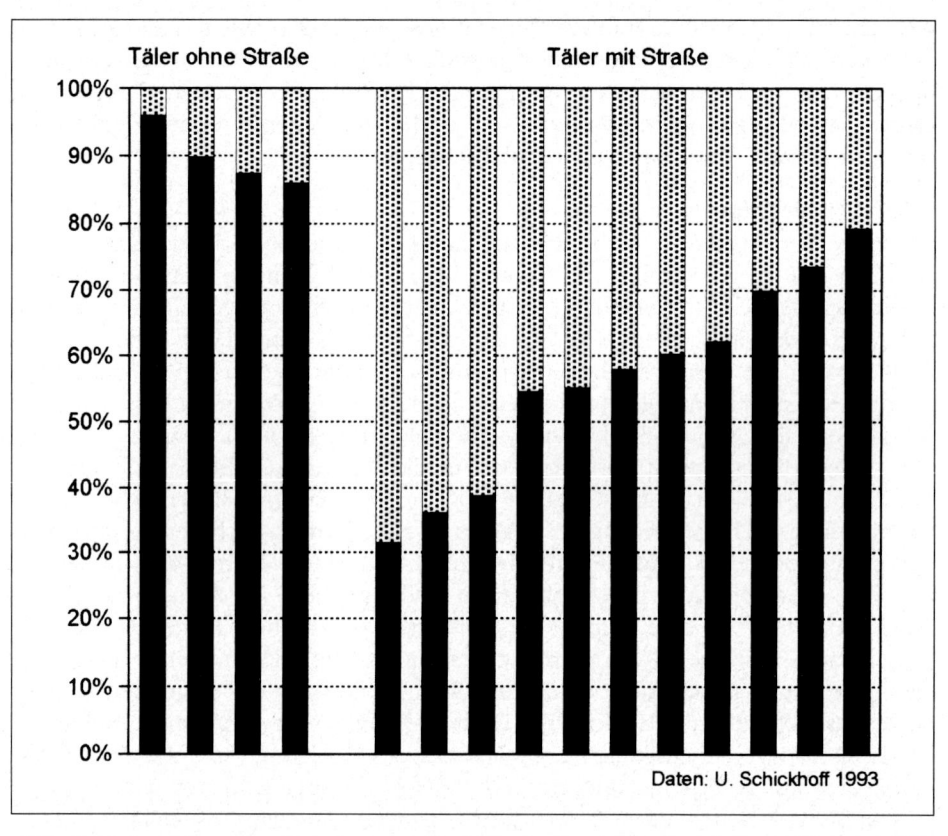

Abb. 6: Entwaldung im Karakorum: Verhältnis der stehenden (schwarz) zu gefällten Bäumen (punktiert) auf Testflächen in ausgewählten Tälern ohne Zufahrtsstrasse (Säulen links) und Tälern mit Anbindung an den Karakorum Highway (Säulen rechts). Der Zusammenhang zwischen Erschliessungsgrad und Ausmass der Abholzung ist deutlich erkennbar. (SCHICKHOFF, 1995, verändert)

5. Fazit

Veränderungen der Hochgebirgslandschaft sind infolge der sehr eingeschränkten und oft auch inhomogenen Datenlage nur bedingt nachvollziehbar. Trotzdem lässt sich die rezente Dynamik ausgewählter Landschaftselemente oder -indikatoren mit Hilfe vergleichsweise einfacher Verfahren schlüssig analysieren. Photovergleiche, der Einbezug von Fernerkundungsdaten und Geographischer Informationssysteme, ebenso wie forstwirtschaftliche Standarderhebungen sind die Basis für vergleichende Untersuchungen in Hochgebirgsräumen. Sie könnten und sollten durch ein systematisches und vergleichendes Monitoring-Programm, verbunden mit Forschungen zum Verständnis der die Veränderungen auslösenden Prozesse, auf die Hochgebirge der Welt angewendet werden.

Literatur

BRAUN, G., 1996: Vegetationsgeographische Untersuchungen im NW-Karakorum (Pakistan). Kartierung der aktuellen Vegetation und Rekonstruktion der potentiellen Waldverbreitung auf der Basis von Satellitendaten, Gelände- und Einstrahlungsmodellen. Bonner Geogr. Abh. H. 93, Bonn.

CLEMENS, J., NÜSSER, M., 1994: Mobile Tierhaltung und Naturraumausstattung im Rupal-Tal des Nanga Parbat (Nordwesthimalaja): Almwirtschaft und soziöokonomischer Wandel. Petermanns Geogr. Mitt., 138: 371–387.

CRAMER, T., 1994: Klimaökologische Studien im Bagrot-Tal, Karakorum (Pakistan). Diss. Univ. Bonn (Druck in Vorbereitung).

EWALD, K., 1987: Der Landschaftswandel. Zur Veränderung schweizerischer Kulturlandschaften im 20. Jahrhundert. Birmensdorf.

FINSTERWALDER, R., RAECHL, W., MISCH, P., BECHTOLD, F., 1935: Forschung am Nanga Parbat. Deutsche Himalaja-Expedition 1934. Helwing, Hannover.

FLOHN, H., 1969: Zum Klima und Wasserhaushalt des Hindukusch und seiner benachbarten Hochgebirge. Erdkunde, 23: 205–215.

HAYDEN, H.H., 1907: Notes on Certain Glaciers in North-West Kashmir. Rec. Geol. Surv. o.India, Vol. 35, Part 3: 127–137.

HORMANN, K., 1980: Versuche der Bestimmung klimatischer Grenzen der Vegetationstypen in Nepal. Arb. Geogr. Inst. d. Univ. d. Saarlandes, 29: 191–211.

IVES, J.D., MESSERLI, B., 1989: The Himalayan Dilemma. Routledge, London.

KICK, W., 1993: Adolph Schlagintweits Karakorum-Forschungsreise 1856. Forsch.ber. DAV, Bd. 6, Deutscher Alpenverein, München.

KICK, W., 1994: Gletscherforschung am Nanga Parbat 1856–1990. Wiss. Alpenvereinshefte, H. 30, Deutscher Alpenverein, München.

LESER, H., 1991: Landschaftsökologie. UTB Bd. 521, 2. Aufl., Ulmer, Stuttgart.

MESSERLI, B., MESSERLI, P., 1978: Wirtschaftliche Entwicklung und ökologische Belastbarkeit im Berggebiet (MAB Schweiz). Geogr. Helv. 33: 203–210.

PAFFEN, K.H., PILLEWIZER, W., SCHNEIDER, H.-J., 1956: Forschungen im Hunza-Karakorum. Erdkunde 10: 1–33.

PFISTER, C., HOLZHAUSER, H., ZUMBÜHL, H.J., 1994: Neue Ergebnisse zur Vorstossdynamik der Grindelwaldgletscher vom 14. bis zum 16. Jahrhundert. Mitt. Natf. Ges. Bern NF 51:55–79.

REIMERS, F., 1992: Untersuchungen zur Variabilität der Niederschläge in den Hochgebirgen Nordpakistans und angrenzender Gebiete. Beitr. und Materialien zur Regionalen Geographie, H.6, Inst. f. Geogr., TU Berlin.

SCHICKHOFF, U., 1995: Verbreitung, Nutzung und Zerstörung der Höhenwälder im Karakorum und in angrenzenden Hochgebirgsräumen Nordpakistans. Petermanns Geogr. Mitt., 139: 67–85.

SCHMIDT, U., 1993: Berechnung der direkten Strahlung auf der Basis eines digitalen Höhenmodells des Hunza-Karakorum (Pakistan). Dipl.arbeit, Geogr. Inst., Univ. Bonn. Manuskript.

SCHMIDT-VOGT, D., 1990: High Altitude Forests in the Jugal Himal (Eastern Central Nepal). Forest Types and Human Impact. Geoecological Research, Vol. 6. Steiner, Stuttgart.

SCHWEINFURTH, U., 1957: Die horizontale und vertikale Verbreitung der Vegetation im Himalaja. Bonner Geogr. Abh., H. 20.

SPOHNER, R., 1993: Auswertung terrestrischer Photographien zur Quantifizierung von Landschaftsveränderungen. Exemplarische Auswertung im Hunza-Tal (Karakorum) 1959–1992. Diplomarbeit, Geogr. Inst., Univ. Bonn. Manuskript.

TROLL, C., 1939: Das Pflanzenkleid des Nanga Parbat. Begleitwort zur Vegetationskarte der Nanga Parbat-Gruppe 1:50 000. Wiss. Veröff. d. Deutschen Museums für Länderkunde zu Leipzig, N.F. 7: 149–193.

WEIERS, S., 1995: Zur Klimatologie des NW-Karakorum und angrenzender Gebiete. Statistische Analysen unter Einbeziehung von Wettersatellitenbildern und eines Geographischen Informationssystems (GIS). Bonner Geogr. Abh. H. 92, Bonn.

WINIGER, M., MENZ, G., 1993: Klima und Vegetation in Kenia – Erfassung von Ressourcen mit Hilfe von digitaler Bildverarbeitung und geographischen Informationssystemen. Trierer Geogr. Studien, H. 9: 333–352.

ZUMBÜHL, H.J., 1980: Die Schwankungen der Grindelwaldgletscher in den historischen Bild- und Schriftquellen des 12. bis 19. Jahrhunderts. Ein Beitrag zur Gletschergeschichte und Erforschung des Alpenraumes. Denkschr. d. Schweiz. Natf. Ges. Bd. XCII. Birkhäuser. Basel.

Persönlich

Geographie und Bruno Messerli waren für mich vorerst gleichbedeutend: der Entscheid zur Geographie, gleichzeitig die Absage an eine andere Studienrichtung als Folge mitreissender Vorlesungen und Exkursionen des Lektors und Privatdozenten Messerli. Dann das Glück, die erste Hilfsassistenten-, später Assistentenstelle des Professors Messerli besetzen zu dürfen. Über Jahre hinweg die schöne Zusammenarbeit in einem rasch wachsenden, motivierten Mitarbeiterstab – ausgestattet mit enormen Freiräumen, einbezogen in ein dicht gewobenes Netz fachübergreifender Zusammenarbeit weit über die Landesgrenzen hinaus. Der Gewinn kritischer Diskussionen. Unvergessliche Aufenthalte mit B.M. in afrikanischen Gebirgen, von unseren benachbarten Dörfern auf dem Längenberg das gleiche Alpenpanorama als stete Anregung. 1988 mein Wegzug aus dem familiär-behüteten Bern in ein deutlich raueres, anonymeres, aber nicht minder anregendes Universitätsumfeld auf den Bonner Lehrstuhl. Dabei die gute Erfahrung, auf eine Verbundenheit mit B.M. bauen zu dürfen, die räumlich und zeitlich (also gut geographisch!) zwar etwas lockerer, aber nicht weniger herzlich geworden ist!

Matthias Winiger, geb. 1943. Studium von Geographie, Physik und Botanik in Bern. Promotion und Habilitation über klimatologische und ökologische Problemstellungen unter Einsatz der Fernerkundung. Feldarbeiten in Afrika und asiatischen Hochgebirgen. Seit 1988 Professor am Geographischen Institut der Universität Bonn.

Understanding Himalayan Processes: Shedding Light on the Dilemma

Hans Schreier and Susanne Wymann von Dach

A Personal Introduction

Mountain hazards and their impact on the lowlands have been a subject that preoccupied Bruno Messerli for much of his scientific career. His many contributions to the national and international literature on climate change, mountain hazards and highland-lowland interactions are well recognized. One of the most fascinating things about Bruno is his international perspective of mountains and his early vision of multidisciplinary research on mountain environment and its impact on lowlands.

With his charisma, knowledge, breadth of experience, adventurous spirit and diplomatic nature he educated many students and politicians and brought about an awareness of mountain environments that culminated in making the 'Mountain Agenda' an issue that is now globally recognized. Probably the best testimony to his talent and his distinguished career lays in the fact that his last two studies include palaeoclimatic research in the highest and driest mountain desert in the world – the Atacama desert – and the flooding problems in one of the wettest and most extensive lowlands in the world: Bangladesh. Both studies address key issues of global proportions and consequences. We have been privileged to share many of these fascinating experiences with Bruno in the Pamir, Caucasus, Andes, Alps, Atlas and Himalayas and it is in the latter where we tried to unravel the mystery of the Himalayan Dilemma.

One of the Many Himalayan Dilemmas

In 1992, after 13 years during which Bruno Messerli had already conducted and supported many research projects in the mountains of Nepal we finally succeeded to start a joint research initiative to examine scale factors in water and sediment transport between the High Mountains in Nepal and the Ganges Lowlands. A most interesting excursion took us to near the Tibetan border in the remote valley of Chilime Khola (Fig. 1). The objective was to study the human impact on water and sediment dynamics in the High Mountains and link the processes and their effects through the Middle Mountains into the Lowlands. In search of tracing Chilime Khola sediments Bruno Messerli somehow found a very fast pathway down the Himalayas, and within one year he and Thomas Hofer had a foothold in the Ganges delta. Did he become impatient to follow the very slow movement of the sediments through the mountains or did he think the bottom up approach will succeed much faster than the top down one?

Our team followed a similar but more tortuous pathway down the High Mountains, and after 30 km down the Trisuli we got stuck in the Jhikhu Khola watershed,

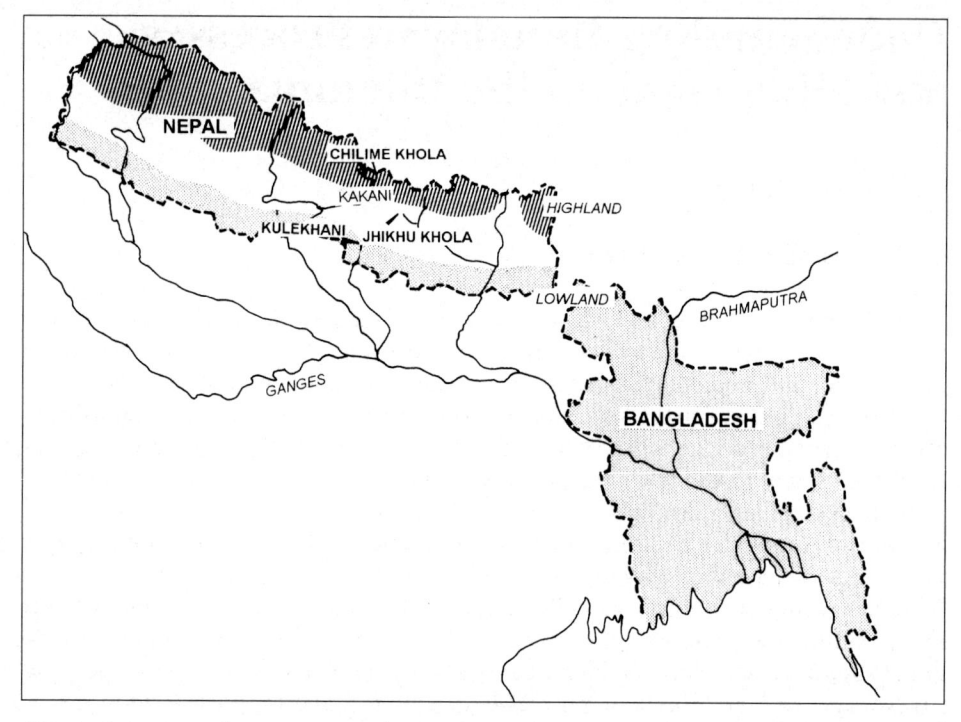

Fig. 1: Overview of Bruno Messerli's study areas, from the Highlands to the Lowlands

a small Middle Mountain tributary of the Sun Kosi, where we were so bewildered by the sediment dynamics that we examined them in detail.

We spent years digging soil pits, constructed sediment traps and collected thousands of samples trying to understand how sediments affected by human land use move through a small watershed in the Middle Mountains. After five years we do not have answers but we have a few clues that might shed some light on the Himalayan Dilemma of human impact on large-scale effects and we share some of these clues with you today.

One of the controversial questions that was put to rest in IVES' and MESSERLI's 1989 book on the Himalayan Dilemma is that human impact on forests and agricultural land in the mountains has no visible impact on the flow of water and sediments deposited in Bangladesh. The question of how long it takes for water and sediments to travel down the 300–500 km pathway from the mountains into the Ganges delta, however, remains unanswered. We think it takes thousands of years for sediments to reach the final destination in the delta, and the cycle of deposition, suspension and redeposition of sediments is tortuous and enormously complex.

While we await proof and evidence for this from future research by other scientists, we reduced the complexity of the question and examined human impact on the water and sediment regime in a 11,000 ha Middle Mountain watershed. Of particular interest was to determine the water and sediment dynamics at different scales within the watershed. What are the pathways of water and sediments from the headwaters of the watershed down to the outlet into the Sun Kosi, and how rapidly are they moving through the system? How are the farmers affecting these pathways, and how do we show the effect of scale as we move down the stream channel?

Tracing Sediments in Erosion Plots and Catchment Areas

We started with a farmer's field (a two terrace system) of 70 m² in size and delineated the terraces by building an erosion plot where all run-off water and sediments were collected after storms. The monitoring continued over three monsoon seasons during which more than 100 events were recorded. The field is a typical dryland terrace system (bari) under double annual crop rotation. Further down a first stream monitoring station was established that drains a mini-watershed of 70 ha, while a second stream station was built some 4 km below draining a 520 ha sub-watershed, and a third station was set up at the mouth of the Jhikhu Khola watershed draining the 11,000 ha catchment area.

All four stations were equipped with an automated pressure transducer, and flow and sediment sampling was carried out at frequent storm intervals by three teams of two people each that were permanently present at the sampling sites throughout the monsoon seasons. The four monitoring stations are interconnected and the fields are contained within the mini-watershed, the mini-watershed within the sub-watershed and the sub-watershed within the watershed. The sediment quantity and the phosphorus content within the sediments were measured for as many storms as was possible. Also, a network of fifty 24-hour-raingauges and four automated tipping bucket gauges were used to characterize the rainfall input.

Farmers Redistribute Sediments

With this setting we thought it would be easy to determine storm events and trace their effects in the downstream direction. This would enable us to define the dynamics of each system and to illustrate the scale effects as we move down from the field to the bottom of the watershed. Some of the early results have been published by CARVER and SCHREIER (1995), and the results gave a fascinating insight into the complexity of scale over very short distances.

At all stations it became evident that the movement of water and sediments is extremely variable. The watershed is dominated by a distinct monsoonal rainfall pattern where 70% of all precipitation occurs between June and September. This is followed by an extended dry period from October to April, followed by a few intensive pre-monsoon storms. It is well known that in mountain areas the rainfall distribution is highly variable, but it appears that there is relatively little difference in intensity between pre-monsoon and monsoon storms, whereas the spatial variability in the amount of rainfall within the overall watershed is very large.

The episodic nature of rainfall and its effect on water and sediment dynamic was clearly evident in all evaluations. How do these storms translate into run-off and sediment dynamics?

At all stations the sediment rating curve showed a very distinct difference between the pre-monsoon and the monsoon storms (Fig. 2). Since there is little difference in the storm intensities and amounts of rainfall we can clearly attribute the differences to surface conditions, as supposed by CARSON (1985). The pre-monsoon storms occur at the end of a prolonged dry season when the agricultural land is barren and ready to be tilled and planted. The soils are unprotected and hydrophobic, generating more run-off and sediment losses in the uplands. Therefore it is not surprising that 60–80% of the annual sediment losses in the erosion plot occur in two storms, usually during pre-monsoon events (CARVER and NAKARMI, 1995).

How do the sediment dynamics change downstream with the increasing scale of surface area contribution? To show this, CARVER and SCHREIER (1995) calculated the budget of sediments and the phosphorus content in sediments for three storm events: A typical pre-monsoon event, a monsoon event and an extreme storm – with a return period of less than 10 years – in the transition period of pre-monsoon to monsoon. The results provided in Table 1 show the sediment and phosphorus budgets calculated for the different receiving areas as we move over the four different spatial scales (plot, mini-, sub-, and whole watershed).

The local effect at the plot level is evident and the pre-monsoon storm is very effective in moving massive amounts of sediments and phosphorus while the monsoon storm produces a very small amount of sediments. In fact, the pre-monsoon storm mobilized an even larger amount than the extreme event with almost twice the rainfall. The downstream effects are also very distinct. Little changes occurred

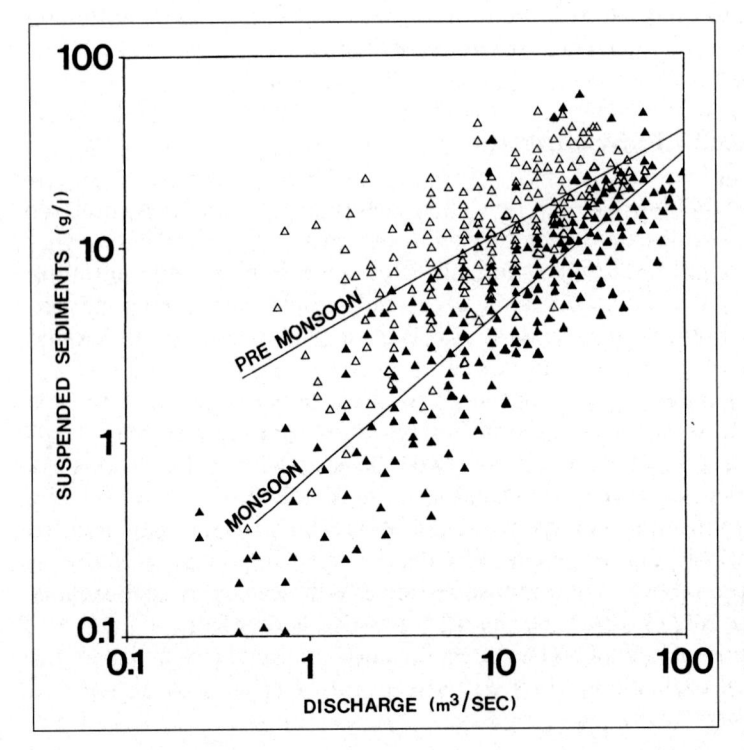

Fig. 2: Differences in discharge-sediment-relationship between the pre-monsoon and the monsoon period.

in the sediment production and phosphorus losses during the monsoon at all scales, but a marked decrease occurred in the downstream direction during the pre-monsoon, and a distinct increase occurred during the extreme event in July. However, no such effect could be discerned at the watershed scale.

Table 1: Sediment and phosphorus budgets across four different catchment scales. (Based on Carver and Schreier, 1995)

	Sediment Budget/Storm Event (t/ha)			Phosphorus Budget/Storm Event (g/ha)		
Storm Rainfall	50 mm	36 mm	90 mm	50 mm	36 mm	90 mm
Time of Storm	Pre-Monsoon	Monsoon	Transition	Pre-Monsoon	Monsoon	Transition
Terrace Plot (70 m^2)	20	0.02	10	300	0.1	10
Mini-watershed (72 ha)	5	0.8	7	200	20	200
Sub-watershed (540 ha)	2	0.4	40	40	4	1000
Watershed (11,000 ha)	0.1	0.1	2	1	0.8	60

The explanation for the different responses of the systems is complex and only by looking at the human intervention an answer can be found. We discovered that one reason why the pre-monsoon storm behaves differently across the four spatial scales from the extreme event in July is that local farmers have built 72 small indigenous checkdams between the erosion plot and the sub-basin station. During the pre-monsoon period as much water and sediment as possible are effectively diverted into the adjacent khet land (irrigated fields). Whereas, during the monsoon season the water is no longer needed and the vegetation cover has stabilized the soil surface. In the extreme event more than 75% of all the checkdams were destroyed, and hence there were significantly less opportunities to retain sediments. Since all these storms were of local extent there was no response in sediment and phosphorus load at the watershed scale.

The implications of this are that expanding agriculture into marginal sloping environments leads to large local losses at the terrace scale, but does not translate into large losses of soils out of the watershed system. The checkdams make sure that material is deposited into lower fields making the sediment pathway extremely tortuous. Most of the soil lost at the plot level will be redistributed many times before it will reach the mini- or sub-watershed or even the bottom of the watershed. Only after extreme events we get large losses, but even in these cases the losses are only substantial in the sub-watershed and not in the watershed.

This means that human intervention plays a significant role in sediment dynamics at the local scale by redistributing the losses created by cultivation of steep slopes. This fact should also be reflected in the soil quality of the irrigated fields in the valley bottoms. WYMANN (1991) already showed that the lower the rice paddies are located, the higher is the nutrient content of the soils.

To illustrate further the enrichment of the soil by diverting the sediments we examined a number of rice paddies at the end of the monsoon season and analyz-

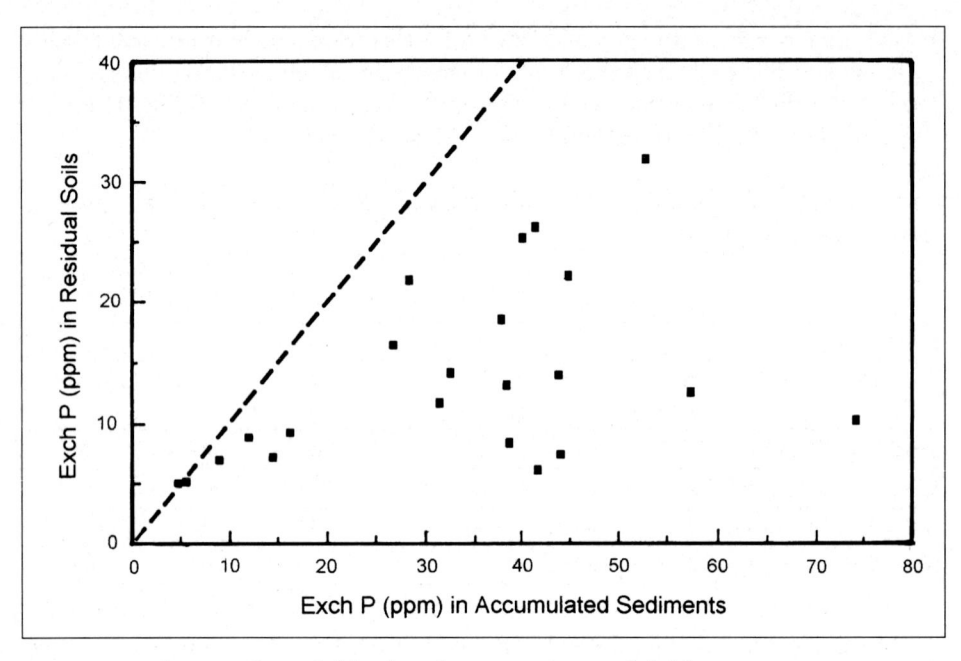

Fig. 3: Enrichment of available phosphorus in irrigated fields.

ed the nutrient content in the layer accumulated during the season. These samples were then compared with the buried soil materials which form the growing media for rice. We noticed that there is a distinct enrichment in nutrients in the sediments, since all of the samples fell below the 45 degree line of equal concentration (Fig. 3). This indicates that the upland farmers with rainfed agricultural land (*bari*) are losing nutrients and soils, while farmers who are able to irrigate their fields below the bari land enrich their soils in the redistributing process.

The lesson learned is that we were unable to trace the sediments from the headwaters to the bottom of the watershed because the farmers are effective in retaining and redistributing sediments within their elaborate indigenous system. Only in extreme events we get some response that is measureable at the sub-watershed scale. Therefore, the expansion of agriculture into marginal land has little effect on watershed scale processes. This provides further evidence to diffuse the myth of human impact at the Himalayan scale.

The Human Impact Fades Away

Now we wonder more than ever why Bruno Messerli has chosen to work in the lowlands of Bangladesh, as even at the micro-watershed scale the farmer's influence disappears.

This made us think in another Himalayan dimension: A very extreme event at the Himalayan macro-watershed scale. So, in 1995, we ventured into the Kulekhani watershed some 30 km south of the Jhikhu Khola watershed. This watershed is dammed by a large hydropower barrage that represents 45% of the hydropower capacity of the country. This reservoir is one of the biggest sediment traps in the Nepalese Himalaya. From July 19 to July 21, 1993, a most unusual rainfall event occurred with rainfall intensities up to 70mm/hr and a 24 hour total of 540 mm (GALAY et al., 1995). What happens to watersheds during such events? How do the sediments behave under such conditions, and how are the human land use activities affecting the movement of water and sediments?

We relied on the extensive previous work by STHAPIT (1994) and GALAY et al. (1995) to get sediment data before and after the event. The dam was completed in the early 1980's, and the bottom of the reservoir was surveyed at that time and on several occasions in the early 1990's, prior to the 1993 event. The survey was continued in 1993 after the storm, and again in 1994. Table 2 provides a summary of these evaluations and indicates that the dam design based on an estimated average annual sediment input of 11.2 t of sediments/ha of the watershed. From 1984 to 1993, the annual rate of sediment accumulation was calculated to average somewhere between 20 and 45 t/year (STHAPIT, 1995 and GALAY et al., 1995). The extreme event produced a staggering rate of 410–500 t of sediment/ha, a result of massive failures resulting in hundreds of landslides. The resevoir was estimated to last for 60–70 years, but the 1993 event reduced it to the order of one decade.

Table 2: Historic sediment production in the Kulekhani watershed.

	Sediment Production for the entire Kulekhani Watershed (in t/ha/year)	
Authors	GALAY et al. (1995)	STHAPIT (1995), and Research & Soil Conservation Section (1994)
Pre 1993 rate	20	45
1993 storm	500	410
1994 post storm		85
Mean over 13 years	53	
Engineering design	11.2	11.2

DHITAL et al. (1993) estimated that during this single storm about 47 landslides occurred per km^2 and that more slides occurred on grassland and forested slopes than on man made terraces under agriculture. A large percentage of the forests grows on intensively weathered rocks (slate, quartzite, phyllites and marble), and it appears that such an environment is more fragile and sensitive to failure than the human controlled terrace systems.

The large areas of the landslides are now unprotected, and, together with all the sediment in the transitional storage within the watershed, we have a long term legacy where future rates of sediment transport will be much higher than during the pre-storm period. STHAPIT estimated the annual rate for 1994 to be 85 t/ha, which is twice the pre-storm event average.

We do not know how long it will last until the watershed returns to a somewhat steady-state condition. But comparing this event with the one in the Lele Khola watershed in 1981, when a prolonged rainfall produced a similar scarred landscape with hundreds of landslides (CARSON, 1985), we assume that stabilization processes can be rapid. During our 1988 Kathmandu Conference a fieldtrip took Bruno Messerli and us to the Lele Khola. We had great difficulties to find the 1981 landslide scars. Many former landslide areas were again under terrace farming, and most slopes had a good vegetation cover. This suggests that the stabilization takes only 5–7 years and is enhanced by human activities.

These extreme events have devastating effects orders of magnitude larger than any of the storms we measured in the Jhikhu Khola. But once again they are only of limited spatial extent. The major precipitation event in 1993 was very local, and we were unable to measure any simultaneous increase in rainfall in the Jhikhu Khola watershed some 30 km from the Kulekhani basin. We do not as yet know what is the return period of this amount of rainfall, but it has been speculated that it was an event with a return period of less than 100 years. Old farmers confirmed to us that a similar event occurred during their childhood, and historic depositional features, similiar to the 1993 boulder fields, were clearly evident in the lowlands.

Nature and Complexity

Bruno Messerli suggested a long time ago that different processes are dominant moving from a micro-scale (50 km^2) to the meso-scale (50–20,000 km^2) and to the macro-scale (>20,000 km^2) watershed and that it will be unlikely to discern human impacts at the macro- and meso-scale. We would suggest that in the context of the Himalayas it is difficult to discern the human impact even at the micro-scale. In the 11,000 ha Jhikhu Khola watershed storm events produced different responses depending on the natural setting and rainfall distribution pattern, and only at the plot and mini-watershed level we were able to show changes that could directly be attributed to human activities.

In case of agriculture some of these human-induced processes even encourage the redistribution of material lost from cultivated steeply sloping land to lower terraces and irrigated fields. For most of the small and intermediate storms the sediments remain within the system, and only during very large stroms material is directly lost for the mini-watershed. Only during the type of storm recently experienced in the Kulekhani we expect to see watershed-scale effects. During such events it remains difficult to identify the human factors contributing to such sediment dynamics.

It appears that at the macro- or meso-scale watershed nature dominantly governs sediment transport. As we moved from a first order stream system in the Middle Mountains to the complexity of the Himalayan foothills we were overwhelmed by the scale of processes, and the question of human impact simply fades away by the sheer magnitude of the natural processes.

References

CARSON, B., 1985: Erosion and Sedimentation Processes in the Nepalese Himalya. ICIMOD occasional paper No. 1, 39pp.

CARVER, M. and NAKARMI, G., 1995: The Effect of Surface Conditions on Soil Erosion and Stream Suspended Sediments. In: SCHREIER, H., SHAH, P.B. and BROWN, S. (ed), Challenges in Mountain Resource Management in Nepal: Processes, Trends and Dynamics in Middle Mountain Watersheds. Workshop Proceedings. International Centre for Integrated Mountain Development (ICIMOD) and IDRC, Kathmandu, Nepal, pp 155–162.

CARVER, M. and SCHREIER, H., 1995: Scale Influence on Water and Sediment Output in a first Order Mountain Basin in Nepal. In: W.R. OSTERKAMP (ed). Effects of Scale on Interpretation and Management of Sediment and Water Quality. IAHS Publication No. 226, pp 3–9.

CARVER, M., SCHREIER, H., NAKARMI, G. and PATHAK, A.R., 1995: Land Use Effects on Stream Suspended Sediments in the Middle Mountains of Nepal. In: GUY, B.T. and BARNARD, J. (ed), Mountain Hydrology, Peaks and Valleys in Research and Applications. Proceedings of CSHS and SCSH Conference. Canadian Water Resource Association, pp 73–78.

CARVER, M. and SCHREIER, H., 1995: Sediment and Nutrient Budgets over Four Spatial Scales in the Jhikhu Khola Watershed: Implications for Land Use Management. In: SCHREIER, H., SHAH, P.B. and BROWN, S. (ed), Challenges in Mountain Resource Management in Nepal: Processes, Trends and Dynamics in Middle Mountain Watersheds. Workshop Proceedings. International Centre for Integrated Mountain Development (ICIMOD) and IDRC, Kathmandu, Nepal, pp 163–170.

DHITAL, M.R., KHANAL, N. and THAPA, K.B., 1993: The Role of Extreme Weather Events, Mass Movements, and Land Use Changes in Increasing Natural Hazards. Workshop Proceedings on: Causes of the Recent Damage Incurred in South-Central Nepal, July 19–21. International Centre for Integrated Mountain Development (ICIMOD), 123pp.

GALAY, V.J., OKAJI, T. and NISHINO, K., 1995: Erosion from the Kulekhani Watershed, Nepal, During July 1993 Rainstorm. In: SCHREIER, H., SHAH, P.B. and BROWN, S. (ed), Challenges in Mountain Resource Management in Nepal: Processes, Trends and Dynamics in Middle Mountain Watersheds. Workshop Proceedings. International Centre for Integrated Mountain Development (ICIMOD) and IDRC, Kathmandu, Nepal, pp 13–24.

IVES, J.D. and MESSERLI, B., 1989: The Himalayan Dilemma; Reconciling Development and Conservation. Routledge, Ltd. London. 295 pp.

RESEARCH AND SOIL CONSERVATION SERVICE, 1994: Sedimentation Survey of Kulekhani Reservoir, October 1994. Departement of Soil Conservation, HMG Ministry of Forest and Soil Conservation, 17 pp.

STHAPIT, K.M., 1995: Sedimentation of Lakes and Reservoirs with Special Reference to the Kulekhani Reservoir. In: SCHREIER, H., SHAH, P.B. and BROWN, S. (ed), Challenges in Mountain Resource Management in Nepal: Processes, Trends and Dynamics in Middle Mountain Watersheds. Workshop Proceedings. International Centre for Integrated Mountain Development (ICIMOD) and IDRC, Kathmandu, Nepal, pp 5–12.

WYMANN, S., 1991: Landnutzungsintensivierung und Bodenfruchtbarkeit im nepalischen Hügelgebiet. Unveröff. Diplomarbeit. Bern. 98 pp.

Hans Schreier, Resource Management and Environmental Studies, University of British Columbia, Vancouver, B.C., Canada, and Susanne Wymann von Dach, Institute of Geography, University of Berne, Berne, Switzerland.

Development and the Environment: a Social and Scientific Challenge

Hans Hurni, Andreas Klaey, Thomas Kohler, and Urs Wiesmann

1. Introduction

The impact of economic development on the environment has reached such limits at local and global levels that its consequences threaten the bio-physical basis of life of many plant and animal species, and perhaps even the survival of mankind. One of the basic problems of modern development in relation to environment is the overuse of non-renewable natural resources. The burning of fossil fuels, modern agricultural practices, and industrialism have impacts on air quality and repercussions that cause massive changes in the global climate and the ozone layer, which have been relatively well documented. This paper, however, will focus on the threatening changes in renewable resources, both at local and global level.

The crisis affecting development and environment was given prominent public attention as a result of the UN Conference on Environment and Development (UNCED) in Rio de Janeiro in June 1992, from which a number of global initiatives emerged. Developing countries represent 79.7% of the global population (UNDP, 1995), but they use only a small fraction of global non-renewable resources (WRI, 1994). They received particular attention at UNCED due to their financial need for sustainable development. Unfortunately, little real progress has been made since 1992; total development co-operation efforts have even been reduced in real terms since that date, averaging merely 0.29% of national GNPs in OECD/DAC countries (DEH, 1995).

It can be concluded from this neglect that much less attention has been given to alleviating the overwhelming overuse of renewable natural resources, such as vegetation, cultural plants, animals, soils and water in developing countries. The threat of current degradation found a global response only in the Convention on Biological Diversity, the forest agreement, and the recently signed Convention to Combat Desertification in the arid and semi-arid parts of the globe.

Progress towards finding a cohesive policy for development and the environment shows to be so slow that it remains insignificant vis-à-vis global trends. UNCED helped create global understanding of current impacts and processes, and showed the limits of current growth-oriented development strategies. Unfortunately, the commitments needed from all societies and nations – including new visions for sustainable development, responsive policies, and tangible actions – have been formulated only very slowly since that date.

Nevertheless, renewable natural resources are threatened not only in developing countries, but in almost all ecological systems. Subsistence-oriented agriculture and traditional nomadic systems are equally responsible for destruction of renewable resources, and modern agricultural and industrial systems even cause additional destruction by their excessive use of non-renewable resources. The important relationships between global trends in resource degradation and local contexts – where land users are forced to operate within their local social, industrial, economic and ecological settings and have little means to change these – have not been sufficiently addressed, although they constitute the major obstacle to change towards more sustainable systems.

Developing countries suffer in particular from this neglect of integrated approaches to the use of renewable natural resources. Political and economic commitments, as well as inputs into both research and technological development to help understand and solve the problems of developing countries, are almost lacking. It has been estimated that only about 3% of global research budgets and workpower are invested in developing countries (SALAM, 1991), while 97% are invested in so-called developed countries. Again, over 90% of each of these budgets went into specialized research that lacks orientation and provides no integral analysis of the respective systems being investigated. It is not difficult to predict that economies employing a major portion of the population in the primary sector will particularly suffer from the combined effects of poverty and environmental degradation in the future.

The Center for Development and Environment (CDE) at the Institute of Geography of the University of Berne focuses its research and training on development and environmental problems in developing countries, and to a very limited extent in Switzerland. Apart from the historical evolution of CDE's activities since its foundation in 1988 and even prior to that time, this focus is justified when we consider the particular problems of environmental degradation and its consequences for human development in the poorest parts of the developing world. The scientific tradition of the Institute of Geography, including CDE, has been in rural and mountain areas in Switzerland and the European Alps, and in mountain systems in Africa, the Himalayas and the Andes. It evolved from the geomorphologic expeditions of Bruno Messerli and his teams in the 1960s, to more interdisciplinary research on man and biosphere in the 1970s, to long-term applied research co-operation with the assistance of the Swiss Development Co-operation (SDC) in East Africa in the 1980s, and to global networks for monitoring, evaluation and development of more comprehensive solutions to the problem of sustainable use of natural resources in the 1990s (CDE, 1995). This paper aims to document this evolution of approaches, to show that it constitutes a school of thought, and to exemplify it with illustrative examples at different levels.

2. CDE's conceptual framework and main thrusts

During its long involvement in the field of development and environment, CDE has developed three basic guiding principles in its approaches and projects:
1. Environmental degradation in developing regions can no longer be seen simply as a long-term problem endangering the resource bases of future generations. Rather it has become one of the main reasons for current economic, social and political problems which increasingly tend to erupt in conflicts over access to remaining

natural resources. Hence, solutions to stop or retard environmental degradation are crucial, not only in regard to the ecological dimension of sustainable development, but also in view of its economic and socio-cultural components (CDE 1995, WIESMANN, 1995). For CDE, this implies that its research aiming to contribute to sustainable development, has to focus on environmental problems by considering their ecological, technological, economic, social and political aspects and dimensions. This requires transdisciplinary approaches that include and combine a range of concepts and methods from both natural and social sciences.

2. Spatial extent and concentration in the primary production of local populations is one of the main direct causes for the degradation of renewable natural resources in rural areas in developing countries, especially in Africa. Hence solutions to these degradation problems have to be accepted, adapted and sustained by these populations. However, the capacity of local land users to react to environmental problems is seriously limited due to their economic marginalisation, which results in severe problems of sheer survival. For CDE this means that approaches to more sustainable development have to be devised in accordance with the options available to local land users. This requires participatory and partner-oriented approaches aiming at evaluating, strengthening and widening these options.

3. The main degradation processes in rural areas are caused locally, but their ecological and hence their socio-economic effects take place on a regional scale. At the same time, local land users are bound by external economic, social and political influences, frame conditions and dependencies which tend to narrow their options and manifest themselves on the regional scale. For CDE this implies that the regional development context is the appropriate spatial level for approaching the effects and causes of environmental degradation. By taking this level as a point of departure, endogenous solutions can be sought on the local level and supporting frame conditions can be addressed on the national or even the global level. Hence the regional or sub-national focus is the adequate level to bridge micro and macro aspects and approaches to development and environmental problems.

These considerations imply that CDE has to adapt and develop conceptual and methodological approaches that are transdisciplinary, participatory and partner-oriented and focus on regional development contexts, from where local and supra-regional levels can be addressed. If CDE aims at contributing to scientific and practical progress in the field of development and the environment, it has to face the social and scientific challenges of such an approach.

However, these challenges cannot be met at once, in every project and activity. CDE has therefore developed four major thrusts, which are interrelated and combine specific conceptual and methodological aspects, and which address specific problems and topics with which CDE is concerned:

1. Integrated regional baseline studies
In the planning phase of development projects and interventions, there is a great demand for baseline information on the areas concerned. By combining a set of natural and social science methods with participatory approaches, CDE has developed a concept that allows to respond to this need for information on a short-term

basis and – at the same time – to assess key issues, problems, conflicts and possible strategies concerning the conditions necessary for economically, socially and ecologically sound regional development.

2. Long-term monitoring of key processes
Environmental aspects of development tend to be neglected due to the need to solve urgent economic and social problems, and also due to the lack of information on the quantitative and temporal dimensions of environmental degradation, its causes and measures for combating it. CDE therefore puts strong emphasis on scientifically sound long-term monitoring of key natural resources and of the effects of different land use systems and technologies within a network of test areas and sites.

3. Actor-oriented perspective of regional development
Even if environmental problems and appropriate technological solutions are properly assessed, it often happens that the problems are still not approached at the practical level. The reason is that either the proposed solutions do not fit the limited options available to local land users, or they conflict with the interests of influential and powerful actors. By making use of social science approaches, CDE therefore addresses the perceptions, strategies, options and interests of local actors within regional development contexts in order to identify promising strategies for ecologically sustainable development.

4. Conceptual development and policy-oriented transfer
With its three regionally oriented thrusts, CDE aims at contributing to more sustainable development in the regions where it works. At the same time, the knowledge and experience gained and the approaches developed can be used and further elaborated as a contribution to policy development. CDE therefore engages in policy, planning and implementation support for agencies and target groups which are active in the field of development and environment. This support is based on basic conceptual development, on the evaluation of CDE's own field experience, and on a broad institutional and personal network capable of tapping the knowledge and experiences of other agencies, scientists, experts and target groups.
Taken together, these four thrusts give an outline of the guidelines mentioned above. Ideally, they can be seen in an iterative sequence: an integrated first assessment (thrust 1) leads to the need for in-depth studies using natural and social science methods (thrusts 2 and 3), which in turn can be used in policy development in the challenging field of development and environment (thrust 4).

3. CDE's regional baseline studies – the example of the Simen mountains

It is not always possible to carry out long-term monitoring and research at specific sites, where high inputs of manpower, methodologically sophisticated approaches and long-term institutional and financial commitments are available to provide a detailed picture of a selected environment and its development trends. When agencies decide to implement a project, they often lack local information, but do not have the willingness, the time, or the money to carry out detailed investigations. Yet they need baseline data that allow proper planning in a participatory way. For such cases CDE developed a package of methods and tools based on a specific conceptual framework. It provides the required information, both to the local land users and to project planners and institutions.

One of these packages was implemented in the Simen Mountains in Northern Ethiopia in 1994 (HURNI, 1995). The field expedition for the Simen Mountains Baseline Study (SMBS) involved 35 post-graduate professionals who carried out a participatory survey in the Simen Mountains National Park in Northern Ethiopia, covering an area of about 300 km^2, and 30 villages, situated inside and outside the Park. Various bilateral and UN agencies were preparing a set of projects including road construction, agroforestry, and tourism in this area, which had been designated a World Heritage Site by UNESCO in 1978 due to its unique wildlife and natural beauty.

The study found that most natural resources in the area were in a very critical state. This includes not only important wildlife species such as the *Walya* ibex endemic to Simen, and the *Simen* wulf/fox endemic to Ethiopia, but also the highland forests, and particularly the agricultural soils that are rapidly degrading to an irreversible stage. Land use of various intensity was found to be prominent in over 80% of the area of the Park, leaving an actual habitat for *Walya* ibex of little more than 2000 hectares. Hence more than half of the *Walya* population of about 230 was actually living outside the Park.

A first analysis showed that park management and tourist services needed immediate and enhanced support. Unfortunately, relations between some of the park staff and some people living in the Park were tense due to the previous involvement of the staff in activities of the former government directed against some of the villages.

The study concluded that issues and principles relevant to reconciling conservation with development must be discussed and clearly stated in a participatory process, as they constitute an indispensable basis for planning an integrated development program. Based on the preliminary findings of the study, villagers may be allowed inside the Park, provided that they observe a set of rules and regulations, and that support is channeled to the villages in order to improve the livelihoods of their inhabitants. An example of a GIS analysis of a selected village is given in Figure 1.

Fortunately, land use encroachment has not expanded much in the past 20 years, although most of the area of the Park had been utilized. While the prime protection zone for the *Walya* ibex will have to be enlarged by a factor of 2.5, the other zones of the Park may be developed into a stable and sustainable buffer zone of mountain agriculture in peaceful coexistence with wildlife and tourism. Population pressure may be mitigated by developing pull factors outside the Park boundaries such as schools, clinics, roads, etc. If such measures are adopted, and co-operation with the residents is well established, the Park may even survive eventual political instability in the future.

From the experience of SMBS, it can be shown that planning and preparing well co-ordinated and participatory projects in a specific area require baseline information as a complement to the planned inputs. In the case of the Simen mountains, it

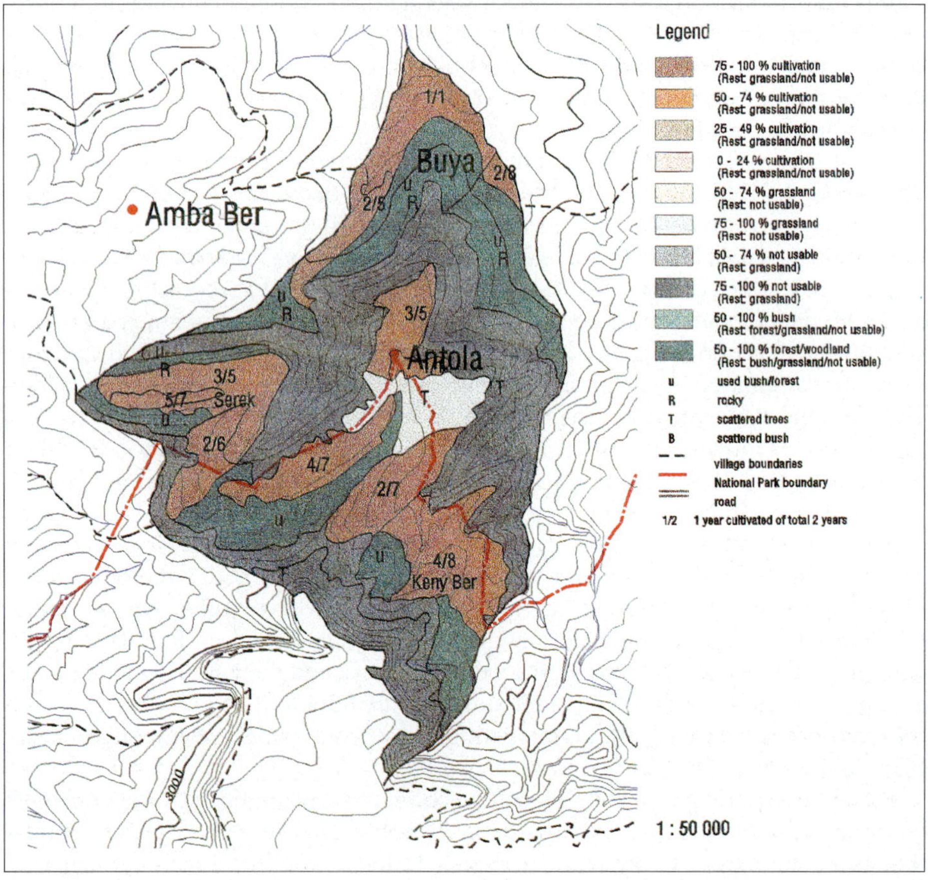
Legend
75 - 100 % cultivation (Rest: grassland/not usable)
50 - 74 % cultivation (Rest: grassland/not usable)
25 - 49 % cultivation (Rest: grassland/not usable)
0 - 24 % cultivation (Rest: grassland/not usable)
50 - 74 % grassland (Rest: not usable)
75 - 100 % grassland (Rest: not usable)
50 - 74 % not usable (Rest: grassland)
75 - 100 % not usable (Rest: grassland)
50 - 100 % bush (Rest: forest/grassland/not usable)
50 - 100 % forest/woodland (Rest: bush/grassland/not usable)
u used bush/forest
R rocky
T scattered trees
B scattered bush
village boundaries
National Park boundary
road
1/2 1 year cultivated of total 2 years
Amba Ber
Buya
Antola
Serek
Keny Ber
1/1
2/8
2/5
3/5
5/7
2/6
4/7
2/7
4/8
3000
1 : 50 000

is well worthwhile to invest at least 10% of the planned project budget of $US 12 million, i.e. about $US 1.2 million, for baseline surveys, monitoring, and impact evaluation during the life-time of the project and even thereafter. The baseline study presented here merely used one tenth of this amount. This was due not only to the efficient method of working, but also to the fact that post-graduate students of the Universities of Addis Abeba and Berne did most of the field work without pay under expert supervision.

4. CDE's long-term monitoring of test areas – the Ethiopian example

Detailed knowledge of status and dynamics of man-environment systems in a given eco-regional context requires setting up institutional mechanisms to provide for long-term environmental monitoring. In many of CDE's collaborative research programs in Eritrea, Ethiopia, Kenya and Madagascar, such monitoring was established for many years. An example is the Ethiopian Soil Conservation Research Program, SCRP, which was initiated in 1981 with the assistance of the Swiss Development Co-operation (SDC), implemented by the Ethiopian Ministry of Agriculture, and has been executed by CDE over the past 15 years (HURNI, 1982).

Although the research set-up underwent continuous methodological evolution based on experience gained over these years, and in response to the requirements of the collaborating institutions, the political conditions, the emergence of new paradigms in development co-operation, and the farming communities in which the program operated (HURNI, 1994), one basic approach remained unchanged: the monitoring of six test areas in the Ethiopian highlands, located hundreds of kilometers apart. Each test area represents one of the 9 typical agro-ecological zones of the country where rainfed agriculture is practiced.

One of these research units is situated in the area of Anjeni village, on the lower slopes of the central mountain system of Gojam region, at about 2500 m asl. In Anjeni, a one-square-kilometer catchment was chosen in 1984 for monitoring at catchment, household and plot level (HERWEG and HURNI, 1993). While climatic parameters, hydrologic processes, soil erosion and sediment loss are continuously quantified for each storm and other parameters like land use, harvest and biomass yields are quantified for each cropping season, the research teams and their assis-

◁ *Fig. 1: An example of a GIS analysis and a view of Antola village in the Northern escarpment of the Simen Mountains National Park. Human land use occurs inside and outside the Park. Trees remained in small patches below the rock escarpments (gray color). Swidden cultivation, which encroaches on the forests from below, can be found on steep slopes and has rather short fallow cycles, leading to accelerated soil degradation due to water erosion. Source: SMBS, cf. SCHWILCH, 1996 (map and photo, dated 30.9.1994).*

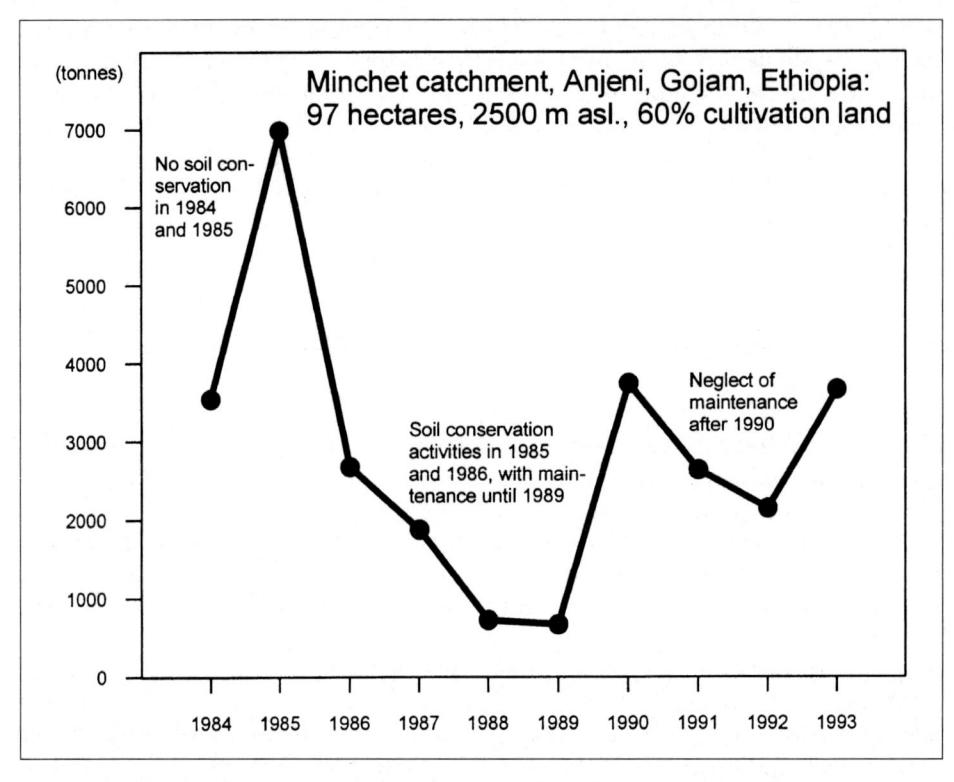

Fig. 2: Annual suspended sediment losses of the Minchet Valley. The catchment is situated at 2450 m asl in the region of Gojam in central Ethiopia. About 60% is cultivated land, 30% is grassland, and the rest is village or reforestation land that was closed to grazing in 1987. For each dot, representing the annual total sediment loss from the catchment, several hundred measurements of suspended sediment yield were integrated with storm runoff assessments for every storm throughout the 10-year period. Source: Data by SCRP, analyzed by BOSSHART, 1995.

tants also collect demographic information, data on soils and topography, and carry out economic studies at irregular intervals. Together with experiments in soil conservation on plots and in whole catchments, the direct effects of conservation measures can be assessed with these monitoring data over the years.

One example is given in Figure 2 that shows sediment losses in the period 1984–1993. The introduction of soil conservation structures in 1986/88 immediately led to reduction of sediment loss in the catchment, but failure to maintain the structures after 1989 increased soil erosion losses almost to pre-conservation levels again.

Many other conclusions can be drawn from such long-term monitoring data, including conclusions about changes in land use, in agricultural productivity, in climate, in population and settlement, in the status of soil degradation, just to mention the most obvious examples. Furthermore, detailed mapping of soils, land use, and settlement allows the use of these sites as verification spots for remote sensing information, a value often neglected in developing countries. Finally, modern technologies like Geographical Information Systems (GIS) are used to store and retrieve information on each test site, while central laboratories in Addis Abeba assist in the analysis and interpretation of the data collected.

Major requirements for monitoring programs are not only institutional backing at the national, regional and local levels, but also staff dedicated to provide adequate information, to carry out work in remote areas, to upgrade continuously the precision of the information, and to make the results available to different users who all have their own specific requirements. Finally, it is absolutely mandatory that the methodologies applied remain unchanged over the whole of the observation period in order to allow long-term comparisons.

5. CDE's actor-oriented perspective – the example of the Ewaso N'giro basin

For solving or alleviating environmental problems, sound knowledge of environmental degradation processes, their causes and effects, as well as the development of options for remedial action on the technical and planning levels are necessary. But this is no guarantee that the problems will be tackled in practice, not even when the proposed solutions were elaborated in a participatory and partner-oriented process.

One case in point is presented by an example taken from the Upper Ewaso Ng'iro basin in Kenya, which extends from the north-west of Mt. Kenya to the Laikipia Plateau and to the lowlands of Samburu. Within this basin of 14,000 km^2, CDE and its Kenyan partners studied environmental degradation processes (e.g. DECURTINS et. al., 1989), land use and socio-economic dynamics (e.g. KOHLER, 1987 or WIESMANN, 1992a), and developed strategies on the technical (e.g. LINIGER, 1989) and the planning level (e.g. LEIBUNDGUT et. al., 1991 or WIESMANN, 1992b) within the framework of the long-term Laikipia Research Program (LRP). However, in spite of all the research and transfer activities of LRP, the situation in regard to the degrading and over-utilized water resources shown in Figure 3 did not change for the better. On the contrary, the dry season low flow of the Ewaso Ng'iro diminished further, causing severe problems for the downstream pastoral population as well as for tourism and wildlife (e.g. LINIGER, 1992).

The reasons for this continued ecologically unsustainable development are at least fourfold:

1. The immigration of agro-pastoral smallholders from high-potential areas of Kenya still continues, doubling the population on the semi-arid Laikipia Plateau every ten years and increasing water demand.

2. Due to severe problems of survival, these agro-pastoral immigrants apply complex strategies that hardly give scope for experiments with new technologies regarding land use.

3. Perceptions, strategies and expectations of the influential or decision-making actors within the formal and informal social hierarchies of the region concerned differ significantly from those of local actors.

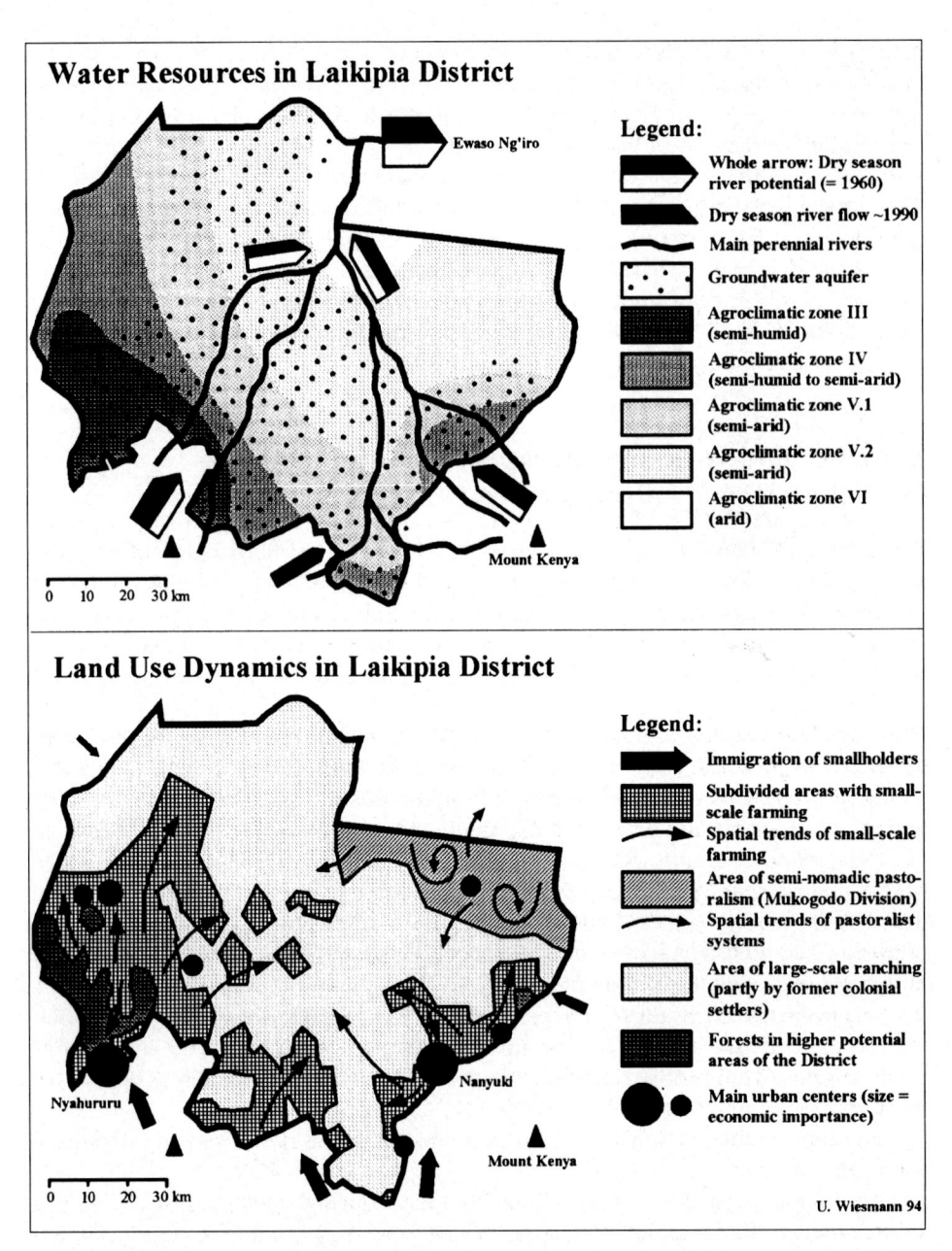

Fig. 3: Water resources and land use dynamics in Laikipia District in the Upper Ewaso Ng'iro basin, Kenya. The subdivision of former large-scale ranches after the independence of Kenya in 1964 lead to the immigration of agro-pastoral smallholders coming from high-potential areas. This caused the population to increase by a factor of 10 and reduced the dry season low flow of the Ewaso Ng'iro River below the critical value of 1.5 m³/sec due to pressure on water resources. Source: Different data and studies by LRP.

Fig. 4: Samburu girl in search of water in the lower Ewaso Ng'iro basin. Here, the local population, mainly Samburu pastoralists, is badly affected by the overuse of the water resources upstream. (Photo: U. Wiesmann, 1992)

4. The regional planning and decision-making structures are not suitable for coping with the degradation problem, as the national policy transfer through line ministries conflicts heavily with the grassroots-oriented planning procedures practiced on the regional level, which in turn is dominated by other particular interests.

All this implies that more sustainable planning, management and use of the water resources within the Upper Ewaso Ng'iro catchment does not just depend on better ecological and technological understanding, but requires approaches that fit into the strategies and expectations of the different actors involved and include mechanisms to resolve conflicts between these actors. These requirements presuppose an in-depth knowledge of the strategies, options for action and expectations of the different actors as well as of the formal and informal decision-making structures related to the use, management and planning of resources.

With other partners from Switzerland and Kenya and within the framework of the LRP, CDE is engaged in a specific research project dealing with the above mentioned aspects by studying local and influential actors as well as linking planning procedures and decision making processes (see e.g. WIESMANN, SOTTAS, FLURY, 1995). This research is based on a theory of social action that refers to dynamic interactions between norms, values and practices, and combines different methods such as participant observation, qualitative and quantitative interviews, organizational analysis, and participation in policy-making and planning procedures.

Some preliminary results of the ongoing research have already been taken up by the transfer unit of the LRP, a number of development agencies active within the region, and the District administration, which strengthened and reactivated regional co-ordinating and controlling bodies on the catchment level and supported local initiatives that fit well with the options for action and the requirements for sustainable water use. Alongside further practical conclusions for sustainable planning, management and use of the water resources of the Ewaso Ng'iro basin, it can be expected that the actor-oriented research approach in regional development will also contribute to further developing and refining the concept of the negotiating processes, which CDE's environmental mandate sees as an indispensable step towards achieving sustainable use of resources in a regional context (CDE, 1995).

6. CDE's policy-oriented concepts and transfer – the examples of the environmental mandate and of WOCAT

Many challenges in the field of development and environment have been reformulated in recent decades. Questions related to so-called transversal issues, i.e. to problems that touch several scientific disciplines, sectors of expertise or administrative units, became more and more important in discussions focusing on environmental problems in development. As a matter of fact, the environmental mandate given to CDE by the Swiss Development Co-operation (SDC) with the intention to provide advice and support to SDC on matters related to environmental aspects in development, emphasized exactly this transdisciplinary approach from its very beginning in 1989.

Following this approach, however, implies a complete reorientation of research routines. A rather abstract idea, primarily normative in character, and commonly summarized by the concept of sustainable development, has become the center of interest. Deviations from reality as it is perceived lead to the definition of environmental problems. However, definitions are often based on reductionist views of reality and are therefore not adequate for the reorientation of research concepts. Moreover, the call for development-oriented research to be efficient raises the question of transferability, i.e. how the results of such research can be translated into meaningful actions. The following ideas are formulated as a contribution to answer this question in the light of the experience gained at CDE.

1. The involvement of the actors concerned, the actor groups and stakeholders must become the guiding principle for the reorientation of research as well as for the implementation of its results and recommendations.
2. The discussion of research results should not be limited to disciplinary circles of expertise. Likewise, efforts to obtain new findings and to gain new insights should not be confined to furthering disciplinary knowledge only, but should also contribute their share to overall understanding of problems and processes related to development and the environment. Moreover, the link between *orientation knowledge* and *action-oriented know-how* should be strengthened, for it is exactly the lack of this link that has brought research into a position where it helped trigger, or foster, processes that later were found to be unsustainable for society and the environment.
3. Linking action-oriented know-how and orientation knowledge poses a problem to all those members of the research community who are firmly entrenched in tra-

ditional disciplinary thinking. Experience shows that building up links between these two fundamentally different types of knowledge and competence is a long-term endeavor. Working on this link has in fact always been one of the major challenges for CDE. Competence in linking action-oriented know-how and orientation knowledge can *a priori* be built up in a team only, and such a team differs from a traditional team by its communication capacity. In such a group the individual members, apart from advancing disciplinary expertise, carry disciplinary competence, feeding their results into the common research process that is characterized by a wide range of issues, approaches and methods.

4. This mode of work differs clearly from the routines in our universities. It seems that the universities, in spite of the heralded academic freedom of research, are not yet able to live up to this old challenge raised in the theory of science and aptly symbolized by the term *universitas* itself – despite the fact that this challenge is getting more and more important in view of the complex problems that must be solved in today's world.

5. Unfortunately, any broad approach applied to issues in development and environment therefore is carried out in a *niche*, operating without the moral support, and often without the acknowledgment of the universities, and also across their academic and administrative structures. There are some occasions for stimulating contacts with mainstream disciplinary researchers, or with academics looking for ways to combine experiences from different scientific disciplines, but they are few and far between and rather the exception than the rule.

Coming back to the environmental mandate of CDE: the main thrust of its activities was to deal with two major issues. First, there was the question of the environmental sustainability of development activities. This was taken up from the mandate's inception in 1989 and was addressed in a broad and multidisciplinary approach involving staff of SDC as the main user group of the mandate's output. The results of this participatory research process have been published in a report, which gives an outline of the principles of ecological planning for planners and decision makers in development (CDE, 1992). This publication was later complemented by the so-called *Impact Hypotheses* (CDE and SDC, 1994). This tool, written as an easy-to-handle manual, describes interactions in man-environment systems and makes projections about how these interactions might be affected by development activities.

The second of the mandate's activities had its focus on the problem of sustainability, dealing with sustainable use of natural resources. This issue, one of the major topics of development discussions in the 1990s, was addressed at the conceptual level, and the main findings were outlined in a paper published in 1995 (CDE, 1995). The paper defines natural resources as components of nature that are of use to human communities. Resource use hence always reflects a particular social situation, and it changes in relation to space and time. Sustainability is therefore primarily a question of evaluation.

Development organizations take part in processes of evaluation and decision making about the use of resources. They play a dual role: they advance their own aims and ideas about sustainability while also supporting the process of public debate over sustainability which should include all stakeholders concerned.

Departing from the findings obtained in writing up the conceptual paper mentioned above, work is now in progress to formulate a training program on sustainable use of natural resources. The training envisioned employs an autodidactic approach that will allow local development specialists working in rural areas to confront and examine environmental issues on a broad scale, departing from issues that originate from the local setting in which they actually work.

Finally, a global input towards sustainable use of soil and water in agriculture is attempted by WOCAT (World Overview of Conservation Approaches and Technologies), a program coordinated by CDE. Under the roof of the World Association of Soil and Water Conservation (WASWC), WOCAT developed a comprehensive framework for the evaluation of soil and water conservation in its initial phase (1992–94). It carried out participatory data compilation in 19 African countries in 1995, supported national and regional initiatives in other African regions and on other continents, and is currently developing a number of prototype outputs in the form of maps, handbooks, and decision support systems as well as software including Internet use at a lager stage. Funded by SDC (Swiss Development Cooperation) and a number of international supporters like FAO, UNEP, and IDRC of Canada, WOCAT has been restructured recently into a consortium, where international, national, and regional members collaborate on equal terms for the purpose of elaborating a standardized, comparative, and guiding global overview of soil and water conservation. WOCAT has a long term perspective and is scheduled for a duration of about 10 years.

7. Conclusions and outlook

Looking back on CDE's experiences over the last decade, what are the main lessons to be learnt? And looking into the future, what are the main challenges ahead? And how can they be tackled?

In regard to challenges, there are many, and one is prompted to start with the realm of *science*. Certainly one of the main challenges in this respect is to maintain a long-term perspective in an environment characterized predominantly by short-term cycles of thought, whether in regard to policy formulation, administration, or data collection. While the need for short-term considerations is indispensable, especially in view of the pressing problems of the countries of the South, it should be borne in mind that long-term perspectives have their merits, too. Was it not thanks to long-term time series on global environmental parameters, and on socio-economic dynamics, that the alarming trends of global environmental development have been revealed? Long-term monitoring of key processes will thus remain a mainstay for CDE. This includes developing adequate concepts and tools, running effective programs, and transferring the main messages to the users.

Other challenges are *institutional* in nature: here, the main challenge probably is maintaining the concept of transdisciplinarity within a disciplinary world. As it has been shown, this challenge does not get smaller within a university environment. For CDE, transdisciplinarity means primarily advancing and fostering links between researchers, but also between researchers and politicians, planners and implementers, and the population, on a basis of complementing experience. Going one step further, it also implies combining different approaches considered adequate to confront the issues at stake, even if some approaches may not be *en vogue* at times. Bottom-up processes may thus have to be combined with top-down decision-making procedures in order to find solutions leading to sustainable use of natural resources. To find the best mix between these two diametrically opposed procedures is certainly a major and long-term challenge. Resolving conflicts in resource allocation depends on the development of a new culture of political debate in many countries of the South, and not only there.

The third challenge could be called *socio-cultural*. This involves elements of transdisciplinarity as described above, but goes much further and implies an effort for better mutual understanding. This understanding is based, first of all, on a process of intercultural communication that confronts us with fundamentally different ways of thinking, explaining and acting. This is a major personal challenge, as it often calls in question our own patterns of perception and action. But mutual understanding is also based on mutual personal interest between individual personalities, and one of the main experiences of CDE has been to realize that intercultural communication, sharing of experience, and transdisciplinarity do work on a sustainable long-term basis whenever there is a feeling of mutual personal interest between the individuals involved. We might call this sympathy, or friendship. It is not least in this respect that Bruno Messerli led the way in many instances and has been a source of inspiration to all of us.

References

BOSSHART, U., 1995: Catchment Discharge and Suspended Sediment Transport as Indicators of Physical Soil and Water Conservation in the Minchet Catchment, Gojam Research Unit. Research Report SCRP, Addis Abeba and University of Berne.
CDE, 1992: Environmental Assessment in Development Cooperation. Principles of Ecological Planning. Center for Development and Environment, Institute of Geography, University of Berne, 46 pp.
CDE and SDC, 1994: Impact Hypotheses. Development and its Environmental Impacts. Center for Development and Environment, Institute of Geography, University of Berne, jointly with Swiss Development Cooperation (SDC), 101 pp.
CDE, 1995: Sustainable Use of Natural Resources. Development and Environment Reports no. 14, Center for Development and Environment, Institute of Geography, University of Berne, 46 pp.
DECURTINS, S., LEIBUNDGUT, Ch., WETZEL, J., 1988: Resources of River Water in Eastern Laikipia. Laikipia Report No. 12, Institute of Geography, University of Berne.
DEH, 1995: Jahresbericht 1994. Direktion für Entwicklung und Zusammenarbeit (DEZA), Bern.
HERWEG, K., and HURNI, H., 1993: Das Forschungsprojekt «Bodenkonservierung» des Geographischen Instituts der Universität Bern in Äthiopien. Nachhaltige Bodennutzung in Entwicklungsländern. SVIAL and CDE, Berne: 39–48.
HURNI, H., 1994: Methodological Evolution of Soil Conservation Research in Ethiopia. IDRC Currents, Swedish University of Agricultural Sciences, Uppsala, Vol. 8: 17–21.
HURNI, H., 1995: Simen Mountains Baseline Study – Ethiopia: Intermediate Report on the 1994 field expedition (Phase I). Ministry of Natural Resources and Environmental Protection, Addis Abeba, and CDE, Berne, 44 pp.

KOHLER, T., 1987: Landuse in Transition. Aspects and Problems of Small Scale Farming in a New Environment. The Example of Laikipia District. With land-use, land ownership map 1:25,000. Geographica Bernensia, A5, Berne.
LEIBUNDGUT, Ch., KABUAGE, S.I., MOZER T., WIESMANN U., 1991: Water Development Plan for Laikipia District, Kenya. Ministry of Reclamation and Development of Arid, Semi-arid and Wastelands, Nairobi.
LINIGER, H.P., 1989: Water Conservation for Rainfed Farming in the Semi-arid Footzone West and Northwest of Mt. Kenya. Dissertation, Institute of Geography, University of Berne.
LINIGER, H.P., 1992: Water and Soil Resource Conservation and Utilisation West to North of Mount Kenya. Concept and Results of Applied Research for Sustainable Resource Development. Mountain Research and Development, Vol. 12, No. 4, Boulder.
SALAM, M.A., 1991: Science, Technology and Science Education in the Development of the South. In: Manuscript Distributed at the Annual Conference of the Swiss Development Cooperation, Fribourg, 27 pp.
SCHWILCH, G., 1996: Landnutzung in Semien, Äthiopien. MSc-Thesis, Institute of Geography, University of Berne (unpublished), 133 pp.
SCRP: Soil Conservation Research Programme, P.O. Box 2597, Addis Abeba, Ethiopia (a program implemented by CDE through the Ethiopian Ministry of Agriculture, and financed by Swiss Development Cooperation and the Ethiopian Government since 1981).
SMBS: Simen Mountains Baseline Study (1994–1996), c/o CDE.
UNDP, 1995: Human Development Report 1995. United Nations Development Programme, Oxford University Press, New York, Oxford.
WIESMANN, U., 1992a: Socio-economic Viewpoints on Highland-lowland Systems: A Case Study from the North-western Footzones of Mt. Kenya. Mountain Research and Development, Vol. 12, No. 4, Boulder.
WIESMANN, U., 1992b: Wasserentwicklungsplanung zwischen Ressourcenschonung und Bedürfnisorientierung. Methodische Aspekte am Fallbeispiel Laikipia, Kenya. Geomethodica, Vol. 17, 123–152. Basel.
WIESMANN, U., SOTTAS, B., FLURY, M., 1995: UNI PRESS 85, Juni 1995, 25–27. Bern.
WRI, 1994: World Resources 1994–95. World Resources Institute, Oxford University Press, New York, Oxford.

Personal

The four authors jointly head the Center for Development and Environment (CDE) at the Institute of Geography, University of Berne.

Hans Hurni *is «Privatdozent» at the Institute of Geography, University of Berne, and is co-director of the Center for Development and Environment (CDE). He has spent most of his professional career in development cooperation, particularly in Ethiopia, but also in Thailand and many other countries. His first field work was for his MSc thesis on soil erosion in Ethiopia in 1974, supervised by Bruno Messerli. From 1975-1977 he worked as a warden of the Simen Mountains National Park for WWF. He completed his PhD on climate change and geomorphology of the high mountains in Northern Ethiopia in 1980, again under Bruno Messerli. He then initiated, and was the first director of, the Soil Conservation Research Program (SCRP) in Ethiopia from 1981-1987. After returning to the Institute, he became co-director of CDE in 1988, and completed his «habilitation» on soil erosion in agricultural environments in 1991. Hans Hurni has also been president of the World Association of Soil and Water Conservation since 1991, and a board member of several international research and development organizations.*

Andreas Klaey *is co-director of CDE. Following his education and work in the chemical industry, he studied forestry at the Swiss Federal Institute of Technology in Zurich. Upon completion of his studies he first worked in the Swiss forestry administration, and was then on assignment as an expert for a silvo-agricultural development project of Swiss Development Cooperation (SDC) in the North of Mozambique for 3 years. Back to Switzerland, he worked as a freelance consultant for various development organizations and was member of the scientific staff of the Postgraduate Course on Developing Countries at the Swiss Federal Institute of Technology, again in Zurich. Since 1990, he has been working with the Center for Development and Environment at the Institute of Geography of the University of Berne, first as a coordinator of the environmental mandate, and later as co-director. His main fields of activity are forestry, natural resource use, environment and education.*

Thomas Kohler *is co-director of CDE. After completion of his studies in Geography and Physical Planning at the University of Berne, he went to Kenya, where he worked on his PhD dealing with small-scale farming and rural development in Laikipia District. Later on he worked as a consultant for development organizations in Kenya, Ethiopia and Tanzania, before joining CDE in 1989, where he coordinates the administrative services and is engaged in a number of projects and mandates. Among other activities, he has coordinated the National Map of Eritrea Project and the Mekong Watershed Classification Project. His main fields of activity are monitoring and management of natural resources, participatory approaches in development, small-scale farming, household (stakeholder) strategies, and cartography, including GIS.*

Urs Wiesmann *is Senior Lecturer at the Institute of Geography, University of Bern, and is co-director of the Center for Development and Environment (CDE) at the Institute. Since completing his MSc thesis in 1978, which dealt with interdisciplinary methodology, he has coordinated and researched within the UNESCO MAB Program in the Swiss Alps, where he also completed his PhD on the ecological and socio-economic effects of tourism in 1984. From 1988 to 1991 he directed the Laikipia Research Program (LRP) in Kenya. Then he joined CDE in Bern and coordinates the human geography and socio-economic thrusts of CDE's projects in the different partner countries.*

Address: Center for Development and Environment, Institute of Geography, University of Berne, Hallerstrasse 12, CH-3005 Berne, Switzerland.

Global Changes and Unsustainable Development in the Andes of Northern Chile

Hugo Romero and Andrés Rivera

1. Introduction

Global changes are for most scientists mainly physical or biological events. For those trying to participate in sustainable development of underdeveloped regions, globalization of the economy, politics, culture and urban life is as important as the physical and biological phenomena.

The need to observe and interpret recent geographical and environmental conditions is still considerable in regions like the Andes, which, due to their enormous extension along the South American continent, are receiving the direct impact of the deep socio-economic-cultural transformations which are currently affecting Latin America. The Argentinean, Bolivian, Chilean and Peruvian highlands (Altiplano) are in the contrasting position of being marginal landscapes in marginal countries, while at the same time they are a focus of economic interest. Because of their renewable and non-renewable natural resources, these areas are a center of attraction for intense foreign and domestic investment.

If wealth were measured in terms of sustainability, the Andes would have to be considered rich. They have been one of the world's most habitable spaces since civilization developed here more than 4000 years ago. Andean landscapes have contributed, and continue to contribute, to the progress of the world economy by providing a lot of biodiversity, natural resources (water, minerals, flora and fauna), potential and real energy (gravitational, thermal, petroleum and eolic), ecological services (water storage, biogeochemical cycles) and cultural endowments (value and intersubjectivity in the man-environment system, medicinal plants, spatial and temporal organization of ecological belts, sacralization and rites as a way to wisely conserve and manage natural reserves).

However, it is the capitalist definition of wealth which has always imposed the conditions for global assessment of the natural resource bases – either in terms of the provision of technology, capital and markets for regional products, or in terms of the extra-regional decision making and control. After the external debt crisis of the 1980s, most Latin American countries were forced to use their natural resource potential to attract international investment and to balance their economies. These countries used several mechanisms to enhance their comparative advantages: special legislation to ensure capital flow and to allow the rapid metropolitan repatriation of benefits; privatization of national assets to transfer property from national to transnational agents; low salaries to reduce the costs of production, and failure to provide environmental regulation and enforcement.

The rationality of investing capital in marginal regions instead of developed center regions is mainly based on short-term projects and rapid extraction of natural resources and raw materials. The rationality for permanent life in the Andes, on the other hand, is based on social adaptation to long-term natural and cultural cycles. This paper analyses the conflict between modern and traditional rhythms. We use the example of the recent development of Puna de Atacama, the marginal Altiplano of Desierto de Atacama, in the arid North of Chile, where over 5000 million $US was invested in 1995 to produce larger quantities of minerals, especially copper, for the world market. Nearly 6000 lt./sec of extra water are needed to support the mining, agricultural and urban expansion that is now taking place in the middle of one of the most arid deserts in the world. This development seriously threatens the survival of local communities and biodiversity. We suggest the establishment of a Permanent Regional Trust Fund to maintain environmental and economic diversity. Local societies must be included and compensated during the modernization process.

2. Climatic Change

The Climatic Change in the last 20000 years is one of the main environmental features of Puna de Atacama. The South American arid diagonal has shifted during this period of time, and rainfall has changed significantly. Paleoclimatic evidence from salars and closed basin sediments show that the Altiplano is an unique geoecological region. This environment is highly fragile due to the extreme variability in precipitation (GROSJEAN, 1994). Analysis of the origin of superficial and underground water is suggesting that modern components in the recharge water are lower than the detection limit of tritium in the lower Loa river (<3500 m elevation.) and very rare in the upper valley and the Altiplano (ARAVENA, 1995). The formation of the large ground water bodies took place as a result of very different climatic conditions and environmental factors which facilitated infiltration (vegetation, land cover, intensity and amount of precipitation). Such conditions have not been observed in this area for the last 4000 years (MESSERLI et al., 1993).

Short-term climatic fluctuations are caused by the El Niño and La Niña phenomena. The occurrence and higher frequency of El Niño during the eighties and nineties could be related to heavier rainfall. Such events had a great impact on population and damaged infrastructure, like e.g. the flooding of the coastal cities of Antofagasta and Taltal in May 1992. On the other hand, El Niño seems to be a major cause of dramatic and persistent drought events in the Altiplano, like those between 1987 and 1991. Increasing aridity affected especially the oasis.

Air pollution megasources are also located in this area. The refinery at Chuquicamata for example – the largest open mine in the word – has been discharging 364 tons/day of SO_2 and 1.1 tons/day of arsenic into the regional atmosphere (ARTEAGA and DURAN, 1995), and polluted 2000 ha of soil with SO_2, particulated matter, Cu, Mo, Cd, Pb and As (MINISTERIO DE AGRICULTURA, 1994). Every year, health emergency situations are declared in the adjacent city of Calama with a population of 150000.

On the other hand, the climate is one of the main regional resources: it has a great eolic and solar potential (CORFO, 1993). The abundance of clear skies induced the

European nations to install the European Southern Observatory (ESO) at Cerro Paranal. The lack of rainfall allows the operation of open mines all year round.

3. Globalization of Economy

The internationalization of regional economies, the free-market principle, and the privatization process (i.e. the denationalizing of national investment and the privatization of land ownership and water rights) have produced a new and strong demand on the natural resource base. Production factors were modified, traditional land use changed and broke up the highland-lowland interactions. Special regulations like e.g. the Water Code were modified in order to allow individual transactions of resources at market prices without any restriction.

In the Puna de Atacama, the main investments have been made in mines. Canadian, US Companies, and the state-controlled Corporación del Cobre (CODELCO) are investing or making decisions to invest $US 520 million in El Abra in 1995, and another $US 850 million in new copper mines like Radomiro Tomic and Mansa Mina, including some renovation in Chuquicamata. A consortium composed of the state of Chile and the Sociedad Química y Minera de Chile is investing $US 130 million in a lithium plant in Salar de Atacama; an Australian/British consortium is investing $US 520 million in the copper mine La Escondida; an Finnish and Canadian Company $US 600 million in Zaldivar; a US company is investing $US 160 million in the gold mine La Coipa and an British-American society $US 80 million in Lobo. Here we mention only some of the largest projects.

After 20 years of continuous application of the neo-liberal economic model, Chile is not only showing a permanent economic growth rate of over 6% annually, but also demonstrating extraordinary regional specialization. This specialization is based on intensive exploitation of the natural resources: mines in the north, agriculture in the center, and forestry in the south. Annual revenues amount to $US 10 000 million annually for exportation of these products.

Additionally, new services, energy, sanitary facilities and trade are necessary to sustain the growing urban population. This is especially the case in settlements that are located in the core of the modernized areas, e.g. Antofagasta (pop. 250 000) and Calama in the Atacama desert: $US 460 million have been invested to generate thermoelectric energy in Tocopilla and Mejillones, $US 300 million in a natural gas pipeline between Bolivia and Chile; $US 25 million in shopping centers and hotels in Antofagasta, and over $US 30 million in the rehabilitation of harbors at Mejillones and Taltal.

As a result of rapid economic growth, traditional mountain economies which are based on agriculture and livestock are clearly becoming depressed. The local population has been forced to migrate to the lowlands in order to get employment, housing, education, and health services. As in many other regions, the modernization process is excluding the local communities and concentrating the population in slums around the main cities. The scarce water resources are now allocated to short-term and more profitable activities which disturb traditional cultures.

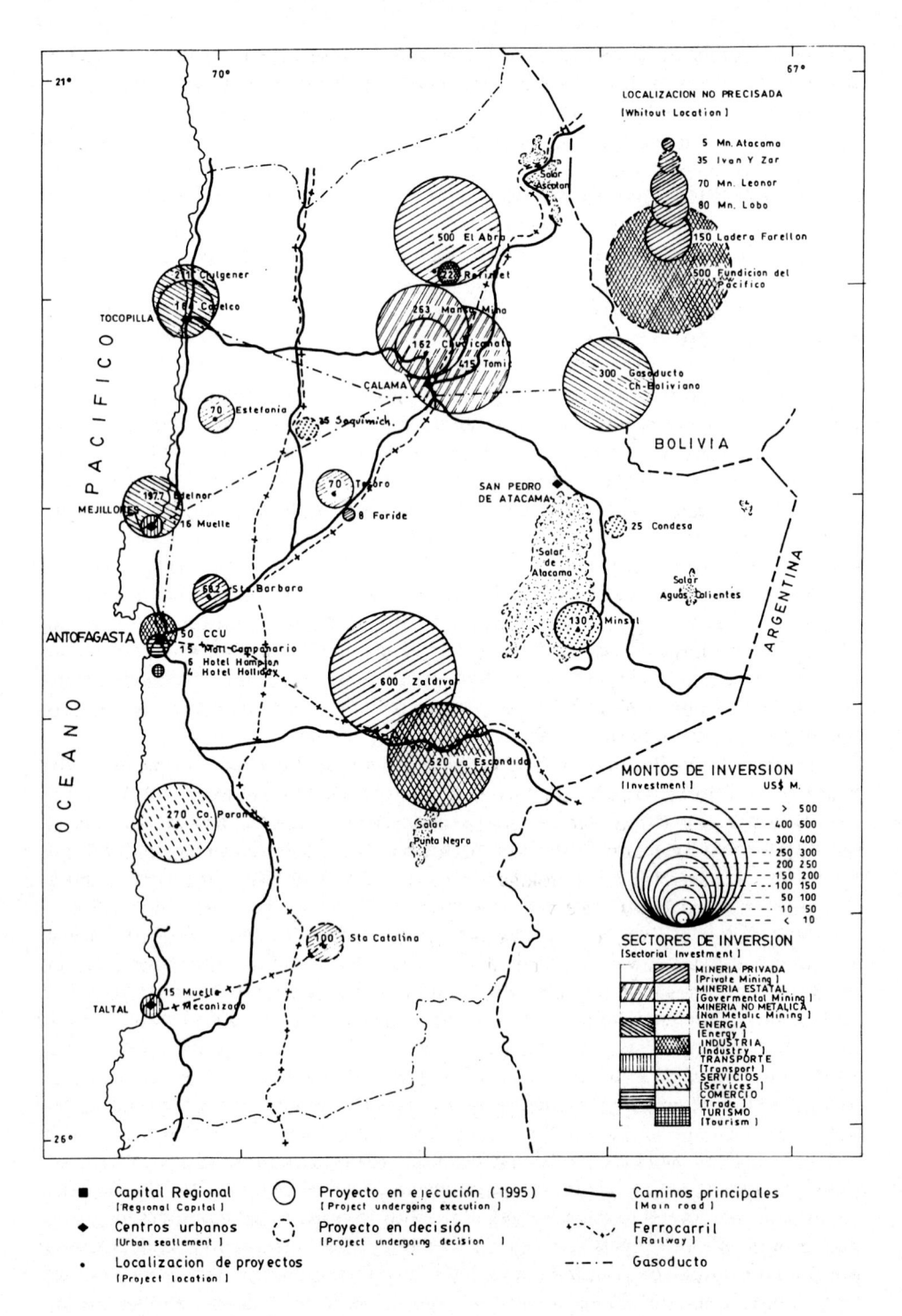

Fig 1: *Amount and sectors of investment in northern Chile*

Local tourism may be one of the few options to prevent rural exodus. The oasis of San Pedro de Atacama with its 2500 permanent inhabitants receives more than 25000 mainly European visitors annually. This exceeds the seasonal capacity and requires more sophisticated services. Although some local people, especially women, participate in the business, most of the decisions are taken by extra-regional investors. The development of local entrepreneurial capacity and training in touristic services is needed, but the most urgent needs are to preserve natural and cultural values, to provide enough drinking water and to sustain food supply for this increasing market.

4. Conflicting agents

The regional scenario of a long-term trend towards desertification and a short-term trend towards growing economic investment, especially in mining and urbanization, incorporates three actors that demand water:
– the national and foreign mining investors,
– the drinking-water and sanitary company (Empresa de Servicios Sanitarios de Antofagasta, ESSAN),
– local inhabitants and farmers.
All of them have one problem in common: the increasing demand for water.
The water company has attempted to extract water from salars and lakes in the Altiplano, but the long distance to the big cities and the high costs were reasons to reject this approach. Other projects, like sea water desalinization, have also been stymied by the high costs and the regionally fixed rates for drinkable water. The profitability of these private companies is another constraint.

Thus, the only solution to satisfy growing urban demand is to buy water of the Loa river from local farmers. One major purchase took place in January 1995, when ESSAN bought 32.76 lt./sec for $US 2.79 million from Ganadera (livestock) Abaroa. In addition, the company works with an international partner to raise $US 7.5 million to treat waste water in Antofagasta city. In this sense, one of the most feasible projects is to treat and re-use waste water from Calama city for irrigation (ESSAN, 1995). For this purpose, a water trade-off between the company and the farmers should take place, as should a meaningful technological innovation in agricultural practices. However, this requires a higher level of confidence between the actors and a real commitment in technical and financial collaboration between both sectors.

The mining companies become more and more environmentally concerned, either because of the real lack of water resources or because of the international environmental pressure from donors, and approval of national laws and regulations to conserve water. They try now to find ways to avoid water extraction from the Altiplano, to optimize its use, to recirculate the resource in different productive processes, and to replace the old system of mineral concentration by lixiviation. However, as the water in the Water Code is considered a free good, the Companies are not forced to invest in saving this resource.

As an example of the real potential to save water, CODELCO has reduced water consumption in mineral treatment from 1.76 m^3 per ton material in 1980 to 0.91 m^3

water per ton in 1994, which is equivalent to recirculation of 1230 lt./sec. (LIZARRAGA & HERNANDEZ, 1995). The extraction of water is still very important in salars like Ascotan y Carcote and the San Pedro River in order to supply the new projects in El Abra and the Radomiro Tomic mines with water. However, extraction threatens recharge and the bio- and socio-diversity of these areas. Other private and international companies, like Escondida and Zaldivar, have been prospecting and exploiting ground water bodies and superficial streams in the southern part of the region.

Mantos Blancos, a mine located only 45 km inland from Antofagasta does not own enough water rights and has, therefore, to buy water from the railway company (Ferrocarril Antofagasta-Bolivia) and from ESSAN. Under such constraints the mine reduced consumption and invested in technological innovation (ARIAS, 1995). Finally, Minera Michilla is desalinizing sea water. Each company tries to deal with its own resource restrictions, making apparent the need to design a general and strategic regional plan, together with a real assessment of the quantity, quality and recharge rate of available water.

The third actor are the farmers. Most agriculture is subsistence agriculture, and most of the land is already abandoned because of reduction of water for irrigation, soil salinization, extreme partitioning of land, low profitability, and emigration to urban settlements. As a consequence of the persistent processes of devaluation and acculturation, some oases, like the communities located along the Loa River (Calama and Toconce), show the results of failed adaptation strategies and cycles of domination. They lose gradually their autonomy and the capacity to make decisions about the use of their territorial resources.

If there is no firm intervention by the regional government, these communities will continue to sell water rights. The mines, the water company and speculators offer nearly $US 11 000 per m^3 today, which is equivalent to many years of soil and crop conservation and management. In the valleys of the Atacama desert, agriculture without water is obviously not feasible and the land is completely useless.

On the other hand, the communities around the Salar de Atacama (San Pedro de Atacama) and some oases in the Loa River (Chiu Chiu and Caspana) have a more direct link to the even Pre-Tiwanaku tradition of the Atacameños, and have developed close relationships to land and water. They have usually fought to conserve their traditions and to keep their autonomy; for a long time they opposed the attempts of foreign cultures to impose themselves. They have responded organically and used the empowerment resulting from the recent Indigenous Law to constitute «water communities» and to avoid the selling of individual rights.

Some attempts have been made with regard to the water trade-off between farmers and ESSAN, but they have been unsuccessful because of the poor organization among local people and the lack of dialog with the water company.

Conclusions

It is necessary to formulate a strategic plan for water allocation, harmonizing the different actors, overcoming the mutual lack of confidence, and elaborating common aims and policies.

The optimization of water use must be a shared goal. Each sector should participate in saving the resource, improving its management, and using the available quantity and quality according to specific needs.

A geoecological allocation of water according to areal sustainability is required. The coastal urban settlements and mines should desalinize sea water and recycle waste water. This in turn sets the water resource free for use in the uplands. The fresh water should be conducted to inland settlements, agricultural land and mining. There, recirculated water must be used by mines and recycled water by agriculture.

An intense water use trade-off among the three different actors is required. The agricultural sector should substantially reduce water consumption, and community reorganization is needed in terms of agricultural practices and land ownership. An improvement in the quality of irrigation water is also needed to avoid salinization and to increase the soil productivity. Mines and water companies must cooperate to modernize agriculture by contributing financially to improve its technology and productivity. This is crucial in order to maintain the local food supply and liberate water for competitive uses. The mining sector must reduce its consumption of fresh water, improve the technology of material treatment, and recirculate the resource. It should also explore and diversify its water sources and allow the government and the local people to share the knowledge about the resource. The water company that supplies drinking water should recycle waste water and promote concern and training among the population about the desert environment in which they are living.

As a consequence, the state, as it is represented by the Regional Government, should be committed to the design and implementation of multisectoral policies, plans and programs for water management. For this purpose, a Permanent Trust Fund for Regional Development is essential. Funds have to be generated by profitable and successful economic activities. This would pay for access to Water Rights, and emphasize regional investments in human resources, training and education, productive diversification, research and development, compensation to local people, etc.

From a scientific point of view, efforts are urgent to evaluate the quantity, origin, quality and renewability of water resources. The Swiss Project on Climatic Change in the Andes, conducted by Professor Bruno Messerli, has been a great support and a source of inspiration in applying environmental science to sustainable development of marginal regions. The concern of the authorities, entrepreneurs, local people and scholars about the necessary social and environmental sustainability of economic progress increased.

Bibliography

ARAVENA, R., 1995: Isotope Hydrology and Geochemistry of Northern Chile Groundwaters. Seminario Internacional Aguas, Glaciares y Cambios Climáticos en los Andes Tropicales. ORSTOM, La Paz, 109–117.
ARIAS, J., 1995: Consumo y Manejo del Recurso Hídrico en Mantos Blancos. Actas IV Jornadas «Gestión de Recursos Hídricos en Zonas Aridas», Comité Chileno para el Programa Hidrológico Internacional, Universidad Católica del Norte, Antofagasta.
ARTEAGA, J. M. & DURÁN, H., 1995: Contaminación Atmosférica en Chile: Antecedentes y Políticas para su Control. Perfíl Ambiental de Chile, Comisión Nacional del Medio Ambiente, pp. 157–170.

CORFO, 1993: La Energía Eólica en Chile. Evaluación de su Potencial. 59 pp, Santiago.
ESSAN, 1995: Optimización del Uso del Agua, Proyectos de Reciclaje de Aguas Servidas en la II ͣ Región. Actas IV Jornadas «Gestión de Recursos Hídricos en Zonas Aridas», Comité Chileno para el Programa Hidrológico Internacional, Universidad Católica del Norte, Antofagasta.
GROSJEAN, M., 1994: Paleohydrology of the Laguna Lejía (North Chilean Altiplano) and Climatic Implications for Late Glacial Times. Palaeogeography, Palaeoclimatology, Palaeoecology 109: 89–100.
LIZARRAGA, S. & HERNÁNDEZ, A., 1995: Manejo del Recurso Hídrico en la División Chuquicamata. Actas IV Jornadas «Gestión de Recursos Hídricos en Zonas Aridas», Comité Chileno para el Programa Hidrológico Internacional, Universidad Católica del Norte, Antofagasta.
MESSERLI, B., GROSJEAN, M., BONANI, G., BÜRGI, A., GEYH, M., GRAF, K., RAMSEYER, K., ROMERO, H., SCHOTTERER, U., SCHREIER, H. & VUILLE, M., 1993: Climate Change and Natural Resource Dynamics of the Atacama Altiplano During the Last 18 000 Years: A Preliminary Synthesis. Mountain Research and Development, Vol. 13 (2): 117–127.
MINISTERIO DE AGRICULTURA, 1994: Sistema Medio Ambiental del Sector Silvoagropecuario, Marco General de la Política Ambiental. 253 pp.
ROMERO, H. & RIVERA, A., 1995: Escasez y Competencia por los Recursos Hídricos en la Región de Antofagasta: Necesidad de una Evaluación Estratégica Ambiental. Actas IV Jornadas «Gestión de Recursos Hídricos en Zonas Aridas», Comité Chileno para el Programa Hidrológico Internacional, Universidad Católica del Norte, Antofagasta.

Personal

The authors met Bruno Messerli in 1988 while doing fieldwork in the New Zealand Southern Alps. Since then they collaborated with Bruno's team in the Climate Change Program in the North Chilean Andes. They organized and contributed to Mountain Geoecological activities and their application to Chilean Sustainable Development.

Hugo Romero, born in Valparaiso in 1950, is Associate Professor of Geography and Head of the Graduate School at the Architecture and Urbanism Faculty of the University of Chile. His current interests are in Sustainable Development, Climatology and Environmental Information Systems.

Andres Rivera, born in Santiago in 1966, is a geographer from the University of Chile. He works at the Department of Geography as a Research and Assistant Professor. His interests are glaciology, GIS and climatology. His present work is centered on the Patagonian Icefield and topoclimatology.

Address: Departamento de Geografía, Universidad de Chile, Casilla 3387, Marcoleta 250, Santiago de Chile

Klimaforschung am Llullaillaco (Nordchile) – zwischen Pollenkörnern und globaler Zirkulation

Martin Grosjean, Caspar Ammann, Willi Egli, Mebus A. Geyh, Bettina Jenny, Klaus Kammer, Christoph Kull, Ulrich Schotterer und Mathias Vuille

Zusammenfassung

Das Konzept der *thermal readiness* (MESSERLI, 1973) besagt, dass eine Zunahme der Niederschläge zur Erklärung eiszeitlicher Vergletscherungen in ariden Hochgebirgen zwingend notwendig ist. Eine Temperaturdepression alleine genügt dazu nicht. Dieses Konzept soll in den ariden Anden Nordchiles getestet werden.
Klimageschichtliche Indikatoren in Seesedimenten, Pollenspectra in Mooren, glaziale Formen, fossile Böden und Grundwässer zeigen, dass die Jahresniederschläge im Altiplano der Atacamawüste während des Spätglazials auf >500 mm (heute <200 mm) zugenommen haben, und dass das Klima während mehr als 1000 Jahren bezüglich Feuchte relativ stabil war. Die Feuchtphase dauerte bis ins Frühholozän und ist am besten mit einer Verstärkung der tropischen Sommerniederschläge in Verbindung zu bringen.

Obschon bisher keine direkte Datierung gelungen ist, folgern die Autoren aus ihren Untersuchungen, dass die maximalen Gletschervorstösse in den ariden Anden Nordchiles nicht zeitgleich zum globalen Vereisungsmaximum (Kaltzeitmaximum LGM) stattfanden, sondern dem feuchten Spätglazial zuzuordnen sind. Das Klima während des LGM war in den randtropischen Anden für Gletscher zu trocken.
Im Hinblick auf das Verständnis der globalen Klimadynamik im Jungquartär sind Hinweise auf Feuchteschwankungen in den tropisch-randtropischen Gebieten eine wichtige Ergänzung zu den Resultaten aus den meist temperatursensitiven Archiven der mittleren und hohen Breiten.

Am Anfang war die *thermal readiness*

«Gäbe es wohl Gletscher im extremen Trockengürtel der Sahara, wenn die Gebirge hoch genug und die Temperaturen entsprechend tief genug wären?» Zu dieser Frage wurde Bruno MESSERLI während seinen Tibesti-Arbeiten um 1970 inspiriert. Leider ist der Emi Koussi, mit 3415 m der höchste Berg der Sahara, zu wenig hoch, um diese Frage zu beantworten. Aus seinen klimaökologischen Arbeiten in den ariden Hochgebirgen Afrikas schloss Bruno MESSERLI aber, dass es in extrem trockenen Gebieten theoretisch eine Höhenstufe geben muss, in der aus Mangel an Feuchtigkeit trotz kontinuierlichem Permafrost keine Gletscher vorhanden sind. Der Begriff der *thermal readiness* oder der *thermischen Bereitschaft* für (nicht existierende) Gletscher war geboren (MESSERLI, 1973). Daraus leitete er Folgerungen ab, die bis heute seine Forschung prägen:

Hochgebirge in Trockenräumen sind äusserst sensible Zeiger für Klimaänderungen, weil sie bereits auf geringste Schwankungen im Feuchtehaushalt mit einem veränderten (geomorphologischen) Formenschatz reagieren. Die dramatischen Feuchteschwankungen in tropisch-subtropischen Gebieten während des Jungquartärs sind von zentraler Bedeutung, denn sie modifizieren das Bild des «stabilen» Klimas im Holozän – ein Bild, das hauptsächlich durch die Analyse der temperatursensitiven Archive der mittleren und hohen Breiten entstanden ist (BLUNIER et al., 1995). Ausserdem liegen derartige Gebirge, wie beispielsweise die Anden der Atacamawüste,

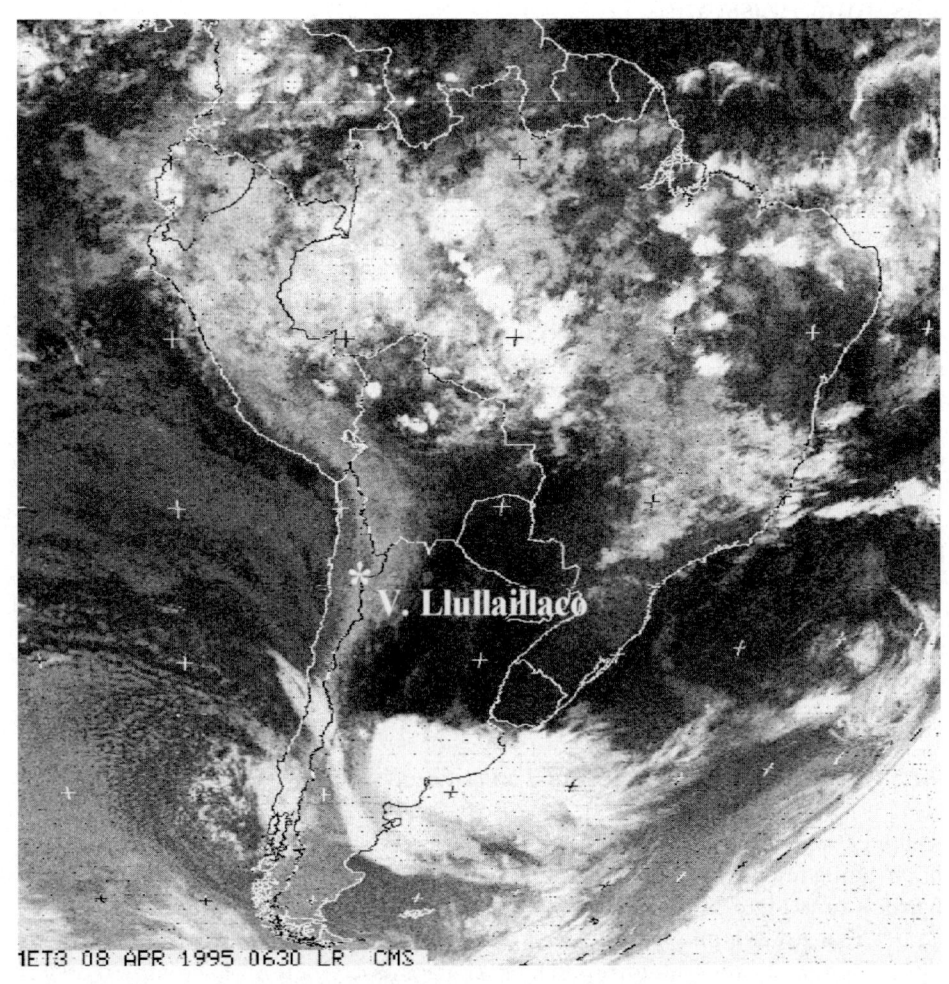

Abb. 1: Lage des Untersuchungsgebietes und des Vulkans Llullaillaco (Meteosat-Aufnahme vom 8. April 1995), eingebettet zwischen der tropischen und aussertropischen Zirkulation. Die aride Trockendiagonale Südamerikas quert in diesem Bereich die Anden.

Abb. 2: NW-Flanke des Vulkans Llullaillaco. Trotz einer Höhe von 6739 m trägt dieser Vulkan keine Gletscher, sondern nur das hier sichtbare Firnfeld.

mitten im Überlappungsbereich der Gürtel mit tropischen Sommer- und aussertropischen Winterniederschlägen (Abb. 1). Sie müssen also auf Veränderungen der Lage und/oder Intensität beider Niederschlagsregimes reagiert haben. So lassen sich Informationen über das Klima und letztlich auch über die atmosphärische Zirkulation gewinnen.

Der Vulkan Llullaillaco liegt in der Atacama-Wüste in den Anden Nordchiles. Er ist mit einer Höhe von 6739 m einer der ganz wenigen Berge der Welt, die alle Anforderungen zum Testen der Frage nach der *thermal readiness* erfüllen (Abb. 1 und 2). Als wir am 21. November 1988 im Firnfeld auf 6100 m Höhe unser Zelt aufschlugen, gedachten wir bei einem Linsengericht aus zwei Porzellantellern den «20 Jahren *thermal readiness*». Das von LLIBOUTRY (1956) beschriebene «Eisfeld» existiert tatsächlich als Firnfeld, allerdings nur in einer ausgesprochenen Akkumulationslage zwischen 5900 und 6300 m. Das übrige Gebiet im kontinuierlichen Permafrost oberhalb 5600 m ist frei von Gletschern und gibt somit Einblick in die rezente Höhenstufe mit thermaler Bereitschaft für Gletscher. Das Konzept der *thermal readiness* in Hochgebirgen der ariden Zone ist bestätigt.

Spuren früherer Vergletscherungen ziehen am Llullaillaco aber – unabhängig der Exposition – bis mindestens 4900 m hinunter. An diesem Beispiel lassen sich die weitreichenden Folgen des Konzeptes der *thermal readiness* zeigen. Eine Temperaturabsenkung allein reicht nicht aus, um Gletscher in ariden Gebieten entstehen und vorstossen zu lassen. Erforderlich ist eine signifikante Niederschlagszunahme. Im Gegensatz zu den Gletschern der mittleren und hohen Breiten waren also die ehemaligen Gletscher in der Atacama primär Feuchtezeiger und nicht Temperaturindikatoren.

Entgegen früherer Resultate (CLIMAP, 1976) zeigen neuere Ergebnisse aus dem tropischen Südamerika deutlich, dass während des letzten Kaltzeitmaximums (LGM) sowohl die Anden (SELTZER et al., 1995), als auch die Tiefländer (STUTE et al., 1995) eine Temperaturabsenkung im Bereich von 5–6 °C erfahren haben. Gleichzeitig sind jedoch im tropischen Südamerika während des LGM wesentlich trockenere Bedingungen relativ gut belegt (LEDRU, 1993; MARKGRAF, 1993). Nach dem Konzept der *thermal readiness* ist aber ein derartig trocken-kaltes Klima im Einflussbereich der Tropen für eine Vergletscherung am Llullaillaco ungeeignet, weil die notwendige Feuchtezufuhr zur Bildung von Eismassen fehlt.

Daraus folgt, dass die maximale Vereisung in den subtropischen Anden nicht zeitgleich mit dem globalen Vereisungsmaximum (in den mittleren und hohen Breiten) sein kann, sondern dass die Vergletscherung der trockenen Anden eher mit einer spätglazialen Feuchtphase und wahrscheinlichen Vorstössen der tropischen Niederschläge in Verbindung zu bringen ist.

Mit den Konzept der *thermal readiness* spitzt sich das Problem schliesslich auf die Frage nach Zeitpunkt und -spanne der Feuchtphasen in der Wüste Atacama zu, die den notwendigen klimatischen Rahmen für eine Vergletscherung am Llullaillaco geben können. Welches waren mögliche zirkulationsbedingte Ursachen in der Atmosphäre?

Wir werden in der Folge einige methodische Besonderheiten skizzieren, die sich uns bei den klimageschichtlichen Arbeiten in der Hochgebirgswüste der Atacama stellen. Später wollen wir ein paar ausgewählte Resultate diskutieren und schliesslich zeigen, welchen Beitrag wir zu einigen grundsätzlichen Fragen der Klimaforschung leisten können.

Die Rekonstruktion des Klimas im Trockengürtel

Die Rekonstruktion von Klima- und Umweltbedingungen in ariden Gebieten ist in zweierlei Hinsicht eine Herausforderung:

Zum einen ist das Wüstenklima ein Klima der Extreme, ein Klima der Singularitäten. Hier reagieren die verschiedenen Archive (Wasserhaushalt, Vegetation, Seesedimente, geomorphologische Formen, usw.) mit ihren Indikatoren äusserst verschieden auf ein und dasselbe klimatische Extremereignis: Alluviale Fächer sind Zeugen kurzlebiger Ereignisse mit extrem starken Niederschlägen, während beispielsweise die Entwicklung eines Bodens auf dieselben Ereignisse kaum reagiert und eher das durchschnittliche Klimageschehen widerspiegelt. Falls wir also das frühere Klima in seiner vielfältigen Natur besser erfassen wollen, müssen wir möglichst verschiedene Archive mit einer grossen Zahl von Indikatoren mit unterschiedlichen Sensitivitäten untersuchen. Ein interdisziplinärer Forschungsansatz mit Spezialisten ist für jedes Archiv eine unabdingbare Voraussetzung.

Die andere Herausforderung der klimageschichtlichen Arbeit in Wüstengebieten liegt in der Natur der Archive selbst. Gerade weil diese derart sensibel auf Veränderungen der Umwelt reagieren, sind sie, zeitlich begrenzt, jeweils nur während bestimmten Klimaphasen vorhanden. So wurden beispielsweise in den Anden Nordchiles viele spätglaziale Seesedimente während der vollariden Klimaphase im Mittelholozän durch Winderosion zerstört. Wir haben bisher kein einziges Archiv gefunden, das lückenlos die Zeitspanne von der Gegenwart bis ins letzte Hochglazial LGM abdeckt.

Auch daraus ergibt sich die Notwendigkeit der interdisziplinären Arbeit, weil die klimageschichtliche Rekonstruktion zu einem sehr komplexen Zusammensetzspiel wird. Die Mosaiksteine sind dabei unterschiedlichster Art: Sie umfassen Punkt- und Flächenquellen, verschiedenes Material (von Pollenkörnern bis zu Moränen von mehreren Kilometern Länge), unterschiedliche Untersuchungsmethoden sowie unterschiedliche zeitliche Dimensionen. Dabei reicht die Skala von Ereignissen, die in Stunden ablaufen (Schlammströme während extremer Niederschlagsereignisse), über saisonale Ereignisse (jahreszeitlich laminierte Seesedimente) bis zu den konservativen Archiven mit einer Reaktionszeit von 10^2 bis 10^3 Jahren wie den Böden. Hochauflösende Baumring- und Eisarchive sind im Untersuchungsgebiet nicht vorhanden. Ausserdem stellt sich beim Zusammensetzen dieser Mosaiksteine das Problem der zeitlichen Zuordnung, der Datierung von Proben aus dem Jungquartär (GROSJEAN et al., 1995). Geeignetes Material, insbesondere terrestrische organische Makroreste für die Radiokarbon-Methode, ist oft nicht vorhanden.

So ziehen sich zwei geographische Grundprobleme wie rote Fäden auch durch unsere Arbeiten in der Atacama. Beide tragen die Handschrift von Bruno MESSERLI: Die gelebte Interdisziplinarität der Forschergruppe als unabdingbare Voraussetzung sowie das Skalenproblem. Wie können Einzelbefunde aus einer Punktquelle auf eine Fläche und eine Region übertragen werden? Gelten Prozesse, die im Kleinen beobachtet werden, auch im grossen Massstab?

Die spätglaziale Feuchtphase

Mit Beispielen zur spätglazialen Feuchtphase wollen wir nun zeigen, wie diese Mosaiksteinchen zu einem vielseitigen Bild des Klimas in der Atacama zusammengesetzt werden können, um daraus mögliche Antworten zur Vergletscherung am Llullaillaco zu finden.

Die deutlichsten, datierbaren Spuren einer signifikanten Feuchtphase zwischen zirka 14 000–8500 yr B.P. lassen sich in den Becken von späteiszeitlichen Seen im Altiplano finden. Unter dem heutigen Klima mit Niederschlägen unter 200 mm/Jahr sind die meisten Becken ausgetrocknet. Oftmals befinden sich kleine, saisonale bis mehrjährige Wasserkörper in Salzpfannen (Salare). Die wenigen offenen Seen sind stark salzhaltig ($> 6.4 - 50$ mS cm^{-1}). Bisher konnten wir in 15 geschlossenen Becken fossile Seen mit 25 bis 70 m höheren Wasserständen als heute nachweisen (Abb. 3). Die Seeflächen waren um den Faktor 6 – >10 grösser als heute.

Mit einem einfachen Wasser- und Energiehaushaltsmodell (GROSJEAN, 1994) konnten wir zeigen, dass ein Klima mit 500 mm Jahresniederschlag und entsprechend stärkerer Bewölkung ein mögliches Szenario ist, um Seen dieser Grösse über längere Zeit zu erhalten. In der Laguna Lejía konnten für die Zeit des Seehochstandes

Abb. 3: Strandlinien am Salar Carcote, Nordchile, zeigen die höheren Seespiegel während des Spätglazials.

saisonal laminierte Sedimente nachgewiesen werden. Dabei wurden im Sommerhalbjahr im See Kalzit und manchmal Gips abgelagert, während im Herbst und Winter die Algenpopulationen im See starben und feine Depositionen bildeten. Sie zeigen, dass der Seespiegel während mindestens 1000 Jahren auf dem hohen Niveau lag (Abb. 4). Damit ist eine Abfolge von kurzfristigen Niederschlagsereignissen oder das Abschmelzen der Gletscher als Ursache weitgehend ausgeschlossen. Wir folgern daraus, dass im Zuge einer generellen Klimaänderung eine nachhaltige Steigerung der Niederschlagsrate eingetreten ist.

In diesem Sedimentarchiv mit saisonaler Auflösung finden sich weitere Hinweise zum Klima: Spuren von Mg, Ba und Sr in Kalzitkristallen und in Schalen von Kleinkrebsen (Ostracoden) ermöglichen die Rekonstruktion der Salinität im See zur Zeit der Kristallbildung (CHIVAS et al., 1993). Mit dieser Methode wurden Kalzitkristalle in einzelnen Sommerschichten der spätglazialen Sedimente in der Laguna Lejía untersucht (GROSJEAN et al., 1995). Die Resultate zeigen, dass die hydrochemischen Verhältnisse im See über die Zeiträume von Dekaden bis Jahrhunderten sehr stabil waren. Dies wiederum lässt auf ein relativ ausgeglichenes Klima und regelmässige Niederschläge schliessen.

Wir müssen allerdings berücksichtigen, dass der nun grössere See weniger sensitiv auf kleine Klimaschwankungen reagiert als in Zeiten des Tiefstandes. Die Entwicklung des Salzgehaltes in der Laguna Lejía liess sich auch mit der Artenzusammensetzung von Diatomeen bestätigen. Kurz nach dem Seespiegelanstieg dominierten frischwasserliebende Arten. Dies wiederum zeigt, dass der Anstieg relativ rasch erfolgt sein muss, und letztlich die Erhöhung der Niederschlagsrate mit einer raschen Klimaänderung verbunden war. Salzwasserliebende Arten nehmen später als Folge der starken Evaporation langsam aber stetig wieder zu.

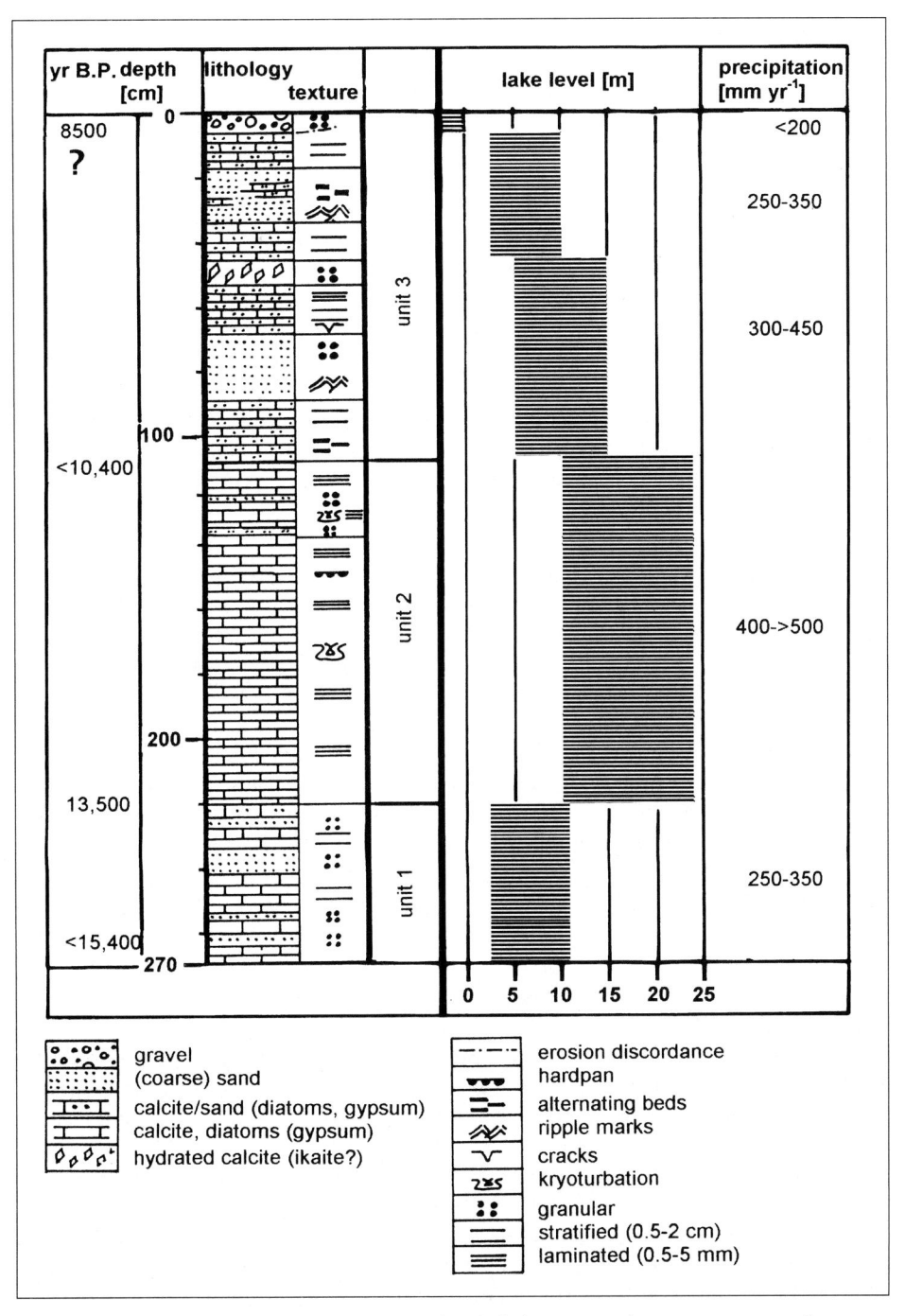

Abb. 4: Sedimentprofil der Laguna Lejía (Südufer) mit zugehörigen Seespiegelniveaus und Niederschlagsmengen. Zwischen 10 000 B.P. und 13 500 B.P. traten mind. 25 m höhere Seespiegelstände und doppelt so hohe Niederschlagsmengen auf.

In den spätglazialen Seesedimenten befindet sich ausserdem ferntransportierter Pollen von *alnus* und *podocarpus*, beides Zeiger für Winde aus dem feuchteren Ostabhang der Anden. An diesem Befund lässt sich aber auch die Problematik zeigen, dass wir nicht unterscheiden können, ob es sich dabei um ein generelles Zirkulationsmuster mit Ostströmungen oder allenfalls um ein sehr seltenes klimatisches Einzelereignis handelt.

Während der spätglazialen Feuchtphase lassen sich auch tiefgreifende Veränderungen im Wasserhaushalt, insbesondere in der Grundwasserbildung, feststellen. Unter dem heutigen, extrem trockenen Klima sind im Grundwasser nur geringe Spuren von modernem Wasser vorhanden, und es kann kaum eine Erneuerung der Grundwasserspeicher beobachtet werden. Als «modern» bezeichnen wir – im Zusammenhang mit der Altersbestimmung durch Tritium – Wasser, das vor weniger als 40 Jahren als Niederschlag fiel. Die Nachweisgrenze für den Anteil von modernem Wasser liegt im Grundwasser des Altiplano bei etwa 15%. Es finden sich zahlreiche Indizien, wonach ein beträchtlicher Teil fossiles Wasser im System vorhanden ist und mit früheren feuchteren Klimabedingungen in Verbindung gebracht werden kann (GROSJEAN et al., 1995). ARAVENA (1995) und FRITZ et al. (1979) haben gleiche Schlüsse aus ihren Untersuchungen in den tiefer gelegenen Becken des Salar de Atacama, des Rio Loa und der Pampa de Tamarugal gezogen. Klimatisch sind die Phasen der Grundwasserbildung insofern interessant, als sie sowohl mit dem feuchten Spätglazial mit 500 mm Jahresniederschlag als auch mit extrem starken, kurzzeitigen Niederschlagsereignissen während dem trockenen Mittelholozän (<< 150 mm/Jahr) in Verbindung gebracht werden können.

Seesedimente im Altiplano und ein detailliertes Archiv von Schlammströmen in der Schlucht von Puripica zeigen deutlich, wie die gegenüber heute noch wesentlich trockeneren Klimabedingungen zwischen 6000 und 3000 yr B.P. durch sehr seltene (ein Ereignis in 100–1000 Jahren), aber heftige Niederschlagsereignisse mit grossen Überschwemmungen unterbrochen wurden (GROSJEAN et al., in Vorb.). Vor dem Hintergrund dieser klimatischen Singularitäten ist es daher nicht unbedingt ein Widerspruch, wenn ARAVENA (1995) eine holozäne Grundwasserbildung in den tiefer gelegenen Becken der Atacama zu einer Zeit mit generell noch trockeneren Klimabedingungen als heute postuliert. Ausserdem streichen wir auch hier hervor, dass heftige klimatische Einzelereignisse durchaus die langjährige Mittelwertsklimatologie überprägen können.

Nach dem heutigen Kenntnisstand erstreckt sich die spätglaziale Feuchtphase mit mengenmässig ähnlichen Niederschlagszunahmen synchron über den ganzen Altiplano vom Titicacasee bis gegen 24°S (HASTENRATH & KUTZBACH, 1985; MARTIN et al., 1993; KESSLER, 1991; GROSJEAN, 1994). Auch der Salar Punta Negra am Fusse des Llullaillaco zeigt deutliche Spuren verstärkter Feuchte mit höherem Abfluss aus den hohen Anden am Ende des Pleistozäns bis ins Holozän (zirka 11 000–9000 yr B.P.). Das Feuchtesignal wird gegen Süden zunehmend schwächer, lässt sich aber bis mindestens 25°30'S verfolgen (MESSERLI et al., in Vorb.). Der Vergleich mit heutigen Niederschlagsmustern zeigt, dass eine Intensivierung der tropischen Sommerniederschläge am besten mit den Paläodaten übereinstimmt (MESSERLI et al., in Vorb.).

Was bedeutet nun die spätglaziale Feuchtphase für die eiszeitlichen Gletscher auf dem Altiplano? Nach der klassischen Auffassung erfolgte während des Hochglazials eine globale Senkung der Schneegrenze um ungefähr 900 m (Abb. 5). Dieses paläoklimatische *Credo* trägt aber zumindest zwei Problemen nicht genügend Rechnung. Beide liegen in der *thermal readiness* begründet: Erstens ist die moderne Schneegrenze im Gebiet des Llullaillaco nicht existent, und zweitens ist die Annahme der Gleichzeitigkeit der maximalen Gletschervorstösse auf dem ganzen Pol-Äquator-Pol Transekt nicht haltbar. Die Hauptvorstösse fanden in Südchile während der maximalen globalen Abkühlung *und* während des Spätglazials statt. In Nordchile, Südbolivien und Südperu war das LGM trotz einer Temperaturdepression jedoch zu trocken, um die maximale Ausdehnung der Gletscher zu provozieren. Im Gegenteil, die Gletscherstände im Altiplano besassen im Spätglazial eine grössere Ausdehnung als im LGM und korrelieren eindeutig mit den Seehochständen der Taucaphase in Bolivien (SELTZER et al., 1995; CLAPPERTON, pers. Mitteilung 1995).

Vergletscherungsspuren am Llullaillaco und an benachbarten Gebirgen lassen sich morphologisch mit den spätglazialen Ständen in Südbolivien korrelieren. Obschon bisher keine direkte Datierung der Moränen am Llullaillaco gelang, schliessen wir auf Grund

1. des Prinzips der *thermal readiness,*
2. der Gleichzeitigkeit der Gletschervorstösse und der hohen Seespiegel in Bolivien, und
3. der Evidenz der spätglazialen Feuchtphase am Fusse des Lullaillaco (Salar Punta Negra),

dass die Ausdehnung der Vergletscherung am Llullaillaco im Spätglazial grösser als im LGM war.

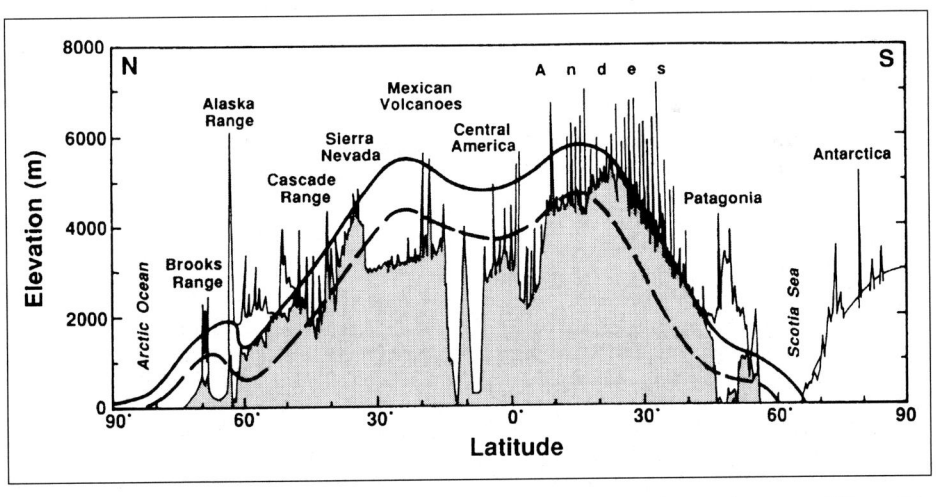

Abb. 5: Nord-Süd-Transekt entlang der nord- und südamerikanischen Kordillere. Die durchschnittliche Höhe der heutigen Schneelinie ist durch die dicke, durchgezogene Linie dargestellt. Die Schneelinie des LGM entspricht der gestrichelten Linie. Sie liegt um zirka 900 m unterhalb der heutigen Schneelinie, was für die Verhältnisse im Untersuchungsraum aber nicht zutrifft, denn hier erreichten die Gletscher erst im Spätglazial die entsprechende Ausdehnung. (Aus: Broecker, W. S. & Denton, G. H., 1989)

Schlussfolgerungen

Erst eine Betrachtung verschiedener räumlicher und zeitlicher Dimensionen in Archiven unterschiedlicher Sensitivität erlaubt die Charakterisierung des Klimas in der Vergangenheit. Mit der Vielfalt der Klimaarchive in verschiedenen Höhenstufen und Klimazonen bieten die Hochgebirgszüge der tropisch-subtropischen Anden die einzigartige Möglichkeit, klimatische Singularitäten, Kurzzeitereignisse sowie mittel- und langfristige Klimaänderungen zu erfassen. Trotz aller methodischer Schwierigkeiten sind terrestrische Ökosysteme doch eine wichtige Ergänzung zu Klimaarchiven wie marinen Sedimenten und polaren Eiskernen. Diese standen in den letzten Dekaden im Vordergrund, umfassen aber «nur» eine bestimmte Klimazone oder integrieren grosse räumliche und zeitliche Dimensionen.

Mit dem Konzept der *thermal readiness* lässt sich am Beispiel der ariden Anden zeigen, dass selbst globale Klimasignale wie die Temperaturdepression während des LGM regional unterschiedliche Auswirkungen haben. Qualitative Änderungen in Klimaarchiven, wie beispielsweise Gletschervorstösse, sind Ausdruck einer komplexen Wechselwirkung verschiedener Klimaelemente, die ihrerseits je nach Klimazone unterschiedliche Sensitivitäten besitzen. Die Gletscher im randtropischen Altiplano reagierten vor allem auf Feuchte und nicht auf Temperaturen allein. Die Niederschlagsänderungen im Altiplano betrugen seit dem Spätglazial mindestens den Faktor 2,5. Die Gletscher erreichten folglich im regional feuchteren Spätglazial eine grössere Ausdehnung als zur Zeit der maximalen globalen Temperaturdepression im LGM.

Die Konsequenzen dieser Überlegungen sind weitreichend: Gewisse Klimasignale sind wohl global, werden aber entweder durch die Ozean-Atmosphärenzirkulation regional anders übersetzt, oder die Klimaarchive besitzen regional verschiedene Sensitivitäten und provozieren somit hemisphärisch oder zonal unterschiedliche Auswirkungen. Wir folgern daraus, dass die Klimaarchive in den Tropen einen zentralen Beitrag zum Verständnis des globalen Klimas im jüngsten Quartär leisten. Sie sind eine unabdingbare Ergänzung zu den Archiven der mittleren und hohen Breiten.

Literatur

ARAVENA, R., 1995: Isotope hydrology and geochemistry of Northern Chile groundwaters. Seminario Internacional, La Paz, Junio 1995. Aguas, glaciares y cambios climaticos en los Andes tropicales, Orstom, Umsa, Senamhi, Conaphi: 109–119.

BLUNIER, T., CHAPPELLAZ, J., SCHWANDER, J., STAUFFER, B., RAYNAUD, D., 1995: Variations in atmospheric methane concentration during the Holocene epoch. Nature, Vol. 374: 46–49.

BROECKER, W. S. & DENTON, G. H., 1989: The role of ocean-atmosphere reorganization in glacial cycles. Geochimica et Cosmochimica Acta 53: 2465–2501.

CHIVAS, A. R., DE DECKKER, P., CALI, J., CHAPMAN, A., KISS, E., SHELLY, J. M. G., 1993: Coupled stable isotope and trace element measurements of lacustrine carbonates as paleoclimatic indicators. In: Swart P. et al., (Eds.): Climate Change in Continental Isotopic Records. Geophysical Monographs 78: 113–122.

CLIMAP Project Members, 1976: The Surface of the Ice-Age Earth. Science 191: 1113–1137.

FRITZ, P., SILVA, C.H., SUZUKI, O., SALATI, E., 1979: Isotope Hydrology in Northern Chile. IAEA-SM-228/26: 525–543.

GROSJEAN, M., 1994: Paleohydrology of Laguna Lejía (north Chilean Altiplano) and climatic implications for late-glacial times. Paleogeography, Paleoclimatology, Paleoecology 109: 89–100.
GROSJEAN, M., GEYH, M.A., MESSERLI, B., SCHOTTERER, U., 1995: Late-glacial and early Holocene lake sediments, groundwater formation and climate in the Atacama Altiplano 22–24°S. Journal of Paleolimnology, Vol. 14/3, 241–252.
GROSJEAN, M., MESSERLI, B., AMMANN, C., GEYH, M.A., GRAF, K., JENNY, B., KAMMER, K., NUÑEZ, L., SCHOTTERER, U., SCHREIER, H., SCHWALB, A., VALERO-GARCES, B., VUILLE, M., in Vorb.: Holocene Environmental Changes in the Atacama Altiplano and Paleoclimatic Implications. Bulletin de l' Institut Français des Etudes Andines.
HASTENRATH, S. & KUTZBACH, J.E., 1985: Late Pleistocene climate and water budget of the South American Altiplano. Quaternary Research, 24: 99–108.
KESSLER, A., 1991: Zur Klimaentwicklung auf dem Altiplano seit dem letzten Pluvial. Freiburger Geographische Hefte, Vol.32: 141–148.
LEDRU, M.-P., 1993: Late Quaternary Environmental and Climatic Changes in Central Brazil. Quaternary Research, Vol.39: 90–98.
LLIBOUTRY, L., 1956: Nieves y glaciares de Chile. Fundamentos de Glaciología. Universidad de Chile, 471S.
MARKGRAF, V., 1993: Climate History of Central and South America since 18'000 yr. B.P.: Comparison of Pollen records and model simulations. In: Wright, H.E., Kutzbach, J.E., Webb, T., Ruddimann, W.F., Street-PERROTT, F.A., BARTLEIN, P.J., 1993: Global climates since the Last Glacial Maximum. Univ. of Minnesota press, 357–385.
MARTIN, L., FOURNIER, M., MOURGUIART, P., SIFEDDINE, A., TURCQ, B., ABSY, M.L., FLEXOR, J-M., 1993: Southern Oscillation Signals in South American Paleoclimatic Data of the Last 7000 Years. Quaternary Research, Vol. 39: 338–346.
MESSERLI, B., 1973: Problems of vertical and horizontal arrangement in the high mountains of the extreme arid zone (Central Sahara). Arctic and Alpine Research, Vol. 5(3): A139–A147.
MESSERLI, B., AMMANN, C., GEYH, M.A., GROSJEAN, M., JENNY, B., KAMMER, K., VUILLE, M., in Vorb.: Current precipitation, late Pleistocene snow line, and lake level changes in the Atacama Altiplano (18°S – 28°30'S): the problem of the «Andean Dry Diagonal». Bamberger Geographische Schriften.
SELTZER, G. O., RODBELL, D.T., ABBOTT M., 1995: Andean glacial lakes and climate variability since the last glacial. Seminario Internacional, La Paz, Junio 1995. Aguas, glaciares y cambios climaticos en los Andes tropicales, Orstom, Umsa, Senamhi, Conaphi: 133–134.
STUTE, M., FORSTER, M., FRISCHKORN, H., SEREJO, A., CLARK, J.F., SCHLOSSER, P., BROECKER, W.S., BONANI, G., 1995: Cooling of Tropical Brazil (5°C) During the Last Glacial Maximum. Science, Vol. 269: 379–383.

Persönlich

Bruno, die Idee der thermal readiness hat 20 Jahre überdauert, ist aber moderner denn je, und die Konsequenzen zum Verständnis des globalen Klimas und seiner Dynamik sind weitreichend. Wir hoffen, dass diese Idee in Deinem wissenschaftlichen Gepäck auf der Reise ins PAGES Core Office ihren Platz findet. Die Autoren haben alle im Geographischen Institut Bern in Bruno Messerlis Projekt «Climate Change in the arid Andes» (NF 21-27 824.89 und 20-36382.92) gearbeitet. Wir haben uns von der Faszination des Vulkans Llullaillaco und der Wüste anstecken lassen. Eine bedeutende Rolle spielt die Freundschaft zwischen Bruno und Willi Egli, die sich nach gemeinsamer Zeit im Gymnasium und an der Universität in Santiago de Chile wieder getroffen haben.

Adresse der Autoren: Geographisches Institut der Universität Bern, Hallerstr. 12, CH-3012 Bern

Glacier and Climate Reconstruction in Southeast Iceland During the Last Two Millennia: a Reconnaissance

Jack D. Ives

Introduction

It is generally assumed that the period of the *Settlement of Iceland* (AD 870–1000), or the broader *Viking Age*, was warmer than at any time during the following nine centuries. The exception is the last 15 years when predictions of a "greenhouse warming" imply that we are entering a period of anthropogenically induced climate change that is possibly evolving out of control. These general statements apply to many regions where detailed field research has been performed, but especially in mountain areas, such as the European Alps, Scandinavia, and the New Zealand Alps. While no general statement can be made from provisional work in part of one small island in the North Atlantic, nor is this intended, all such local studies take on additional importance because of the practical implications of the great range of current climatological speculation. Iceland, however, as well as the higher latitudes of the entire North Atlantic region is of particular interest, following the conclusions of the pioneer glaciologist, Dr. Hans W. Ahlmann, who predicted that the amplitude of climatic, or glacier, fluctuation would be progressively greater with increasing latitude (AHLMANN, 1948).

In the context of the current debate about climate warming, therefore, it is imperative that we not only attempt reconstruction in small areas for their own sake, but also because such studies may have a bearing upon evaluations of the relative amplitude of on-going changes.

The investigation undertaken in the present instance is reconnaissance in nature. It focuses on the Viking Age settlements of Skaftafell and Svinafell and former, as well as extant, farms, and outlet glaciers surrounding Iceland's highest summit, the culmination of the Öraefajökull massif, an active volcano. It also attempts to bring together field evidence, historical records, and folklore.

Location and General Description

The extant farms of Skaftafell and Svinafell are located to the northwest of the great ice-mantled dome of Öraefajökull (highest summit, Hvannadalshnukur, 2,119 m). The two settlements, partially separated by the glacier tongues of Skaftafellsjökull and Svinafellsjökull and their meltwater rivers, face out onto the large Vatnajökull outlet glacier, Skeidararjökull and its extensive outwash plain (*sandur*: Icelandic). Skaftafell has virtually lost its status as an active group of farms and today is the core of the Skaftafell National Park, with a modern visitors' center, parking lot, and camp ground. One of the original Skaftafell families, which claims near permanence of occupation back to the Settlement of Iceland (IVES, l991), has recently moved to Freysnes, some 10 km distant, and established a small hotel on the "old" outer moraines of Svinafellsjökull. It is this family, and especially the late Ragnar Stefansson, that has related much of the local folklore and collected the two important samples of wood, washed out from beneath the glaciers, thus providing critical radiocarbon dates.

The present-day climate of this area can be described as ranging from cool temperate maritime, to arctic maritime and glacial, depending upon altitude. Precipitation is considerable: meteorological records are derived from the farms close to sea level and show high values (about 1300 mm/yr) but with little winter snow cover. Glaciological observations in the 1950s indicated much higher amounts at greater elevations (about 3000 mm/yr at 1200 m: IVES and KING, l955). At still higher levels, especially in the upper accumulation area of Svinafellsjökull and on the upper slopes of the Öraefajökull ice cap, amounts in excess of 5000 mm/yr are likely. Under these conditions it is not surprising that outlet glaciers reach close to sea level. The maximum local relief is 2000 m over a horizontal distance of 9 km.

The glaciers Skaftafellsjökull, Svinafellsjökull, Kviarjökull, Fjallsjökull, and Breidarmerkurjökull are the ones particularly relevant in terms of this study (Fig. 1). Direct glaciological observations began under the guidance of Dr. JON EYTHORSSON (1963) in 1931, later taken over by Dr. SIGURJON RIST (1984). Under this scheme the local farmers measured the annual variations in the glacier termini in relation to fixed points in the glacier forefields. The data were accumulated and published periodically in the Icelandic journal *Jökull*. Glacier mass balance and rates of movement were calculated for Morsarjökull, and rates of movement for Skaftafellsjökull and Svinafellsjökull in 1953–54 (IVES and KING, 1954/55; KING and IVES, 1955/56). Liverpool University expeditions made detailed studies of the latter two glaciers in the 1980s (THOMPSON, 1988) and BLACK (1990) studied the moraine and outwash stratigraphy of Kviarjökull.

Many other incidental observations have been published over the last 60 years; there are also important records from the travels of the famous Icelandic physician and naturalist, Dr. SVEINN PALSSON, in the 1790s (GROVE, l988; IVES, l991). Finally, quite precise references to the frontal positions of Breidarmerkurjökull, Hrutarjökull, and Fjallsjökull in the late-17 and early-18 Centuries are found in the 1708–09 land register (see below).

Holocene Glacier Fluctuations

Svinafellsjökull and Kviarjökull have many similarities. Both originate from very high on the Öraefajökull ice dome, so that their accumulation areas extend almost to 2000m; both have extensive and gently sloping lower tongues fed by spectacular icefalls and both have prominent Little Ice Age end moraines. In addition, the outermost end moraines of each glacier have pronounced soil and vegetation cover and have long been suspected to be pre-Settlement in age (THORARINSSON, 1943; THOMPSON, 1988). However, BLACK's work on the Kviarjökull moraines was the

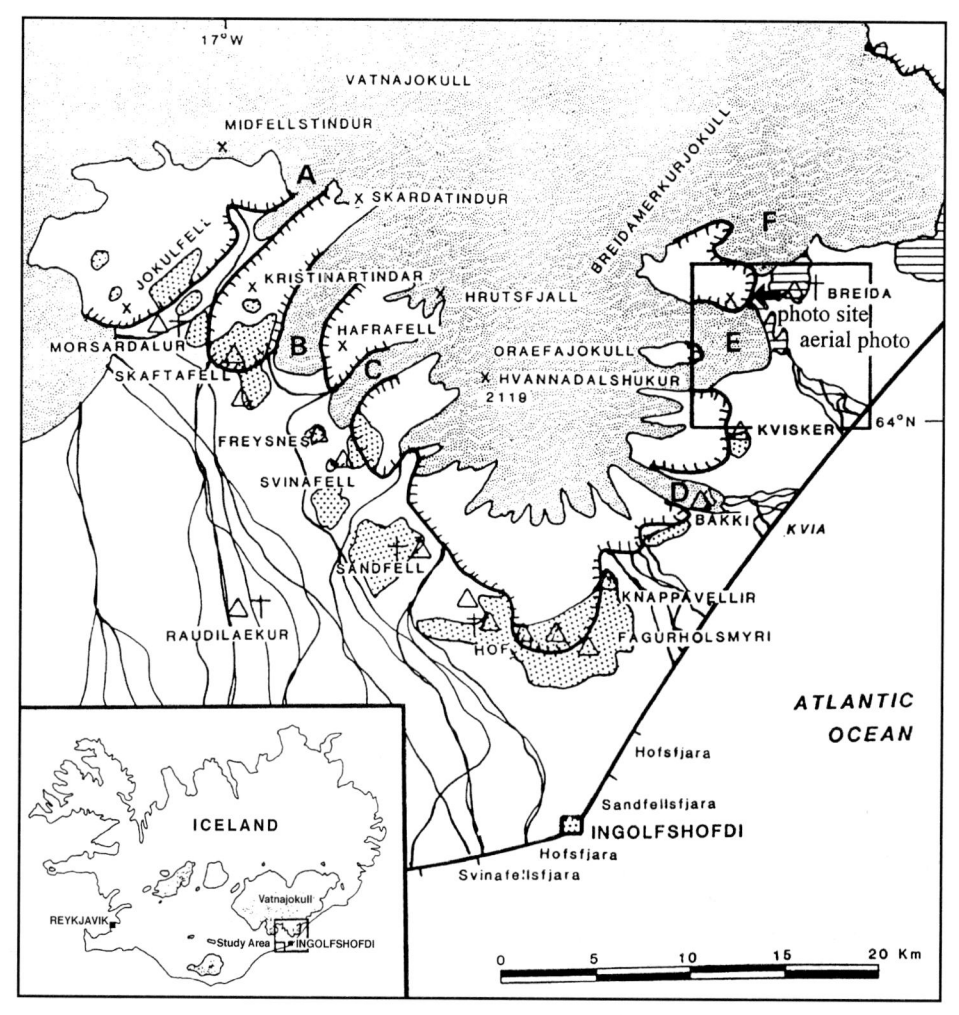

Fig. 1: Southeast Iceland showing the Öraefajökull ice cap of Vatnajökull. Both extant and former farm groups and churches are denoted △ and † respectively. Outlet glaciers: A Morsarjökull, B Skaftafellsjökull, C Svinafellsjökull, D Kviarjökull, E Fjallsjökull. X: Midaftanstindur, within location of Fig. 2 and 3.

first to provide limiting radiocarbon dates indicating a probable Subatlantic age. This conclusion is based on a combination of lichenometry, tephrochronology, and ^{14}C dates of about 2000 yrs BP on buried birchwood. From this a rough outline of glacier fluctuation can be drawn.

While Kviarjökull and Svinafellsjökull, therefore, bear many similarities, the latter contrasts sharply with its nearest neighbor, Skaftafellsjökull. The latter has a much lower accumulation area (1000–1450 m). Ice supply also descends through a much more modest icefall to its lower tongue. The termini of the two glaciers were merged into a common piedmont lobe in the 1930s and had probably been in contact since the early advances of the Little Ice Age (early 1700s). During the early 20th Century warming, both glaciers thinned substantially and eventually separated in the late-1930s. This separation was due primarily to the retreat of Skaftafellsjökull by about 1 km by 1954 (KING and IVES, 1955); Svinafellsjökull remained in contact with its high end moraines.

The thinning and retreat of the two glaciers accelerated after 1930, although there were important local readvances in the l960s and until the most recent observations by the author in 1993. The contrast in the dynamics of these glaciers will be reintroduced below when discussing the significance of the ^{14}C dates on birchwood logs that have been washed out from beneath them.

While available data allow a very general outline of the Öraefajökull glacier terminal fluctuations, the limited absolute dating and the lack of systematic fieldwork preclude a precise statement. This stands in sharp contrast to the superb work undertaken by members of the Institute of Geography, Berne University, for example, on the Grindelwald glaciers in the Swiss Alps (MESSERLI et al., l978; ZUMBÜHL, 1980; PFISTER, 1981, 1992). Furthermore, the available absolute dates, excepting those from the birchwood washed out from beneath Skaftafellsjökull and Svinafellsjökull, provide only minimum ages for glacier advances.

Although reconstruction of glacier advances provide general indications of local climate cooling, provided that changes in precipitation can be taken into account, our present concern is with the possible reconstruction of warm periods. Some indications can be obtained from the folk history and the church and land register records.

Farm Sites and Climate Change

Fig. 1 shows the locations of the farm clusters of Skaftafell, Svinafell, Hof, and the former settlements of Raudilaekur and Eyrarhorn, and the individual farms and former farms of Kvisker, Fjall, Bakki, and Breida. Most of these place names are amongst the oldest in Iceland and are found in the Icelandic Book of the Settlement (*Landnamabok*), especially Skaftafell, Svinafell, and Breida. Ingolfur Arnasson, the first person recorded as over-wintering in Iceland, made his landfall at Ingolfshofdi, on the coast south of Hof. Eyrarhorn and Raudilaekur were overwhelmed, presumably by the 1362 volcanic eruption of Öraefajökull, and their sites were underwater during the *jökulhlaups* which are believed to have begun with the early Little Ice Age glacier advances (THORARINSSON, 1956, 1957; IVES, 1956, 1991). Skaftafell and Svinafell, for instance, are not only listed in the *Landnamabok*, Svinafell plays a prominent role in *Njals Saga* as the home of Flosi, leader of the party that burnt Njals family. Fjall, Bakki, and Breida have disappeared; presumably they were overrun by glacier advance in the 1690s or 1700s. Breida is of special significance. While I have previously discussed in general terms the relationship of all three of these farms to glacier advance (IVES, 1991), for the present study the importance of Breida will be emphasized, the site of which I attempted to locate in 1993.

From the church records we know that Breida suffered from the AD 1362 eruption; there is a reference to the Breida church having no ornaments and being without livestock in 1387. Nevertheless, farming was certainly underway in 1525, and there is a similar reference dating from 1587. The 1708/09 land register, however, comments that "fourteen years ago the tun [home field] and ruined buildings [of Fjall] were still to be seen, but everything is now covered by ice". Breida, its neighbor, appears to have been abandoned by 1698. It is even claimed at that time that the tombstone of Kari Solmundarsson (see below) could be seen in the ruins, but was covered by ice in 1712. Breidarmerkurjökull and Fjallsjökull, along with Hrutarjökull, must have developed their common piedmont lobe over the sites of the two farms between about 1695 and 1710.

The significance of the location of Breida and its changing conditions is related to two points: (a) as the farm chosen by the author of Njals Saga for the final homestead of Kari Solmundarsson, sole survivor of the burning and Flosi's terrible antagonist, it must be assumed that Breida was prosperous in the late-13 Century, the

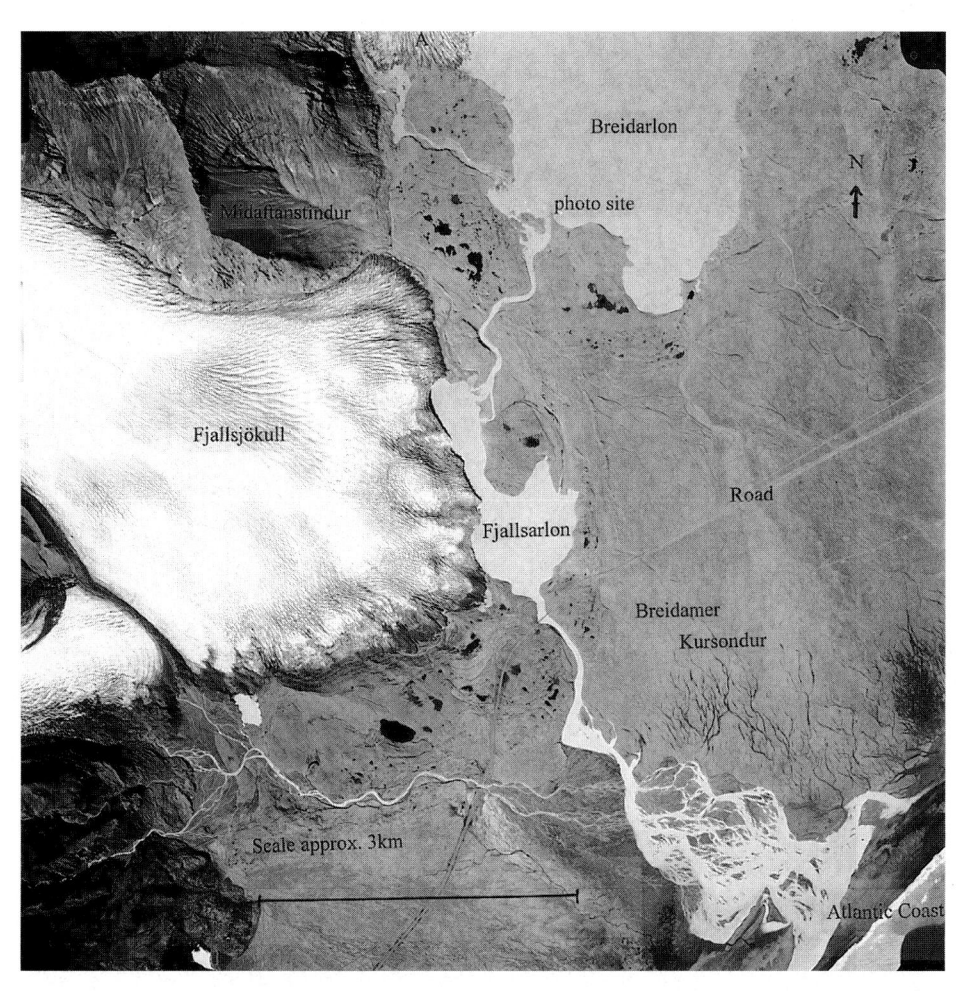

Fig. 2: 1988 airphotograph showing the modern glacier margins, ice-frontal lakes, and melt-water rivers, together with the ground photograph site for Fig. 3.

time when Njals Saga was put into written form, and thus fitting for such a preeminent hero; (b) description of its siting raises the possibility of pinpointing its actual position today. As mentioned above, this was attempted in July 1993. Unfortunately, only a single compass bearing is provided so that a precise resection along two converging bearings, the ideal, is denied.

The mountain, Midaftanstindur, a prominent summit of the Breidarmerkurfjall group, is reported to lie due west of the farm. Fjall, apparently, lay 2 km west of Breida. Thus, armed with the 1:50 000 scale topographical map and air photographs, I was able to occupy a position due east of Midaftanstindur in July 1993. The sketch map (Fig. 2) illustrates the present-day configuration of glacier margins, frontal lakes Breidalon and Fjallsarlon, and the Breida and Fjallsa rivers. Fig. 3 is a photograph of the immediate foreground and nearby glaciers and mountains. I estimate that I was probably within one kilometer of the actual site of Breida.

The primary conclusion from this exercise is that no farm within a 2–3 km radius of the proposed location could exist today. Of course, we must consider that Kvisker does exist today as a viable farm 8 km to the south-southwest, but its position is much more sheltered and it is protected from glacier piedmont development by being backed by a steep and high mountain slope. For Breida and Fjall to thrive during the period AD 870–1362, far more advantageous conditions than those of today must have prevailed. Thus it is postulated that the climate of the Viking Age

Fig. 3: Photograph taken from close to the original site of the old farm of Breida, looking towards the prominent peak, Midaftanstindur, which is reported to lie due west of the farm. Here the author of Njals Saga placed Kari Solmundarsson, the only survivor of the burning of Njall and his family. No farm could possibly operate on the terrain of today.

and the period of the Icelandic Republic, at least for these coastal, mountain-foot settlements, must have been considerably warmer than during the current decade, warmer even than is usually proposed for this period. In particular, the termini of the Breida glaciers must have been significantly back from their present positions; this point raises a similar problem to that of accounting for the substantial retreat of Svinafellsjökull.

Glacier Minima

On my first visit to Skaftafell in 1952, Ragnar Stefansson showed me pieces of birchwood that he had located in the 1930s within the outwash stratification of the forefield of Skaftafellsjökull. These had been preserved from a large deposit inside the outermost moraines, exposed by the undercutting of a meandering meltwater stream. The main deposit had been "mined" by the local farmers for several years as a valued source of fuelwood. Ragnar deduced that the wood, which was not *in situ*, had been swept out from beneath the glacier and deposited within the glacial outwash plain sequence between strata of sand and gravel. He surmised that the wood derived from a former birch forest that, according to local folklore, had existed several kilometers behind the glacier terminus during the warmer times of the Republic.

During this first encounter I was an undergraduate student and ^{14}C dating was unknown to me. When offered the wood sample, I requested that, since Ragnar had kept it safe for nearly 20 years, he should continue to do so. In 1987 I finally accepted half of the larger piece and submitted it for radiocarbon dating. Of course, I was expecting an age of about a thousand years; in fact, it dated to 2020±80 yr. BP (Lab no. GX-13965).

In 1993, on my most recent visit, Ragnar had retrieved a large tree trunk, washed out from beneath Svinafellsjökull. It was in the garden of his new Freysnes home awaiting my arrival. We sawed off several pieces; the radiocarbon date was 1690±60 yr. BP (Lab no. Beta-66445). THOMAS BLACK also recovered a piece of birchwood, in this case from the forefield of Kviarjökull in 1987; it dated to 2040±80 yr. BP. It enabled him to infer a minimum age for the outer moraines of Kviarjökull thus ascertaining a pre-Settlement Holocene advance at least as old as the Subatlantic.

Ragnar Stefansson's grandfather, Jon Einarsson (1846–1925) informed him that he had been told by an old woman of Svinafell (who died about 1900) that the valley now covered by Svinafellsjökull supported a large birchwood several kilometers inside the then glacier terminus. This was based on folklore, which contains many other references to a very warm period in the distant past.

The various references to folklore, the radiocarbon dates on birch logs, and the documentation of former farm locations necessitates an examination of the regime of Svinafellsjökull. Fig. 4 is a long profile of the glacier drawn from the topographical map. Annual movement was about 170 m/yr. in the 1950s (KING and IVES, 1955); precipitation in the upper accumulation area was probably about 5,000 mm/yr., mainly as snow. Given the high accumulation area, the spectacular icefall, and the long gently sloping lower tongue, a very big change in climate would be needed if

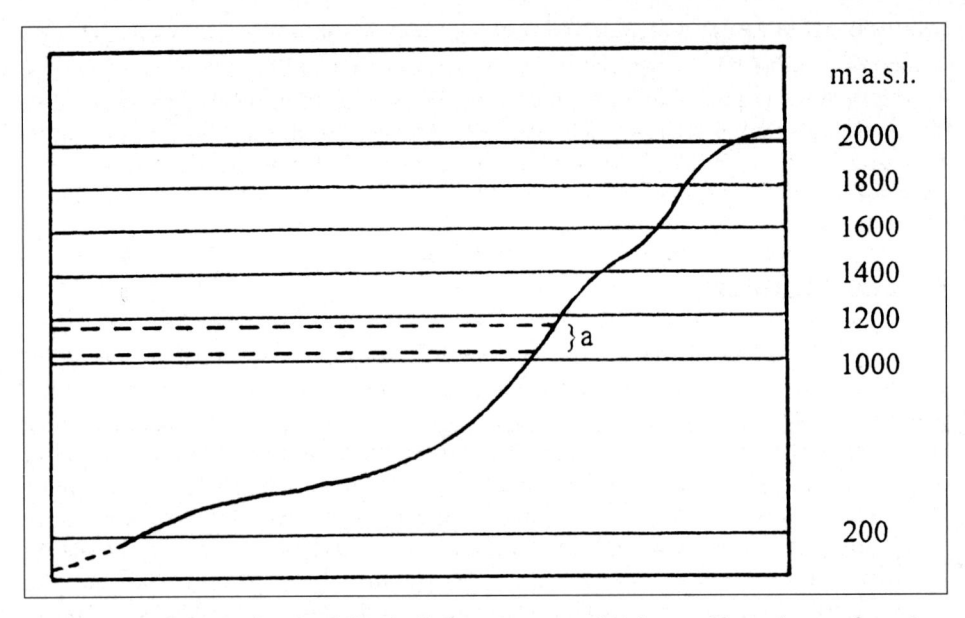

Fig. 4: Long profile of Svinafellsjökull (see C in Fig. 1). The profile is drawn from Iceland topographical map, revised 1982, scale 1:100 000, sheet 87/88 – Öraefajökull. Note that even a significant increase in the elevation of the equilibrium line would only change the proportion of the ablation area to the accumulation area by a small amount.

the glacier terminus were to retreat several km behind its present position. Thus we must draw the same conclusion: on all counts, climate at some time in the past, and presumably during the Viking Age, must have been considerably warmer than is generally assumed.

Conclusions

The evidence presented, although fragmentary, indicates a period in the past (about 1700–2000 years ago) when birch forest flourished several kilometers inside the glacier termini of the 1930s–1990s. To ensure such a situation, the climate must have been considerably warmer than at present. The folklore accounts, and the partial identification of the location of Breida would imply that this period fell within the time of the Republic (i.e. after AD 874). At first glance this appears to be in conflict with the radiocarbon dates. This issue cannot be resolved at present. However, there are two reasonable working hypotheses: (a) there were two very warm periods, one following the Subatlantic cool phase (2500 BP), the other during the Republic; (b) the wood samples are younger than recorded due to contamination in a volcanically highly active environment.

Regardless of this persisting ambiguity, we can stipulate that the amplitude of temperature fluctuations in the coastal area of southeast Iceland during the late-Holocene has been greater than that of the last decades. Furthermore, the climatic downswing from about AD 1300 to the maxima of the Little Ice Age is at least comparable in amplitude to the warming of the period 1850 to present. If the latter (warming) is assumed to be the result of post-Industrial Revolution anthropogenically induced changes in atmospheric chemistry, what is the cause of the former (cooling)? These are very large and controversial questions to base upon an incomplete study of a small area. However, if we are to devise convincing scenarios for future climatic change, they cannot be ignored. A general recommendation is that accelerated studies in the broad area of mountain geoecology are urgently needed. In this context, it is appropriate to pay tribute to Professor BRUNO MESSERLI, and his colleagues and students at the University of Berne, for making such a major contribution to this vital field of enquiry over the last three decades. This leadership needs to be maintained.

References

AHLMANN, H.W., 1948: Glaciological Research on the North Atlantic Coasts, Royal Geographical Society, Special Publ., No. 1, 833 p.
BLACK, Th., 1990: The Late Holocene Fluctuations of Kviarjökull, Southeastern Iceland, Unpublished Master's thesis, University of Colorado, Boulder, Colorado.
EYTHORSSON, J., 1963: Variation of Icelandic Glaciers, 1931–1960, Jökull, 13: 31–33.
GROVE, J.M., 1988: The Little Ice Age, Methuen, London and New York, 498 p.
IVES, J.D., 1956: Öraefi, Southeast Iceland: An essay in regional geomorphology, Unpublished Ph.D. dissertation presented to McGill University, Montreal, Canada, 231 p.
IVES, J.D., 1991: Landscape change and human response during a thousand years of climatic fluctuations and volcanism: Skaftafell, Southeast Iceland, Pirineos, 137: 5–50, Jaca, Spain.
IVES, J.D., and KING, C.A.M., 1954: Glaciological observations on Morsarjökull, SW Vatnajökull. Part I: The ogive banding, Journal of Glaciology, 2(16): 423–428.
IVES, J.D., and KING, C.A.M., 1955: Glaciological observations on Morsarjökull, SW Vatnajökull. Part II: Regime of the glacier, past and present, Journal of Glaciology, 2(17): 477–482.
KING, C.A.M., and IVES, J.D., 1955: Glaciological observations on some of the outlet glaciers of southwest Vatnajökull. Part I: Glacier regime, Journal of Glaciology, 2(18): 563–569.
KING, C.A.M., and IVES, J.D., 1956: Glaciological observations on some of the outlet glaciers of southwest Vatnajökull. Part II: Ogives,Journal of Glaciology, 2(19): 646–651.
MESSERLI, B., MESSERLI, P., PFISTER, C., and ZUMBÜHL, H.T., 1978: Fluctuations of climate and glaciers in the Bernese Oberland, Switzerland, and their geoecological significance, 1600–1975, Arctic and Alpine Research, 10(2): 247–260.
PFISTER, C., 1981: An analysis of the Little Ice Age climate in Switzerland and its consequences for agricultural production. In: WIGLEY, T.M.L., INGRAM, M.J., and FARMER, G. (eds): Climate and History: Studies of past climates and their impacts on man, Cambridge Univ. Press, Cambridge, 214–248.
PFISTER, C., 1994: Climate in Europe during the Late Maunder Period (1675–1715), In: BENISTON, M. (ed), Mountain Environments in Changing Climates, Routledge, London and New York, 60–90.
RIST, S., 1984: Joklabreytingar 1964/65–1973/74, 1974/75–1982/83 og 1983/84, Jökull, 34: 173–178.
THORARINSSON, S., 1943: Vatnajökull, scientific results of the Swedish–Icelandic investigations, Chapt. 11. Oscillations of the Icelandic Glaciers in the last 250 years, Geografisker Annaler, 25(1–2): 1–54.
THORARINSSON, S., 1956: A Thousand Year Struggle Against Ice and Fire, Bokaugata Menningsarsjods, Reykjavik.

THORARINSSON, S., 1957: Der Öraefajökull und die Landschaft Öraefi, Erdkunde, 13: 124–138.
ZUMBÜHL, H.J., 1980: Die Schwankungen der Grindelwaldgletscher in den historischen Bild- und Schriftquellen des 12. bis 19. Jahrhunderts, Birkhäuser Verlag, Basel, Boston, Stuttgart, 279 p.

Personal

Born, 15 October, 1931, in Grimsby, England; B A honors, Geography, 1953, University of Nottingham, England; Ph.D., Geomorphology, 1956, Mcgill University, Montreal, Canada; emigrated to Canada, September, 1954; emigrated to Boulder, Colorado, August, 1967; moved to University of California, Davis, CA, 1989.

I first met Professor Bruno Messerli in 1972 in the Canadian Rockies. This was on the occasion of the IGU Mountain Commission symposium organized by the late Professor Carl Troll. Since then we have worked together in the Alps, Himalaya, and the Andes, and have shared experiences as alternating chairmen of the IGU Commission on Mountain Geoecology and Sustainable Development, and as research coordinators for the UNU project on Mountain Ecology and Sustainable Development. Our initial collaboration began in 1973 in our efforts to help develop UNESCO's MAB Programme, Project 6. This led to my being the first Visiting Professor at the Institute of Geography, University of Bern, on a Guggenheim Fellowship in 1976–77. In all our symposia and travels, we have toured most of the world's mountains together.

I regard Bruno as my special mountain colleague and friend whose constant support and inspiration led us to the UNCED Earth Summit in 1992 (Rio de Janeiro). Our co–authorship of The Himalayan Dilemma (Routledge, London and New York, 1989) is one of the many examples of this cooperation. There remain many more mountains beyond the horizon.

Jack D. Ives, Division of Environmental Studies, University of California, Davis, U.S.A.

Fossiles Holz und Paläogeographie

Gerhard Furrer

In den beiden zurückliegenden Jahrzehnten hat die Auswertung von fossilen Hölzern bei klimamorphologischen Arbeiten starke Beachtung gefunden und zur Aufhellung der Landschaftsgeschichte beigetragen. Drei Beispiele sollen diesen Sachverhalt belegen und auf den Informationsgehalt von fossilem Holz aufmerksam machen.

1. Zeugen der späteiszeitlichen Wiederbewaldung

Im Dättnau, einem Trockental der eiszeitlichen Töss westlich von Winterthur, nahe dem hochwürmzeitlichen Rand des Rhein-Thurgletschers gelegen, finden sich Zeugen der späteiszeitlichen Wiederbewaldung. Am Boden einer Grube zur Ziegeleiton-Gewinnung hat KAISER (1979, 1987, 1993) in-situ-Strünke von Birken und darüber gelegenen Föhren sowie deren mehr oder weniger horizontal liegenden Stämme und weitere Makroreste (Föhrenzapfen, -nadeln) freigelegt. Die Föhren hat er dendrochronologisch ausgewertet.

Die Zeugen dieser späteiszeitlichen Bewaldung umfassen den Zeitraum von ca. 12 500 bis zirka 10 800 BP. Feine Hangsedimente, welche das Tal auffüllten, umschlossen in diesem Zeitraum von ungefähr 1600 Jahren (aufgrund der Jahrringchronologie) die Stämme immer wieder, so dass diese abstarben und jüngere Föhren in immer höheren Niveaus aufwuchsen, deren Strünke also stets höher stockten.

Im Jahrringbild fallen drei Wachstumsstörungen besonders auf: eine ist zeitgleich mit dem Laachersee-Vulkanausbruch in der Eifel, die beiden andern können auf lokale Überschwemmungen im Dättnau zurückgeführt werden. Diese Überschwemmungen sind durch zwei wasserschneckenführende Schichten belegt.

Die damaligen spätglazialen Sedimentationsraten, welche den Talauffüllungsvorgängen zugrunde lagen, lassen sich mit Hilfe der Dendrochronologie auf 2,5 bis 3,3 mm pro Jahr berechnen. KAISER konnte in den feinkörnigen Ablagerungen dieses Zeitraumes keine Hiaten (Sedimentlücken) beobachten, was auf kontinuierliche Sedimentation hinweist. Nach zirka 10 800 BP fehlen weitere Bäume, was auf die Klimaverschlechterung der Jüngeren Dryas hinweist.

Im selben Gehängelehm wie die fossilen Bäume wurden auch die damaligen Molluskenfaunen konserviert. Diese begleiten die Baumfunde und reichen – im Profil aufwärts – bis nahe ans Ende der Jüngeren Dryas. Die Verhältnisse der stabilen Isotope (^{18}O) der Schneckenschalen widerspiegeln die charakteristischen Klimaschwankungen zwischen frühem Bölling und der ausgehenden Jüngeren Dryas: so die Ältere Dryas, die Gerzenseeschwankung und den drastischen Klimasturz in die Jüngere Dryas (um zirka 10 900 bis zirka 10 800 BP). Letzterer fällt mit dem Ausbleiben weiterer Baumfunde im oberen Profilabschnitt zusammen.

2. Gletscherschwund gibt fossile Bäume am einstigen Wuchsort frei

Am nacheiszeitlichen Ende der Zeitskala hat HOLZHAUSER (1985, 1995) mit Hilfe von einst eisüberfahrenen Bäumen, deren Stämme und Wurzelstöcke heute am ursprünglichen Wuchsort (*in-situ*) zum Vorschein kommen, am Grossen Aletsch- und am Gornergletscher eine lückenlos über 1200 Jahre zurückreichende Jahrring-Chronologie aufbereitet. Es handelt sich beim einst überfahrenen Holz vor allem um Lärchen. Damit können Gletschervorstoss- und Gletscherschwundphasen sowie Klimaschwankungen der jüngsten Nacheiszeit nachgewiesen und datiert werden.

Aufgrund der absolut datierten fossilen Bäume ist er in der Lage, auch ehemalige Gletscherumrisse mit Hilfe von am Hang aufgefundenen *in-situ*-Strünken zu rekonstruieren (z.B. des Gornergletschers im Jahr 1186 und von 1327 bis 1385, HOLZHAUSER 1995). Es ergibt sich dabei, dass mittelalterliche Gletscherhochstände dieselbe Ausdehnung und denselben Umriss aufwiesen wie der Hochstand um die Mitte des letzten Jahrhunderts, und dass die gegenwärtige Schwundphase die nacheiszeitlichen, vorindustriellen minimalen Gletscherausdehnungen noch nicht erreicht hat.

Auch ohne industriebedingten CO_2-Anstieg herrschten in der Nacheiszeit offenbar schon wärmere atmosphärische Zustände auf unserer Erde. Es stellt sich damit die Frage nach dem Stellenwert anthropogen und natürlich bedingter globaler Erwärmung. Auf die Schwierigkeit des Auseinanderhaltens beider Einflussmöglichkeiten werden wir im vierten Kapitel erneut stossen.

Solche Jahrringchronologien sind gut geeignet, um ^{14}C-Daten zu überprüfen.

3. ^{14}C-Alter und Dendro-Alter

Aufgrund von ^{14}C-Datierungen an Baumringen wissen wir, dass der ^{14}C-Gehalt der Atmosphäre vor rund 11'000 Jahren etwa 10% höher lag als heute. Konventionelle ^{14}C-Altersbestimmungen stimmen deshalb nicht mit den entsprechenden Baumringaltern überein – sie erscheinen jünger als sie tatsächlich sind. Diese Abhängigkeit folgt einer langfristigen Entwicklung, wobei der langfristige Kurvenverlauf von kurzfristigen kleineren und grösseren Ausschlägen (wiggles) überlagert wird. Solche Schwankungen führen bei der Kalibrierung von konventionellen ^{14}C-Alterswerten oft zu mehrdeutigen Dendrojahr- (Kalenderjahr-) Zuweisungen.

Die Abweichung von der langfristigen Entwicklungsrichtung beträgt bei einer Holzprobe mit einem Radiokarbonalter von rund 10 000 Jahren BP etwa 1200 Jahre. Eine solche Probe hat ein dendrokalibriertes Alter von rund 11 200 Jahren cal BP (bzw. 9250 cal BC; das BP-Alter rechnen wir ab 1950 AD). Kalibriert werden die ^{14}C-Alter mit international anerkannten Eichkurven. Bemerkenswert dabei ist die Tatsache, dass diese Eichkurven, aufgenommen an verschiedenen Baumarten aus unterschiedlichen Weltgegenden, in ihrem jeweiligen Verlauf im Wesentlichen übereinstimmen.

4. Fossiles Holz am Adlisberg

Durch die Gletscher ist in den Alpen viel Holz und ganze Baumstämme – oft ohne Wurzelstrunk – verlagert und fossilisiert worden. Sofern diese Baumstämme in eine Jahrringchronologie eingepasst werden können, ist der Zeitpunkt des Überfahrenwerdens feststellbar und ihr Jahrringbild kann Aufschluss über Klimaschwankungen geben. Im Schweizerischen Mittelland sind dagegen bearbeitete Beispiele solcher Funde aus der Nacheiszeit selten. In einer Baugrube in Gockhausen (Dübendorf) ist nun kürzlich fossiles Holz in zwei verschiedenen Tiefen zutage gefördert worden. Der Fundort auf 570 m ü.M. liegt am NE-exponierten Hang des Adlisbergs (701 m), der südöstlichen Fortsetzung des Zürichbergs, also gut 100 m tiefer als der Scheitel dieses Molassehöhenzuges und in der Luftlinie gemessen 1,5 km von diesem entfernt.

In der Baugrube ist im basalen Abschnitt Grundmoräne über Molassefels mit einzelnen polierten, kantengerundeten sowie gekritzten Steinen und Findlingen (Blöcken), besonders Verrucano/roter Ackerstein und verschiedenen Kalken aufgeschlossen. Darüber liegt etwa 2 bis 3,5 m mächtiger, feinkörniger und steinarmer Gehängelehm.

An vier Stellen dieser Grube ist in zwei verschiedenen Tiefen fossiles Holz geborgen worden: fingerdicke Reste von über 50 cm langen Wacholderstämmchen (*Juniperus communis*) mit mehreren ebenso langen Wurzeln sowie bis gegen 1 m lange Erlenzweige (*Alnus spec.*). Eines dieser Wacholderstämmchen besitzt 41 Jahrringe, ein Erlenzweig 52. Die Wacholderfunde tragen gelegentlich Rinde, einige Wurzeln teilen sich mehrmals auf. Der Durchmesser der äussersten Wurzeln liegt im Millimeterbereich, Haarwurzeln fehlen. Weder sind in unmittelbarer Umgebung der Wurzeln Verbraunungen noch fossile Bodenhorizonte oder Holzkohle zu beobachten. Die Holzreste liegen mehr oder weniger horizontal, eine bestimmte Richtung von Stämmchen und Zweigen ist nicht auszumachen.

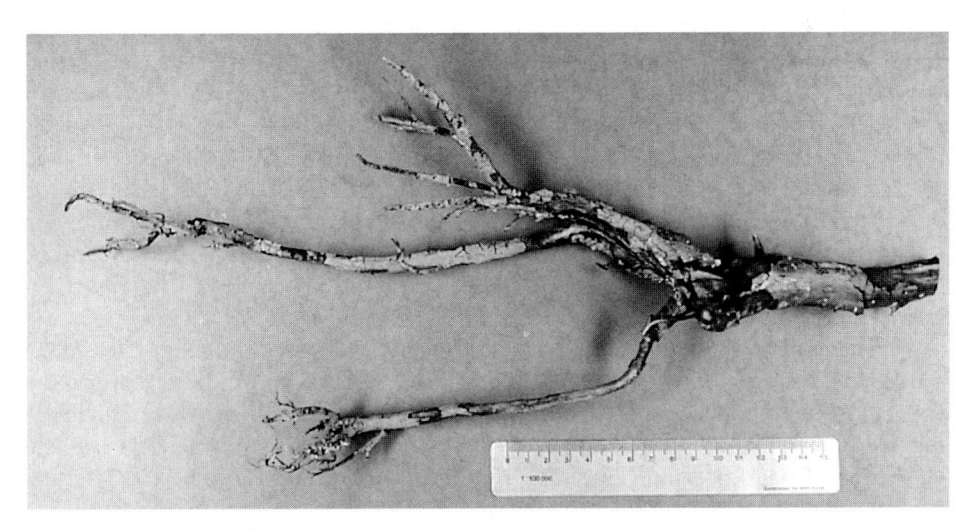

Abb. 1: Wacholder; Übergang vom Stämmchen zu den Wurzeln (Alter: 3815±65 BP)

Diese Feldbefunde können wie folgt gedeutet werden: Die Holzfunde liegen nicht mehr an ihrem Wuchsort. Diese Sträucher stockten irgendwo hangaufwärts. Jene mit Wurzeln wurden – aufgrund der fehlenden Haarwurzeln – vermutlich durch ein Unwetterereignis freigespült und zusammen mit den wurzellosen Hölzern hangabwärts transportiert. Der Transportweg war kurz (geringe Distanz Scheitel Adlisberg–Fundort, erhaltengebliebene Wurzeln).

Der freigespülten Wurzeln wegen ist somit mit einem kräftigen, einschneidenden Ereignis im Sinne von flächenhafter Abtragung (Denudation) zu rechnen. Im Anschluss an Transport und nachfolgender Ablagerung wurden die Hölzer von losgewittertem Molasse- und/oder Grundmoränenmaterial überdeckt und fossilisiert. Mit Hilfe der Radiokarbondaten können nachfolgende vegetations- und klimageschichtlichen Schlüsse gezogen werden:

Fundstätte in Tiefen um (in m)	Holzart	Labor-Nr. UZ	Alter BP Jahre vor heute	Kalibrierte Alter (Kalenderjahre im Einsigmabereich)	Alter der Hangabtragungsphase
1.5–2	*Alnus spec.*	3812 3850	1325±55 1710±60	671 AD, 771 AD 266 AD, 404 AD	Mittelalter
3–3.5	*Juniperus communis*	3807 3807 3849	3600±60 3725±65 (nachdatiert) 3815±65	2025 BC, 1.835 BC 2215 BC, 2.015 BC 2366 BC, 2151 BC	vorbronze-zeitlich
			Before **P**resent Jahre vor 1950 AD	**B**efore **C**hrist **A**nno **D**omini	

Aufgrund der Radiocarbondaten sind zwei verschiedene, zeitlich auseinanderliegende Hangabtragungsphasen belegt, die vermutlich auf Waldauflichtungen am Adlisberg zurückzuführen sind. In Zusammenhang mit der allgemeinen Klimaverschlechterung im Subboreal (5000 bis 2500 BP) wurde der Wald vielerorts aufgelichtet. Der Wacholder als typisch lichtliebendes Gehölz stockt nämlich erst bei starker Auflichtung bzw. auf lichten bis waldfreien Standorten. Die allgemeine subboreale Abkühlung geht u.a. aus den regionalen pollenanalytischen Untersuchungen, wie beispielsweise an den Nussbaumer Seen hervor (RÖSCH, 1983): Vielerorts wurde der Eichenmischwald im Zuge der kühleren und feuchteren Umweltbedingungen durch die Buche abgelöst. Auch am nahen Greifensee spiegeln pollenanalytische Untersuchungen den Wandel des Waldkleides während des Subboreals von Eichenmischwäldern zu mehr Buchenwäldern mit Eichen und Eschen wieder.

Verbunden mit diesem Vegetationswandel wurde vermehrt mineralisches Material in den Seesedimenten nachgewiesen (WICK, 1988). Nun ist aber aufgrund der vegetationsgeschichtlichen Erkenntnisse mit ersten menschlichen Rodungstätigkeiten zu rechnen (zudem anthropogen bedingte, erneute Haselausbreitung in gelichteten Wäldern). So muss die Möglichkeit in Betracht gezogen werden, die Waldauflichtung nicht nur auf natürliche, klimatische Ursachen zurückzuführen, sondern auch auf menschliche Tätigkeit.

Die Sauerstoffisotopenkurve aus den Nussbaumer Seen zeigt drei schwache Klimarückschläge: Um 4000 bis 3700 BP, 3700 bis 3600 BP und 3300 bis 3100 BP. Letzterer fällt in die Zeit der Löbbenschwankung, die durch kräftige Gletschervorstösse in den Alpen gekennzeichnet ist. Die ^{14}C-Daten der Wacholderholzfunde liegen im Bereiche der beiden erstgenannten nacheiszeitlichen Kaltphasen und können, kurz vor der Bronzezeit liegend, mit diesen in Verbindung gebracht werden.

Prinzipiell ist ab etwa 6000 bis 5000 BP in der Schweiz mit ersten menschlichen Einflüssen auf die Vegetation zu rechnen. Dadurch stellt sich das Problem der Trennung von natürlichen und anthropogenen Ursachen dieser Umweltveränderungen. Vielfach bestehen Überlappungen beider Ursachen; eine saubere Trennung ist in den meisten Fällen nicht möglich.

Diese nacheiszeitlichen Klimaschwankungen des älteren Subboreals dürften sich aufgrund der Gockhauser-Funde also nicht nur in den Alpen, sondern auch auf die Höhenrücken weit draussen im Mittelland ausgewirkt haben (Sauerstoffisotopenkurve), obwohl wir nach BURGA (1979, 1993) wissen, dass ihre Intensität während der Nacheiszeit mit immer jüngerem Alter und geringerwerdender Meereshöhe abnimmt. Die Alter der Wacholderholzfunde und der Klimarückschläge stimmen zeitlich mit der Piora-Kaltphase II überein. Letztere wies eine stärkere Intensität auf als die nächst jüngere Löbbenkaltphase. Bisher fanden sich noch keine vegetations- und klimageschichtlichen Hinweise aus dem Umkreis des Zürichsees zur Löbbenkaltphase (HUFSCHMID, 1983).

Die Erlenholzfunde am Adlisberg deuten auf lokal feuchte Verhältnisse hin. Die Erlen dürften nicht primär in als Klimaxgesellschaft zu erwartenden Buchen- und Eichenwäldern, wohl aber in Auenwäldern oder – besonders am Adlisberg – in Bachrunsen gestockt haben.

Die Sterbealter der Erlenholzfunde fallen in die Zeit der Göschener-Kaltphase II. Trotzdem dürften sie nicht nur klimatisch zu erklären sein, denn die menschlichen Aktivitäten im frühen Mittelalter haben bei der Hangabtragung, der anschliessenden Verfrachtung und Einbettung der Erlenhölzer am heutigen Fundort wohl einen Einfluss gehabt (BURGA, 1988).

Literatur

BURGA, C. A., 1979: Postglaziale Klimaschwankungen in Pollendiagrammen der Schweiz. Viertelj.schr. N.G. Zürich 124/3, 265–283.
BURGA, C. A., 1988: Swiss vegetation history during the last 18000 years. New Phytol 110, 581–602.
BURGA, C. A., 1993: Pollen analytical evidence of Holocene climatic fluctuations in the European Central Alps. In: Frenzel, B. (Ed.): Oscillations of the alpine and polar tree limits in the Holocene. European Palaeoclimate and Man 4, 163–174.
HOLZHAUSER, H., 1985: Gletscher- und Klimageschichte seit dem Hochmittelalter. Geogr. Helv., Nr. 4, 40.
HOLZHAUSER, H., 1995: Gletscherschwankungen innerhalb der letzten 3200 Jahre am Beispiel des Grossen Aletsch- und des Gornergletschers. Neue Ergebnisse. In: Gletscher im ständigen Wandel. Publikationen der Schweizerischen Akademie der Naturwissenschaften (SANW/ASSN), Bd. 6, 101–122.
HUFSCHMID, N., 1983: Pollenanalytische Untersuchungen zur postglazialen Vegetationsgeschichte rund um den Zürichsee anhand von anthropogen unbeeinflussten Moor- und Seesedimenten. Diss. Uni. Basel.
KAISER; N. F. J., 1979: Ein späteiszeitlicher Wald im Dättnau bei Winterthur/Schweiz. Diss. Uni Zürich. Ziegler Druck&Verlags AG, Winterthur.

KAISER, K. F. & EICHER, U., 1987: Fossil pollen molluscs, and stable isotopes in the Dättnau valley, Switzerland. Boreas Vol. 16, Oslo, 293-303.
KAISER, K. F., 1993: Beiträge zur Klimageschichte vom ausgehenden Hochglazial bis ins frühe Holozän, rekonstruiert mit Jahrringen und Molluskenschalen aus verschiedenen Vereisungsgebieten. Habilitationsschrift Uni. Zürich, Ziegler Druck&Verlags AG, Winterthur.
KROMER, B. & BECKER, B., 1993: German oak and pine, 7200–9439 BC, Radiocarbon 35/1.
RÖSCH, M., 1983: Geschichte der Nussbaumerseen (Kt. Thurgau) und ihrer Umgebung seit dem Ausgang der letzten Eiszeit aufgrund quartärbotanischer, stratigraphischer und sedimentologischer Untersuchungen. Mitt. der Thurgauischen Naturforsch. Ges. 45.
WAGNER, G. A., 1995: Altersbestimmung von jungen Gesteinen und Artefakten. Enke Verlag.
WICK, L., 1988: Palynologische Untersuchungen zur spät- und postglazialen Vegetationsgeschichte am Greifensee bei Zürich (Mittelland). Dipl.arbeit Uni. Bern.

Persönlich

Nachdem vor mehr als fünfundzwanzig Jahren Bruno und ich, jeder als «Hausberufung», mit einer Geographieprofessur betraut worden waren, trafen wir uns jedes Semester einmal zwischen Bern und Zürich. Es ging uns um die Hebung des Ansehens unseres Faches in der Öffentlichkeit und an der Universität. Auch Sorgen und Nöte kamen zur Sprache. Für die daraus entstandene Freundschaft bin ich dankbar – sie brachte viel Licht in die Einsamkeit eines Professors, besonders als wir die Verantwortung für «unsere Institute» trugen. Die erste Begegnung zwischen uns fand Ende der 60er Jahre in Zürich statt: Bruno sprach über morphologische Probleme mediterraner Hochgebirge.

Prof. Dr. Gerhard Furrer, im Ruhestand, Leisibühl 45, 8044 Gockhausen

Häufig, selten oder nie

Zur Wiederkehrperiode der grossräumigen Überschwemmungen im Schweizer Alpenraum seit 1500

Christian Pfister

1. Einleitung

Klimaveränderungen werden von den Medien mit Vorliebe an Naturkatastrophen aufgehängt. Zeit-Zeichen im Rauschen des alpinen Klimas setzten in den letzten Jahren die Überschwemmungen: Am 23. August 1987 zerriss die wütende Reuss den Schienenstrang der Gotthardbahn im Urnerland und setzte die Ebene südlich von Flüelen unter Wasser. Am 24. September 1993 verschüttete die entfesselte Saltina das Stadtzentrum von Brig. Zwölf Tage später drangen die Fluten des Lago Maggiore ins Zentrum von Locarno vor, und im Piemont standen am 6. November 1994 Dörfer und Städte im trüben Wasser.

Schrecken und Not, die mit solchen Naturkatastrophen verbunden sind, bleiben den Betroffenen lebenslang in Erinnerung. Sie werden zu einem Teil ihrer Biographie. Naturkatastrophen werden auch zu einem Element des kollektiven Bewusstseins, indem die Erinnerung daran in Schrift und Bild festgehalten und in Form von Geschichte und Geschichten an Kinder und Kindeskinder weitergegeben wird.

In vergangenen Jahrhunderten war dies nicht anders. Je extremer und aussergewöhnlicher eine Naturkatastrophe, desto zahlreicher und ausführlicher sind die Berichte darüber. Wer sich die Mühe nimmt, solche Belege systematisch zu sammeln und zu ordnen, erhält mit der Zeit einen relativ vollständigen Überblick über Häufigkeit und Bandbreite der betreffenden Phänomene. Anhand eines solchen Daten-Puzzles soll der Frage nachgegangen werden, ob die oben erwähnte Häufung von Überschwemmungen im letzten Jahrzehnt noch in der natürlichen Bandbreite des Klimas liegt. Ins Puzzle eingeordnet werden die Daten von grossräumigen Überschwemmungen im zentralen und südlichen Alpenraum sowie von Hochständen des Lago Maggiore in den letzten fünfhundert Jahren.

2. Quellen und Daten

Chronikalische Berichte aus dem Alpenraum sind bis ins späte 18. Jahrhundert in orts- und landeskundlichen Monographien sowie in älterer Fachliteratur enthalten. Da die Verfasser von Ortsgeschichten in der Regel auf Abschriften zurückgegriffen haben, ist mit Fehlern in der Datierung zu rechnen, besonders in den Jahresangaben. In der Presse werden Naturkatastrophen vom 18. Jahrhundert an erwähnt. Die extremen Überschwemmungen des 19. Jahrhunderts sind in der Regel durch Berichte von Experten dokumentiert, die die Schadengebiete besichtigten oder die Unwetter als Augenzeugen miterlebt hatten.

Solche in Archiven aufbewahrten handschriftlichen Dossiers sprechen den Umfang der Schäden an, äussern sich zur Verteilung von Hilfsgeldern und Kollekten und diskutieren Massnahmen zur Verbesserung des Hochwasserschutzes. Berichte über Schadenereignisse des 19. und 20. Jahrhunderts haben erstmals LANZ-STAUFFER und ROMMEL (1936) systematisch zusammengetragen. Für die Kantone Uri, Wallis, Tessin und Graubünden hat HÄCHLER (1991) rund 1900 Schadenmeldungen aus 300 Quellen zusammengestellt. RÖTHLISBERGER (1991) hat die Methodik Hächlers übernommen; doch unterscheidet er nicht zwischen zeitgenössischen und nicht zeitgenössischen Quellen.

Die Berichte über extreme Hochwasser im Alpenraum sind für die Periode vor dem 18. Jahrhundert selten zeitgenössisch. Die einzelnen Belege lassen sich nicht oder nur mit unverhältnismässigem Aufwand quellenkritisch überprüfen, da sie – sofern sie nicht verschollen sind – meist nur in schwer zugänglichen Lokalarchiven eingesehen werden können.

Als Kriterium für die Quellenkritik kann jedoch die räumliche Kohärenz zwischen den einzelnen Schadenmeldungen herangezogen werden. Anhand der jüngsten Untersuchungen ist deutlich geworden, dass der Schadenperimeter extremer Ereignisse nicht nur das Gebiet mehrerer Kantone umfasst (BUNDESAMT FÜR WASSERWIRTSCHAFT, 1991), sondern darüber hinausreicht und grenzüberschreitenden Charakter trägt (BALLARINI et al., 1993; BLANCHET et al., 1993). Sofern die zeitlichen Schadenmeldungen aus verschiedenen aneinandergrenzenden Tälern zeitlich übereinstimmen (Tab. 1), dürfen wir annehmen, dass sie richtig datiert sind.

Tab. 1: Zahl der übereinstimmenden Meldungen von Überschwemmungen aus angrenzenden Kantonen in den Monaten August bis November 1500–1994

	Wallis	Tessin	Graubünden	N total
Uri/Glarus	12	13	11	34
Wallis:		10	9	21
Tessin:			13	29
Graubünden				25

Manche Chronisten versuchten, die Grössenordnung von Überschwemmungen quantitativ zu fassen – etwa durch Verweis auf Merkpunkte wie steinerne Brücken und Häuser. Zur Dokumentation extremer Ereignisse wurden vom 16. Jahrhundert an Hochwassermarken an öffentlichen und privaten Gebäuden angebracht. Durch Vergleich mit Fixpunkten des Präzisionsnivellements lassen sich solche Hochwassermarken in absolute Höhenangaben umrechnen, was eine genauere Dimensionierung der betreffenden Ereignisse erlaubt (MOSER, 1986; AMBROSETTI et al., 1994).

Eine instrumentelle Weiterentwicklung der Hochwassermarken stellen die Pegel dar. Die Hochstände des Lago Maggiore sind bis 1829 durch Pegelmessungen im italienischen Sesto Calende kontinuierlich dokumentiert. Die Grössenordnung älterer Ereignisse ist auf Grund von Hochwassermarken und Berichten rekonstruiert worden (AMBROSETTI et al., 1994).

Der Lago Maggiore reagiert aus zwei Gründen sehr sensibel auf extreme Niederschlagsereignisse in seinem Einzugsgebiet: Einmal öffnet sich dieses auf Grund der topographischen Gegebenheiten nach Süden und Südwesten, wodurch warmfeuchte mediterrane Luftmassen leicht eindringen können. Im weiteren ist das Einzugsgebiet im Verhältnis zur Oberfläche des Sees mit 31:1 bemerkenswert gross (AMBROSETTI et al., 1994). Die Hochwasser des Lago Maggiore fallen meistens in die Spätsommer- und Herbstmonate.

3. Brig und der Lago Maggiore, September/Oktober 1993

Um die atmosphärischen Prozesse zu erläutern, die im Spätsommer und Frühherbst grossräumige und hochwasserträchtige Dauerniederschläge auslösen, soll kurz auf die Hochwasser vom September/Oktober 1993 eingegangen werden. Auf dieser Grundlage werden anschliessend historische Fallbeispiele erläutert, die die räumliche Bandbreite der möglichen Niederschlags- und Schadenschwerpunkte aufzeigen und die bezüglich Grössenordnung von Niederschlag und Abfluss in den hauptsächlich betroffenen Gebieten innerhalb der letzten fünfhundert Jahre einmaligen Charakter tragen.

Die Überschwemmungskatastrophe vom Herbst 1993 betraf ein Gebiet, das von der Provence bis zum Lago Maggiore und von Lyon bis Ligurien reichte (*NIMBUS*, 1993).

Am 19. bis 22. September 1993 verlagerte sich eine sehr tiefe Depression von Irland nach Osten und traf auf dem Kontinent auf die warm-trockene Luftmasse eines Hochdruckgebiets mit Kern über dem Balkan. Südlich der Alpen bildete sich

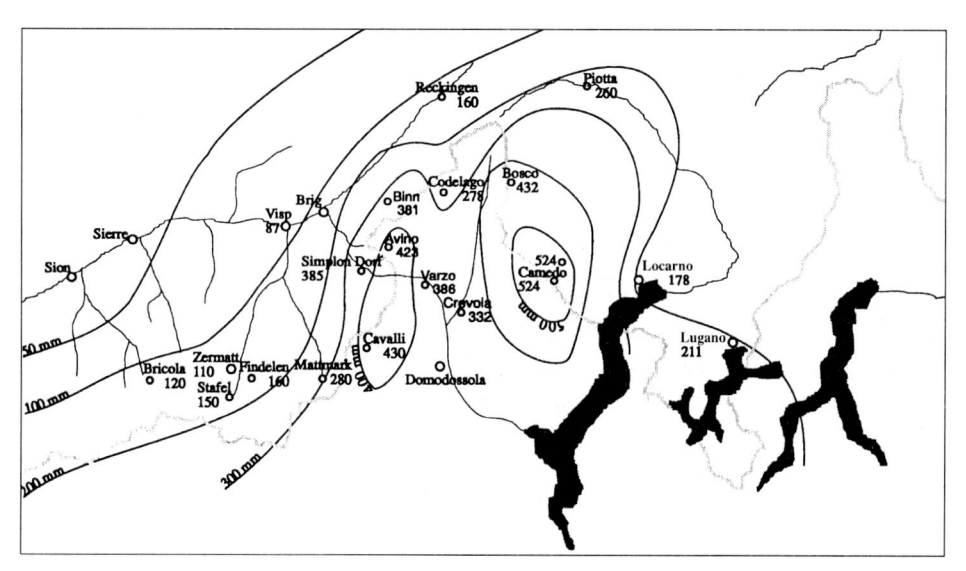

Abb. 1: Räumliche Verteilung der Niederschläge vom 22.-25. September 1993. (Bonvin, 1993)

ein Sekundärtief. Die Temperatur des Mittelmeers lag um diese Zeit noch nahe bei den sommerlichen Maximalwerten, so dass auf der Vorderseite der Störung grosse Mengen feucht-warmer Luft mit stürmischen süd-südwestlichen Winden gegen die Alpen verfrachtet und durch frontale und orographische Aufgleitprozesse freigesetzt wurden (PANGALLO, 1993; BONVIN, 1993). Der Wirbel wurde durch das weiter östlich liegende Hochdruckgebiet abgebremst und regnete sich im Raume Piemont–Val d'Ossola–Simplon aus.

Die grössten Niederschlagsmengen in diesem Zeitraum fielen beidseits des Val d'Ossola. Die in diesen drei Tagen akkumulierten Niederschlagsmengen im Simplongebiet liegen um 5–17% über den höchsten bisher gemessenen Werten (BONVIN, 1993). In den folgenden zwei Wochen hielt die Südweststömung weiter an, was den Lago Maggiore bis zum 6. Oktober auf den höchsten Stand dieses Jahrhunderts ansteigen liess.

In der Schweiz steht der 24. September 1993 für die Katastrophe von Brig (BONVIN, 1993). Dabei darf nicht übersehen werden, dass gleichentags auch Piemont, Ligurien (LUINO, 1993) und Savoyen (BLANCHET et al., 1993) von verheerenden Überschwemmungen betroffen waren. Der Simplon, die Strassentunnels durch den Grossen St. Bernhard und durch den Mont-Blanc sowie die Bahnlinie Mailand–Turin waren gesperrt. Das Aostatal war von der Umwelt abgeschnitten.

4. Die Überschwemmungskatastrophe vom September/ Oktober 1868

Der Hochstand des Lago Maggiore vom 4. Oktober 1868 übertrifft alle bisher bekannten extremen Überschwemmungen um 2 bis 3 Meter. Der Abfluss des Ticino in Pallanza wird auf 4500 m³/sec geschätzt (AMBROSETTI et al., 1994). Es handelt sich um das schwerste Ereignis dieser Art in den letzten fünfhundert Jahren.

Die meteorologische Situation, soweit sie sich aus den Informationsfragmenten rekonstruieren lässt (COAZ, 1869; ARPAGAUS, 1870; PETRASCHECK, 1989), zeigt unverkennbar Übereinstimmungen mit jener vom 23. September bis 6. Oktober 1993: Von Mitte September bis zum 4. Oktober 1868 steuerte eine kräftige Südweststömung warme und feuchte Mittelmeerluft gegen die Alpen, was von Ligurien bis Südtirol zu intensiven und andauernden Regenfällen führte. Die Beobachtungen von strichweisem Hagel deuten darauf hin, dass diese warm-feuchte Luft im Raum der Alpennordseite auf ein kaltes Tief traf.

Den vorliegenden Berichten ist zu entnehmen, dass im Verlaufe des 27. und des 28. Septembers am schweizerischen Alpensüdfuss ein Niederschlagsgebiet mit eingelagerten gewittrigen Schauern, wohl ein Sekundärtief (Lee-Zyklone), langsam vom Wallis über das nördliche Tessin nach Graubünden zog. Auf dem Gotthard wurden am 27. September 280 Liter/m², auf dem San Bernardino 213 Liter/m² gemessen. Gemessen am Mittel 1901–1960 überschritten die Niederschlagsmengen in den Herbstmonaten in Lugano und Airolo die Grössenordnung von vier Standardabweichungen. Die ausserordentliche Höhe des Lago Maggiore dürfte – wie 1993 – vor allem auf die lange Dauer der Niederschlagsperiode zurückzuführen sein.

Im Wallis wurde das Goms durch die Rhone und die Seitenbäche verwüstet. Im Unterschied zu 1987 brachen im mittleren und unteren Rhonetal die Dämme, so dass die Talebene unter Wasser gesetzt wurde. In Uri wüteten die Bäche, und die Reussebene wurde überflutet. In Graubünden wurde vor allem das Vorderrheintal und das Rheinwald heimgesucht. Im Tessin litten die untere Leventina und das Bleniotal, sowie die Magadinoebene am meisten.

5. Die Überschwemmungskatastrophe im Veltlin und im Engadin vom 24. bis 30. August 1566

Im Jahr 1566 wurde der Alpenraum von zwei extremen Überschwemmungskatastrophen heimgesucht. Im Hochsommer traf es die Alpennordseite (PFISTER, 1988), vom 24.– 30. August das Tessin, das Veltlin und das Engadin: Gegen Ende August [1566] brach über die Bündner Täler, nachdem es mehrere Tage und Nächte anhaltend bei warmer Luft über die höchsten Bergspitzen hin geregnet hatte, eine gewaltige Überschwemmung herein. «Die meisten Brücken [...] wurden weggerissen, viele Gebäulichkeiten zerstört, Wiesen und Felder überschüttet. Bormio und Bergell wurden verwüstet». Die ganze «Ebene bei Samedan (vom Flaz bis zum Hügel Sax) [d.h. in einer Breite von 500–800 m wurde] überflutet, [...] so dass die Bewohner [...] auf die nächsten Anhöhen flüchteten» (BRÜGGER, 1882). Im Tessin zerstörte die Maggia in der Gegend von Locarno Brücken und Häuser, wobei viele Menschen und Nutztiere ihr Leben verloren (HÄCHLER, 1991). Der Lago Maggiore trat über die Ufer (AMBROSETTI et al., 1994).

Die beobachteten Ursachen dieser Überschwemmung – ein mehrtägiger spätsommerlicher Dauerregen bei hochliegender Nullgradgrenze – lassen darauf schliessen, dass die atmosphärischen Prozesse mit jenen in den Herbsten 1868 und 1993 vergleichbar waren: anhaltendes Heranströmen und Aufgleiten warm-feuchter Mittelmeerluft gegen ein kaltes Tief nördlich der Alpen, wohl im Gefolge der Bildung eines Sekundärtiefs südlich der Alpen. Der Schadenschwerpunkt im Engadin und das Fehlen von Meldungen aus dem Wallis und dem Urnerland führen zur Vermutung, dass sich der Wirbel weiter östlich als 1868 und 1993, vermutlich im Raum Veltlin–Maloja, stabilisierte und ausregnete.

6. Häufigkeit von extremen Überschwemmungen im Alpenraum in den vergangenen fünfhundert Jahren

Über die letzten fünf Jahrhunderte hinweg lassen sich zwei Perioden mit niedriger Überschwemmungsdichte (1641 bis 1706; 1927 bis 1975) sowie zwei mit hoher Überschwemmungsdichte (1550 bis 1580; 1827 bis 1875) unterschieden.

6.1. Perioden geringer Überschwemmungsdichte
Zwischen 1641 und 1706, also während eines ganzen Menschenalters, blieb der gesamte zentrale Alpenraum von schweren Überschwemmungen verschont. Das völlige Fehlen einschlägiger Berichte kann nicht der Lückenhaftigkeit der Überlieferung

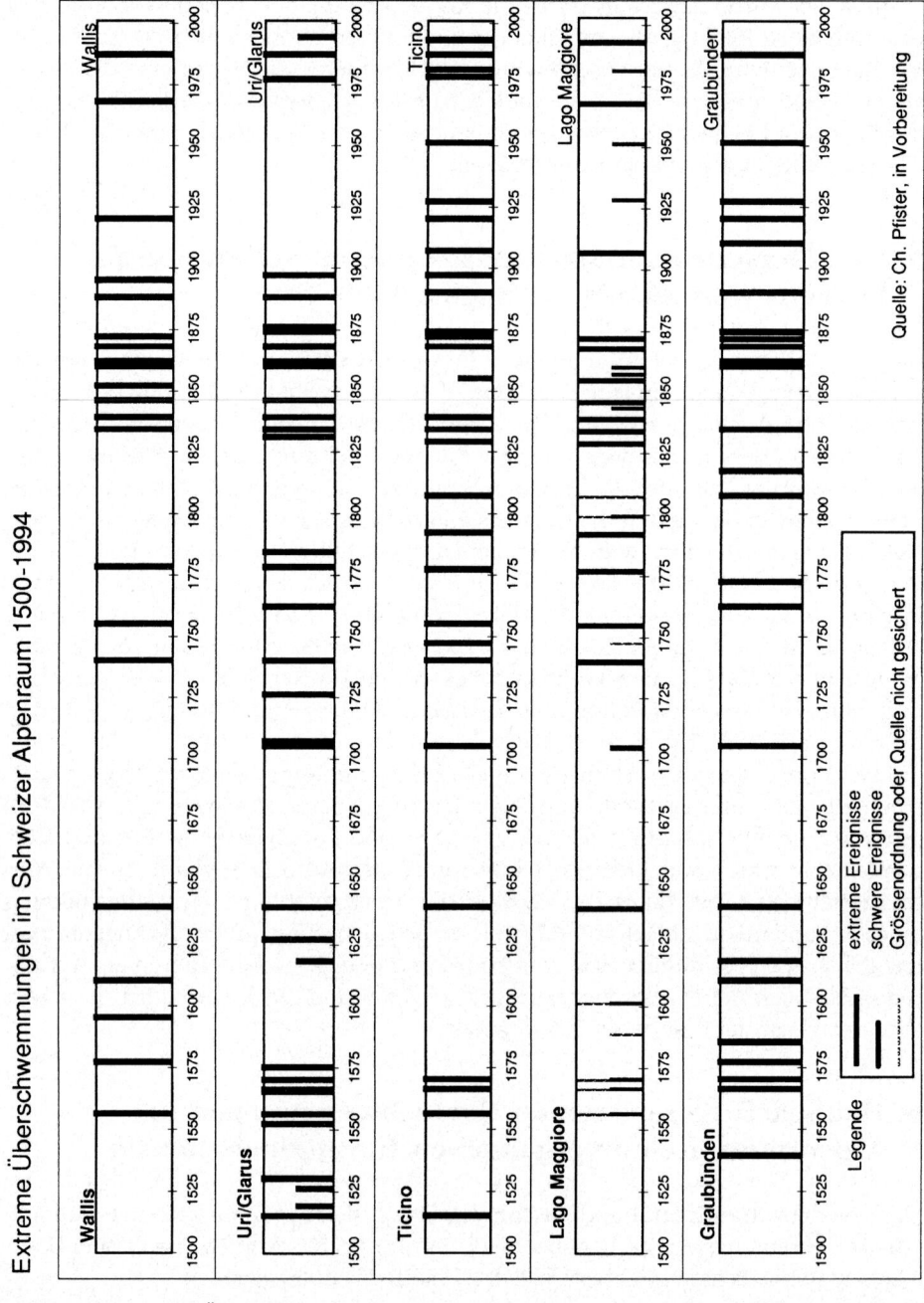

Abb. 2: Extreme Überschwemmungen in den Kantonen Wallis, Uri/Glarus, Tessin und Graubünden sowie Hochstände des Lago Maggiore in den vergangenen fünfhundert Jahren

zugeschrieben werden. Dafür ist die Zahl und Dichte der Daten in den vorangehenden Jahrzehnten zu gross und die Übereinstimmung zwischen den vier Einzugsgebieten zu offensichtlich. Dass auch der Lago Maggiore in diesen 65 Jahren nicht über die Ufer trat, erscheint auf Grund dieses Befundes plausibel.

Offensichtlich handelt es sich nicht um eine Datenlücke, sondern um eine längere Pause im Rhythmus der Überschwemmungen. Sie fällt in die Periode des sogenannten Maunder Minimums, die mit einer Zeit geringerer Sonnenaktivität gleichgesetzt wird (MÖRNER, 1994) und in der sich auch Verschiebungen der atmosphärischen Zirkulation nachweisen lassen: Berichte der Statthalter der venezianischen Besitzungen im zentralen und östlichen Mittelmeer und Bittprozessionen katalanischer Städte um sommerliche Wärme weisen auf häufige Kaltlufteinbrüche mit längeren Regenperioden in den Sommermonaten hin (GROVE & CONTERIO, 1994; VIDE & BARRIENDOS, 1995). Möglicherweise führte eine schwächere Aufheizung des Mittelmeers zu einer geringeren Niederschlagsaktivität der hochwasserbildenden herbstlichen Grosswetterlagen. Denkbar sind auch Verschiebungen in der atmosphärischen Zirkulation, wie sie für die Winter- und Frühlingsmonate nachgewiesen sind (WANNER et al., 1995). Die vorgesehene vollständige Rekonstruktion der europäischen monatlichen Grosswetterlagen in der Periode 1675–1715 im Rahmen des EU-Forschungsprojekts ADVICE dürfte dieses Problem einer Lösung näher bringen. Im weiteren wird in diesem Zusammenhang zu prüfen sein, ob sich die Überschwemmungspause von 1641–1706 auch in den nordwestitalienischen und südostfranzösischen Archiven feststellen lässt.

Die Seltenheit der Hochwasser zwischen 1927 und 1975, die besonders ausgeprägt in Uri in Erscheinung tritt, dürfte nicht zuletzt der Wirkung des 1876 verabschiedeten eidgenössischen Forstgesetzes zuzuschreiben sein, das den Wald in den Alpen unter Schutz stellte und Aufforstungen förderte, daneben wohl auch dem Bau von Speicherseen in der Zwischen- und Nachkriegszeit (LEIBUNDGUT, 1984; PFISTER & MESSERLI, 1990; SCHULER, 1993). Ob auch Verschiebungen der atmosphärischen Zirkulation mitspielten, bleibt abzuklären.

6.2. Perioden hoher Überschwemmungsdichte

Bei den überschwemmungsbelasteten historischen Perioden bietet sich jene von 1827 bis 1875 aus zwei Gründen zur genaueren Untersuchung an: Einmal liegen für den Lago Maggiore von 1829 an kontinuierliche Pegelmessungen vor, so dass Datenlücken auszuschliessen sind. Im weiteren ist die gesamte Periode durch verhältnismässig homogene Niederschlagsreihen (ab 1803 Torino, ab 1864 Lugano) abgedeckt. Der Lago Maggiore trat in der Zeit zwischen 1829 und 1872 nicht weniger als zehnmal über die Ufer, im Durchschnitt also fast in jedem vierten Jahr. Anhand der langen Niederschlagsreihe von Torino ist überprüft worden, ob sich in den beiden Fünfzigjahresperioden 1827–1876 und 1877–1926 Veränderungen des herbstlichen Niederschlagscharakters nachweisen lassen. Dazu sind die Summen der Niederschläge in den Herbstmonaten (September bis November) nach sieben Grössenklassen gegliedert worden (Abb. 3).

Aus Abb. 3 wird deutlich, dass sich das herbstliche Niederschlagsgeschehen in den beiden Perioden deutlich unterscheidet. Zwischen 1827 und 1876 waren sehr trockene Herbste mit <150 mm Niederschlag wesentlich seltener, extrem nasse, hoch-

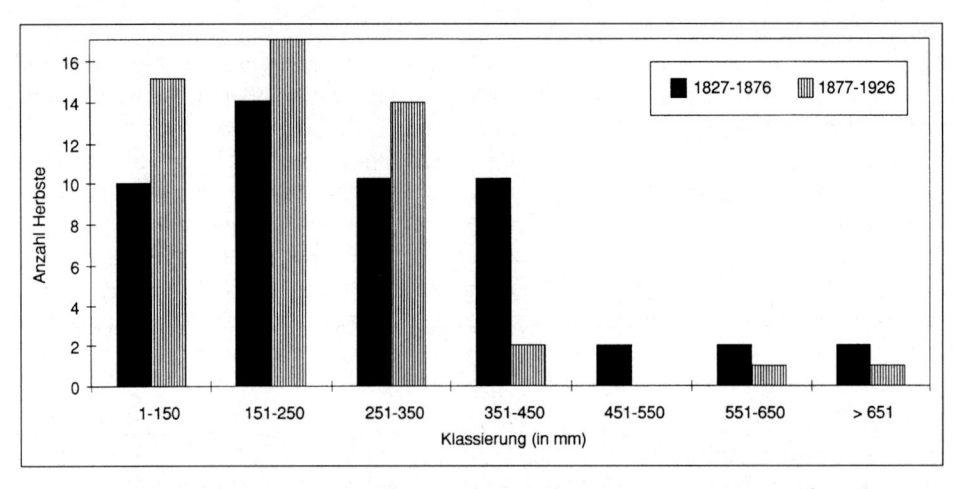

Abb. 3: Niederschläge im Herbst (Sept.,Okt.,Nov.) in Torino 1827–1876 und 1877–1926 nach Grössenklassen. Angegeben ist die Zahl der Herbste pro Grössenklasse. Daten: Biancotti & Mercalli, 1991.

wasserträchtige Herbste mit Niederschlagssummen von >351 mm dagegen fast viermal häufiger als zwischen 1877 und 1926. Insgesamt lagen die herbstlichen Niederschläge in der ersten Fünfzigjahresperiode um 31% höher als in der zweiten. Was die Ursachen dieser Veränderung betrifft, sind Ergebnisse von der Analyse der europäischen Wetterlagen in der Periode 1780–1860 im Rahmen des EU-Projekts ADVICE zu erwarten.

7. Fazit

Abschliessend sei kurz auf die Bedeutung dieser Ergebnisse für die laufende Diskussion über Naturkatastrophen und Treibhauseffekt hingewiesen. Aussagen über die Zunahme der Häufigkeit von Naturkatastrophen in den letzten Jahrzehnten stützen sich oft auf relativ kurze Zeitreihen, die der grossen natürlichen Variabilität nicht genügend Rechnung tragen. Es ist gezeigt worden, dass unter natürlichen Klimabedingungen mit einer erheblichen Schwankung in der Häufigkeit der extremen spätsommerlichen und herbstlichen Hochwasser im zeitlichen Bereich von mehreren Jahrzehnten zu rechnen ist. Dies scheint auch für die Häufigkeit der verursachenden Niederschlagsanomalien zu gelten.

Naturkatastrophen können anscheinend auch durch natürliche Variation der klimatischen Disposition über längere Zeit hinweg in dichterer Folge eintreten oder seltener werden. Dies macht die Aufgabe nicht einfacher, anthropogene Zeit-Zeichen im Rauschen der natürlichen Variabilität zu erkennen. Noch schwieriger ist es, eine nur noch mit Sensationsmeldungen sensibilisierbare Bevölkerung davon zu überzeugen, dass weniger eine Häufung von medienträchtigen Naturkatastrophen als vielmehr schleichende Prozesse wie der Rückzug des Schnees aus den Niederungen gültige Indizien für die Wirksamkeit anthropogener Einflüsse auf das Klima darstellen.

Literatur

G. DI NAPOLI und L. MERCALLI sei für die Zurverfügungstellung der Niederschlagsreihe von Torino 1803–1994 gedankt.

AMBROSETTI, W.; BARBANTI, L.; DE BERNARDI, R.; LIBERA, V.; ROLLA, A., 1994: La piena del Lago Maggiore nell' Autunno 1993 – Un evento di portata secolare, Documenta dell'Istituto Italiano di Idrobiologia 45, Verbania Pallanza.

ARPAGAUS, J., 1870: Das Hochwasser des Jahres 1868, mit besonderer Berücksichtigung des Kantons Graubünden, Chur.

BALLARINI, A.; BONELLI, P.; FERRARI, P.; FOSSA, W., 1993: Caratteri pluviometrici di sett. -ott. 1993 sulle Alpi Occidentali, in: NIMBUS, 2/1993, S. 28–31, Torino.

BIANCOTTI, A., MERCALLI L., 1991: Variazioni climatiche nell'Italia nord-occidentale. Mem Soc. Geogr. It. Roma 46: S. 385–408.

BLANCHET, G.; MERCALLI, L.; PELLEGRINO, L.; SPANNA, F., 1993: Crues du 24 septembre 1993 en Valais, in: NIMBUS, 2/1993, S. 31–35, Torino.

BONVIN, J. -M., 1993: Effetti dell'evento pluviometrico del 23–24 settembre 1993 nell'Italia nord-occidentale, in: NIMBUS, 2/1993, S. 35–50, Torino.

BRÜGGER, C., 1882/1888: Beiträge zur Natur-Chronik der Schweiz, insbesondere der Rhätischen Alpen, 6 Bde., Chur.

BUNDESAMT FÜR WASSERWIRTSCHAFT, 1991: Ursachenanalyse der Hochwasser 1987 – Ergebnisse der Untersuchungen, in: Mitteilungen des Bundesamtes für Wasserwirtschaft 4/1991, Bern.

COAZ, J. W., 1869: Die Hochwasser im September und Oktober 1868 im bündnerischen Rheingebiet – vom naturwissenschaftlichen und hydrotechnisch-forstlichen Standpunkt betrachtet. Leipzig.

EIDG. AMT FÜR STRASSEN- UND FLUSSBAU, 1974: Die grössten bis zum Jahre 1969 beobachteten Abflussmengen von schweizerischen Gewässern, hrsg. vom Eidg. Amt für Strassen- und Flussbau. Bern.

FOREL, F. A., 1892–1902: Le Léman – Monographie limnologique, 3 Bde., Lausanne.

GREBNER, D. & RICHTER, K. G., 1991: Gebietsniederschlag – Ereignisanalysen 1987 und Abhängigkeitscharakteristiken – Zusammenfassung des Berichts für das Programm «Ursachenanalyse der Hochwasser 1987» im Auftrag des BWW, Zürich.

GROVE, J. M. & CONTERIO, A., 1994: Climate in the eastern and central Mediterranean, 1675 to 1715, in: FRENZEL, B., PFISTER, C., GLAESER, B., (eds): Climatic trends and anomalies in Europe 1675–1715, S. 275–286, Stuttgart 1994.

HÄCHLER, S., 1991: Hochwasserereignisse im schweizerischen Alpenraum seit dem Spätmittelalter – Raum-zeitliche Rekonstruktion und gesellschaftliche Reaktionen, Lizenziatsarbeit in Schweizergeschichte, Bern 1991.

KOBELT, K., 1926: Die Regulierung des Bodensees – Hochwasserschutz, Kraftnutzung und Schiffahrt, hrsg. vom Eidg. Amt f. Wasserwirtschaft, Bern.

LANZ-STAUFFER, H., ROMMEL, C., 1936: Elementarschäden und Versicherung. Studie des Rückversicherungsverbandes kantonal-schweizerischer Feuerversicherungsgesellschaften zur Förderung der Elementarschadenversicherung. 2 Bde., Bern.

LEIBUNDGUT C., 1984: Hydrological potential changes and stresses. In: BRUGGER E. et.al.: The Transformation of Swiss Mountain Regions, Bern: S. 167–196.

LUINO, F., 1993: L'alluvione sull'areale del Lago Maggiore nell'autunno 1993, in: NIMBUS 2/1993, S. 50–55, Torino.

MARTIN-VIDE, J., BARRIENDOS VALLVÉ, M., 1995: The use of Rogation Ceremony records in climatic reconstruction: a case study from Catalonia (Spain). In: Climatic Change 30, 201–221.

MÖRNER, N. A., 1994: The Maunder Minimum, in: FRENZEL B., PFISTER, C., GLAESER, B. (eds): Climatic trends and anomalies in Europe 1675–1715, S. 1–8. Stuttgart, Jena, New York 1994.

MOSER, W., 1986: Aarepegel, Meereshöhe und Hochwassermarken in der Stadt Solothurn, in: Jurablatt 48/1986, S. 157–169.

PANGALLO, E., 1993: Anomalie climatiche nei mesi di settembre e ottobre 1993, in: NIMBUS 2/1993, S. 26–28, Torino.

PETRASCHECK, A., 1989: Die Hochwasser 1868 und 1987 – Ein Vergleich, in: Wasser, Energie, Luft, Jg. 81, 1–3/1989, S. 1–8, Baden.

PFISTER, C., 1988: Das Klima der Schweiz von 1525 bis 1863 und seine Bedeutung in der Geschichte von Bevölkerung und Landwirtschaft, 2 Bde, 3. Aufl., Bern.

PFISTER, C. & MESSERLI, P., 1990: Switzerland. In: TURNER B. L. et al.: The Earth as Transformed by Human Action. Cambridge. S. 641–652.

RÖTHLISBERGER, G., 1991: Chronik der Unwetterschäden in der Schweiz. Berichte der Eidg. Forschungsanstalt für Wald, Schnee und Landschaft WSL/FNP 330, Birmensdorf.

SCHULER, A., 1993: Das Prinzip der Nachhaltigkeit und der Aufbau der schweizerischen Forstwirtschaft. In: Schweiz. Z. f. Forstwesen 144/4: 263–270.

WANNER, H., PFISTER, C., BRAZDIL, R., FRICH, P., FRYDENDAHL, K., JONSSON, T., KINGTON, J., LAMB, H.H., ROSENORN, S. and WISHMAN, E., 1995: European Circulation Patterns During the Late Maunder Minimum Cooling Period (1675–1704). In: Theoretical and Applied Climatology, 51, 167–175.

Persönlich

Ich habe Bruno 1963 als begeisternden und dynamischen Lektor am Geographischen Institut Bern kennengelernt. 1969 hat er mich in sein Assistententeam aufgenommen. Von allen meinen akademischen Lehrern hat mir Bruno am meisten mitgegeben. Persönlich war er mir Vorbild und Freund. Wissenschaftlich hat er mir den Blick geöffnet für die mannigfachen Beziehungen zwischen den Fächern. Beeindruckt hat mich seine Gabe, Menschen zu motivieren und zu führen.

Prof. Dr. Christian Pfister, *1944 in Bern, 1963–70 Studium in Bern, 1974 Dr. phil. hist., 1982 PD f. Wirtschafts- und Sozialgeschichte, 1988 a.o. Prof. am Historischen Institut der Universität Bern.

Die Gletscherzeichnungen Samuel Birmanns aus den Jahren 1814–1835

Heinz J. Zumbühl

1. Der Künstler Samuel Birmann

Ziel der folgenden Ausführungen ist es, eine erste, keineswegs auf Vollständigkeit hin ausgerichtete Würdigung der Gletscheransichten des Basler Landschaftsmalers und -zeichners Samuel Birmann – er gilt als der bedeutendste Schweizer Romantiker der topographischen Landschaftskunst – vorzunehmen.

Für seinen Lebenslauf sollen nur die für unser Thema wichtigsten Stationen erwähnt werden (vgl. für mehr Details v.a. BOERLIN-BRODBECK, 1991: 8–10).

Samuel Birmann (Abb.1) wurde am 11. August 1793 als Sohn des Landschaftsmalers, -zeichners und Kunsthändlers Peter Birmann (1758–1844) in Basel geboren. Während seiner Ausbildungszeit befreundete er sich mit Peter Merian (1795–1883), dem späteren Geologen, Professor der Physik, Mitbegründer der Schweizerischen Naturforschenden Gesellschaft und Rektor der Universität Basel.

Im Sommer 1810 reisten Birmann und Merian erstmals in die Alpen, d.h. von Bern via Lenk über den Sanetschpass ins Wallis. Nach der spätestens 1811 aufgenommenen Tätigkeit Birmanns im väterlichen Atelier und Geschäft wurden die sommerlichen Reisen bald zur Tradition, so 1814 nach Graubünden (vgl. die Naturstudie des Cambrenagletschers, Abb. 2) und durch das Veltlin an den Comersee. Im Herbst 1815 reiste Birmann zusammen mit seinen Künstlerkollegen F. Salathé (1793–1853) und J.C. Bischoff (1793–1825) nach einer ausgedehnten Wanderung durch das Berner

Abb. 1: S. Amsler (1791–1849): Der 24jährige Samuel Birmann in Rom. Bezeichnet unten Mitte: «Birrmann aus Basel. Maler», signiert unten rechts: «S. Amsler Rom 1817». Bleistift 18,2 x 13,0 cm. Kunstmuseum Basel, Kupferstichkabinett Inv.1924.12.

Oberland (dabei entstanden die ersten Skizzen der beiden Grindelwaldgletscher) nach Rom. Dieser Italienaufenthalt, bei dem im Frühjahr 1817 auch der Ostteil von Sizilien bereist wurde, dauerte bis in den Herbst 1817 (ESCH, A. und D., 1986: 151–166). Vier Jahre später, im Winter 1821/22, weilte Birmann erneut im Ausland, diesmal beim Neuenburger Verleger J.F. Osterwald in Paris, bei dem eine ganze Gruppe von Schweizer Künstlern vor allem an der Ausgabe des «Voyage pittoresque en Sicilie» beschäftigt waren. Spätestens vom Jahr 1819 an weilte Birmann praktisch jeden Sommer in den Alpen. Besonders ergiebig für unser Thema waren dabei v.a. die Jahre 1822–1827 (Tab. 1). Ab 1826 besass er eine eigene Sommerwohnung in Wilderswil, so dass nun die leicht erreichbaren Sehenswürdigkeiten im Berner Oberland im Mittelpunkt des Interesses standen.

Aus der reichen Ausbeute seiner Alpenreisen legte Birmann die beiden Aquatinta-Publikationen «Souvenirs de la Vallée de Chamonix» (1826 erschienen) und «Souvenir de l'Oberland Bernois» (ohne Jahr, evtl. 1827) vor. Von 1828/29 an geht die Zahl der Studien nach der Natur in den Skizzenbüchern und Einzelblättern zahlenmässig zurück, dafür erhalten Landschaftschaftskompositionen vermehrtes Gewicht. Gleichzeitig begann Birmann eine hektische Geschäftstätigkeit (er beteiligte sich an den damals hochaktuellen Eisenbahnspekulationen, so gehörte er auch zu den Mitbegründern der schweizerischen Nordbahn) und unternahm zahlreiche, z.T. damit zusammenhängende Reisen. Ein bereits 1836 registriertes manisch-depressives Leiden führte Birmann am 27. September 1847 im Garten seines Hauses am Spalentor in den Freitod.

2. Die Gletscherzeichnungen von Samuel Birmann

Der künstlerische Nachlass Birmanns befindet sich im Kupferstichkabinett des Basler Kunstmuseums und ist zum grossen Teil noch unbearbeitet und unpubliziert und damit auch nur einem kleinen Kreis von Interessierten bekannt. Er umfasst vor allem Zeichnungen und Aquarelle, konkret «1745 Studienblätter, 26 Panoramen und 7 Gemälde (zudem eine unbekannte Anzahl in Familienbesitz verbleibender Werke)» (WEBER, 1984: 122). «Es ist das Oeuvre eines romantischen Zeichners, wie es in dieser Konsequenz und Geschlossenheit (was allerdings auch Eingleisigkeit heisst) in der Schweizerischen Kunstlandschaft dieser Zeit sonst nicht mehr vorkommt» schreibt die zur Zeit wohl beste Kennerin Birmanns, Frau Dr. Y. BOERLIN-BRODBECK (1991: 6).

Diese Aussage gilt in übertragenem Sinne ebenfalls für die bezüglich Zahl und topographischer Qualität einzigartigen Gletscherzeichnungen Birmanns. Qualitativ ähnlich reiche Werke von Gletscheransichten finden wir nur noch bei Caspar Wolf (1735–1783), Jean Antoine Linck (1766–1843) für das Montblancgebiet sowie Thomas Ender (1793–1875) für die Ostalpen.

Eine erste, unvollständige Durchsicht der Birmann-Zeichnungen ergab 99 Gletscheransichten (Tab. 1), die in den Jahren 1814 bis 1835 entstanden sind. Rund zwei Drittel dieser Ansichten (Gesamt- oder Detail-Naturstudien, Panoramen und komponierte Landschaften auf grossformatigen Blättern oder in Skizzenbüchern) sind für unser Thema besonders wichtig. Topographisch reichen die Ansichten vom Bünd-

Tab. 1: Gletscherzeichnungen von Samuel Birmann aus den Jahren 1814 bis 1835 im Kupferstichkabinett des Kunstmuseums Basel.

Gletscher	Jahr	Naturstudien	Atelierstudien	Graphische Blätter	Gletscheraktivität
Cambrenagletscher	1814	■			+ (?)
Unterer Grindelwaldgletscher	1815	■			→
Oberer Grindelwaldgletscher	1815	■		▨	
Kandergletscher	1820	■			+
Paradiesgletscher (Rheinwaldgletscher)	1821	■			
Breithorngletscher	1822	2■ 3▨			+
Vorderer Schmadrigletscher	1822				+
Mer de Glace/Glacier de Bois	1823	4■ ▢ ▲	▢	5▨	+ + (1820)
Glacier des Bossons	1823	■ ▢ ▢ ▲	▢	2▨ ▮	+
Glacier d'Argentière	1823	■ ▢			+
Unteraargletscher	1824	▢ ▢			→
Oberaargletscher	1824				
Rhonegletscher	1824	■ ▢ ▢ ▨			+ ← (1818)
Aletschgletscher	1824	▢ ▢			→
Geltengletscher	1825	■			+
Rezligletscher	1825	▢ ▨			+
Gornergletscher	1825	■ ▢			+ →
Findelengletscher	1825	▲			
Furggletscher	1825	■			
Belvederegletscher	1825	▢			
Unterer Grindelwaldgletscher	1826	4■ 2▢ 6▲ ▨	8▨	2▨	+ (←)(1820/22)
Oberer Grindelwaldgletscher	1826	4■ ▢ ▲ ▨	▨		+ + (1822)
Breithorngletscher	1827	■			+
Vorderer Schmadrigletscher	1827	▢			
Rosenlauigletscher	1827				+ + (1824)
Rosenlauigletscher	1828	■ ▲ ▨	▨	▨	+ + (1824)
Rosenlauigletscher (z. T. komponierte Landschaft)	1829		2●		
Komponierte Landschaften (v. a. Unterer Grindelwaldgletscher [1826],	1828		◐		
Geltengletscher [1825])	1829		2●	▨	
Rezligletscher	1835	2■ ▢			+

Legende:

■ Naturstudie (bildmässig), Bleistift, Feder, Aquarell (Einzelblatt oder in Skizzenbuch)

▢ Naturstudie (skizzenartig), Bleistift, Feder, Aquarell (z. T. Einzelblatt, v. a. in Skizzenbuch)

▭ Panorama mit Gletscher (Ausschnitt), Bleistift, Feder, Aquarell (bei Atelierstudie Vorlage für Lithographie)

▲ Naturstudie (Detailstudie eines Gletscherphänomens, z. B. Sérac), Bleistift, Feder, Aquarell

▨ Naturstudie, Bleistift, Feder, z. T. Aquarell, Deckweiss

● Komponierte Hochgebirgslandschaft (bildmässig), Bleistift, Feder, Aquarell, z. T. Deckweiss

◐ Komponierte Hochgebirgslandschaft (Vorstudie unvollendet), Bleistift, Feder, Aquarell

▨ Aquatinta

▮ Lithographie

+ Hochstand (je nach Beispiel mit Jahresangabe)

++ Hochstand (mit grösster Ausdehnung im 19.Jh.)

→ Vorstoss

← Rückzug/abschmelzen

Die Zusammenstellung umfasst nur eindeutig lokalisierbare Talgletscher und erhebt keinen Anspruch auf Vollständigkeit.

© H. J. Zumbühl 1996

nerland bis ins Montblancgebiet. Besonders gut vertreten ist das Berner Oberland mit einem Schwergewicht bei den beiden Grindelwaldgletschern (rund ein Drittel der Studien, ZUMBÜHL 1980). Zahlenmässig und qualitativ bilden die Eisansichten aus den Jahren 1822–1827 einen Höhepunkt.

2.1. Eine frühe Naturstudie des Cambrenagletschers 1814

Seine vermutlich erste (bisher bekannte) Gletscherdarstellung hat der damals 21jährige Birmann im September 1814 auf einer Reise an den Comersee am Zungenende des Cambrena-Gletschers westlich des Berninapasses (Abb. 2), d.h. an einem leicht zugänglichen Ort, angefertigt. Beim Cambrena-Gletscher handelt es sich um einen NE exponierten, zirka 1,9 km (1973) langen Kargletscher (MAISCH, 1992: C93/09, klassifiziert ihn als Gebirgsgletscher), der aus dem Kar des 3603 m hohen Piz Cambrena Richtung Lago Bianco bzw. Berninapass fliesst. Birmann hat auf dem relativ kleinformatigen Blatt die dunkel- bis blaugraue und weisse, relativ flach nach links auskeilende Eisfront und ein Gletschertor an der rechten Bildseite mit grosser Genauigkeit aquarelliert. Knapp überragt wird die dominante Eisfront aus dieser Perspektive im Süden vom Sassalmason (links der Mitte) und dem Piz Caràl (auf der rechten Seite). Über der ganzen Szene unter einem weiten, blau-wolkigen Himmel liegt ein frühnachmittägliches, intensives Licht. Die Zeitlosigkeit des Bildes wird noch verstärkt durch das Fehlen eines menschlichen Massstabes.

Das Aquarell aus dem Jahr 1814 ist nach der aquarellierten Federzeichnung von H.C. Escher von der Linth vom 14. August 1793 (BEELER, 1977: 167, Abb. 3) die zweite bisher bekannte und damit sehr bedeutungsvolle historische Bildquelle des offenbar selten beachteten Cambrena-Gletschers. Das auskeilende, relativ flache Eiszungenende lässt keine eindeutige Interpretation der Gletscheraktivität zu; möglicherweise ist die Zungensituation unmittelbar vor dem bei vielen Alpengletschern beobachteten grossen 1820er Vorstoss abgebildet. BEELER (1977: 162, Fig. 6 und 185) nennt Hochstände beim Cambrena-Gletscher von 1780 und 1850, von einem 1820er Vorstoss ist jedoch nicht die Rede (dies möglicherweise mangels historischer Quellen oder ^{14}C-Daten).

Wenn wir heute, gut 180 Jahre nach Birmann, diesen Standort aufsuchen, erkennen wir ein neuzeitliches, wallartiges Moränensystem im Talgrund, doch die Eismassen sind um mehr als 800 m in der Länge und um 250 Höhenmeter zurückgeschmolzen (Zeitraum 1850–1973: Längenreduktion: –29.6%; Flächenreduktion: –29.9%, Volumenreduktion: –34.8%, vgl. MAISCH, 1992: C93/09).

2.2. Höhepunkte der Landschaftsdarstellung – Naturstudien des Mer de Glace von 1823

Aus den künstlerisch ergiebigsten Jahren sollen exemplarisch vier verschiedene Ansichtentypen, alle auf der Montblancreise von 1823 entstanden und das Mer de Glace oder den Glacier de Bois darstellend, eingehender diskutiert werden.

Beim Mer de Glace handelt es sich nach dem Aletschgletscher um den zweitgrössten Eisstrom der Alpen und um den grössten, längsten und bekanntesten der Westalpen (Länge: 12 km; Fläche: 38,7 km²). Dieser im Ostteil des Montblanc-Massivs gelegene Gletscher endete während der Kleinen Eiszeit wie die beiden Grindelwaldgletscher in einer tiefen Tallage auf zirka 1080 m Höhe. Da leicht zugänglich, wurde er entsprechend häufig besucht; entsprechend gross ist die Anzahl der (noch kaum ausgewerteten) historischen Bild- und Schriftquellen. Aus der bisher aufgearbeiteten neuzeitlichen Gletschergeschichte (WETTER, 1987: 217), Fig. 28 und S. 221, Karte 17) wissen wir, dass das Mer de Glace in der Kleinen Eiszeit sowohl im 17. Jahrhundert (Vorstoss ab 1580 mit Kulmination 1643/44) wie auch im 19. Jahrhundert (Vorstoss vermutlich ab zirka 1800 mit einer Kulmination 1818/21) einen maximalen Hochstand erreicht hat.

Die vier ausgewählten Birmannstudien sind aus mehreren Gründen bedeutungsvoll: Erstens zeigen sie uns den Gletscher zwei Jahre nach der grössten Ausdehnung im 19. Jahrhundert, zweitens in einer einzigartigen topographischen Genauigkeit und drittens in einer unvergleichlichen künstlerischen Qualität.

Bei dem bildmässig ausgearbeiteten, in einem Skizzenbuch zu findenden Aquarell «à la Flégère. 1823» (Abb. 3) ist in einem für Birmann charakteristischen grossen Bildwinkel (zirka 94°) die Aussicht von der Montagne de la Flégère (1877 m, zirka 800 m über dem Talboden und zirka 2 km vom Eisstrom entfernt) nach Südosten zu mit grösster topographischer Sorgfalt gezeichnet. Von dieser Stelle aus ist der prächtig geschwungene Schweif des Mer de Glace (zwischen den Aiguille Verte (4122 m) und les Drus (3754 m) links (ESE) und den Aiguilles des Grands Charmoz (3478 m) und der Aiguille du Plan (3673 m) rechts (S) am Horizont zu überblicken. Mit dunkelgrauer, blaugrauer und weisser Farbe ist die Oberfläche des Eisstromes mit seinen zahllosen Spalten und Séracs präzise und fein aquarelliert. Während im oberen Teil des Schweifes die Eismassen teilweise über die Felsen der Rochers des Mottets abstürzen, stirnt der gewaltige Eisstrom im Talgrund in unmittelbarer Nähe des Weilers Les Bois. Die Bewohner fühlten sich damals zu Recht von diesen vorstossenden Eismassen bedroht. Die dem Betrachter zugekehrte gewaltige Seitenmoräne bei Côte du Piget hat der sehr genau beobachtende Birmann mit einem helleren Grau von den dunkelgrauen Eistürmen unterschieden. Während das Mer de Glace seine Eisfront im 17. Jahrhundert (Hochstand 1643/44) Richtung WNW steuerte (Moränenwälle abgelagert NW Côte du Piget gegen Les Tines; vgl. A bei WETTER, 1987: 221, Karte 17) stiess der Gletscher im 19. Jahrhundert (Hochstand 1818/21) eher in Richtung WSW gegen Les Bois vor (vgl. B bei WETTER, 1987: 221).

Aus Sicht der Gletschergeschichte eine ideale Ergänzung zur diskutierten Studie bildet die bildhafte, aquarellierte Federzeichnung (ein grossformatiges Einzelblatt, Abb. 4) «au village des Prats/Août 1823», wo vor der Silhouette der beiden alles über-

---

Legenden zu den Seiten 154/155

Abb. 2: S. Birmann: Der Cambrena-Gletscher September 1814. Bezeichnet oben links: «Gletscher auf der Höhe des Berninapasses. S.B.f. Sept. 1814.» Bezeichnet unten rechts: «Mittagsbeleuchtung. Horizont 1'f über der Grundl.». Feder, Aquarell 19,0 x 24,9 cm. Kunstmuseum Basel, Kupferstichkabinett Inv.Bi.303.79.

Abb. 3: S. Birmann: Das Mer de Glace 1823 von der Montagne de la Flégère (1877m). Bezeichnet unten links: «à la Flégère. 1823» (sowie langer Text auf beigeklebtem Blatt links). Bleistift, Aquarell, Deckweiss: 20,6 x 47,1 cm (3 Blätter zusammen montiert). Kunstmuseum Basel, Kupferstichkabinett Inv.Bi.334.

Abb. 4: S. Birmann: Das Mer de Glace im August 1823 vom Talboden aus gesehen mit den Aiguille Verte und Grand Dru im Hintergrund. Bezeichnet unten links: «au village des Prats Août 1823», siniert unten links: «S. Birmann. F.-». Bleistift, Feder, Aquarell, Deckweiss: 44,3 x 58,9 cm. Kunstmuseum Basel, Kupferstichkabinett Inv.Bi.30.125 S.67.

Abb. 5: S. Birmann: Das Zungenende des Mer de Glace 1823. Bezeichnet oben links: «Source de l'Arveron.», bezeichnet unten links: «Chamonix. 1823», signiert oben rechts: «S.Birmann.f.». Bleistift, Aquarell, Deckweiss: 30,1 x 45,7 cm. Kunstmuseum Basel, Kupferstichkabinett Inv.Bi.30.125 S.66.

△ *Abb. 2*

Abb. 3 ▽

Abb. 4

Abb. 5

ragenden Granitobeliske Aiguille Verte und Grand Dru das Mer de Glace als gewaltige Eiskaskade in den Talgrund hinunter stösst. Mit präzisem Pinselstrich hat Birmann wiederum mit hellbeigem Grau die Seitenmoräne bei Côte du Piget (am linken Bildrand) von den hier steil aufragenden graublauen Eisséracs differenziert. Die vorliegende Naturstudie ist später von Birmann als Aquatina in den «Souvenirs de la Vallée de Chamonix» (Basel 1826) publiziert worden. Im Text zu Tafel 21 «Glaciers des Bois» sind interessante Beobachtungen zur Gletscheraktivität festgehalten: «Le glacier prend son nom du village situé à ses pieds, et qu'il a menacé déja plus d'une fois. En 1821 il s'avença jusqu'à vingt pas d'une maison du village; les habitants consternés prirent le parti d'abandonner leurs demeures; mais le glacier respecta pour cette fois ces limites, et dès lors il commença à se retirer lentement.» Es wird dann auch von einem Gletschervorstoss zu Beginn des 18. Jahrhunderts gesprochen (vermutlich ist der Hochstand von 1643/44 gemeint), der sogar die äussersten Moränen überfahren habe, wobei die Eismassen sich Richtung Les Tines ausgebreitet hätten: «Les gens du pays assurent que le glacier ne se mit en devoir de se retirer qu'après avoir été exorcisé par les prêtres.» Solche «Erklärungen» finden wir auch bei den beiden Grindelwaldgletschern (ZUMBÜHL, 1980: 24,93).

Um das Mer-de-Glace-Bild von 1823 zu vervollständigen, hat uns Birmann eine aquarellierte Federzeichnung (eine grossformatige Detailstudie auf grauem Papier, Abb. 5) aus unmittelbarer Nähe der «Source de l'Arveron» hinterlassen. Der an der Oberfläche braun bis blau kolorierte Gletscher endet in einer offensichtlich zum Stillstand gekommenen, aber immer noch steilen Eisfront mit zwei z.T. bizarr aufgespaltenen Gletschertoren. Im Begleittext zur Aquatinta (BIRMANN, 1826: Taf. Nr. 20) steht: «L'arcade de glace qui se forme à l'embouchure du glacier, sur-tout vers la fin de l'été, est une des principales merveilles de la vallée de Chamonix. Elle s'élève souvent à la hauteur de cents pieds et plus, et sa largeur est encore plus considérable. Rien n'est plus frappant que le contraste des morceaux de glace écroulés, d'une blancheur pareille à celle de la neige, avec la couleur transparente du plus beau bleu foncé et d'aigue marine de cette grotte enchantée. (...) On peut s'approcher de la voûte, on peut même y entrer si les eaux le permettent; mais ce n'est jamais sans danger. Les personnes qui veulent le tenter doivent le faire de bon matin, avant que la chaleur ait commencé à amollir les glaces.»

Um die imposante Grösse zu verdeutlichen, hat Birmann zwei Figuren vor das Gletscherphänomen gezeichnet. Auf seinen Naturstudien ist dieser menschliche Massstab eher unüblich, bei den Gletschergemälden von C. Wolf aus den 1770er Jahren jedoch die Regel. Um die herausragende Qualität der Naturstudien Birmanns zu belegen, müsste man sie eigentlich mit den früher – oder gleichzeitig – entstandenen Gouachen von J.A. Linck und den späteren Aquarellskizzen von A. Winterlin, aufgenommen zumeist an den genau gleichen Standorten, vergleichen. Dazu fehlt jedoch leider der Raum.

Ein weiteres Mal hat Birmann 1823 das Zungenende des Mer de Glace auf einer Panoramazeichnung (Bleistift, Feder, laviert, Abb. 6) vom Gipfel des Brévent (2525 m) aus abgebildet. Die grössere Entfernung lässt jedoch weniger Details erkennen als auf den vorhin besprochenen Studien.

Birmann hat zwischen 1811 und 1824 an insgesamt 20 Ausichtspunkten teilweise sehr detaillierte Panoramen angefertigt (BOERLIN-BRODBECK, 1985). Schöne Glet-

Abb. 6: S. Birmann: Das Mer de Glace vom Gipfel des Brévent (2525 m) aus gesehen (Ausschnitt aus einer Panoramazeichnung). Bezeichnet und signiert unten links: «N: 454. Samuel Birmann.ad.nat.f.au sommet du Brévent 1823.» Bleistift, Aquarell: 47,0 x 224,5 cm (Panorama aus 5 Blättern). Kunstmuseum Basel Kupferstichkabinett Inv.Bi.417.

Abb. 7: S. Birmann: Komponierte Hochgebirgslandschaft mit Sujets aus dem Unteren Grindelwaldgletscher und Geltengletscher Gebieten. Signiert unten rechts: «BIRMANN. 1829». Bleistift, Feder, Aquarell, Deckweiss: 53,9 x 43,5 cm. Kunstmuseum Basel, Kupferstichkabinett Inv.Bi.504.17.

scherdarstellungen finden wir u.a. beim grossen Sidelhornpanorama von 1824 (Unteraar- und Rhonegletscher, diskutiert bei ZUMBÜHL/HOLZHAUSER, 1988: 202,280; Oberaargletscher allgemein, AMMANN, 1978). Auf dem Bréventpanorama ist besonders die Zungenendlage des Glaciers des Bossons detailliert festgehalten. Als Kreidelithographie ist dieses Panorama später in den «Souvenirs...» (BIRMANN, 1826: Taf. 26), allerdings gegenüber der Naturzeichnung deutlich verkleinert, ebenfalls publiziert worden.

Wenn wir heute, gut 170 Jahre später, die Standorte Birmanns aufsuchen, ist, abgesehen von einem ausgedehnten Moränensystem, kaum mehr etwas vom Glacier des Bois zu sehen. Seit 1850, bzw. dem Ende der Kleinen Eiszeit, ist die Gletscherzunge um mehr als 2 km zurückgeschmolzen.

2.3. Die komponierten Hochgebirgslandschaften von 1829

Einen Höhepunkt des Schaffens Birmanns bildet eine 1829 entstandene, komponierte Hochgebirgslandschaft (Abb. 7), welche die verschiedenen Alpen- und Gletschermotive in einer phantastischen, alptraumartigen, selbstquälerischen Vision zusammenfasst. Über die Entstehung dieses wohl bekanntesten Blattes des Basler Künstlers ist mehrfach berichtet worden (ZUMBÜHL, 1980: 46/47; ZUMBÜHL et al., 1983: 48; zuletzt BOERLIN-BRODBECK, 1991: 23/24, Kat. 25, Abb. 37 u.a.). Die verschiedenen Sujets lassen sich alle bestimmten topographischen Landschaften – die Naturstudien dazu finden sich in den Skizzenbüchern – zuordnen (vgl. für die Bildquellen ZUMBÜHL, 1980: 46/47). Das ganze Bild wird aus drei hintereinander liegenden Kulissen aufgebaut. Die vorderste zeigt rechts die Zäsenbergalp (Unterer Grindelwaldgletscher) und gegen links eine Gletscherzunge mit einer dunkelgrünblauen Gletschermühle (vermutlich auf Skizzen des Unteren Grindelwaldgletschers basierend, z.B. der Naturstudie «bey dem Walchiloch..»), ein Gletschertor (des Rosenlauigletschers) sowie drei Gletschertische in unterschiedlichem Erhaltungszustand (vom Findelengletscher). Die mittlere Kulisse wird dominiert von einer breit aufgefächerten Gletscherfront, die auf einer Felsterrasse über einer gewaltigen, braungetönten Felswand mit zahlreichen weiss stiebenden Wasserfällen liegt. Dieser Hintergrund geht – leicht verändert und übersteigert – auf eine vier Jahre ältere Naturstudie des Geltengletschers, gesehen vom «rothen Thal» (Blickrichtung SE) im hinteren Lauenental mit dem Wildhorn im Hintergrund zurück (Abb. 8, Skizzenbuch Bi.340.22/23, 17. Juni 1825, Aufnahmestandort zirka 300 m SE Geltenhütte LK. zirka 592.500/135.100, Höhe zirka 2090 m; es ist nicht das Rottal im Jungfraugebiet abgebildet, wie in der Literatur auch schon vermutet wurde; BOERLIN-BRODBECK, 1991:24, Kat.Nr. 25).

Die hinterste, dritte Kulisse wird von einem von nacht- oder gewitterdunkeln Nebeln umwölkten Gebirgsstock und einem pyramidenförmigen Eisgipfel gebildet. Ob dabei das übersteigert gezeichnete Wildhorn oder das Gspaltenhorn dargestellt ist, muss offen bleiben, da bisher dazu keine eindeutig lokalisierbare Naturstudie gefunden werden konnte. Die Staffage hat Birmann begrenzt auf eine dramatische Gemsjagdszene im linken Vordergrund und eine winzige menschliche Figur im Schreckensgestus in der Mitte hinten, bei der Zäsenbergalp. «Diese visionär gesteigerte Szenerie des vom Wasserrauschen erfüllten Gletscherkessels, aus dem es scheinbar kein Entrinnen gibt... ist ein Höhepunkt von Birmanns Verbildlichung der mit

Abb. 8: S. Birmann: Geltengletscher im Rottal (Südabschluss des Lauenentales) mit dem Wildhorn am 17. Juni 1825. Bezeichnet oben rechts: «Jm rothen Thal Juni. 17. 1825», Bleistift, Aquarell, Deckweiss: 20,8 x 28,8 cm. Kunstmuseum Basel, Kupferstichkabinett Inv.Bi.340.23.

wachsender psychischer Erregung geschauten Kräfte der Natur.» (BOERLIN-BRODBECK, 1991: 24).

2.4. Eine späte Naturstudie des Rezligletschers 1835

Im August 1835 hat Birmann aus dem Gebiet der Rezlibergweid, nahe der «sibe Brünne» d.h. der Simmenquelle oberhalb der Lenk, auf einem grossformatigen Aquarell auch den Rezligletscher (Abb. 9) abgebildet. Zwischen der Sihouette des hochaufragenden Flueseehöri (2138 m) links und dem Laufbodenhorn (2701 m) rechts blicken wir in SSW-licher Richtung auf die Zunge des Rezligletschers, die in einer Kaskade von Séracs und einer Eisfront oberhalb der steilen Felswände der «Flüenen» endet. Während der Hintergrund der Federzeichnung von den gewaltigen nackten Felswänden unterhalb der Eiszunge dominiert wird, bildet eine Felsstufe mit einem Wasserfall der jungen Simme mit der Rezlibergweid und eine gegenüber heute sehr viel geringere Zahl von Tannen den Vordergrund. Das Blatt zeigt das abnehmende, durchsichtiger werdende Kolorit vieler der späten Aquarelle Birmanns (BOERLIN-BRODBECK 1977). Bemerkenswert ist, dass Birmann immer noch von den gleichen heimatlichen Motiven fasziniert war wie schon in der Zeit der frühen Italienreise

Abb. 9: S. Birmann: Das Zungenende des Rezligletschers im August 1835 gesehen von der Rezlibergweid. Signiert und bezeichnet unten links: «S.Birmann.f./im Rätzliberg in der Lenk./August. 1835.» Bleistift, Feder, Aquarell, Deckweiss: 65,6× 50,4 cm. Kunstmuseum Basel, Kupferstichkabinett Inv.Bi.31.88.

1815–1817 (ESCH A. und D., 1986: 164), nämlich von Baum, Wasser (dazu gehört auch Eis, Gletscher) und Fels.

Im Vergleich mit der Zeit Birmanns hat sich heute das Aussehen der Landschaft wegen des sehr starken Rückschmelzens des Rezligletschers seit dem Ende der Kleinen Eiszeit (zirka 1750 m in der Länge und zirka 730 m in der Höhe) völlig verändert. Beim Rezligletscher handelt es sich um den entscheidenden NW-Abfluss des z.Z. zirka 9.8 km² grossen Glacier de la Plaine Morte. Von der ursprünglich Länge sind nur noch zirka 4 km geblieben; d.h. gut 30% der Zunge sind seit der grössten Ausdehnung im 19. Jahrhundert weggeschmolzen. Wo ursprünglich eine zirka 900m breite und zirka 1800 m lange Eiszunge von der Plaine Morte gegen NW zu floss, findet sich heute die weite, relativ öde, von den Eismassen geomorphologisch überprägte Felswüste der Hinteren Tierbergalp. Vom Rezligletscher ist nur noch ein kleiner Eislappen übriggeblieben.

Die Schwankungen der Zunge des Rezligletschers sind mit historischen Bildquellen relativ gut dokumentiert: etwa auf drei Ölgemälden und drei Ölskizzen von C. Wolf (1777, RAEBER 1979: 265–267, WV 289–293), auf weiteren Zeichnungen von Birmann (z.B. auf einem Halbpanorama vom exponierten Flueseehöri aus, 1835) und endlich auf dem Originalmesstischblatt zur Dufourkarte (1841). Eine Auswertung dieser Quellen unter Einbezug weiterer Methoden und die Verarbeitung zu einer Geschichte des Rezligletschers ist zur Zeit in Vorbereitung (TRIBOLET, zirka 1997).

3. Die Bedeutung der Birmann-Zeichnungen für die Kunst-, Gletscher und Klimageschichte

Samuel Birmann hat von 1814 bis 1835, d.h. innerhalb von 21 Jahren, 99 Gletscheransichten geschaffen (Tab. 1), die alle einem frühromantischen Realismus verpflichtet sind. Stilistisch gesehen lässt sich im Laufe der Zeit keine deutliche Entwicklung beobachten. Vergleichbar ist dieses Werk nur mit den Ölskizzen und Gemälden von Caspar Wolf (1735–1783), den Veduten und Zeichnungen von Jean Antoine Linck (1766–1843) oder den Zeichnungen des Birmann-Altersgenossen Thomas Ender (1793–1875) aus Österreich. Wolf hat in den 1770er Jahren, also der Zeit der Spätaufklärung, v.a. die Gletscher des Berner Oberlandes auf einer grösseren Zahl von Ölskizzen und Gemälden in formaler, atmosphärischer und symbolhafter Hinsicht am besten erfasst.

Zahlenmässig vergleichbar, stilistisch jedoch völlig verschieden sind die Gletscheransichten (Bleistift, Kreide, Gouache und kolorierte Umrissradierung) des Genfer Meisters Linck (überwiegend aus dem Montblanc-Massiv, VELLOZZI et al., 1990). Die Gletschersujets von Linck sind mit denen Birmanns vergleichbar, nicht jedoch die topographische und zeichnerische Qualität, die bei Birmann unerreicht ist.

Die Gletscheransichten von T. Ender – er wurde im gleichen Jahr geboren wie Birmann – stammen aus den Jahren 1829 bis 1854. Sie sind damit grösstenteils nach denjenigen Birmanns entstanden, in topographischer Genauigkeit aber durchaus mit den Werken des Basler Künstlers vergleichbar. In der Ender-Biographie von KOSCHATZKY (1982) werden 15 Gletscheransichten aus den Ostalpen, 15 Ansichten aus den Zentralalpen (Unterer und Oberer Grindelwaldgletscher, Rosenlauigletscher, Rhonegletscher) sowie 6 Ansichten aus dem Montblanc-Massiv (v.a. Mer de Glace) erwähnt (damit sind allerdings nur ein Teil der Eisbilder erfasst).

Die gletschergeschichtliche Bedeutung der Birmannzeichnungen liegt darin, dass in den 21 Jahren (d.h. von 1814 bis 1835), in denen der Künstler Gletscher darstellte, eine besonders aktive Phase ihrer Geschichte zu beobachten war. In dieser Zeit ist bei vielen Alpengletschern ein markanter Vorstoss sowie anschliessend eine erste grosse – oder gar die grösste Ausdehnung – im 19. Jahrhundert festzustellen (Tab. 1). Birmann hielt diese Veränderungen mit fotografischer Genauigkeit fest, so dass es teilweise möglich ist, eine sehr genaue Bestimmung der Eisausdehnung des Zungenendes vorzunehmen. Schön dokumentiert ist dieser Vorstoss beim Unteren Grindelwaldgletscher auf einer Federzeichnung vom Oktober 1815 (ZUMBÜHL, 1980: 223, K.50) und elf Jahre später auf dem künstlerisch und wissenschaftlich einzigartig bedeutungsvollen Aquarell vom September 1826 (ZUMBÜHL, 1980: 193, K. 60; ZUMBÜHL et al., 1983, Titelbild), das den Eisstrom mit dem seit 1820/22 gebildeten Schweif zeigt.

Zwar ist nicht bei allen Gletschern gerade das Jahr der grössten Ausdehnung abgebildet, aber die zeichnerische Erfassung beispielsweise auch der Moränen sowie ihre differenzierte Farbgebung (gerade erst entstandene Wälle in Grau, ältere Wälle mit Vegetation in Grün; vgl. z.B. für den Rhonegletscher ZUMBÜHL /HOLZHAUSER, 1988:206) ermöglichen eine genaue Rekonstruktion des von zahlreichen Fehleinschätzungen belasteten 1820er Hochstandes.

Da die Gletschergeschichte eine wichtige Basis für die Klimageschichte bildet, strahlen die feinen Birmann Aquarelle auch in diesen Wissenschaftsbereich hinein.

Literaturverzeichnis

AMMANN, K.,, 1978: Der Oberaargletscher im 18., 19. und 20. Jahrhundert. Zeitschrift für Gletscherkunde und Glazialgeologie Bd.XII, H.2: 253–291, 1977. Innsbruck.
BEELER, F., 1977: Geomorphologische Untersuchungen am Spät-und Postglazial im Schweizerischen Nationalpark und im Berninapassgebiet (Südrätische Alpen). In: Ergebnisse der wissenschaftlichen Untersuchungen im Schweizerischen Nationalpark. Hrsg. von der Kommission der SNG zur wissenschaftlichen Erforschung des Nationalparks, Bd. XV 77: 131–276, Chur.
BIRMANN, S., 1826: Souvenirs de la Vallée de Chamonix par Samuel Birmann, Basle.
BOERLIN-BRODBECK, Y., 1977: Alpenlandschaften von Samuel Birmann (1793–1847). Portofolio mit Exposé und Katalog. Hrsg.: Schwitter Edition. Basel.
BOERLIN-BRODBECK, Y., 1985: Frühe «Basler» Panoramen: Marquard Wocher (1760–1830) und Samuel Birmann (1793–1847). Zeitschrift für Schweizerische Archäologie und Kunstgeschichte, Bd.42: 307–314.
BOERLIN-BRODBECK, Y., 1991: Schweizer Zeichnungen 1800–1850 aus dem Basler Kupferstichkabinett. Ausstellung und Katalog. Kunstmuseum Basel Kupferstichkabinett 11. August – 27. Oktober 1991.
ESCH, A. und D., 1986: Die römischen Jahre des Basler Landschaftsmalers Samuel Birmann (1815–17). In: Zeitschrift für Schweizerische Archäologie und Kunstgeschichte, Bd. 43: 151–166.
HOLZHAUSER, H., 1995: Gletscherschwankungen innerhalb der letzten 3200 Jahre am Beispiel des Grossen Aletsch- und des Gornergletschers. Neue Ergebnisse. In: Jubiläums-Symposium der Schweizerischen Gletscherkommission 1993 Verbier (VS) «100 Jahre Gletscherkommission – 100 000 Jahre Gletschergeschichte». SANW Bd. 6: 101–122, Zürich.
KOSCHATZKY, W., 1982: Thomas Ender, 1793–1875, Kammermaler Erzherzog Johanns. Graz.
MAISCH, M., 1992: Die Gletscher Graubündens. Rekonstruktion und Auswertung der Gletscher und deren Veränderungen seit dem Hochstand von 1850 im Gebiet der östlichen Schweizer Alpen (Bündnerland und angrenzende Regionen), Teil A und B. Geographisches Institut der Universität Zürich.
MESSERLI, B., ZUMBÜHL, H.J., AMMANN, K., KIENHOLZ, H., PFISTER, C., OESCHGER, H., ZURBUCHEN, M., 1976: die Schwankungen des Unteren Grindelwaldgletschers seit dem Mittelalter. In: Zeitschrift für Gletscherkunde und Glazialgeologie. Bd. XI H.1: 3–110, 1975. Innsbruck.

PFISTER, C., HOLZHAUSER, H., ZUMBÜHL, H.J., 1994: Neue Ergebnisse zur Vorstossdynamik der Grindelwaldgletscher vom 14. bis zum 16. Jahrhundert. In: Mitteilungen der Naturforschenden Gesellschaft in Bern, N.F. 51. Bd.: 55–79.
RAEBER, W., 1979: Caspar Wolf 1735–1783, sein Leben und Werk. Ein Beitrag zur Geschichte der Schweizer Malerei des 18. Jahrhunderts, Aarau. Schweizerisches Institut für Kunstwissenschaft, Oeuvrekatalog Schweizer Künstler Bd. 7.
TRIBOLET, G., zirka 1997 (in Vorbereitung): Gletscher- und Klimageschichte der Plaine Morte (Glacier de la Plaine Morte), des Wildstrubel und Wildhorngebietes (Arbeitstitel). Lizentiatsarbeit, Geographisches Institut der Universität Bern.
VELLOZZI, M.C., DUBOSSON, P.J., DE GOTTRAU, M.P., 1990: Jean-Antoine Linck, peintre Genevois. Paysages de Savoie au XVIIIe siècle. Conservatoire d'Art et d'Histoire Annecy. Exposition 14 juillet – 30 septembre 1990. Conseil Général de la Haute Savoie et d`Expo Média.
WEBER, B., 1984: Graubünden in Alten Ansichten. Landschaftsporträts reisender Künstler vom 16. bis zum frühen 19. Jahrhundert. Mit einem Verzeichnis topographischer Ansichten in der Druckgraphik von den Anfängen bis um 1880. Schriftenreihe des Rhätischen Museums Chur 29.
WETTER, W., 1987: Spät- und postglaziale Gletscherschwankungen im Mont Blanc-Gebiet: Unteres Vallée de Chamonix-Val Montjoie. Phys. Geogr., Vol. 22. Zürich.
ZUMBÜHL, H. J., 1980: Die Schwankungen der Grindelwaldgletscher in den historischen Bild- und Schriftquellen des 12. bis 19. Jahrhunderts. – Ein Beitrag zur Gletschergeschichte und Erforschung des Alpenraumes. Denkschriften der Schweizerischen Naturforschenden Gesellschaft, Bd.92. Basel, Boston, Stuttgart.
ZUMBÜHL, H.J., MESSERLI, B., PFISTER, C., 1983: Die Kleine Eiszeit. Gletschergeschichte im Spiegel der Kunst. Katalog zur Sonderausstellung des Schweizerischen Alpinen Museums Bern und des Gletschergarten-Museums Luzern. 9.6.–14.8.1983 Luzern, 24.8.–16.10.1983 Bern.
ZUMBÜHL, H.J., HOLZHAUSER, H., 1988: Alpengletscher in der Kleinen Eiszeit. Sonderheft zum 125-Jahre-Jubiläum des SAC. Herausgegeben vom Schweizer Alpen-Club (3. Quartal, 67.Jg.). Bern.
ZUMBÜHL, H.J., HOLZHAUSER, H., 1990: Alpengletscher in der Kleinen Eiszeit. Katalog und ^{14}C-Dokumentation. Ergänzungsband zum Sonderheft «Die Alpen» 3. Quartal 1988. Geographica Bernensia G 31. Geographisches Institut der Universität Bern.

Alle Fotos von H.J. Zumbühl mit freundlicher Erlaubnis des Kupferstichkabinetts des Kunstmuseums Basel (mit besonderem Dank an Frau F. Heuss). Für die kritische Durchsicht des Manuskripts danke ich ganz herzlich Herrn Dr. H. Gsell, Bremgarten/Bern. Mein Dank gilt auch Herrn A. Brodbeck, GIUB, für die Reinzeichnung der Tabelle.

Persönlich

Prof. Bruno Messerli lernte ich als sein Hilfsassistent im Sommer 1964 auf einer längeren Forschungsreise in die Türkei, nach Syrien und den Libanon kennen. Auf dieser Reise wurde wichtiges Grundlagenmaterial für seine Habilitationsschrift «Die eiszeitliche und die gegenwärtige Vergletscherung im Mittelmeerraum» (1967) gesammelt. Damit waren auch für meine eigenen wissenschaftlichen Arbeiten die entscheidenden Themen gestellt. Lizentiat (1971), Doktorat (1976) und Habilitation (1990) befassten sich mit Klima- und Gletschergeschichte und wurden von Bruno Messerli betreut. Er war über 26 Jahre lang mein helfender und kritischer Lehrer. Seine unvergleichliche Begeisterungsfähigkeit, seine Freude an wissenschaftlichen Fragestellungen und seine anregende Offenheit haben mich entscheidend geprägt. Dafür möchte ich Dir, Bruno, ganz herzlich danken. Für die Zukunft wünsche ich Dir, dass es Dir noch lange vergönnt sei, möglichst viele spannenden Fragen zu beantworten!
Adresse: Geographisches Institut der Universität Bern, Hallerstr. 12, 3012 Bern.

Natural Hazards in Mountains: Their Impact on the Regional Development Trends

Yuri P. Badenkov and Irina A. Merzliakova

Introduction

The problems of sustainable mountain development were a special emphasis of the UNCED (Rio, 1992) Resolutions (Mountain Agenda, Chapter 13). The concept of sustainable development is rather popular with scientists, and even more popular with policy-makers. However, its ideas are rather diluted and it is perceived as an ethical basis of the environment-economy-society interaction, rather than an integrated scientific theory of development.

The most crucial aspect of the problem is how to integrate the various processes and factors which control the status and processes in the complex system of regional man–environment interactions. What is the role and relationships of the factors internal and external to the system, which are deciding the overall system's development trends? What can be the method of quantitative description of the stable and dynamic relationships in the subsystems forming an integrity? These issues are far from being a novelty, but they became more urgent at the end of the 20th century, in view of the global significance acquired by the problems which were formerly limited to the local and regional levels.

The outstanding Russian pedologist V.V. DOKUCHAEV, who was studying chernozem soils as a product of the biotic-abiotic interaction in the Russian Plain, came to a fundamental theoretical conclusion in the end of the 19th century. He discovered that soil provides a record of the processes and conditions which formed it, as well as of the landscapes of which it was part. It was then that he formulated a well-known aphorism: "Soil is landscape's mirror".

Borrowing this citation from DOKUCHAEV, one can say that in the regional economic-environmental model suggested in 1978 under the Swiss MAB Project (MESSERLI, B. & MESSERLI, P., 1978) it is the landuse system which is a mirror reflecting the relationships of the natural and socio-economic elements, as well as of the factors external to the system. Landuse stores information on the past interactions of the above systems, too. "This model, when adopted to local conditions, will assist in the understanding of the mechanisms involved and will facilitate prediction of the responses" (MESSERLI, B., 1984: 90).

The Messerli-Messerli model was used for the exploration of the *Tajikabad test area* in the upland Pamir-Alai region of North-Eastern Tajikistan. This area is one of 4 test areas included into the Project "Tajikistan. Electronic Atlas of Regional Development Scenarios".

In our study of the Tajikabad test area we were seeking answers to the following questions:

– What was the role of the hazardous Khait earthquake of 1949 in the development of the region?
– What was the influence of the state policy of resettlement of the mountain population to the lowlands on highland geosystems?
– What was the cumulative effect of these two factors?
– How are the above factors reflected in landscapes/landuse, and in what way can these be incorporated into the development scenarios?

The test area is located in the western section of Pamir-Alai (Fig. 1). The territory includes the river valleys of Yarkych and Yasman (Surkhob/Vaksh river system) and a section of the northern slope of the Peter the Great Ridge. The range of heights is 1200 to 4800 m. Climate of upland valleys is semiarid, and local agricultural conditions depend on orientation of valleys and on slope aspects. The Pamir-Alai mountain system is a zone of high seismicity at the geological divide of Tien Shan and

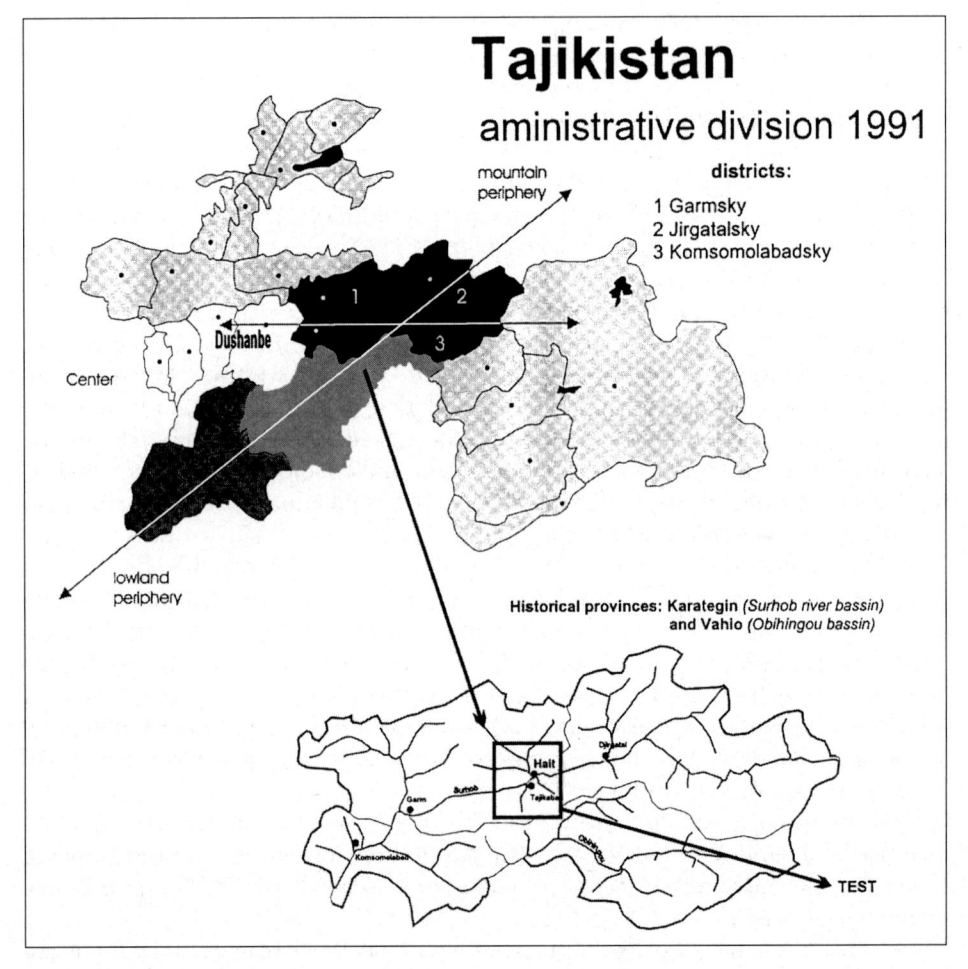

Fig. 1: Location of the test area.

Pamir. Active tectonic movements and catastrophic earthquakes account for the exogenic instability of the territory.

History of human settlement

150 to 300 years ago the Surkhob basin belonged to the Karategin province populated by Tajiks, who moved there being forced out from plains. The Tajiks brought with them sedentary agriculture and forced the Kirghiz nomadic tribes out of their traditional grazing grounds. Since that time the territory became the divide between sedentary Tajiks, who were practicing intensive agriculture, and nomadic Kirghizs. Military conflicts occured there periodically in the 18th and 19th centuries.

Under the centralized management of the Soviet period the region was transformed into the resource-supplying periphery of the growing administrative center of Dushanbe. However, this upland area posesses a lot of natural and human labour resources and a high development potential.

Traditional landuse

According to our assessments, this territory of 470 km² has sufficient resources to provide for a population of about 120 000. 45% of the land below 2800 m can be cultivated. 15% of the land are excellent for agriculture. About 30% can be used for some crops under special agrotechonologies. The most favorable agroclimatic conditions are in the zone below 2500 m with 300–800 mm rainfall.

During the 300 years of sedentary agriculture in this region a vertical system of resource-use was formed. It developed due to human penetration in higher up valleys and to the introduction of upland crops. The centers of "dispersion" were the largest rural settlements *kishlaks* (Fathobad, Tajikabad, Khait, Garm), located in the bottom sections of the main valleys. Population migrated up the valleys to find free land for their growing families. New *kishlaks* were established at sites of summer grazing or "experimental" fields. Thus, the settlement system was densely interrelated with the vertical zones.

The resource use system included four vertical zones, integrated into one socio-economic system. River terraces and alluvial fans were used for community fields and vegetable gardens. The main agricultural activity was carried out in the bottom of the valleys and on gentle slopes. More than 15% of wheat and barley fields were situated on slopes and terraces. Highlands were used for silviculture and hunting in the upper part of the tree-bush belt, as well as for pasturing, and fuel wood collection in the subalpine belt. This organization ensured comprehensive utilization of natural resources of all vertical belts.

Traditional landuse was well adapted to local environmental conditions. This is evidenced by low erosion of the steep slopes where most of the cultivation took place. The factors which ensured this were advanced techniques of traditional land cultivation: terracing, irrigation, afforestation, in particular planting trees along irrigation canals – the *aryks*.

The key factor of sustainable agriculture was a set of rules, limitations, and penalties, i.e. the age-long traditions of resource management. Local communities implemented a control over observation of these regulations, performed by elected elders and respected citizens.

The overall situation was not so "placid": the harmony was violated by competition of landusers: *emir* (the state), *bek* (landlord), *mulla* (religious leader), and *dehkanin* (farmer). The mountain forests suffered most of all. By the end of the 19th century they were essentially cleared in the vertical belt from 1300 to 1500 m. The result was an overall xerophitization of landscape and the development of dry savanna.

Khait Earthquake

The Surkhob Valley is located in the highly seismogenic fault area of southern Hissar. In the 20th century, it witnessed two catastrophic earthquakes: Karatag (1907), M=7.25, H 28 km, and Khait, M=7.5 and H 35 km.

The greatest damage was caused by the Khait earthquake to the right slopes, where the regional center with a population of more than 30 000 was located. The earthquake stroke on July 10, 1949. Two shocks followed each other, and provoked a strong rockfall and landslide in the Darahavs Valley (Fig. 2) which – within sev-

Fig. 2: Earthquake in Khait in 1949. Landslides from the slopes of Darahavs Valley buried the regional centre of Khait with its population of more than 30 000. (Photo from: Staniukovich, K.V., 1982)

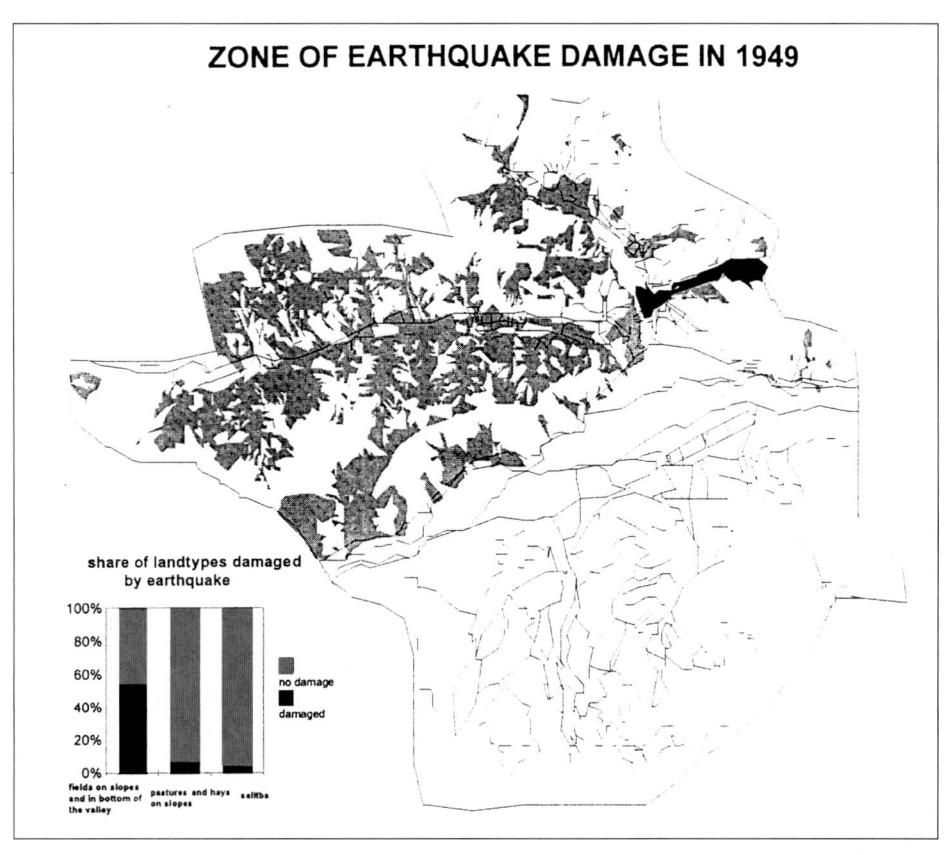

Fig. 3: Zone of the damage caused by the earthquake: 35% of the kishlaks, and 50% of the productive fields and irrigation facilities were severely damaged.

eral minutes – buried the administrative center of Khait. Practically all of its population was killed instantaneously. As a result, 35% of the *kishlaks*, 50% of the productive fields and irrigation facilities were severely damaged. Rangelands were also impaired (Fig. 3).

The *kishlaks* and the cultivated land on the left slope of Surkhob were not seriously damaged; the earthquake's magnitude was only 4–5 there. Only three *kishlaks* were severely destroyed in that area.

The Khait earthquake was an extraordinary event – an instantaneous impact on the ecological, economic, and social system of the region. In the man–environment duet, one of the two lost half of its population in a catastrophic event. The very fact of the Khait Earthquake and the number of its victims were never published. Therefore, the number of victims ranges from 20 000 to 40 000, according to various assessments. However, survival and adaptation mechanisms were in action. Airborne images, taken some time after the earthquake, clearly show the progress of rehabilitation activities: reconstruction of fields and irrigation networks, construction of new paths and roads connecting the settlements which survived. One could expect that with time the ecological and economic system of the region will be restored, and resume the traditional development scenario.

State policy of depopulating upland areas

From the very beginning of the Tajik state, in 1924, its Government and the ruling Communist Party of Tajikistan pursued a policy of supporting migration of upland population to the lowland cotton-growing regions. Officially, the following goals were declared:
– supply of labor to the priority industry – production of cotton fiber (cotton self-reliance of the USSR),
– upgrading of living conditions of mountain people by providing them more comfortable lowland location,
– eliminating the risk of life in "environments subject to geodynamic hazards".

Eventually, the state migration policy was much more complicated and resolved several diversified economic and socio-political tasks. A thorough scientific analysis of consequences of this policy is still to be performed.

In view of the specific situation of the Khait region this migrational policy had rather dramatic consequences. The Law of the Five-Year Plan of Rehabilitation and Development of the Tajik SSR Economy in 1946–1950 stipulated that 7000 rural households be moved to the Vaksh Valley (ABDULKHAEV, 1988: 153). Statistics do not provide data on how many persons were resettled, but only on households. Therefore it is not possible to account accurately for the number of people resettled, since there is no information on the number of persons in each household. In 1949 it was planned to move 3300 households, however, 5347 were eventually resettled. The reason why outmigration was higher than expected was the Khait Earthquake (ABDULKHAEV, 1988: 160). Thus, the population affected increased tremendously, adding to the earthquake victims several thousands of these ill-treated by state policy of upland depopulation. The territory, possessing high agroclimatic potential and age-long traditions, lost nearly all its population. The Government even annulled the Khait region as an administrative unit. The rights to use the lands and pastures were transferred to the neighboring regions, and to those located tens of kilometers away. Development of the territory was "frozen" for several decades.

Effects of Cumulative Impact

As was mentioned above, immediately after the earthquake the survival and adaptation mechanisms of local communities came into action. However, the state migrational policy which in accordance with the MESSERLI–MESSERLI model can be interpreted as an external impact on the system, played a decisive role in the subsequent development of the territory.

TRANSFORMATION OF SETTLEMENT SYSTEM SINCE 1949

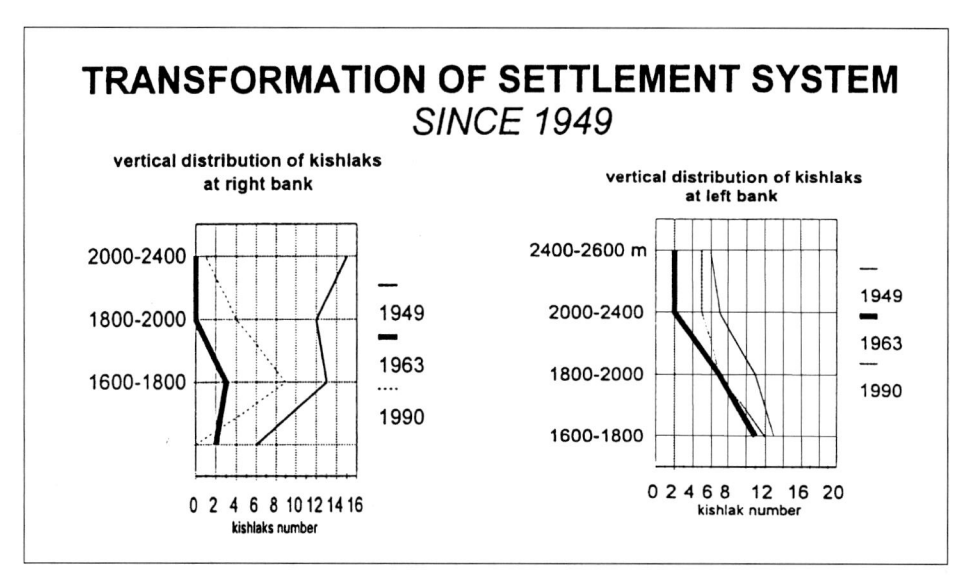

Fig. 4: The transformation of the settlement system since 1949.

Depopulation has hurt the whole of the Surkhob Valley, both its right and left slopes, from the areas most severely damaged by the earthquake to the upmost *kishlaks*, located above the Peter the Great Ridge. The settlement structure was changed (Fig. 4), mostly due to the reduction of the number of settlements in the uplands and along the Yarkych and Yasman valleys (Khait region). Before the earthquake the above valleys had a high population density.

The destruction of the upland *kishlaks*, including those that were not damaged by the earthquake, resulted in the destruction of the system of seasonal migrations of animals to summer pastures. This traditional form of intra-regional migration was replaced by planned shifts for grazing of big sheep flocks from remote lowland areas of Tajikistan. Only one fifth of the region's total area (440 000 ha) was allotted for local use. Uncontrolled grazing by animals severely damaged productivity of rangelands. Erosion increased (Fig. 5). Fallow fields were severely eroded by gullies, and the formerly productive land transformed into low-productivity rangelands and badlands.

Thus, the catastrophic earthquake, together with the state policy of depopulation of upland regions, have radically transformed the ecological and economic system of the mountain area. The traditional landuse and resource management systems, which agreed well with the vertical zones, were destroyed. They were replaced by the system of centralized planning, and most of the agricultural activity shifted down to lower sections of the Surkhob Valley. Landscapes were structured to form three landuse patterns:
1. intensively cultivated collective land located in the vicinity of local population centers and transportation routes,
2. uncontrolled and fallow privately owned land located in less accessible areas, and
3. upland rangelands and grasslands used by farms located outside the region.

CHANGES IN PROCESS DEVELOPMENT
since 1949

a

legend
- ■ severe erosion and ravines
- ▨ medium erosion
- ░ fragmental erosion

1949 before earthquake

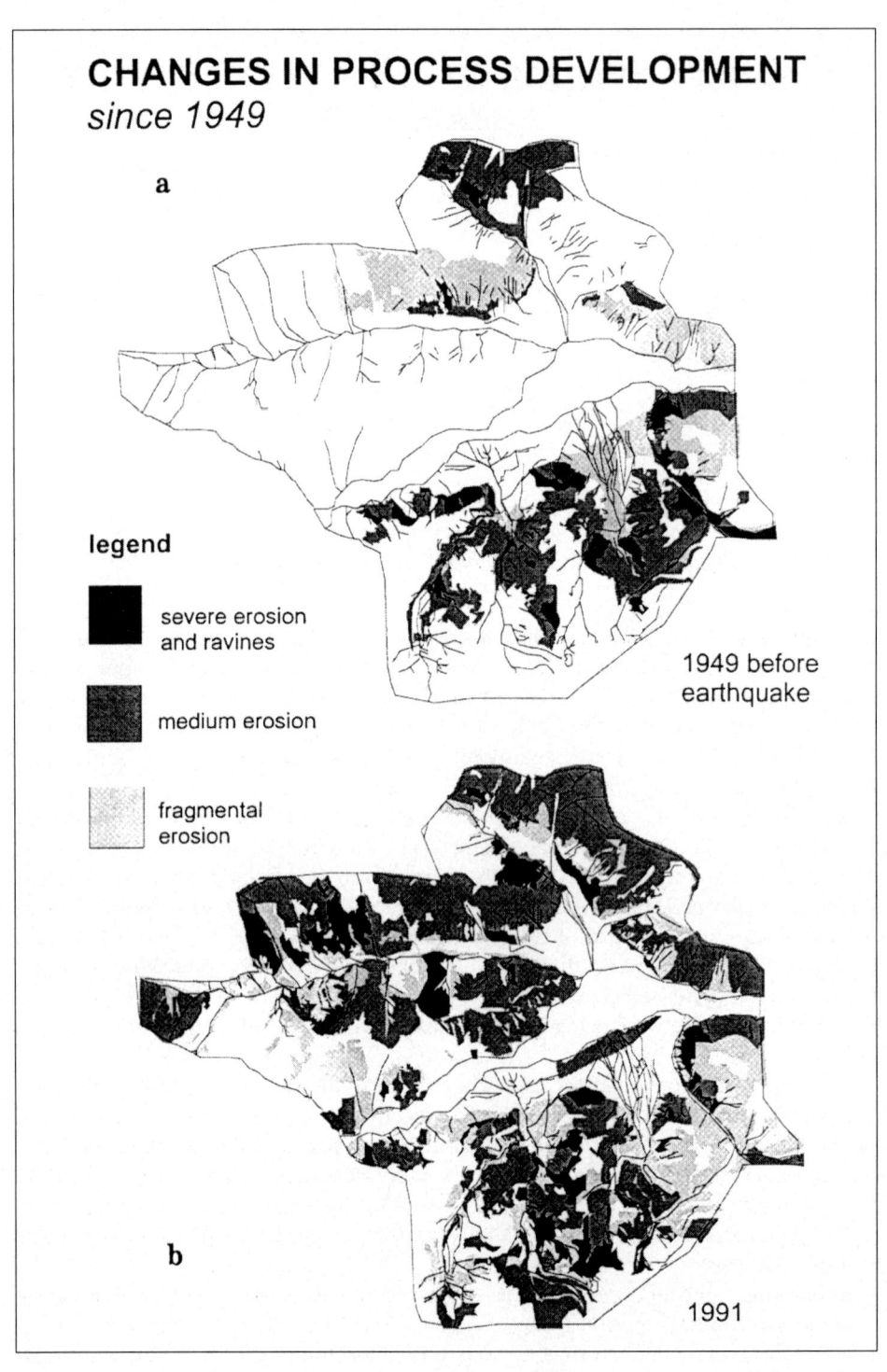

b

1991

Fig. 5: Changes in the process development since 1949: Erosion increased.

Conclusions

The hazardous Khait earthquake of 1949 had significant impact on the environment and landuse systems. However, it was an isolated, though extraordinary event, and did not essentially change the traditional style of life of the local population. Airborne images of the territory taken some time after the earthquake clearly show that roads, fields, and settlements were restored.

The most important factor of transformation was the external socio-economic influence, i.e. the state policy of forced movement of the mountain population to the lowlands. Its devastating impact on the ecological and economic system was multiplied by the hazardous earthquake. The consequences of this cumulative influence are clearly "recorded" in landscape structures and landuse and population settlement systems.

These synchronous impacts shaped the development trends of this mountain region for several decades at least. The development followed the "marginal scenario" which was vividly reflected in landscape and in landuse patterns. The MESSERLI–MESSERLI model proved to be a very useful tool in this case. The theoretical as well as the practical potential of this model is far from being exhausted. The concept of sustainable development is a challenge to researchers and policy-makers who are working on upgrading the theory of development of complicated ecological-economic-social systems and on the practices of their management, one of the particular cases being the mountain regions.

References

ABDULKHAEV, R.A., 1988: Development of Irrigation and Cultivation of New Land in Tajikistan. Dushanbe, Donish, 285p (in Russian).
MESSERLI, B. & MESSERLI, P., 1978: Wirtschaftliche Entwicklung und ökologische Belastbarkeit im Berggebiet. Geographica Helvetica, 4, 203–210.
MESSERLI, B., 1984: Stability and Instability of Mountain Ecosystems: Introduction to the Workshop. In: MESSERLI, B. & IVES, J. (Eds.): Mountain Ecosystems: Stability and Instability. Published by the International Mountain Society, 90 p.
STANIUKOVICH, K.V., 1982: Seismicity. In: SAIDMURADOV, K.H. & STANIUKOVICH, K., (Eds.): Tajikistan. Nature and Natural Resources. Dushanbe, Donish, 107 p (in Russian).

Personal

This project would have been impossible without the participation of many colleagues and friends from the Institute of Geography of the Russian Academy of Sciences, the Tajik Academy of Sciences, and the University of California at Davis. Our special thanks go to Bruno Messerli and Jack Ives who were invariably supporting the Tajik project, starting from its very initiation in 1987. We thank Olga Galtseva for her commitment to make the results of the project known to English-speaking people.

Dr. Yuri Badenkov is Head of the International Mountain Laboratory of the Institute of Geography, Russian Academy of Sciences. Graduated from Leningrad University as geologist, he started in 1960 his research on geochemistry of ores. Later his research career migrated in along a complicated trajectory: geochemistry of landscapes, monitoring and biosphere reserves, geoecology of islands and atolls, geoecology and sustainable development of mountains. He conducted research in all continents, and in the Pacific and Indian oceans. He first met Bruno Messerli in 1986 in the Pyrenees during a field workshop of the IGU Mountain Geoecology Commission.

Dr. Irina Merzliakova is Researcher in the Institute of Geography, Russian Academy of Sciences. Graduate of the Moscow State University, Department of Geography. Her Ph.D. is devoted to the Khait Region of Tajikistan. She first met Bruno Messerli in 1990 during a field workshop in Tajikistan.

Yuri P. Badenkov and I.A. Merzliakova, Institute of Geography, Russian Academy of Sciences, Moscow

Nachhaltige Tourismusentwicklung in den Alpen – die Überwindung des Dilemmas zwischen Wachsen und Erhalten

Paul Messerli und Urs Wiesmann

Einführung

Es ist nicht zufällig, dass sich die Tourismuskritik gerade an der Entwicklung der Alpen zum «Dachgarten und Freizeitpark Europas» entfacht hat. *Die Widersprüche zwischen wirtschaftlichem Wachstum und der Erhaltung einer intakten Umwelt werden hier besonders deutlich:* für die Alpenbewohner in der ständigen Entscheidung zwischen Teilhabe am Fortschritt und Heimatverlust, für die Touristen in der wachsenden Diskrepanz zwischen den Erwartungen an eine heile Urlaubswelt und der mitverantworteten Tourismusrealität. Konzepte wie «sanfter Tourismus» und «nachhaltige Tourismusentwicklung» deuten an, dass die Suche nach Alternativen zum quantitativen Wachstumsmodell eingesetzt hat. Ein Bewusstseinswandel ist bei den touristischen Anbietern feststellbar, nicht zuletzt, weil seit Mitte der 80er Jahre einige als konstant erachtete Eckdaten des Alpentourismus – wie Wachstum der Nachfrage und sicherer Schnee – sich als variable Grössen erweisen.

Die jüngste Initiative im Rahmen der Alpenkonvention unterstreicht den politischen Willen der Alpenländer, zusammen mit der EU den Sonderstatus der Alpen in Europa hervorzuheben, nicht um aus ihnen ein grosses Freizeitmuseum zu machen, sondern um die Ansprüche der Alpenbewohner auf einen gestaltbaren Lebens- und Wirtschaftsraum und die Interessen der ausseralpinen Bevölkerung an einem intakten Erholungs- und Ressourcenraum (Wasser, Energie, Holz) sinnvoll verbinden zu können. Als eine der wichtigsten Prämissen der Alpenkonvention gilt deshalb, dass Schutz und Nutzung, Produktion und Reproduktion als zwei von einander abhängige und aufeinander angewiesene Prinzipien der regionalen Entwicklung im Alpenraum zu betrachten sind.

In diesem Aufsatz soll herausgearbeitet werden, auf welchen Erkenntnissen nachhaltige touristische Entwicklungsstrategien aufgebaut werden können, welche Möglichkeiten und Chancen dabei der festgestellte Bewusstseinswandel und die neuen Herausforderungen durch Markt und Umwelt bieten und welche tourismus- und regionalpolitischen Schlussfolgerungen daraus zu ziehen sind.

1. Das Dilemma des Alpentourismus: alte und neue Sicht

Der Tourismus war und ist für viele alpine Regionen ein vorrangiges Instrument zur wirtschaftlichen Entwicklung und zur Sicherung der Beschäftigung. Gleichzeitig ist er aber auch Verursacher beträchtlicher Umweltbelastungen und landschaftlicher

Abb. 1: Die Alpen – nachhaltige Entwicklungsstrategien für einen Grossraum Europas.

Eingriffe, wodurch er die Voraussetzungen seines Erfolges ernsthaft gefährdet. Dies ist die touristische Variante des klassischen Dilemmas «Ökonomie versus Ökologie», das im Tourismus eine besondere Akzentuierung erfährt, weil die Qualität der natürlichen Umwelt und des Landschaftsbildes zu den elementaren Angebotsfaktoren gehören. Das Bild vom touristischen Wachstum als Säge am Ast, auf dem der touristische Erfolg gedeiht, hält sich zurecht besonders hartnäckig in der Tourismusdiskussion. Selbst jene, die sonst akzeptieren, dass die Schaffung von Arbeitsplätzen und das Schritthalten in der Einkommensentwicklung mit Umweltbeanspruchung verbunden sind, möchten hier aber eine Ausnahme sehen. Das hängt ganz wesentlich damit zusammen, dass im Tourismus die sonst bestehende Trennung von Arbeits- und Freizeitwelt aufgehoben ist: Für die im Tourismus Arbeitenden sind die Alpen *Lebens- und Wirtschaftsraum*, für den Rest aber in erster Linie *Erholungs- und Naturraum* sowie *Freizeit- und Sportarena*, also das Gegenteil der städtischen Arbeitswelt.

Der *landschaftsorientierte Alpentourismus* hat seine wirtschaftliche Basis in der Bereitschaft der Besucher, für den Aufenthalt in dieser Landschaft zu zahlen. Allerdings können diese potentiellen Landschaftsrenten nur kapitalisiert und in Arbeitsplätze und Einkommen verwandelt werden, wenn eine dem Besucherstrom angemessene «Infrastruktur» bereitgestellt wird, über die die Zahlungsbereitschaft abgeschöpft werden kann. Diese Wertschöpfung funktioniert aber nur so lange, als die unterschiedlichen Qualitätsansprüche der verschiedenen Gästekategorien (und es werden immer mehr) durch den Erholungs-, Erlebnis- und Freizeitwert der natürlichen und gebauten Umwelt befriedigt werden können. Hier liegt nun das besondere Risiko der Tourismuswirtschaft, dass sie auf immobile und kaum ersetzbare Produktionsfaktoren angewiesen ist, deren Fehlallokation (Übererschliessung der Landschaft oder Vernachlässigung der Landschaftspflege) zu nachhaltigen Störungen der wirtschaftlichen Entwicklung führen kann (Irreversibilitäten).

Die besondere Herausforderung der Tourismuswirtschaft liegt also darin, dass sie Umwelt- und Landschaftsschutz zur eigenen Aufgabe machen muss. In einer langfristigen Perspektive gilt das natürlich für alle Wirtschaftsbranchen und -sektoren. Also ist sie gefordert, mit der Produktion touristischer Dienstleistungen aller Art stets auch die Reproduktion der komparativen Standortvorteile für einen Aufenthalt im alpinen Erholungsraum sicherzustellen. Dass dazu die unverwüstliche Hochgebirgskulisse und die verbleibenden Naturlandschaften nicht ausreichen, sondern die *alpinen Kulturlandschaften* das entscheidende Potential des Alpentourismus ausmachen, belegen zahlreiche jüngere Untersuchungen.

Die frühen Kritiker und Warner sahen vor allem den landschaftsfressenden Tourismus, der die Attraktivität und den Erholungswert der alpinen Kulturlandschaft zerstört. Dem touristischen Wachstum ohne Grenzen musste also etwas entgegengehalten werden. Die alpine Umweltschutzbewegung der siebziger Jahre ist denn auch durch Begrenzungsstrategien gekennzeichnet. Umwelt- Natur- und Landschaftsschutz sollten verhindern, dass die touristische Erschliessung in immer neue, unversehrte Gebiete vordringt und weitere Teile einer unersetzbaren «Natur» zerstört. Initiiert durch die Raumordnungsminister-Konferenz, fand 1978 in Grindelwald das Europaseminar zum Thema «Probleme der Belastung und Raumplanung im Berggebiet, insbesondere in den Alpen» statt und schaffte in den Alpenländern ein breites Problembewusstsein. Bereits im Vorfeld dieser Konferenz, aber noch stärker in ihrem Nachgang, wandte sich die Alpenforschung der Erfassung der verschiedenen Belastungsphänomene (wirtschaftliche, ökologische, soziale) des Tourismus zu. Die Festlegung ökologischer Belastungsgrenzen zur Steuerung der künftigen Tourismusentwicklung stand dann vor allem in den verschiedenen MAB-Projekten der Alpenländer (Frankreich, Österreich, Schweiz, BRD) im Vordergrund.

Das Hauptergebnis dieser Untersuchungen ist erstaunlich und wegweisend zugleich: *Grenzwerte* des quantitativen Wachstums und der touristischen Erschliessung sind kaum taugliche Instrumente der Entwicklungssteuerung; sind sie nämlich erreicht, ist der Handlungsspielraum Null. Bis heute fehlt ein systematisch und langfristig angelegtes touristisches Impactmonitoring im Alpenraum, aus dem Vergleichs- und Erfahrungswerte gewonnen werden könnten. Entscheidend dürfte deshalb die Erkenntnis sein, dass die touristischen Landschaftsschäden dann geringer ausfallen, wenn die landwirtschaftliche Grundnutzung den standörtlichen Verhältnissen optimal angepasst ist. Dies trifft besonders für die traditionelle bäuerliche Bewirtschaftung in grossen Teilen der Alpen zu. Mit der *traditionellen bäuerlichen Kulturlandschaft* erhalten wir somit einen *Referenzwert*, an dem sich die künftige Tourismusentwicklung orientieren kann, weil sie sich als gültige Formel für vier zentrale Qualitäten des touristischen Erholungsraumes erwiesen hat: Sie ist ökologisch stabil, nachhaltig produktiv, natürlich vielfältig und ästhetisch äusserst ansprechend.

Der Umweltschutz hat im Laufe der achtziger Jahre diese Erkenntnis aufgenommen. Nicht die ins Naturreservat verdrängte Natur gilt es in erster Linie zu schützen, sondern die alpine Kulturlandschaft in ihrer nutzungsbedingten natürlichen Vielfalt, Eigenart und Schönheit. Umwelt-, Natur- und Landschaftsschutz werden dadurch zur Gestaltungsaufgabe, die viel grossräumiger wahrgenommen werden muss, und dies in engster Zusammenarbeit mit Landwirtschaft, Forstwirtschaft und Tourismus. Aber auch die Tourismuswirtschaft erkennt, dass ökologische Reparaturkosten (zum Beispiel Skipistensanierungen) teuer zu stehen kommen, dass Land- und Forstwirtschaft unverzichtbare Partner bei der Qualitätserhaltung des Erholungsraumes sind und bei Angleichung des touristischen Ausbaustandards die Umweltqualität als Differenzierungsmerkmal einen immer höheren Stellenwert erhält.

Damit stellen wir eine deutliche Akzentverschiebung in der umweltpolitischen Diskussion fest: Nicht mehr Ökologie steht gegen Ökonomie, sondern neu steht die Schlüsselfrage im Vordergrund, wie die Tourismusentwicklung nachhaltig gestaltet werden kann.

2. Ein korrekturbedürftiges Bild des Alpentourismus

Die häufige Gleichsetzung von Alpen mit Tourismus hat seine guten Gründe. Die folgenden Zahlen belegen die herausragende Stellung der Alpen als einer der zentralsten Erholungsräume der Welt eindrücklich: Mit über 120 Mio. jährlichen Besuchern (45 Mio. Feriengäste, 75 Mio. Kurzaufenthalter), mit 13'500 Aufstiegshilfen, 41'000 Skipisten mit einer Gesamtlänge von 130'000 km wird auch gleich das Bild einer grossen Wintersportarena suggeriert, obschon bis heute insgesamt die

Logiernächte im Sommer überwiegen dürften. Dies weist bereits auf die grossen nationalen und regionalen Unterschiede hin zwischen den exklusiven Skistationen der französischen Nordalpen, den zweisaisonalen Ferien- und Sportzentren der schweizerischen, österreichischen und bayrischen Alpen und den randalpinen Seenorten mit ausschliesslicher Sommersaison. Allerdings unterstreichen die im Winter erzielten zwei Drittel der touristischen Jahresumsätze wiederum das grosse wirtschaftliche Gewicht des kapitalintensiven Wintertourismus.

Bei diesen Besucherzahlen, verglichen mit 11 Mio. Alpenbewohnern, ist es verständlich, dass das Bild der Alpen hauptsächlich aussenbestimmt ist: durch die einseitigen Projektionen der touristischen Ferien(um)welt auf den ganzen Alpenraum, durch die kollektiven Vorstellungen der Alpen als grosser Natur- und Rückzugsraum, oder auch durch die nationalen Interessen, die auf die jeweiligen Alpenteile als Ergänzungs- oder Ressourcenraum gerichtet sind.

Die jüngste Untersuchung der Bevölkerungsentwicklung 1870–1990 auf der Basis der knapp 6000 Alpengemeinden von Werner Bätzing korrigieren das übliche Bild der Alpen als einem ländlichen Raum mit touristischer Nutzung. Während 43% aller Alpengemeinden fast eine Halbierung ihrer Bevölkerungszahl erfahren, findet das Bevölkerungswachstum von 7 auf 11 Mio. in der anderen Hälfte der Gemeinden statt. Das starke Wachstum der 148 Alpenstädte (30% der Alpenbewohner) mit den zugehörigen Pendlergemeinden und die Konzentration des Wachstums auf die Gemeinden unterhalb von 500 Höhenmetern relativieren die Bedeutung des Tourismus für die Besiedlung des Alpenraumes beträchtlich. Die Siedlungsstruktur der Alpen wird immer stärker von der überregionalen Verkehrsgunst und von städtischen Zentren und Agglomerationen geprägt, während der ländliche Raum entweder als Tourismusmonostruktur oder derzeit vor allem durch die Wohnpendlerregion neu strukturiert wird, falls er nicht vollständig verödet.

Diese Relativierung der Bedeutung des Tourismus für die gesamtalpine Bevölkerungs- und Arbeitsplatzentwicklung bedeutet aber zugleich, dass sich die grossen Besucherströme auf eine begrenzte Zahl touristischer Zentren (etwa Chamonix, Davos, Garmisch-Partenkirchen usw.) und touristische Schwerpunktgebiete (wie etwa Savoyen, Wallis, Berner Oberland, Graubünden, Bayrische Alpen, Tirol, Südtirol) konzentrieren, wodurch die Umweltbelastungen dort besonders gross werden. Aufgrund verschiedener Prognosen über die wirtschaftlichen Wachstumsräume in Europa und die räumliche Verteilung der touristischen Nachfragentwicklung dürfte der beschriebene Konzentrationsprozess der Arbeitsplätze, Wohnbevölkerung, Logiernächte und touristischen Aktivitäten noch weitergehen.

Tourismus- und Regionalpolitik müssen dieser räumlichen Akzentuierung der Entwicklung im Alpenraum Rechnung tragen. Strategien, Ziele und Massnahmen erhalten ein anderes Profil, je nachdem ob sie sich auf städtische Zentren, Pendlerregionen, touristische Schwerpunktgebiete oder strukturschwache Peripherien beziehen. Die Forderung nach einer stärkeren regionalen Differenzierung der «Berggebietspolitik», wie sie zum Beispiel in der Schweiz verlangt wird, ist also auch aus gesamtalpiner Sicht zu Recht gestellt.

3. Erkenntnisse und Bewusstseinswandel als Grundlage und Voraussetzung einer ökologischen Wende im Tourismus

Die Forderung nach der «ökologischen Wende im Tourismus» ist seit Mitte der achtziger Jahre ein ständiges Traktandum einschlägiger Konferenzen und Tagungen zur touristischen Zukunft im Alpenraum. Die Erarbeitung touristischer Leitbilder und Entwicklungskonzepte auf der lokalen und regionalen Ebene lassen erkennen, dass die Betroffenen gewillt sind, die touristische Entwicklung nicht einfach hinzunehmen, sondern verstärkt nach den eigenen Vorstellungen und Bedürfnissen zu gestalten. Die Verordnung mehrjähriger Denkpausen, verbunden mit einem Erschliessungsstop (Tirol), oder die Durchsetzung verbindlicher Ausbaugrenzen (Salzburg) zeigen, dass man sich die Zukunft nicht verbauen will und vor irreversiblen Entscheidungen zurückschreckt. Schliesslich beobachten wir auf der nationalen und internationalen Ebene Bestrebungen, die Rahmenbedingungen für einen qualitativen Umbau im Tourismus zu verbessern und damit die Wettbewerbsposition der Alpen im internationalen Vergleich zu stärken. Die Neuorientierung nationaler Tourismusleitbilder (Überarbeitung des Tourismuskonzeptes in der Schweiz) und die Bemühungen im Rahmen der Alpenkonvention, gemeinsame Spielregeln für die touristische Alpennutzung festzulegen, illustrieren diese Tendenzen.

Obschon die Beziehungen zwischen neuen Erkenntnissen, Bewusstseinswandel und Handlungsänderungen keine einfach linear-kausalen sind, darf davon ausgegangen werden, dass die ab Mitte der siebziger Jahre intensiv einsetzende Tourismusforschung im Alpenraum wesentlich zum heutigen Bewusstseinsstand über «Kosten» und «Nutzen» des Alpentourismus beigetragen haben.

3.1 Der Tourismus ist ein offenes dynamisches System

Mit zunehmender Internationalisierung sind die Tourismusmärkte auch grösseren Schwankungen unterworfen. Regionale Krisen (zum Beispiel Golfkrieg) erhöhen die Reiserisiken und können zum Ausfall ganzer Gästesegmente führen. Konjunktur- und Währungsschwankungen modulieren zudem den internationalen Touristenstrom nach Europa und in die teuren Alpenferienorte. Gleichzeitig wächst die internationale Konkurrrenz durch neue Destinationen im warmen Süden und in schneesicheren Lagen (zum Beispiel Kanada und USA). Die bisher kaum gefährdete Wintersaison findet auch auf den europäischen Heimmärkten nicht mehr wie einst eine krisenfeste Nachfrage. Was lange Zeit als gegeben betrachtet wurde, erweist sich seit dem Einbruch der längeren Serie schneearmer Winter als variabel und höchst unberechenbar. Die Risiken für Fehlinvestitionen werden auch von der Umweltseite her erhöht.

In diesem offenen System neuer Märkte und Konkurrenzverhältnisse sowie unsicherer Umweltbedingungen muss sich der Alpentourismus heute behaupten, nachdem er über mehr als zwei Jahrzehnte eine Phase des (fast) problemlosen Wachstums durchlaufen hat. In dieser Zeit sind räumliche, wirtschaftliche und gesellschaftliche Strukturen in den touristischen Alpenregionen entstanden, die erkennen lassen, dass sich der Tourismus zu einem strukturell vielfältigen, stark vernetzten Produktionssystem entwickelt hat, das ab einer bestimmten Grösse das regionalwirtschaftliche Geschehen dominiert, die sozialen und politischen Verhältnisse prägt

und starke Wechselwirkungen mit der natürlichen Umwelt erzeugt. Daraus ergeben sich zwei zentrale Folgerungen:
– Der Alpentourismus spielt sich in einem Mikrokosmos ab, der alle drei Lebensbereiche (Wirtschaft, Gesellschaft und Umwelt) der lokalen Bevölkerung umfasst und stark beeinflusst. Deshalb muss der Tourismus auch alle drei Bereiche als Quelle wichtiger Angebotskomponenten und Produktionsfaktoren in seine Entwicklungs- und Erfolgsstrategie einbeziehen.
– Der Alpentourismus ist zugleich in Märkte eingebunden, die wirtschaftlichen, politischen, gesellschaftlichen und umweltbedingten Schwankungen unterworfen sind, auf die der einzelne Ort kaum Einfluss nehmen kann.

Damit der Bergtourismus diese Veränderungen auffangen kann, muss er eine dreifache Strategie verfolgen: im betrieblichen, technischen und organisatorischen Angebot muss er Flexibilität entwickeln, in den natürlichen Angebotskomponenten Kontinuität und in den sozialen und kulturellen Authentizität.

3.2 Der Tourismus produziert «Kosten» und «Nutzen»

Weil der Tourismus in alle Lebensbereiche der Trägerbevölkerung interveniert und im Naturhaushalt und Landschaftsbild sichtbare und unsichtbare Spuren hinterlässt, ist es höchst unzulässig, nur einzelne Vor- und Nachteile zum Massstab der Erfolgskontrolle zu machen. Ebenso schwierig ist es aber andererseits, die so unterschiedlichen Auswirkungen der touristischen Entwicklung, wie Einkommen, Identitätsverlust, Luftbelastung, soziale Emanzipation usw. gegeneinander abzuwägen und zu saldieren. Dass das Verhältnis aller Kosten und Nutzen für eine angemessene Beurteilung des touristischen Gesamtnutzens entscheidend ist, ist ebenso unbestritten wie die Tatsache, dass kein allgemein verbindlicher Vergleichsmassstab für alle Kosten- und Nutzenkomponenten gefunden werden kann. Diese Schwierigkeit entbindet aber in keiner Weise von der Notwendigkeit, immer wieder und breit abgestützt bei den Betroffenen Erfolge und Misserfolge der touristischen Entwicklung zu evaluieren. Drei Gründe stehen hinter dieser Forderung:
– In keinem Bewusstsein sind alle positiven und negativen Wirkungen präsent; dies kann zu einem einseitigen Urteil führen, aus dem falsche Entscheide getroffen werden. «Kosten»- und «Nutzen»-gegenüberstellungen fördern das Tourismusbewusstsein und korrigieren Wahrnehmungsfehler der einzelnen Akteure.
– Eine Verständigung über Ziele und Wege der touristischen Entwicklung erfordert ein entsprechendes Bewusstsein über Kosten und Nutzen des bisherigen Weges. Partizipation bei entscheidenden Weichenstellungen geht also nicht ohne Evaluation.
– Neben den beabsichtigten sind in komplexen Systemen immer auch mit unbeabsichtigten Handlungsfolgen zu rechnen. Solche Überraschungseffekte aufzudecken ist schliesslich der dritte Grund für eine periodische Durchführung einer Kosten-Nutzen-Bilanz im Tourismus.

3.3 Der Tourismus schafft Wachstumszwänge und Irreversibilitäten

In der Wachstumsphase der 60er und 70er Jahre hat sich in vielen Tourismuszentren ein starkes Baugewerbe etabliert, das den Gemeinden ganzjährige Arbeitsplätze für die Wohnbevölkerung und hohe Steuereinnahmen bringt. Der doppelte Wohlstandsverlust bei Wachstumsstop macht es diesen Gemeinden schwer, aus der Sachzwangspirale des Bautourismus auszubrechen. Als zukunftslastige Strukturen verhindern sie den qualitativen Umbau in Richtung Intensivierung der Wertschöpfung mit den vorhandenen Kapazitäten. Diese inneren Wachstumszwänge führen auf stagnierenden Tourismus-Märkten zu einem starken Verdrängungswettbewerb, bei dem vor allem die kleinen Orte unterliegen. Die Konzentration des touristischen Angebotes auf die grossen Zentren wird auch dadurch beschleunigt, dass sich die Abschreibungsperiode der Erneuerungsinvestitionen mit höherer Auslastung verkürzt und somit den Zentren einen technologischen Vorsprung verschafft. Diese Entwicklung kann aber die grossen Orte immer mehr an ihre flächenmässigen Kapazitätsgrenzen heranführen, wodurch sie den Spielraum für alternative Tourismusformen verlieren.

Der Abbau der zukunftslastigen Strukturen und Sachzwänge und die innere Kontrolle des Wachstumsprozesses über den Bau- und Bodenmarkt sind deshalb vordringliche Aufgaben einer Tourismuspolitik, die den Handlungsspielraum zurückgewinnen will.

3.4 Der Tourismus muss die Sicherung der Landschafts- und Umweltqualität zur eigenen Aufgabe machen (Umweltverträglichkeit)

Mit der Erkenntnis, dass nicht die «Natur an sich», sondern die alpine Kulturlandschaft bedroht ist, wurde auch klar, dass das Verhältnis zur Bergland- und -forstwirtschaft neu gestaltet werden muss. Der Bauer darf mit seinem ökologischen Erfahrungswissen nicht aus der Fläche verschwinden, denn staatlich besoldete Landschaftspfleger sind nicht in der Lage, die Kulturlandschaft in ihrer Vielfalt und Eigenart zu reproduzieren. Wurden bisher die Reproduktionskosten der Kulturlandschaft über die Preise der landwirtschaftlichen Produkte abgegolten, so wird in der Neuorientierung der Agrarpolitik die prinzipielle Trennung zwischen Produktion und Reproduktion vollzogen. Der Übergang zu den Direktzahlungen ist nicht nur einkommenspolitisch motiviert; diese Direktzahlungen drücken den Schattenpreis für das öffentliche Gut «Erholungslandschaft» aus. Darin wird die Tatsache sichtbar, dass das einstige Nebenprodukt (Kuppelprodukt) der Berglandwirtschaft, die alpine Kulturlandschaft, in der heutigen Freizeitgesellschaft zum eigentlichen Hauptprodukt geworden ist.

Der Tourismus kommerzialisiert dieses öffentliche Gut, und wo land- und forstwirtschaftliche Grundrenten bzw. Ertragswerte geschmälert werden, leistet er heute Abgeltung. Das ist aber nicht genug. Die Land- und Forstwirtschaft sind unverzichtbare Teile des touristischen Systems, weil sie die ökologischen Grundvoraussetzungen erhalten und gestalten. Viel bewusster und aktiver als bisher müsste deshalb der Tourismus, letztlich im eigenen Interesse, die Berglandwirtschaft wirtschaftlich, sozial und kulturell im Sinn einer echten Partnerschaft in die touristische Entwicklung einbeziehen. Dazu bestehen bereits bewährte Modelle (sinnvolle Beteiligung am touristischen Arbeitsmarkt, Produkteverwertung und -vermarktung usw.), und weitere Ansätze sind zu entwickeln.

3.5 Der Tourismus hat eine soziale und kulturelle Verpflichtung (Sozialverträglichkeit)

Das soziale und kulturelle Adaptationsvermögen (Anpassungs- und Verarbeitungsleistung) der lokalen und regionalen Gesellschaften an die neue wirtschaftliche Realität und neue soziale Verhaltensmuster wird wesentlich bestimmt durch die Dynamik, mit der sich der touristische Wachstums- und Entwicklungsprozess vollzieht. Die Assimilationszeit wird neben dem Assimilationsverlauf zur kritischen Grösse. Ist sie kurz, bleibt also keine Zeit zur wertbezogenen Situationsbeurteilung und zur Entwicklung neuer authentischer Ziele, dann ist der schützende Rückzug, die Abkapselung, die oft einzige Strategie gegen die Gefahr des Überfahrenwerdens und der Entwurzelung, ansonsten der Bruch mit der Vergangenheit unausweichlich wird. Ist die Assimilationszeit ausreichend, ist also eine Öffnung und kritische Verarbeitung des Neuen auf dem Hintergrund des Vertrauten möglich, vollzieht sich der soziale und kulturelle Wandel kontinuierlich, ohne abrupte Strukturbrüche.

Weil durch die ständige Konfrontation mit der Freizeitwelt der andern die Arbeit und Lebensweise der im Tourismus Beschäftigten besonders leicht in Frage gestellt wird, hat der Tourismus die schwierige Aufgabe und grosse Verpflichtung, zur wirtschaftlichen und sozialen Emanzipation der Bevölkerung und zur kulturellen Identitätsbildung beizutragen. Konkret ist damit eine breite Streuung des wirtschaftlichen und sozialen Nutzens des Tourismus gefordert und ein partizipatives Modell der Tourismusentwicklung.

Unbestritten haben bestimmte Ereignisse der letzten Jahre einen *Bewusstseinswandel* im Tourismus beschleunigt. Der ausbleibende oder verspätete Schnee hat in der Tourismuswirtschaft die Sensibilität für die Bedeutung der natürlichen Umwelt erhöht. Dies hat zumindest zur Überprüfung der Standorteignung bei Erneuerungs- und Neuinvestitionen geführt, zum Teil auch zu einer Wiederentdeckung der (noch vorhandenen) Landschaftswerte für den Sommertourismus, der durch die exzessive Wintererschliessung stark bedroht ist.

Wie weit auch die Nachfrage bereit ist, mit ihrem Verhalten den Tourismus umwelt- und sozialverträglich zu gestalten, ist eine umstrittene Frage. Die Pluralität und Widersprüchlichkeit postmoderner Lebensformen und Freizeitgestaltung machen eine Einschätzung äusserst schwierig. Die neu aufkommenden Sportarten (Biking, Rafting, Climbing, Gliding usw.) zeigen schon heute, dass diese Form der «Naturorientierung» nicht umweltverträglich ist, sondern eine neue, z.T. erhebliche Naturbelastung darstellt. Auch hinter dem Sammelbegriff «sanfte Tourismusformen» verbergen sich «Zurück-zur-Natur-Bewegungen», die der alpinen Kulturlandschaft und den verbleibenden Naturreservaten äusserst abträglich sein können.

Verlässlichere Anhaltspunkte sind aus der Entwicklung der Lebensstilgruppen zu erhalten, mit denen heute die touristische Nachfrage quantitativ und qualitativ charakterisiert wird. In der BRD machten Ende der 80er Jahre die «Natur-Erholer» mit vorwiegend kontemplativen Erholungsansprüchen und die «Trendsensiblen» mit hohem ökologischem Bewusstsein im Freizeit- und Tourismusmarkt einen Anteil von knapp 50% mit steigender Tendenz aus. Bei diesen stolzen Zahlen dürfen aber die oben erwähnten Widersprüche nicht vergessen werden: So reisen noch heute zwei Drittel aller Feriengäste (bei den Wochenendtouristen ist der Anteil höher) mit dem PW.

Ist also die ökologische Wende in Sicht? Diese Frage ist nicht einfach zu beantworten. Festzuhalten ist, dass zahlreiche zentrale Erkenntnisse über die Notwendigkeit und Möglichkeit eines qualitativen Umbaus im Tourismus vorhanden sind und entsprechende Bewusstseinsprozesse auf allen Stufen und Ebenen im Gange sind. Auch auf der Handlungsebene gibt es hoffnungsvolle Ansätze und zumindest Teilerfolge. Aber es braucht sicher mehr, um diesen Prozess positiv zu verstärken.

4. Ungelöste Probleme und neue Herausforderungen als Chance für eine nachhaltige Tourismusentwicklung

Der «qualitative Umbau» im Tourismus ist kein reaktionäres Konzept, das wirtschaftliches Wachstum ausschliesst oder gar verbietet. Aus Gründen des sozialen und regionalen Ausgleichs ist dies weder wünschbar, noch ist es infolge der aufgezeigten Sachzwänge machbar. Der qualitative Umbau will aber den touristischen Wertschöpfungsprozess in eine andere Richtung lenken: Weg von der einseitigen Umsatzsteigerung durch weiteren Flächen- und Ressourcenverbrauch und hin zur besseren Auslastung der vorhandenen touristischen Kapazitäten und zu höheren Umsätzen pro Arbeits- und Kapitaleinheit. Dieser Zielrichtung – höhere wirtschaftliche Ertragskraft der touristischen Raumnutzung bei gleichzeitigem Abbau der Umweltbelastung, der sozialen Spannungen und der kulturellen Überfremdung – wird denn auch allgemein zugestimmt; jedoch ist ein hoher Einsatz aller Beteiligten und der politische Wille zur Zusammenarbeit auf den verschiedenen Planungs- und Handlungsebenen erforderlich, um auf dem Weg nicht an Hindernissen zu scheitern. Es fehlt auch nicht an Konzepten und Strategievorschlägen, wie dieser Weg einzuschlagen sei. Viele dieser Vorschläge haben auch bereits in neueren touristischen Entwicklungskonzepten und Leitbildern Eingang gefunden. Trotzdem kommt die Internationale Alpenschutzkommission CIPRA in ihrer 1988 vorgelegten umweltpolitischen Bilanz (Lindau-Konferenz) zum Ergebnis, dass in fast allen Zielbereichen einer umwelt- und sozialverträglichen Tourismusentwicklung erhebliche Defizite bestehen. Die tiefer liegenden Problemkreise lassen sich in fünf Punkten zusammenfassen:

4.1 Die nicht bewältigten Wachstumsgrenzen

Wie bereits ausgeführt, lässt sich die Frage nach den Wachstumsgrenzen nicht durch einfach bestimmbare Grenzwerte beantworten. Weder sagt uns die Natur in eindeutiger Weise «bis hierher und nicht weiter», noch ist die Wahrnehmung und Bewertung der touristischen Wachstumsfolgen durch die verschiedenen Interessengruppen einheitlich. Die Festlegung von Wachstumsgrenzen ist deshalb eine eminent politische Aufgabe, zu der die Wissenschaft nur Anhaltspunkte liefern kann.

Nachfrageseitig haben sich die Wachstumsgrenzen durch expandierende und neue Freizeitmärkte immer wieder nach oben verschoben. Selbst in Stagnationsphasen ist für den einzelnen Tourismusort die Nachfrage beliebig gross, und er ist geneigt, durch die Schaffung von Grössen- und Konkurrenzvorteilen seinen Marktanteil zu erweitern (Verdrängungswettbewerb).

Unkoordinierter Kapazitätsausbau oder technologisch bedingte Kapazitätssprünge der zentralen Angebotskomponenten (Bettenzahl, Verkehrsfläche und -zubringer, Transportkapazitäten, Skipistenflächen) können angebotsseitig zu Engpässen und momentanen Sättigungserscheinungen führen, die dann aber mit der Begründung des Attraktivitätsverlustes und/oder ungenügender betriebswirtschaftlicher Renditen rasch beseitigt werden. Dieses Problem ist längst erkannt und dennoch nicht im Griff, weil häufig die politische Kontrolle über so zentrale Steuerungselemente wie Grund und Boden (Zweitwohnungsbau) der örtlichen Gemeinschaft entglitten ist.

Das derzeit wohl grösste Wachstumsproblem ist der private Reiseverkehr. Entlang der Transitachsen, auf Zubringerstrassen und in den Ferienorten sind vielfach die subjektiven (Lärm, Gestank, Behinderung) und objektiven (Luftschadstoffe) Belastungsgrenzen erreicht oder überschritten. Die Anstrengungen vieler Touristenzentren zur Schaffung verkehrsfreier Zonen und attraktiver öffentlicher Verkehrsmittel zeigen den Ernst der Lage.

Wir stellen also fest, dass innere und äussere Wachstumszwänge und das Fehlen selbstregulierender Wachstumsgrenzen für Tourismusgemeinden die grundsätzliche Gefahr bedeuten, dass Überkapazitäten bei der Infrastruktur und Irreversibilitäten bei der Landschaftserschliessung geschaffen und einzelne Belastungsgrenzen überschritten werden. Die Etappierung des touristischen Ausbaus durch Fixierung verbindlicher Wachstumsgrenzen und ihre raumplanerische und bodenpolitische Absicherung sind deshalb unverzichtbare Voraussetzungen einer risikovermindernden Wachstumsstrategie.

4.2 Das Fehlen eines umfassenden Landschafts- und Umweltschutzes

Verschiedenste Akteure müssen zusammenwirken, wenn die vier zentralen Qualitäten der traditionellen Kulturlandschaft (Stabilität, Ertragsfähigkeit, Vielfalt und Eigenart) als strategische Erfolgselemente des Tourismus im Alpenraum erhalten und weiterentwickelt werden sollen. Die Berglandwirtschaft muss auch in modernisierten Betriebsstrukturen in der Lage sein, eine differenzierte Flächenbewirtschaftung sicherzustellen. Auf ihre dezentrale Infrastruktur und Arbeitskräftepotentiale kann ein wirksamer Landschaftsschutz ebensowenig verzichten wie auf ihr standörtliches Erfahrungswissen, wenn es um die Reparatur touristischer Landschaftsschäden geht.

Die agrarpolitische Grobsteuerung, selbst mit den neuen Instrumenten zur Abgeltung ökologischer Leistungen, dürften in der Regel nicht ausreichen, Anreize für eine genügend differenzierte Flächenbewirtschaftung und Landschaftspflege zu schaffen. Die Tourismuswirtschaft ist gefordert, durch die Schaffung von Arbeits- und Absatzmöglichkeiten der Landwirtschaft ein attraktives Umfeld zu schaffen, in dem sie auch Eigeninitiativen entwickeln kann. Die örtliche Raumplanung hat schliesslich dafür zu sorgen, dass der beste Boden der Landwirtschaft als Produktionsbasis erhalten bleibt. Für die Forstwirtschaft gelten analoge Überlegungen; differenzierte Bewirtschaftungskonzepte sind ebenso gefordert wie eine bessere Integration des Roh- und Energiestoffes Holz in die regionale Wirtschaft.

Diese Hinweise genügen, um klar zu machen, dass Natur- und Landschaftsschutz ein Gemeinschaftswerk sind, an dem sich verschiedene Politikbereiche und -ebenen beteiligen müssen, wenn es gelingen soll. Das macht es nicht leicht und erklärt die vorhandenen Defizite. Der Tourismus müsste sich aber im eigenen Interesse aktiver als bisher für die Berglandwirtschaft einsetzen, und die Berglandwirtschaft muss bereit sein, ihre Produktion wieder vermehrt an der Reproduktion der alpinen Kulturlandschaft zu orientieren.

4.3 Die ungenügende Berücksichtigung der kulturellen Dimension

Die bereits beschriebene soziale und kulturelle Überfremdung dörflicher Gesellschaften durch eine rasch expandierende Tourismuswirtschaft kann zu bedeutenden individuellen und kollektiven Identitätsverlusten führen. Das Fremdwerden im eigenen Dorf durch die wachsende Zahl zugezogener Arbeitskräfte und Familien und der Verlust traditioneller sozialer Kontakte durch die Neuorganisation der Arbeits- und Freizeitwelt beschleunigen den Prozess der Individualisierung und der Pluralisierung der Werte und Normen. Damit zerfällt eine wichtige Basis der Verständigung über Fragen der gemeinsamen Zukunft.

Umgekehrt kann aber auch gerade das wirtschaftliche Erstarken einer Gemeinde durch den Tourismus das Vertrauen in die eigenen Fähigkeiten verstärken und das kollektive Bewusstsein wieder aufwerten. Identitätsverlust- und -gewinn liegen oft nahe beisammen und werden stark durch strukturelle und dynamische Faktoren bestimmt. Diese Zusammenhänge wurden lange vernachlässigt, und sie sind bis heute in vielen Punkten nicht geklärt. Erkannt ist aber die Notwendigkeit, in touristisch stark belasteten Gesellschaften (hohe Migrationsrate, saisonal stark schwankende Wohnbevölkerung), die sozialen Kontakte durch Sportvereine, kulturelle Institutionen, Weiterbildungsprogramme usw. vielfältig zu fördern und durch verschiedene Formen der Mitbestimmung die Bevölkerung an wichtigen Entscheidungen zu beteiligen, um damit Identitätsprozesse zu verstärken.

Der qualitative Umbau im Tourismus ist mit einem hohen Mass an kultureller Innovationsfähigkeit verbunden, weil traditionelle Rollen (etwa der Landwirtschaft) neue Funktionen im Tourismussystem erhalten, deren Sinnhaftigkeit einen bedeutenden Wandel im Selbstverständnis der verschiedenen Akteure voraussetzt.

4.4 Die ungenügende Diversifikation touristischer Monostrukturen

Häufig wurde dem Berggebiet abgesprochen, dass es über echte Alternativen zur touristischen Entwicklung verfügt. Obschon dieses Bild aufgrund der neusten Erkenntnisse über die sozio-ökonomische Entwicklung im Alpenraum korrigiert werden muss, bleibt die Forderung berechtigt, Alternativen im Tourismus zu fördern, um der Bildung touristischer Monostrukturen entgegenzuwirken. Die Erfolgsgeschichte des alpinen Wintertourismus hat dazu geführt, dass häufig nur noch auf die Winterkarte, unter weitgehender Vernachlässigung der Sommersaison, gesetzt wurde. Diese einseitige Fixierung auf Schnee und Ski und der damit verbundene Zwang, die hohen Umsätze innerhalb einer Periode von 120 bis 150 Tagen zu erzielen, hat den Druck auf die technische Erschliessung der Landschaft wesentlich erhöht. Diversifikation im Tourismus setzt jedoch voraus, dass Mehrfachnutzungen von Landschaft und Siedlung zu verschiedenen Jahreszeiten und durch verschiedene Gästegruppen möglich sind. Dies erfordert nun für viele Tourismusstationen kostspielige Sanierungen von Skipistenlandschaften und architektonische Aufwertungen gesichtsloser Siedlungs- und Ortsbilder.

Ein weiterer Weg zur Diversifikation der Wirtschaftsstruktur steht grossen, gut ausgebauten Ferienorten offen: Die hochwertige Dienstleistungsinfrastruktur (Banken, Versicherungen, Kommunikation usw.) in einer besonders reizvollen natürlichen Umgebung lädt zur Ansiedlung von Sport- und Bildungsanstalten, Gesundheitsdiensten, Kongresseinrichtungen, Holdinggesellschaften und weiteren nicht direkt tourismusabhängigen Dienstleistungsbetrieben ein. In solchen touristischen Dienstleistungszentren kann das Qualifikationsniveau des Arbeitsmarktes wesentlich angehoben werden, wovon auch die touristischen Dienstleister profitieren können. Die Richtung auf eine stärkere Durchmischung der touristischen mit nichttouristischen

Dienstleistungsbetrieben, ja sogar mit qualifizierten gewerblich-industriellen Arbeitsplätzen könnte ein Weg sein, touristische Arbeitsmärkte aufzuwerten und die Akzeptanz des Tourismus in tourismusintensiven Regionen zu födern.

Das Problem der touristischen Monostrukturen im Alpenraum ist heute nicht gelöst, und es gibt genügend historische Beispiele aus dem Bereich des Kurtourismus, die zeigen, mit welchen Umstellungsproblemen gerechnet werden muss, wenn solche Monostrukturen aus dem Markt fallen.

4.5 Der ungelöste regionale Ausgleich des touristischen Wachstums

Die Voraussetzungen, am touristischen Wachstumsprozess teilzunehmen, sind aus naturräumlichen und strukturellen Gründen ungleich verteilt und führten in der Vergangenheit zur Herausbildung regionaler Disparitäten. Während der Phase des problemlosen Wachstums konnten auch strukturschwächere und weniger gut erreichbare Regionen vom dezentralisierten Wachstum profitieren. Die stagnierende Nachfrage der 80er Jahre führte nicht nur im Winter, sondern gerade auch mit dem Anziehen der Sommernachfrage, zu einem erneuten Konzentrationsprozess auf die grossen, bekannten Orte und Stationen.

Die Wachstums- und Schrumpfungsprozesse der verschiedenen Tourismusmärkte könnten regional besser aufgefangen werden, wenn im Rahmen grösserer Gebietseinheiten eine funktionsteilige Zusammenarbeit realisiert werden könnte, die durch einen innerregionalen Finanz- und Lastenausgleich abgesichert wird. Dies entspräche einer regionalen Diversifikationsstrategie bei gleichzeitiger Spezialisierung der einzelnen Orte auf verschiedene Formen des harten und sanften Tourismus und gäbe der touristischen Grossregion eine entsprechende Marktposition. Oft scheitern aber solche Vorstellungen am fehlenden Willen zur Zusammenarbeit und an der engen Kirchturmpolitik. Erst in den letzten Jahren haben neue Herausforderungen zum Überdenken dieser Grundpositionen geführt.

Es sind nun im wesentlichen zwei grosse Herausforderungen, mit denen der Alpentourismus in den 90er Jahre konfrontiert ist, die aber auch als Chance für eine beschleunigte Realisierung des qualitativen Umbaus gewertet und genutzt werden können.

4.6 Neue Konkurrenzverhältnisse im internationalen Tourismus

Den internationalen Tourismusmärkten wird weiteres Wachstum vorausgesagt. Im internationalen Transportsektor kommen die Preise durch die wachsende Konkurrenz weiter unter Druck, und angebotsseitig ist der Ausbau – z.B. im europäischen Süden und in zahlreichen klimatisch attraktiven Schwellen- und Entwicklungsländern – weiter im Gang. Aus dem Binnenmarktraum, und damit den wichtigsten Herkunftsgebieten der Alpentouristen, werden ebenfalls Wachstumsimpulse erwartet; insbesondere dürfte sich durch die Liberalisierung der Kapitalflüsse und der vereinfachten Niederlassungsmöglichkeiten in den EU-Staaten der Baudruck in attraktiven Fremdenverkehrsorten und Zweitwohnungsgebieten verstärken. Zentrale Lage, gute Erreichbarkeit/Infrastruktur und eine attraktive landschaftliche Umgebung sind Standortfaktoren, die nicht nur für häufigere Kurzaufenthalte, sondern sogar für einen temporären Wohnstandort im Alpenraum sprechen.

Allerdings dürften sich diese Märkte auch immer stärker differenzieren. Gerade bei den reiseerfahrenen europäischen Nationen stehen immer weniger die durchschnittlichen Massenprodukte im Vordergrund, sondern die differenzierte, qualitativ hochstehende, professionelle touristische Dienstleistung in einer exklusiven, natürlichen Umgebung. Wenn wir die touristischen Alpenregionen in diesen künftigen Märkten positionieren, dann spricht zumindest für die bereits gut entwickelten Tourismusorte fast alles dagegen, ein weiteres Breitenwachstum zuzulassen, das meiste aber dafür, diese marktlichen Differenzierungsimpulse als Chance für ein qualitatives Tiefenwachstum zu nutzen. So liesse sich ein Qualitätsvorsprung ausbauen, der höhere Preise rechtfertigt, die Wertschöpfungsintensität erhöht und die Qualität des touristischen Arbeitsmarktes verbessert. Gleichzeitig müsste eine regionale Diversifikationsstrategie angestrebt werden, damit auch die weniger entwickelten touristischen Gemeinden ihr komplementäres Angebot in ein regionales Marketingkonzept einbringen können.

4.7 Unsicherheiten über die Entwicklung des Klimas und der Umweltrisiken
Die zweite Hälfte der 80er Jahre hat deutlich gemacht, dass *Klima und Umwelt gerade im Alpenraum zunehmend als variable Grössen betrachtet werden müssen*. Die Unwetterkatastrophen des Sommers 1987, die Waldschadenentwicklung und eine Serie schneearmer Winter ab 1987/88 zeigen, wie rasch und empfindlich die alpinen Ökosysteme auf grossräumige Klima- und Umweltveränderungen reagieren und die Verkehrsachsen, Siedlungsräume und Erholungsgebiete gefährden können. Die atmosphärische Erwärmung mit schwer prognostizierbaren klimatischen Effekten im Alpenraum lässt kurzfristig eine Tendenz zu grösserer Variabilität des Wettergeschehens erwarten, was sich etwa im Sommerhalbjahr mit häufigeren Schadenereignissen und ungünstigen Witterungsperioden auswirken könnte. Über einige Jahrzehnte muss mit einer Verschiebung der klimatischen Höhenstufen gerechnet werden, wodurch die tiefer gelegenen Skigebiete in Schneeschwierigkeiten kommen dürften. Dies stellt besonders die Wintersportorte vor ganz neue Herausforderungen. Allein mit technischen Massnahmen (Schnee-Erzeugung) lässt sich bekanntlich kein grösseres Pistensystem wirtschaftlich erzeugen. Dies ist auch aus ökologischen Gründen abzulehnen und stösst bei den erfahrenen Wintergästen kaum auf Akzeptanz.

Bei abnehmender Schneemenge und -dauer und grösserer Variabilität von Jahr zu Jahr ergibt sich für die betroffenen Touristenstationen der Zwang, höher gelegene Skigebiete zu erschliessen oder aber nach neuen Bewirtschaftungskonzepten Ausschau zu halten, um die vorhandene Infrastruktur auslasten zu können. Die generelle Aufwertung der Sommersaison und eine bessere Nutzung der Zwischenjahreszeiten erweist sich in den letzten Jahren als eine erfolgreiche Strategie. Dies entspricht dem alten Postulat, das saisonal so unterschiedliche natürliche Angebot des Berggebietes touristisch besser auszuschöpfen, und es liegt auch im Nachfragetrend, wonach die häufigeren und kürzeren Arbeitsunterbrüche dem nahen Alpenraum ganzjährig Besucher und Gäste sichern dürften, wenn die entsprechenden Angebote bereitgestellt werden. Diese Risikoverminderungsstrategie durch saisonale Diversifikation des touristischen Angebotes bedeutet aber auch eine klare Begrenzung für weitere Erschliessungsprojekte und wäre ein wichtiger Beitrag an den qualitativen Landschaftsschutz.

Zusammenfassend können wir also festhalten, dass Markt- und Umweltentwicklung einen Druck in die richtige Richtung erzeugen: mehr Diversifikation und weni-

ger Wachstum, Qualität vor Quantität, regionale Kooperation an Stelle eines gefährlichen Verdrängungswettbewerbs und schliesslich ein umfassendes Umweltmanagement, in dem Land- und Forstwirtschaft eine zentrale Rolle spielen.

5. Regionalpolitik und nachhaltige Tourismusentwicklung

Mit dem Konzept des «qualitativen Umbaus», wie es in diesem Aufsatz vertreten wird, soll ein Richtungswechsel im Alpentourismus eingeleitet werden, der ihn mittelfristig auf einen «nachhaltigen» Entwicklungspfad führt. Als nachhaltig bezeichnen wir die touristische Entwicklung dann, wenn die tragenden wirtschaftlichen und soziokulturellen Prozesse derart gestaltet werden, dass die Reproduktion der zentralen natürlichen und gesellschaftlichen Ressourcen gewährleistet ist. Aus dieser sehr allgemeinen Leitidee lassen sich kaum einfach operationalisierbare Ziele herleiten, auf die dann einzelne Massnahmen auszurichten wären. Die Einlösung dieses Anspruches bedeutet vielmehr, dass auf verschiedenen Handlungsebenen ein Prozess ausgelöst wird, der schliesslich Konvergenz in die richtige Richtung erzeugt. Um diese Richtung zu finden, orientieren wir uns an den Erkenntnissen und Erfahrungswerten, wie sie in den vorangehenden Kapiteln erläutert wurden. Die ungelösten Probleme warnen uns davor, dass der Erfolg nicht einfach zu haben ist, und sie zeigen uns, wo die Schwachpunkte bisheriger Steuerungsversuche liegen. Mit den neuen Herausforderungen schliesslich sollte aufgezeigt werden, wo die künftigen Gestaltungspotentiale liegen, die, geschickt genutzt, den Umbauprozess beschleunigen können.

Unbestritten müssen verschiedene Handlungsebenen angesprochen werden, wenn ein kohärentes Konzept einer Prozesspolitik entworfen werden soll, die die bereits festgestellten positiven Handlungsansätze in verschiedenen Sektoren und auf verschiedenen Ebenen aufnimmt und, dem Grundsatz des eigenverantwortlichen Handelns verpflichtet, sich vor allem auf die Schaffung geeigneter Rahmenbedingungen und nicht auf die Handlungen selbst konzentriert.

5.1 Die lokale und regionale Handlungsebene

Sie ist die wichtigste Handlungsebene in unserem Konzept, weil die Verantwortung für die eigene Lebensraumgestaltung hier am unmittelbarsten wahrgenommen werden kann. Allerdings setzt dies voraus, dass mit der Planungs- und Gestaltungskompetenz auch die entsprechenden Finanzmittel zur Verfügung stehen (politische und finanzielle Autonomie der Gemeinden und Regionen). Die Gestaltungsgrundsätze sind wohl im Anschluss an das schweizerische MAB-Programm am umfassendsten ausgearbeitet und seither in verschiedenste Leitbilder und regionale Entwicklungskonzepte aufgenommen worden. In den wesentlichen Punkten wurden sie in den Kapiteln 3 und 4 ausgeführt. An Grenzen stösst die autonome Planungssteuerung allerdings dann, wenn strukturelle Wachstumszwänge überwunden werden müssen, die zu erheblichen wirtschaftlichen und fiskalischen Einbussen führen können. Die politische Durchsetzung einer rigorosen Zweitwohnungsbegrenzung etwa, ist denn auch ein wichtiger Prüfstein des bereits vollzogenen Bewusstseinswandels in einer touristischen Gemeinde.

Die Herausforderungen der neuen Märkte und der Umweltrisiken werten die *Region* als künftige Entwicklungseinheit bedeutend auf. Die Vorteile der regionalen Zusammenarbeit und der innerregionalen Spezialisierung kommen sowohl bei der Standortoptimierung für die verschiedenen touristischen Tätigkeiten (Skigebiete, Wandergebiete, Sportzonen im Freien usw.), bei der Bewältigung der Verkehrsprobleme durch öffentliche Transportmittel wie auch bei der notwendigen Diversifikation der touristischen Zielgebiete voll zum Tragen. Umweltrisiken können so besser aufgefangen werden, und die strukturelle Flexibilität und marktliche Anpassungsfähigkeit wird dadurch bedeutend grösser. Allerdings sind in vielen Fällen die heutigen Planungsregionen (z.B. in der Schweiz) zu klein und zu schwach ausgestattet. Die Bildung funktionaler Tourismusregionen mit einer minimalen Angebotsausstattung drängt sich auf. Da innerhalb einer touristischen Grossregion nicht alle Gemeinden gleichermassen vom Tourismus profitieren können, kommt dem Instrument des innerregionalen Finanz- und Lastenausgleichs eine entscheidende Bedeutung zu.

5.2 Die nationale Handlungsebene

Mit Ausnahme Sloweniens gibt es heute in allen Alpenländern spezielle Gesetze, durch welche die Sonderstellung der Berggebiete und damit des Alpenraumes im nationalen Rahmen anerkannt wird. Meist als Fördergesetze ausgestaltet, bilden sie die Grundlage, um regionalpolitisch zugunsten der wirtschaftlich benachteiligten Regionen und Sektoren (Landwirtschaft, Forstwirtschaft) zu wirken. Allerdings gibt es zwischen den zentralistischen und den föderalistischen Staaten grosse Unterschiede in der Ausstattung der Regionen und ihrer Gemeinden mit politischer und finanzieller Autonomie. Mit dem «loi montagne» wurde 1985 in Frankreich das jüngste Berggebietsgesetz geschaffen, das für die Bergregionen die wirtschaftliche Entwicklung, die Raumplanung, den Umweltschutz und die Land- und Forstwirtschaft umfassend regelt. Interessant ist nun die Feststellung, dass diese Gesetze in den Alpenländern in den wesentlichen Punkten mehr und mehr konvergieren. Anerkannt wird,
– dass die Bergregionen bezüglich wirtschaftlicher Entwicklung und Schutz der natürlichen Umwelt besonderer Massnahmen bedürfen
– dass Entwicklung auf der gleichzeitigen Förderung wirtschaftlicher Möglichkeiten, gesellschaftlicher Kompetenz und umweltpolitischer Verantwortung aufbauen muss
– dass die endogenen Entwicklungspotentiale gestärkt werden müssen als Voraussetzung wirtschaftlicher und politischer Autonomie
– dass der Land- und Forstwirtschaft eine Vorrangfunktion bei der Sicherung der ökologischen Stabilität und der Erhaltung der landschaftlichen Qualität zukommen
– dass kulturelle und regionale Identitätsprozesse unterstützt und gefördert werden sollen.

Auf diesen Grundprinzipien lässt sich eine Regionalpolitik gestalten, die den angelaufenen Umbauprozess im Tourismus sinnvoll unterstützen kann. Allerdings müssen die Akzente eindeutiger gesetzt werden, und zwar sowohl sachlich wie auch räumlich.

Weil der qualitative Umbau im Tourismus mit erheblichen wirtschaftlichen, sozialen und kulturellen Anpassungsleistungen verbunden ist, sind hohe Anforderungen an die Innovationsfähigkeit der regionalen Akteure gestellt. Eine *innovationsorientierte Regionalpolitik* soll diese Prozesse durch Know-how-Transfer, Weiterbildungsprogramme, die Förderung von Dienstleistungsbetrieben im Kommunikationsbereich usw. gezielt unterstützen. Mit einer *internalisierungsorientierten Regionalpolitik* soll der Druck auf unerschlossene Landschaften und Erholungsräume vermindert werden, indem der Nutzungsverzicht und die Landschaftspflege entsprechend ihrem ökonomischen Wert abgegolten werden. Die Förderung ökologischer Ausgleichsräume im Berggebiet kann so mit der Erhaltung dezentraler Siedlungsstrukturen gekoppelt werden, die für landschaftsorientierte Tourismusformen von grosser Bedeutung sind. Ein dritter Akzent ist schliesslich in Richtung *föderalismusorientierter Regionalpolitik* zu setzen.

Wie bereits erwähnt, ist eine dezentrale Förderung dieser Anpassungsprozesse im Berggebiet nur möglich und sinnvoll, wenn auch die institutionellen Rahmenbedingungen dies zulassen. Die verschiedenen administrativen und finanzpolitischen Kompetenzen müssen in dem Masse ausgebaut werden, dass die Gemeinden und Regionen echten Handlungsspielraum erhalten, den sie durch Eigeninitiative nutzen können. In den föderalistischen Alpenländern hat dieses Prinzip Tradition. Allerdings fehlt es oft an den Kompetenzen, die Möglichkeiten auch auszuschöpfen.
Eine *regionale Differenzierung der berggebietsorientierten Regionalpolitik* drängt sich deshalb auf, weil grosse Unterschiede zwischen städtischen Zentren, Pendlerräumen und Tourismusregionen bestehen, für die je spezifische Probleme und Massnahmen im Vordergrund stehen. Die Ausarbeitung einer solchen regional differenzierten Regionalpolitik steht etwa in der Schweiz (nationale Ebene) und im Rahmen der Alpenkonvention (internationale Ebene) zur Diskussion. Die nationale Ebene ist aber damit noch nicht aus der Pflicht entlassen, den touristischen Umbauprozess durch die Schaffung günstiger Rahmenbedingungen zu unterstützen. Drei sektoralpolitische Bereiche müssen hier noch speziell erwähnt werden: Über die Agrarpolitik müssen die Anreize zur ökologischen Leistungserstellung der Berglandwirtschaft ganz allgemein verstärkt, und über die Verkehrs- und Energiepolitik muss der Alpenraum vom touristischen Privatverkehr entlastet werden.

5.3 Die internationale Handlungsebene

Die Alpenkonvention vereinigt die sieben Alpenländer und die EU in einem Vertragswerk, das die Grundlage für eine umwelt- und sozialverträgliche Entwicklung im Alpenraum schaffen soll. Eine wichtige Voraussetzung für diese vertragliche Zusammenarbeit ist die Anerkennung gemeinsamer Prinzipien für die Nutzung und den Schutz des alpinen Lebens-, Wirtschafts- und Erholungsraumes. Die oben zitierten Berggebietsgesetze lassen solche bereits erkennen. Erstmalig an diesem Versuch ist das Faktum, dass für eine europäische Grossregion, die quer zu den bestehenden politischen Strukturen steht, ein spezifischer politischer Handlungsrahmen definiert wurde. Dies kommt der Anerkennung einer regionalen Differenzierung der europäischen Wirtschafts- und Rechtsnormen durch die EU gleich.

Ohne auf die gegenwärtigen politischen Probleme der Alpenkonvention einzugehen, sei auf jene Punkte hingewiesen, die unseren touristischen Umbauprozess fördern können:
- Durch eine überzeugt nach aussen vertretene gemeinsame Politik der Alpenregionen wächst auch das Bewusstsein der Alpenbesucher und -touristen, dass sie diesem Raum gegenüber eine besondere Verantwortung tragen.
- Das Prinzip der umweltpolitisch gleich langen Spiesse im Wettbewerb um touristische Marktanteile verhindert einen kontraproduktiven Verdrängungswettbewerb und führt zum Abbau interregionaler Ungleichgewichte und Überlastungserscheinungen.
- Die Verstärkung föderalistischer Strukturen im Alpenraum dagegen soll den Innovationswettbewerb zwischen den touristischen Regionen erhöhen und zur qualitativen Aufwertung des touristischen Angebotes führen.

Die Alpenkonvention übernimmt damit die internationale Abstützung des notwendigen Umbauprozesses im Alpentourismus und müsste eigentlich im Interesse der betroffenen Regionen selbst, verstärkt aus dem Alpenraum heraus, speziell auch von den Schweizer Bergkantonen, Unterstützung finden.

Wenn diese drei Handlungsebenen beginnen, ineinanderzugreifen und sich zu verstärken – weil Klarheit über die gemeinsamen Ziele herrscht, weil die Massnahmen so abgestimmt sind, dass sie sich in der Wirkung verstärken und die Akteure dadurch die Gewissheit erlangen, dass sie gemeinsam an einem grossen Projekt arbeiten, das ihnen für die Zukunft echte Alternativen zum bisherigen Wachstumsmodell eröffnet – dann wäre nach 1978 zum erstenmal erreicht, was damals durch K. Ganser in der Synthese des Europaseminars als politische Vision formuliert wurde: eine Alpenpolitik in Europa, die von innen getragen und von aussen abgesichert wird.

Literatur

BÄTZING, W. & MESSERLI, P. (Hrsg.), 1991: Die Alpen im Europa der 90er Jahre. Geographica Bernensia P 22. Bern.
BÄTZING, W., 1990: Vom verhindernden zum gestaltenden Umweltschutz. Perspektiven für eine integrale Umweltschutzpolitik im Alpenraum der 90er Jahre. Geographica Helvetica Nr. 3: 105–112.
BÄTZING, W., 1991: Die Alpen im Europa der neunziger Jahre. In: BÄTZING/MESSERLI (Hrsg.), 1991: 247–291.
BÄTZING, W., MESSERLI, P., 1992: The Alps: an ecosystem in transformation. In: STONE, P.B. (Ed.): «The state of the World's mountains. A global report on behalf of Mountain Agenda; p. 45–91. Zed Books Ltd, London and New York.
BÄTZING, W. und Mitarbeiter, 1993: Der sozio-ökonomische Strukturwandel des Alpenraumes im 20. Jh. Geographica Bernensia P26, Bern.
BÄTZING, W., PERLIK, M., 1995: Tourismus und Regionalentwicklung in den Alpen 1870–1990. In: LUGER, K., INMANN, K. (Hrsg.): Verreiste Berge, Kultur und Tourismus im Hochgebirge; p. 43–80. Studien Verlag, Innsbruck-Wien.
BIEGER, Th., HOSTMANN, M. (Hrsg.), 1990: Strategie 2000 für die Freizeitbranche. Luzerner Beiträge zur Betriebs- und Regionalökonomie, Band 3, Rüegger.

BROGGI, M.F., 1987: Sanfter oder harter Tourismus – wo liegen die Zukunfts-Chancen im Alpenraum? Kleine Schriften der Internationalen Alpenschutz-Kommission Nr. 1.
BROGGI, M.F.,1991: Auswirkungen des technischen Wintersports auf unsere Natur. Alpine Raumordnung Nr. 5: 76–82. Fachbeiträge des österreichischen Alpenvereins. Innsbruck.
DANZ, W., 1989: Leitbild für eine Alpenkonvention. Kleine Schriften der Internationalen Alpenschutz-Kommission Nr. 5.
DANZ, W., 1992: CIPRA-Positionen anlässlich der Konferenz «Die Alpenkonvention – Zwischenbilanz». Schwangau, 1.–3. Oktober, 1992. Internationale Alpenschutz-Kommission.
ELSASSER, H. & WACHTER, D., 1991: Zum Stand von Umweltschutz und Raumplanung im schweizerischen Alpenraum. Alpine Raumordnung, Nr. 5: 50–62. Fachbeiträge des österreichischen Alpenvereins, Innsbruck.
ELSASSER, H., FRÖSCH, R., 1992: La saturation touristique à l'exemple du Canton des Grisons. Revue Géographie de l'Est, numéro 3: 201–215.
EUROPARAT, 1978: Probleme der Belastung und Raumplanung im Berggebiet, insbesondere in den Alpen. Seminarbericht, Bundesamt für Raumplanung, Bern.
EU-KOMMISSION, Generaldirektion für Regionalpolitik, 1993: Etude prospective des régions de l'arc alpin et peri-alpin. INTER G, Juin 1993.
FRÖSCH, R., ELSASSER, H., 1989: Aktuelle Tendenzen der touristischen Planung in den Schweizer Alpen. Berichte zur Raumforschung und Raumplanung, Heft 6: 18–29. Österreichische Gesellschaft für Raumforschung und Raumplanung, Wien.
FRÖSCH, R., 1992: Sättigung im Tourismus – Probleme und Lösungsmöglichkeiten; dargestellt am Kanton Graubünden. Dissertation, Universität Zürich, Geographisches Institut (im Druck).
GEOGRAPHISCHES INSTITUT BERN, 1991: Die Alpen – eine Welt in Menschenhand. EDMZ, Bern.
GEMEINDE GRINDELWALD, 1988: Leitbild Grindelwald 2000. Empfehlungen zum Leitbild.
HAID, H., 1991: Vom neuen Leben in den Alpen. In: BÄTZING/MESSERLI (Hrsg.): 230–246.
HANSER, Ch., BRUGGER, E.A., 1991: Regionalvielfalt als Herausforderung für die Regionalpolitik. Das Fallbeispiel Kanton Graubünden. In: ELSASSER, H., BÖSCH, M. (Hrsg.): Beiträge zur Geographie Graubündens: 142–149. Zürich.
KASPAR, Cl. et al., 1991: Perspektiven des Schweizer Tourismus. Beiträge zur Tourismuspolitik Nr. 1. Schriftenreihe des Bundesamtes für Industrie, Gewerbe und Arbeit, Bern.
KELLER, P., KOCH, K., 1995: Die Globalisierung des Tourismus. Eine Herausforderung für die Schweiz als traditionelles Tourismusland. Volkswirtschft 5: 16–22. Bern.
KRIPPENDORF, J., 1986: Alpsegen – Albtraum. Für eine Tourismusentwicklung im Einklang mit Mensch und Natur. Kümmerly + Frey, Bern.
MESSERLI, P., SCHEURER TH., WIESMANN U., 1986: Modellstudie Grindelwald zur Umweltverträglichkeit olympischer Winterspiele im Berner Oberland 1996/2000. MAB-Schlussbericht Nr. 28, Bern.
MESSERLI, P., 1986: Touristische Entwicklung im schweizerischen Berggebiet: Auswirkungen auf Wirtschaft, Gesellschaft und Umwelt. Jahrbuch der Geographischen Gesellschaft von Bern, Band 55: 343–360. Bern.
MESSERLI, P., 1989: Mensch und Natur im alpinen Lebensraum, Risiken, Chancen, Perspektiven. Paul Haupt, Bern.
MESSERLI, P., 1990: Tourismusentwicklung in einer unsicheren Umwelt. Orientierungspunkte zur Entwicklung angemessener Strategien. Volkswirtschaft 12: 21–27. Bern.
MESSERLI, P., 1991: Herausforderungen und Bedrohungen des schweizerischen Berggebietes durch Europa an der Wende zum 21. Jahrhundert. In: BÄTZING/MESSERLI, 1991: 142–176.
MESSERLI, P., 1992: Die Zukunft der Alpen in Europa. Geographische Rundschau, Heft 7–8: 409–415.
MESSERLI, P., 1994: The Dilemma of the Alps – Balancing Regional Development and Environmental Protection in Particularly Attractive Regions. In: Regional Policies and the Environment. Nord REFO No. 2: 80–105. Stockholm.
MESSERLI, P., MEULI, H., 1996: Umwelt und Tourismus. Erfordernisse an die neuen Grundzüge einer wettbewerbsorientierten Tourismuspolitik. Schriftenreihe BIGA, Beiträge zur Tourismuspolitik Nr. 6. EDMZ, Bern.
MÜLLER, H.R., 1986: Tourismus in Berggemeinden: Nutzen und Schaden. Eine Synthese der MAB-Forschungsarbeiten aus tourismuspolitischer Sicht. Schlussbericht zum schweizerischen MAB-Programm Nr. 19. Bern.

PARTSCH, K. (Hrsg.), 1990: Alpenbericht. Ein Bericht an das Europa-Parlament. Sonthofen. BRD.
SEILER, B., 1989: Kennziffern einer harmonischen touristischen Entwicklung. Sanfter Tourismus in Zahlen. Berner Studien zu Freizeit und Tourismus 24. Forschungsinstitut für Freizeit und Tourismus, Bern.
STUCKI, E., 1992: Balanced Development of the Countryside in Western Europe. Nature and Environment, Nr. 58. Council of Europe Press.
TSCHURTSCHENTHALER, P., 1987: Der Beitrag einer umweltorientierten Fremdenverkehrspolitik zu den regionalen wirtschaftspolitischen Zielen. Revue de tourisme numéro 2, 7–13.
WACHTER, D., 1990: Externe Effekte, Umweltschutz und regionale Disparitäten. Inaugural-Dissertation an der Philosophischen Fakultät der Universität Zürich. difo-druck, Bamberg.
WACHTER, D., 1993: Vertiefung sozio-ökonomischer Aspekte der Alpenkonvention und ihre Protokolle. Eine Untersuchung der SAB im Auftrag des BUWAL. Schweizerische Arbeitsgemeinschaft für die Berggebiete, Brugg.
WIESMANN, U., 1986: Wirtschaftliche, gesellschaftliche und räumliche Bedeutung des Fremdenverkehrs in Grindelwald. MAB-Schlussbericht Nr. 24, Bern.
WIESMANN, U., 1988: Ergebnisse der MAB-Untersuchungen im Testgebiet Grindelwald und deren Umsetzung in Politik und Praxis. MAB-Schlussbericht Nr. 37, Bern.

Phänologie in einem Querschnitt durch Jura, Mittelland und Alpen

Ein Beitrag zu Umweltmonitoring und Gebirgsklimatologie

François Jeanneret

Jede raumbezogene Klimatologie ordnet sich in einen Massstabsbereich (scale) ein. Während die Mikroklimatologie mit einer extrem feinen Auflösung beispielsweise die Lebensbedingungen von einzelnen Pflanzen zu charakterisieren vermag, kann sie kaum über grössere Räume flächendeckend betrieben werden. Untersuchungen im mesoklimatischen Massstabsbereich – wie sie mit Daten von nationalen Netzen mit Wetterstationen im Abstand von einigen Dutzend Kilometern angegangen werden können – sind für viele Anwendungen zu wenig detailliert. Deshalb suchte man – als die Raumplanung nach flächenhaften Klimaunterlagen verlangte – eine mittlere Auflösung.

Bruno MESSERLI erkannte Ende der sechziger Jahre, dass die Geographie in diesem Bereich eine wichtige Lücke schliessen könnte, falls geeignete Methoden für einen dichten Raster angewandt würden. Bald zeigte es sich, dass in einer von der Raumplanung verlangten Dichte in der Regel keine instrumentelle Erfassung in Frage kommt. An ihre Stelle können qualitative Beobachtungen treten, die dann in ihrem räumlichen Bezug für eine Quantifizierung und Auswertung zur Verfügung stehen.

Drei Ansätze mit phänologischer Methodik sind im Verlauf der letzten Jahre und Jahrzehnte am Geographischen Institut der Universität Bern gepflegt worden:
– mesoklimatische Beobachtungen in einem dichten Netz,
– waldphänologische Detailerhebungen,
– die Bearbeitung historischer Daten.

Das Berner Klima-Beobachtungsnetz: ein Vierteljahrhundert klimatologischer Grundlagenforschung

«Lokale Beobachtungen und Auswertungen dürften als Planungsgrundlagen für einen bestimmten Ort oder Raum künftighin von entscheidender Bedeutung sein» (MESSERLI, 1970: 11). In diesem Geist wurde 1970 ein mesoklimatisches Netz im Kanton Bern begründet, das phänologische Beobachtungen im Sommer mit Erhebungen von Schnee und Nebel im Winter verbindet.

Von grosser Originalität war dabei neben der Wahl der Beobachtungen auch die Gestaltung der Anleitung, mit welcher versucht wird, nicht nur punktuelle Werte in grosser räumlicher Dichte zu erhalten, sondern gleich auch deren raumbezogene Variabilität zu erfassen. Die Beobachter werden angehalten, möglichst mehrere Standorte oder Flächen in charakteristischer Lage (Talboden und verschiedene Hänge, Expositionen und Höhenstufen) zu erfassen, womit eine aussagekräftige Auswahl der beobachteten Punkte angestrebt wird (JEANNERET, 1971). Die Anleitung entspricht derjenigen des phänologischen Netzes der Schweizerischen Meteorologischen Anstalt (PRIMAULT, 1971), um die Vergleichbarkeit (beispielsweise mit Karten von PRIMAULT 1984 oder dem phänologischen Kalender von DEFILA 1992) zu gewährleisten.

Mit der sehr beschränkten Auswahl an Phänophasen – ursprünglich elf, später nur noch fünf – und der täglichen qualitativen Erfassung der Winterelemente Schnee und Nebel kann der Beobachtungs-, Erfassungs- und Auswertungsungsaufwand relativ bescheiden gehalten werden. Dabei wird aber auch an die Raumkompetenz der Beobachter appelliert, die mit einer optimalen Auswahl der Beobachtungsflächen eine ausserordentlich dichte und qualitativ hochstehende Information über den beobachteten Raum liefern.

Die Ergebnisse der Beobachtungen der siebziger Jahre wurden ausgewertet und publiziert (VOLZ, WITMER, WANNER in: MESSERLI et al., 1978), wobei daraus weitere Arbeiten gewachsenen sind. Das Netz erlebte seither eine stetige Reduktion der Anzahl Stationen, doch werden die Beobachtungen weitergeführt, so dass für etliche Gebiete der Kantone Bern und Jura inzwischen 25jährige Reihen verfügbar sind. In der Folge soll die weitere Entwicklung der Phänologie beschrieben werden, die ebenfalls weitergeführten Winterbeobachtungen harren einer Auswertung.

1970 wurde das Beobachtungsprogramm (MESSERLI, 1978) im damaligen Kanton Bern (alter Kantonsteil mit heutigem Kanton Jura), dem Oberwallis und dem nördlichen Tessin (Sopraceneri) gestartet, was einem vollständigen Querschnitt durch die drei Grossräume der Schweiz entsprach: Jura, Mittelland, Nord-, Zentral- und Südalpen. Mit ursprünglich 200 Stationen wurden auf etwa 600 Standorten phänologische Beobachtungen ausgeführt. Die Anzahl Stationen reduzierte sich 1978 auf etwa 120, 1985 auf etwa 40, 1995 auf etwa 20.

Diese Daten sind in verschiedenen Phasen ausgewertet worden, meist als einzelne Jahre mit vorwiegend methodischen Zielen. Fragen der Datenprüfung und Darstellung standen im Vordergrund (JEANNERET, 1972; VOLZ, 1979; BUCHER, 1993). Ferner wurde ein Versuch unternommen, die Dauer der Vegetationsperiode mit Hilfe phänologischer Phasen zu definieren (WANNER, 1973).

Die Ergebnisse der ersten Jahre wurden vor allem für den damaligen Auftraggeber, das kantonale Amt für Raumplanung, aufgearbeitet (VOLZ, 1978). Dabei wurden die Daten von fünf Jahren (1970 bis 1975) systematisch erfasst und kartographisch dargestellt. Diese noch kurze Reihe erlaubte das Erarbeiten interessanter Ergebnisse. Insbesondere waren die gewonnenen Erkenntnisse für planerische Anwendungen geeignet. Sie wurden – zusammen mit den Auswertungen von Schnee- und Nebelbeobachtungen (WITMER, 1978 und WANNER, 1978) – für eine klimatische Regionalisierung des Kantons Bern herangezogen (VOLZ, WITMER & WANNER, 1978).

Seither wurden einzelne weitere Auswertungen vorgenommen, insbesondere an phänologischen Profilen. Auch wenn sie nun einen längere Zeitraum umfassen (1970–1990), so handelt es sich immer noch um exemplarische Bearbeitungen. Immerhin sind nun detailliertere Auswertungen für den Jura verfügbar, die mit einer Serie von Querschnitten (wie in Abb. 1) illustriert werden, welche die jahreszeitlichen Abläufe in diesem Mittelgebirgsraum darstellen (JEANNERET, 1991a und 1991b; BUCHER & JEANNERET, 1993; NUBER, in Vorb.).

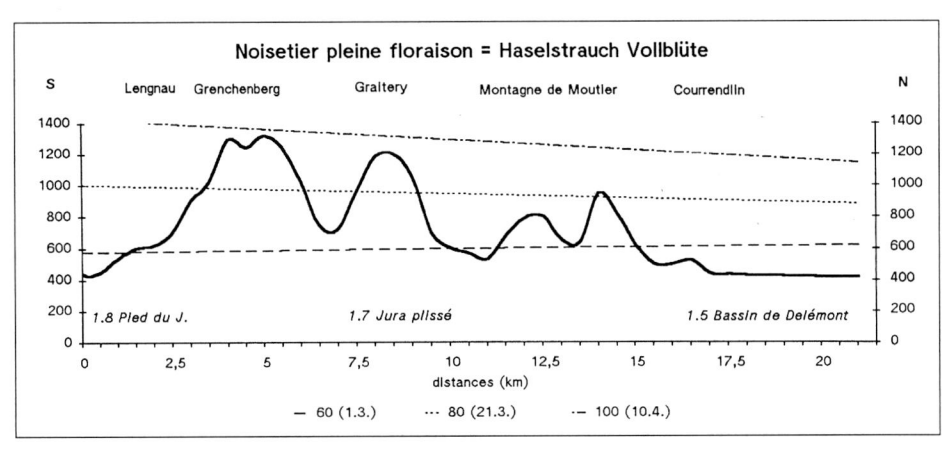

Abb. 1: Profile der Haselnuss-Vollblüte (Coryllus avellana). Die Blüte beginnt überall in den tieferen Lagen Ende Februar/Anfang März. Die Höhengradienten sind regional wenig differenziert und betragen 5 bis 7 Tage Verspätung pro 100 m Höhenzunahme. Der negative Gradient im Delsberger Becken ist wahrscheinlich auf häufige Inversionen zurückführen. Zuerst beginnt die Blüte an den Abhängen, dann erst im Talgrund. (Aus: JEANNERET, 1991a: 64)

Die Waldphänologie: die phänologische Entwicklung einzelner Bäume

Im Zusammenhang mit der Diskussion um das Waldsterben und die neuartigen Waldschäden stellte sich bald einmal die Frage nach den Veränderungen des phänologischen Verhaltens der Bäume. Das Sanasilva-Waldschadensprogramm (1984–1992) beschäftigte sich noch kaum mit diesem Aspekt. Im Rahmen des Moduls «Ökologie» der flankierenden Massnahmen zum Walderhebungsprogramm der Eidgenössischen Forstdirektion (Bundesamt für Umwelt, Wald und Landschaft, BUWAL) wurde daher das Projekt «Phänologische Beobachtungen zum jahreszeitlichen Verlauf des Belaubungs- und Benadelungszustandes bei Buche und Fichte» aufgenommen (von Laurent MARTI, Bern, begonnen und ab 1994 vom Geographischen Institut der Universität Bern fortgesetzt, siehe BRÜGGER, in Vorb.).

Dabei werden im Kanton Bern 34 Buchen auf vier Standorten (Magglingen, Vingelzberg, Eymatt und Leissigen) und 66 Fichten auf sieben Standorten (vorige sowie Scheidwald ob Rüschegg, Wengernalp und Krattigen) erfasst. Folgende Ziele stehen im Vordergrund:
– Bearbeitung der methodischen Aspekte im Hinblick auf eine Wald-Dauerbeobachtung,
– Darstellung von Zusammenhängen zwischen phänologischen Ereignissen und Symptomen der neuartigen Waldschäden,
– Verknüpfung mit phänologischen Netzbeobachtungen.

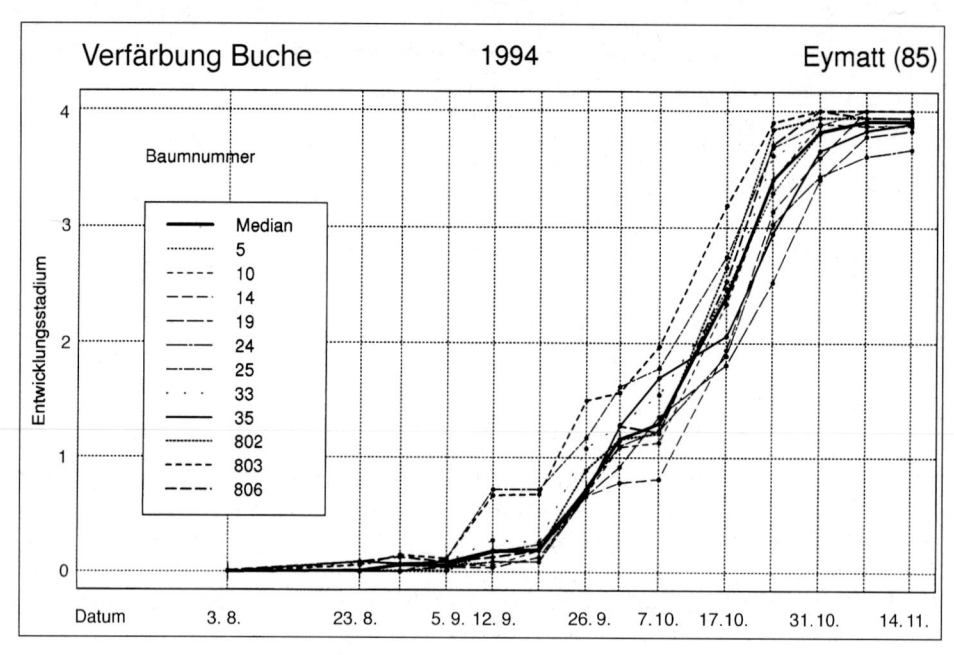

Abb. 2: Verlauf der Verfärbung der Buche Nr. 85 in Eymatt im Herbst 1994 (Entwicklungsstadium). (Aus: BRÜGGER, in Vorb.)

Es werden nicht nur die in der Phänologie üblichen Phänophasen erhoben, sondern auch Stadien, welche die Entwicklungsstadien als Summengrösse bestimmen (Abb. 2). Die Variabilität ist recht unterschiedlich: in einzelnen Jahren verfärben sich die Bäume eines Standortes fast gleichzeitig, in andern Jahren über fast einen Monat verteilt (Abb. 3). Dabei ergeben sich deutliche Zusammenhänge zwischen grösseren Temperaturschwankungen und dem Ansteigen der Entwicklungsgeschwindigkeit.

Zur Frage der Kronenverlichtung lässt sich aussagen, dass der Anteil der Bäume mit einer hohen Kronenverlichtung in der Klasse der sich früh verfärbenden Bäume signifikant höher ist als in den andern beiden Klassen.

Die historische Phänologie: kritische Bearbeitung von Reihen aus dem 19. Jahrhundert

Wo phänologische Beobachtungen aus der Vergangenheit verfügbar sind, stellen sie eine äusserst wertvolle Datenbasis dar, die insbesondere der historischen Klimatologie dienen kann. So bezieht PFISTER (1972, 1984) immer wieder phänologische Reihen in seine umwelthistorischen Betrachtungen ein.

Während viele historische Reihen die Beobachtungen einzelner Personen umfassen, sind eigentliche Netze selten. Deshalb ist es als Glücksfall zu bezeichnen, dass im Kanton Bern die Forstdirektion im vergangenen Jahrhundert ein Beobachtungs-

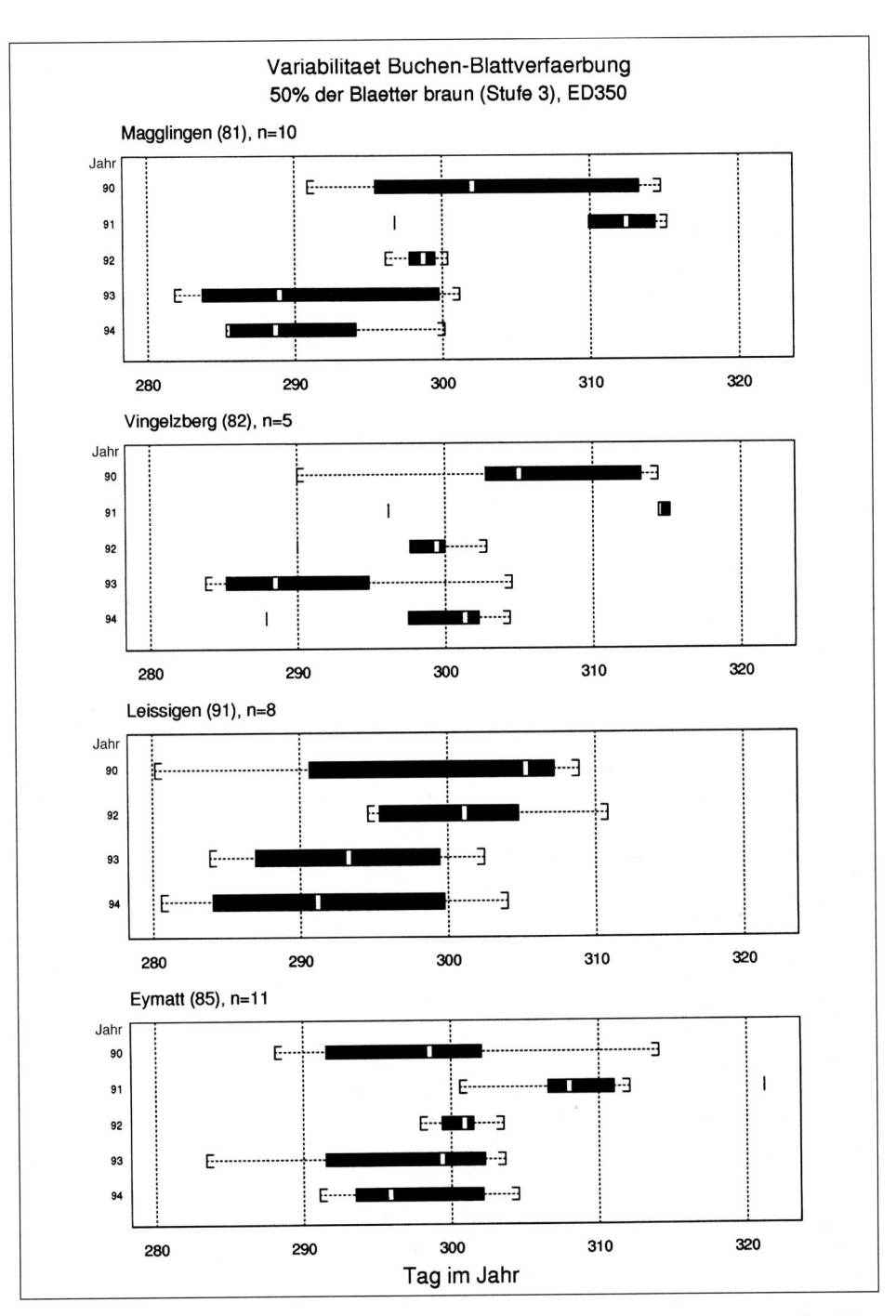

Abb. 3: Variabilität der berechneten Eintrittstage für die Phasengrösse «50 % der Blätter am Baum braun» der Buche. Die Daten sind geordnet nach Standort und Jahr. (Aus: Brügger, in Vorb.)

programm durchführte, das von 1869 bis 1882 in Betrieb war (FORSTDIREKTION DES KANTONS BERN, 1870–1883). Aus dieser Zeit sind Beobachtungen von über 40 Stationen vorhanden, die in Wäldern des Kantons Bern (einschliesslich des heutigen Kantons Jura) vorgenommen wurden. Es handelt sich um Datenmaterial, das eine Fülle auswertbarer Daten umfasst. Das Netz wurde aufgegeben, als die forstwissenschaftlichen Tätigkeiten von den Kantonen an die Eidgenossenschaft (Eidg. Forschungsanstalten) übertragen wurden. Leider wurden die Daten des unterbrochenen Programmes im letzten Jahrhundert nicht systematisch ausgewertet (VASSELLA, in Vorb.).

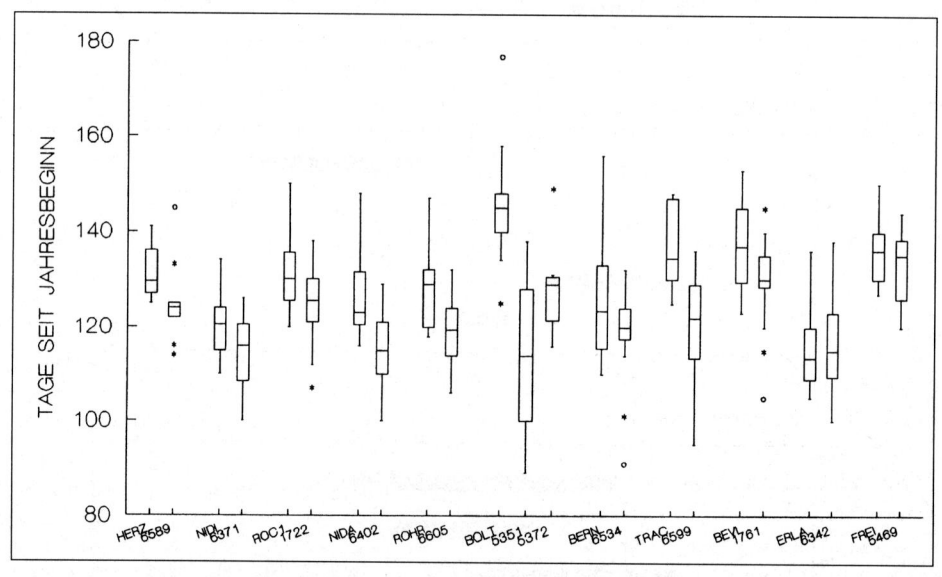

Abb. 4: Phaseneintritt der «allgemeinen Belaubung» der Buche an 12 Stationspaaren, die aus einer historischen (10–14 Beobachtungsjahre zwischen 1869 und 1882) und einer heutigen Station (12–42 Jahre zwischen 1950 und 1993) bestehen (Mann-Whitney U-Test: alle Unterschiede innerhalb der Paare sind bei p <0,05 signifikant, ausser bei den Paaren Bern–Münchenbuchsee, Erlach–La Coudre, Freimettigen–Oberlangenegg). (Aus: Vassella, in Vorb.)

Historische Stationen	heutige Stationen
HERZ = Herzogenbuchsee	6589 = Herzogenbuchsee
NIDI = Nidau I	6371 = Biel
ROC1 = Roches	1722 = Moutier
NIDA = Nidauberg	6402 = Orvin
ROHR = Rohrbach	6605 = Grossdietwil
BOLT = Boltigen	5351 = Zweisimmen, 5372 = Oberwil i. S.
BERN = Bern	6534 = Münchenbuchsee
TRAC = Trachselwald	6599 = Wyssachen
BEVI = Bévilard	1761 = Bellelay
ERLA = Erlach	6342 = La Coudre (Neuchâtel)
FREI = Freimettigen	5469 = Oberlangenegg

Die Daten einer Auswahl geeigneter Stationen wurden im Rahmen des Projektes «Historische Waldphänologie» (Modul «Ökologie» der flankierenden Massnahmen zum Walderhebungsprogramm der Eidgenössischen Forstdirektion, Bundesamt für Umwelt, Wald und Landschaft, BUWAL) sorgfältig aufgenommen, überprüft und ausgewertet (VASSELLA, in Vorb.). Eine wichtige Motivation ist der Vergleich mit der Gegenwart. Dabei können die historischen Reihen aus dem letzten Jahrhundert als Referenz für die Untersuchung der Verhältnisse vor der Zeit der neuartigen Waldschäden und der Auswirkungen des explodierenden Erdölkonsums, den das «1950er Syndrom» ausgelöst hat (PFISTER et al., 1995), dienen.

Im vorliegenden Fall wurden die Daten des Blattaustriebs der Buche (im Netz der kantonalen Forstdirektion «allg. Belaubung» genannt) mit solchen von benachbarten historischen und aktuellen Stationen verglichen. Dabei wurde für die zweite Hälfte des 20. Jahrhunderts an den meisten Stationen eine Verfrühung von ein bis zwei, ausnahmsweise drei Wochen gegenüber den siebziger Jahren des 19. Jahrhunderts festgestellt (Abb. 4).

Ausblick: Phänologie und Umweltmonitoring

Die Vorteile der Phänologie für ein Umweltmonitoring sind offensichtlich, doch wenig bekannt (MESSERLI, 1978; JEANNERET, 1971; BUCHER & JEANNERET, 1994; DEFILA, 1991):
– Die pflanzenphänologischen Beobachtungen vermitteln eine Information über den Ablauf der Vegetationsdauer.
– Die phänologischen Daten enthalten gesamtklimatische, summierende Aussagen.
– Die räumliche Dichte lässt sich mit geeigneten Methoden und dichten Netzen fast beliebig vergrössern.
– Die Methode ist wenig aufwendig und verursacht für die Erhebung wenig Unkosten.
– Die Interpretation ist für forstliche, landwirtschaftliche und raumplanerische Anwendungen relativ einfach und aussagekräftig.

Eine Beschreibung und Anleitung für das Umweltmonitoring mit Phänologie im Wald ist in Arbeit (VASSELLA, in Vor.). Einstweilen wird dabei als Ziel das Monitoring der Auswirkungen von Klimaveränderungen sowie von direkten oder indirekten Wirkungen der Luftverunreinigungen auf die Entwicklung von Waldpflanzen bezeichnet (VASSELLA, in Vorb.).

Es steht ausser Zweifel, dass die Phänologie auch in Zukunft ein beträchtliches Potential beinhaltet. Dazu müssen allerdings die Netzdaten intensiv bearbeitet werden: Datenkontrolle, Auswertung, Interpretation. Anschliessend müssten die Datenbestände in ein GIS integriert werden, wie dies ansatzweise schon vorgeschlagen und mit einer frühen Infrastruktur bereits versucht wurde (JEANNERET, 1974). Die Auswertung und insbesondere die Interpolation der Daten im Rahmen eines Flächenrasters dürfte etliche Vorbehalte aufwerfen und Hindernisse offenbaren, da die Stationen doch recht ungleichmässig verteilt sind und ihre Dichte mancherorts ungenügend ist (NUBER, in Vorb.).

Für die Gebirgsklimatologie ist die Phänologie eine interessante Methode, weil die Pflanzen auf eine Summe oder Kombination der Klima- und Standortfaktoren reagieren – den «Witterungsakkord» (DEFILA 1991). Dabei sind die Geländefaktoren (Meereshöhe, Hangneigung, Exposition), aber auch Beschattung, relative Topographie und Wasserfaktoren von grosser Bedeutung. Als Schwierigkeit erweist sich allenfalls die Verteilung der Vegetation, also die Höhenabhängigkeit der Artenzusammensetzung, die das Vorhandensein einer zu beobachtenden Art bestimmt. Trotzdem lassen sich mit Hilfe phänologischer Daten interessante Schlüsse in Bezug auf die gebirgsklimatischen Eigenheiten von Mittel- und Hochgebirgen erarbeiten, wie dies das obige Beispiel (Abb. 4) verdeutlicht. Möglicherweise könnte künftig auch die Fernerkundung mit einer weiteren Verdichtung gewisser terrestrischer Beobachtungen neue Perspektive eröffnen.

Weltweit gibt es bereits eine grosse Zahl von methodischen Ansätzen für die Phänologie (JEANNERET, in Vorb.). Es ist zu hoffen, dass sie weiterhin – als «nichtexakte» Methode der Erfassung von räumlichen und zeitlichen Veränderungen – berufen ist, einen Beitrag an die laufenden Diskussionen zu leisten, und dass sie insbesondere bei der Planung und Verwirklichung von Umweltmonitoringprojekten im Gebirgsraum einbezogen wird.

Literatur

Siehe auch die Bibliographie und das Verzeichnis der «Beiträge zur klimatologischen Grundlagenforschung» und «Informationen und Beiträge zur Klimaforschung» in: MESSERLI et al., 1978: 19–22

BRÜGGER, R., in Vorb.: Phänologie und Wald-Dauerbeobachtungsflächen (Arbeitstitel). Umwelt-Materialien. Bundesamt für Umwelt, Wald und Landschaft, Bern.

BUCHER, F., 1993: Dokumentation über die Aufbereitung der Phänologiedaten des GIUB-Beobachtungsnetzes. Geographisches Institut der Universität Zürich (Manuskript): 11 S.

BUCHER, F. & JEANNERET, F., 1994: Phenology as a Tool in Topoclimatology. A Cross-section Through the Swiss Jura Mountains. Mountain Environments in Changing Climates. Routledge London & New York: 270–280.

DEFILA, C. 1991: Pflanzenphänologie der Schweiz. Diss. Uni Zürich und Veröff. d. Schweiz. Meteorologischen Anstalt, Nr. 50: 236 S.

DEFILA, C. 1992: Pflanzenphänologische Kalender ausgewählter Stationen in der Schweiz 1951–1990. Beiheft zu den Annalen der Schweizerischen Meteorologischen Anstalt 30/L, Zürich: 233 S.

Forstdirektion des Kantons Bern, 1870–1883: Klimatologische und phänologische Beobachtungen im Kanton Bern. Bern.

JEANNERET, F. 1970: Klimatologische Grundlagenforschung Jura, Mittelland, Alpen. Konzeption eines Forschungsprogrammes. Beiträge zur klimatologischen Grundlagenforschung Bern, 2: 47 S.

JEANNERET, F. (Hrsg.), 1971: Anleitung für phänologische Beobachtungen. Geographisches Institut der Universität Bern, 2. Aufl. Bern: 28 S.

JEANNERET, F., 1972: Methods and problems of mesoclimatic surveys in a mountainous country. A research programme in the Canton of Berne, Switzerland. Proceedings 7th Geography Conference, New Zealand Geographical Society, Hamilton NZ: 187–191.

JEANNERET, F., 1974: Statistische und kartographische Bearbeitung phänologischer Beobachtungen – am Beispiel der Daten der Weizenernte 1970. Informationen und Beiträge zur Klimaforschung, 11, Geographisches Institut der Universität Bern: 31 S.

JEANNERET, F., 1991a: Les mésoclimats du Jura central: une coupe phénologique / Die Mesoklimate des zentralen Juras: Ein phänologischer Querschnitt. Bulletin de la Société neuchâteloise de géographie 35 / Jahrbuch der Geographischen Gesellschaft Bern 57, Bienne: 57–70.

JEANNERET, F., 1991b: Une coupe phénologique à travers le Jura suisse. Publ. de l'Ass. int. de Climatologie 4, Fribourg: 307–314.
JEANNERET, F., in Vorb.: Internationale Phänologie-Bibliographie – Bibliographie phénologique internationale – International Bibliography on Phenology. Geographica Bernensia P32, Bern.
MESSERLI, B., 1978: Klima und Planung – Ziele, Probleme und Ergebnisse eines klimatologischen Forschungsprogrammes im Kanton Bern. Jahrbuch der geographischen Gesellschaft von Bern, Bd. 52/1975–76: 11–22.
MESSERLI, B. et al., 1978: Beiträge zum Klima des Kantons Bern. Jahrbuch der geographischen Gesellschaft von Bern, Bd. 52/1975–76: 151 p. + Beil.
NUBER, S., in Vorb.: Exploration und Datenanalyse phänologischer Beobachtungen im Faltenjura (Arbeitstitel). Geographisches Institut der Universität Zürich.
PFISTER, C., 1972: Phänologische Beobachtungen in der Schweiz der Aufklärung. Informationen und Beiträge zur Klimaforschung, Geogr. Inst. d. Uni. Bern, Nr. 8: 15–30.
PFISTER, C., 1984: Klimageschichte der Schweiz 1525 bis 1860. Das Klima der Schweiz 1525 bis 1860 und seine Bedeutung in der Geschichte von Bevölkerung und Landwirtschaft. Academica helvetica 6, Band 1+2, Haupt, Bern: 184 + 163 S.
PFISTER, C. (Hrsg.), 1995: Das 1950er Syndrom. Der Weg in die Konsumgesellschaft. Publikation der Akademischen Kommission der Universität Bern. Haupt, Bern: 428 S.
PRIMAULT, B., 1971: Atlas phénologique / Phänologischer Atlas / Atlante fenologico. Institut suisse de météorologie, Zurich (3ème éd.): 78 p.
PRIMAULT, B., 1984: Phänologie – Frühling, Frühsommer. Sommer, Herbst. / Printemps, début de l'été. Eté, automne. In: Kirchhofer, W. et al.: Klimaatlas der Schweiz / Atlas climatologique de la Suisse. Bundesamt für Landestopographie / Office fédéral de topographie, Wabern-Bern tab. 13.1 + 13.2.
VASSELLA, A., in Vorb.: Phänologische Beobachtungen des Bernischen Forstdienstes von 1869–1882: Witterungseinflüsse und Vergleich mit heutigen Beobachtungen (Arbeitstitel). Umwelt-Materialien. Bundesamt für Umwelt, Wald und Landschaft, Bern.
VASSELLA, A., in Vorb.: Phänologie im Wald – Anleitung für forstliche und naturwissenschaftliche Beobachtungen (Arbeitstitel).
VOLZ, R., 1978: Phänologische Karten von Frühling, Sommer und Herbst als Hilfsmittel für eine klimatische Gliederung des Kantons Bern. Jahrbuch der Geographischen Gesellschaft von Bern, Band 52: 23–58.
VOLZ, R., 1979: Phänologischer Vergleich zwischen Berner Jura und Berner Oberland auf Grund von zwei Ereignissen im Frühling und Herbst. Inform. u. Beitr. zur Klimaforsch. Geogr. Inst. Univ. Bern, Nr. 17: 13–29.
VOLZ, R., WANNER, H., WITMER, U., 1978: Zusammenfassung im Sinne einer regionalen Klimacharakterisierung. Jahrbuch der Geographischen Gesellschaft von Bern, Band 52: 149–150.
WANNER, H., 1973: Eine Karte der Vegetationszeit im Kanton Bern. Geographica Helvetica, 28 (3): 152–158.
WANNER, H., 1978: Die Nebelverhältnisse der Kantone Bern und Solothurn. Jahrbuch der Geographischen Gesellschaft von Bern, Band 52: 113–148.
WITMER, U., 1978: Die mittleren Schneehöhen und die Schneesicherheit im Kanton Bern. Jahrbuch der Geographischen Gesellschaft von Bern, Band 52: 59–112.

Persönlich

François Jeanneret, *1946 in Bern, Studium an der Universität Bern (Geographie, Geologie und Botanik), 1969-1971 Hilfsassistent bei Bruno Messerli, 1971-1973 Lehr- und Wanderjahre mit Aufenthalt in Neuseeland, 1973-1976 Dissertation «Kartierung der Klimaeignung für die Landwirtschaft in der Schweiz» bei Bruno Messerli, 1976-1982 Seminarlehrer in Thun und Biel, seit 1982 Lektor am französischsprachigen Sekundarlehramt der Universität Bern, 1985-1994 Lehrbeauftragter für Klimatologie an der Universität Neuenburg, seit 1990 Präsident der Société neuchâteloise de géographie.

POLLUMET – eine Sommersmogstudie als Basis für die Optimierung von Luftreinhaltestrategien (Schweizer Mittelland)

Heinz Wanner, Michael Baumgartner, Urs Neu, Silvan Perego und Reto Siegenthaler

1. Einleitung

Klima-, Atmosphären- und Immissionsforschung gehören heute zu den unbestrittenen Schwerpunkten der Forschungsszene an der Universität Bern. Dies war nicht immer der Fall. Eine erste Blütezeit erlebte die Berner Klimaforschung um die Mitte des 19. Jahrhunderts durch die Arbeiten der Physik- und Astronomieprofessoren Rudolf Wolf (Begründer der Sonnenfleckenforschung, 1839-1855 in Bern) und Heinrich Wild (Urheber weltweiter Beobachtungsnetze, 1858–1868 in Bern). Ein zweiter Höhepunkt war durch die bahnbrechenden Arbeiten des Geographen Eduard Brückner (Eiszeitforscher der Alpen, 1888–1904 in Bern) gegeben. In der ersten Hälfte des 20. Jahrhunderts fristete die Wetter- und Klimaforschung ein kümmerliches Dasein (WANNER, 1988). Ein neuer Wendepunkt trat erst wieder in den 60er Jahren durch die Arbeiten des Klimaphysikers Hans Oeschger und des Geographen Bruno Messerli ein. Sie sind die eigentlichen Begründer des heutigen Schwerpunktes, der zirka 17 Forschungsgruppen vereint.

Bruno Messerli wandte sich nach glazialmorphologischen und klimageschichtlichen Arbeiten im Mittelmeerraum und in der Sahara ab zirka 1970 auch aktuellen klimatologischen Fragestellungen zu. Nach der Initiierung eines auf stark qualitativen Kriterien basierenden kantonalen Klimabeobachtungsprogrammes (Phänologie, Schnee, Nebel) startete er 1972 das klimatologisch-luftchemische Forschungsprogramm in der Region Bern, das 1978 abgeschlossen wurde (MATHYS et al., 1980). Dieses bildete den Anfang weiterer meteorologisch-luftchemischer Forschungsvorhaben der Berner Geographie und anderer beteiligter Gruppen wie das Nationale Forschungsprogramm 14 (Waldschäden und Luftverschmutzung), die Bieler Luftverschmutzungsstudie oder das soeben abgeschlossene grosse Schweizer Programm POLLUMET (Air Pollution and Meteorology in Switzerland). Über wichtige Schlussresultate von POLLUMET soll hier mit herzlichem Dank an den Schöpfer dieser Arbeitsrichtung am Institut berichtet werden.

2. Fragestellungen und Untersuchungskonzept von POLLUMET

Im Gegensatz zu früheren Programmen, die stark auf die Untersuchung des Wintersmogs ausgerichtet waren, konzentrierte sich POLLUMET auf die angewandte und zielorientierte Erforschung des Sommersmogs mit Schwerpunkt auf der Region des

Schweizer Mittellandes (vgl. Abb. 1). Folgende sechs Fragestellungen wurden an den Anfang des Programms gestellt (BUWAL, 1996):
Wie werden Luftschadstoffe in der Schweiz verteilt?
– Wie gross ist der relative Anteil von importierten und natürlich emittierten Vorläufersubstanzen an der Ozonbildung?
– Wie verhalten sich die Vorläufersubstanzen des Ozons während des Transports; welches ist ihre relative Wichtigkeit in den photochemischen Reaktionen?
– Welches sind die sinnvollsten atmosphärenchemischen und meteorologischen Modelle zur Beantwortung dieser Frage?
– Welches sind kritische Wetterlagen?
– Wo müssten wann welche Emissionen reduziert werden, um möglichst effizient die Ozonbildung zu unterbinden (optimale Reduktionsstrategien)?

Organisatorisch orientierte sich POLLUMET an einer «bottom-up-Struktur», d.h. die wissenschaftliche Gruppe erarbeitete die Fragestellungen und die strategischen Grundlagen selbständig und trug damit eine hohe Eigenverantwortung. Unter Leitung des Erstautors dieses Beitrages konnte allerdings beim BUWAL (Bundesamt für Umwelt, Wald und Landschaft) ein grosser Kredit für die allen Projekten dienende Infrastruktur der Koordinationsstelle sowie für den Grossteil der Flugzeugmessungen erwirkt werden. Der Rest der Finanzen stammte vor allem vom Schweizerischen Nationalfonds, vom Bundesamt für Bildung und Wissenschaft sowie von den beteiligten Instituten.

Ausschuss und Programmleitung waren sich von Anfang an einig, dass eine gezielte Beantwortung der oben gestellten Fragen nur über eine geschickte Kombination von episodischen Feldexperimenten (unter Einbezug der Langfristmessungen nationaler, kantonaler und kommunaler Messnetze) mit geeigneten Modellen erreicht werden konnte. Die sorgfältige Planung führte im Schweizer Mittelland zu den in Tabelle 1 aufgelisteten Feldexperimenten.

Tab. 1: Zeiträume und räumliche Schwerpunkte der fünf POLLUMET-IOP's (Intensive Observation Period) im Schweizer Mittelland.

IOP	Datum	Räumlicher Schwerpunkt
I – 1990	25.–30. 7. 1990	Berner Querschnitt (Jura–Jungfraujoch–Reusstal)
I – 1991	4.–6. 7. 1991	Reusstal (Luzern, Schwyz, Uri)
II – 1991	9.–12. 7. 1991	Berner Querschnitt (Jura–Jungfraujoch)
I – 1993	16./17. 7. 1993	Berner Seeland (Mont Vully–Hagneckkanal)
II – 1993	29. 7.–4. 8. 1993	Berner Seeland

Aus der komplexen Natur der Fragestellung ergab sich auch die Forderung nach Modellen, die entweder mehr den photochemischen Reaktionsmechanismus oder aber verstärkt die meteorologischen Gegebenheiten (Transport, turbulente Diffusion) berücksichtigten. Tabelle 2 zeigt eine Übersicht der von verschiedenen Forschungsgruppen eingesetzten Modelle (BUWAL, 1996).

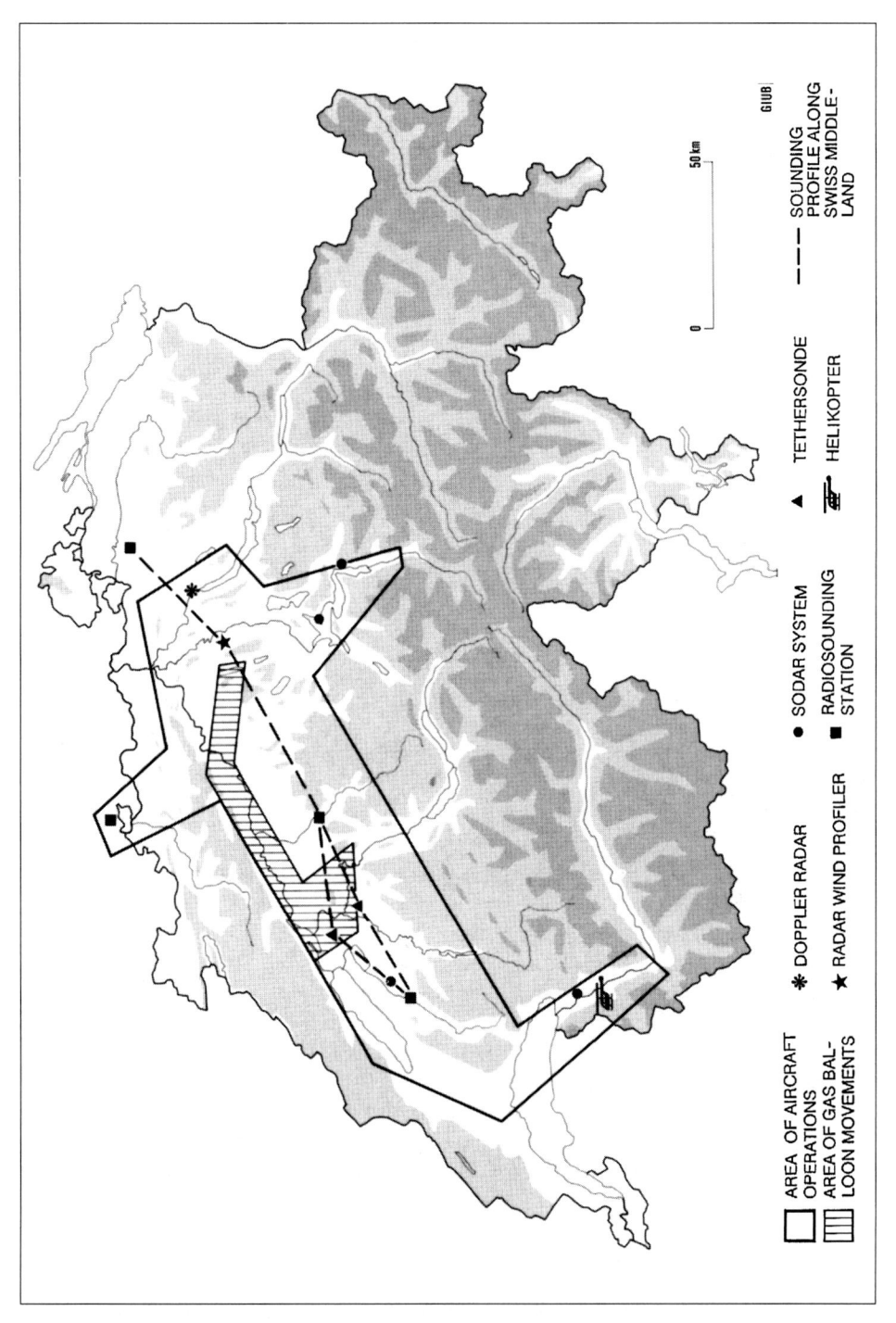

Abb. 1: Das Untersuchungsgebiet von POLLUMET mit den Instrumentarien des ersten Feldexperiments.

Tab. 2: Liste der sieben bei POLLUMET eingesetzten Modelle

Bezeichnung	Modelltyp	Modelleinsatz
Harwell Photochemical Trajectory Model (HPTM)	Lagrange-Boxmodell (2 Schichten)	– Modellvergleich HPTM–HPM–MPLM – Trajektorienrechnung 24.–26.7.1990 (HPTM)
Harvard Photochemical Model (HPM)	Lagrange-Boxmodell (6 Schichten)	– Simulation des 29.7.1993 (MPLM) – Durchrechnung von Reduktionsszenarien mit HPTM und HPM
PSI Multi-Parcel Lagrangian Model (MPLM)	Lagrange-Boxmodell (2 Schichten)	– Rechnung von Reduktionsszenarien mit dem HPLM
CIT-Modell (Calif. Inst. of Technology / Carnegie Mellon Univ.)	Euler-Modell	– Simulation des 30.7.1993
Urban Airshed Model (UAM; EPA-PSI-Version)	Euler-Modell	– Vergleichsrechnungen
EUMAC Zooming Model (EZM; Univ. Karlsruhe)	Euler-Modell (Kombination MEMO-Mars)	– Vergleichsrechnungen
Bernese Photochemical Model (BERPHOMOD; Geogr. Institut Univ. Bern)	Euler-Modell	– Simulation des 29./30.7.1993 – Depositionsrechnungen Berner Seeland

Aus verständlichen Gründen kann in diesem Aufsatz nicht auf die detaillierten Resultate eingegangen werden. Diese sind in BUWAL (1996) zusammengestellt. An dieser Stelle werden in erster Linie eigene Untersuchungen sowie allgemeine Erkenntnisse wiedergegeben.

3. Theoretische Überlegungen zum Sommersmog

Bereits aus der Übersicht der eingesetzten Modelle (Tab. 2) lässt sich ableiten, dass beim Auf- und Abbau des photochemischen Smogs sowohl chemische als auch meteorologische Prozesse eine wichtige Rolle spielen bzw. je nach Situation dominant werden können.

3.1. Einige Bemerkungen zur Photochemie

Ozon wird in der unteren Troposphäre zur Hauptsache aus der Reaktion von molekularem Sauerstoff (O_2) mit einem Sauerstoffatom (O) gebildet, das bei der Zersetzung von Stickstoffdioxid (NO_2) durch Lichteinstrahlung ($h\upsilon$) entstanden ist (Abb. 2):

$$NO_2 + h\upsilon \rightarrow NO + O \qquad (1)$$
$$O + O_2 + M \rightarrow O_3 + M \qquad (2)$$

M ist ein Stosspartner, der sich bei der Reaktion selber nicht verändert. Das bei der Zersetzung von NO_2 (der sog. Photodissoziation) entstehende NO reagiert jedoch seinerseits wieder mit Ozon zu NO_2:

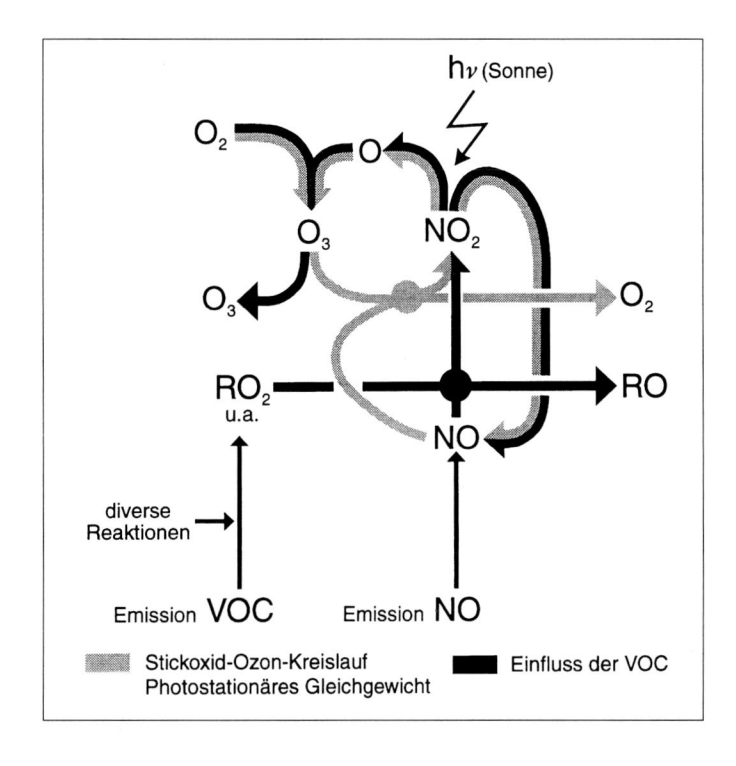

Abb. 2: Schematische, stark vereinfachte Darstellung des Ozonaufbaus.

$O_3 + NO \rightarrow O_2 + NO_2$ (3)

Es entsteht ein Gleichgewicht zwischen diesen Reaktionen, das sog. photostationäre Gleichgewicht. Die Ozonkonzentration ist dabei abhängig von der Intensität der Sonneneinstrahlung und vom Verhältnis der Konzentration von NO_2 zu NO. Da Stickstoffoxide überwiegend als NO emittiert werden, ist deshalb in unmittelbarer Quellnähe die Ozonkonzentration sehr klein, da das Verhältnis NO_2/NO sehr klein ist und das vorhandene Ozon sofort mit NO reagiert. Aus dem dabei entstehenden NO_2 (siehe Reaktion 3) kann jedoch später durch Reaktionen 1 und 2 nur soviel Ozon produziert werden, wie vorher bereits vorhanden war, sofern keine weiteren Reaktionen stattfinden.

In verschmutzter Luft wird jedoch auch NO zu NO_2 umgewandelt, ohne dass dabei Ozon abgebaut wird. Hier spielen vor allem die Reaktionen mit den flüchtigen Kohlenwasserstoffen (VOC = **V**olatile **O**rganic **C**ompounds) die Hauptrolle: NO reagiert mit den aus VOC gebildeten Peroxyalkyl-Radikalen (RO_2) oder Peroxyacyl-Radikalen (RCOO) zu NO_2 nach dem Prinzip

$NO + RO_2 \rightarrow NO_2 + RO$ (4)

Damit wird NO_2 für die Produktion von Ozon bereitgestellt, ohne dass dabei auch Ozon verbraucht wird. Dadurch entsteht mehr Ozon als verbraucht wird, so dass es sich in der Mischungsschicht anreichern kann. Auch diese Reaktionen sind abhängig von der Intensität der Sonneneinstrahlung.

Da es sehr viele verschiedene VOC-Verbindungen gibt, die unterschiedlich schnell reagieren und sich je nach Umgebungsbedingungen (Temperatur, Feuchtigkeit, Konzentrationen anderer chemischer Substanzen) anders verhalten, ist die Ozonkonzentration, die letztlich entsteht, nicht nur abhängig von der absoluten VOC-Konzentration, sondern auch von der Art des Gemischs der unterschiedlichen VOC-Verbindungen und von den Umgebungsbedingungen. Dieses Gemisch wird hauptsächlich durch die Zusammensetzung der Emissionen bestimmt (Verhältnis Verkehrs- zu Industrieemissionen, Art der Industrie, etc.) und ist damit für die meisten Regionen spezifisch. Dazu kommt der Einfluss biogener VOCs, deren Emission u.a. vom lokalen Pflanzenbewuchs abhängt.

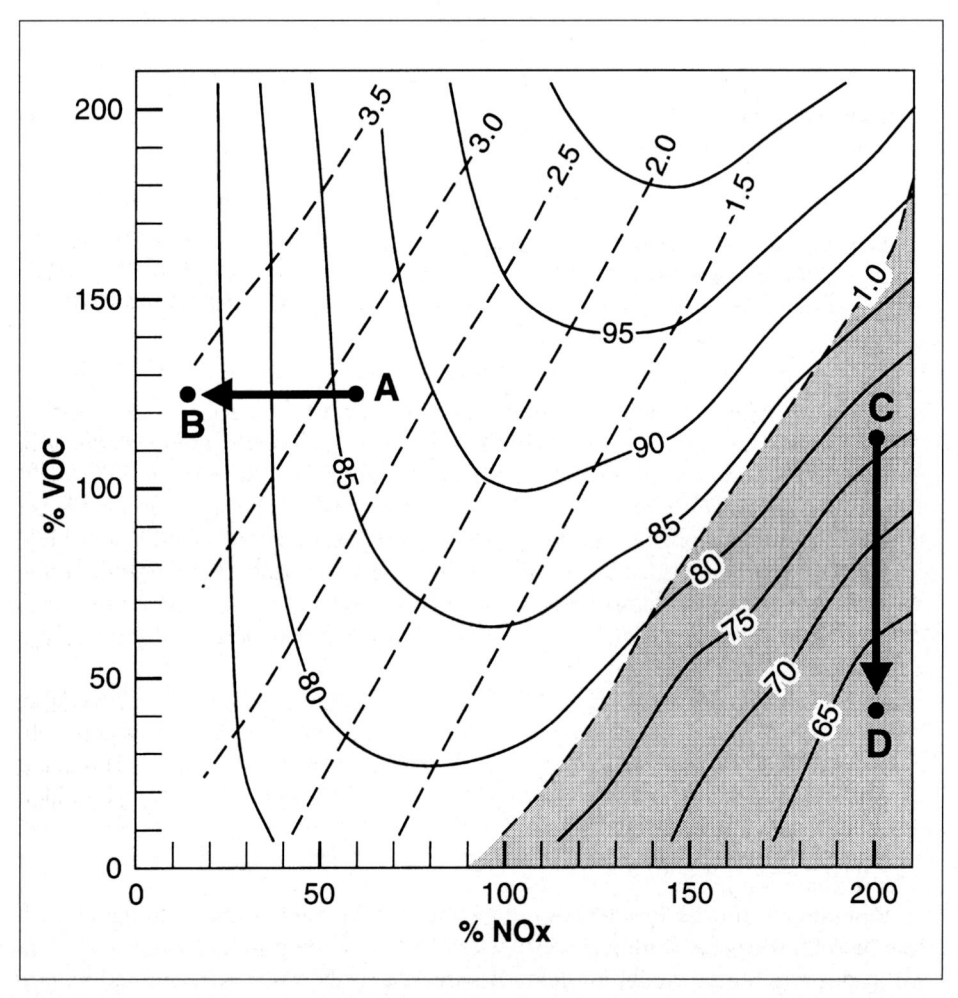

Abb. 3: Ozon (durchgezogene Linie) und H_2O_2-Isoplethen (gestrichelte Linie) als Funktion der NO_X- und VOC-Emissionen, berechnet mit dem HPTM-Modell (BUWAL 1996.). Der schattierte Bereich zeigt das «high NO_X»-Gebiet.

Die Ozonkonzentration ist sowohl abhängig von der VOC- als auch von der NO_X-Konzentration (NO_X = NO + NO_2). Eine der beiden Konzentrationen wirkt sich in den meisten Fällen für die Produktion limitierend aus, d.h. diejenige Vorläufersubstanz mit der verhältnismässig geringeren Konzentration ist für die maximal mögliche Ozonkonzentration entscheidend. Abb. 3 zeigt die O_3- und H_2O_2-Isoplethen als Funktion der NO_X- und VOC-Emissionen.

Dabei wird sichtbar, dass im «low NO_X-Fall» (Pfeil A-B) nur eine Reduktion der NO_X zu einer effizienten Ozonminderung führt. Die Radikalbildung ist grösser als die NO_X-Emissionen, wodurch NO_X rasch aus der Atmosphäre entfernt wird (BUWAL, 1996). Man beachte entsprechend die entstandenen hohen H_2O_2-Werte, ein typisches Bild für eine «low NO_X-Chemie».

Im «high NO_X-Fall» (Pfeil C-D in Abb. 3) ist die Radikalbildung kleiner als die NO_X-Emissionen, die emittierten NO_X akkumulieren, die Ozonproduktion ist eingeschränkt, und es werden kaum mehr Peroxyradikale gebildet. Pfeil C-D zeigt demnach, dass nur eine Reduktion der VOC's zu einer Ozonreduktion führt. Abb. 3 ist für die weiter unten folgende Diskussion der einzuschlagenden Luftreinhaltestrategien von fundamentaler Bedeutung.

3.2. Einfluss der meteorologischen Verhältnisse auf die Ozonproduktion

Auch die aktuellen meteorologischen Verhältnisse beeinflussen situativ den Ozonauf- und Ozonabbau in komplexer Weise. Folgende Teilprozesse sind vordringlich zu beachten:

– Reaktionsgeschwindigkeiten: Die Reaktionsgeschwindigkeit und -häufigkeit vieler der entscheidenden Reaktionen ist abhängig von der Umgebungstemperatur und/oder der Intensität der Sonneneinstrahlung, z.T. auch von der Feuchtigkeit.
– Konzentration der Vorläufersubstanzen: Die Konzentration der Vorläuferschadstoffe ist neben der Emissionsmenge im wesentlichen von den Ausbreitungsbedingungen abhängig, d.h. hauptsächlich von der Windgeschwindigkeit (horizontale Durchmischung) und der thermischen Stabilität der Luftschichtung (vertikale Durchmischung).
– Ozonkonzentration: Die vor allem im Lee einer Vorläufer-Quelle gemessenen Ozonkonzentrationen werden direkt von der Windgeschwindigkeit beeinflusst, die wegen des erhöhten Luftmassenstromes dazu führt, dass das produzierte Ozon sehr rasch wieder verdünnt werden kann; in Quellnähe ist zudem die Windrichtung einer der wichtigsten Faktoren (Herantransport von NO mit entsprechendem Ozonabbau).
– Ferntransport: Windgeschwindigkeit und -richtung bestimmen, welche Hintergrundkonzentrationen von Primärschadstoffen und Ozon herangeführt werden.
– Ozonspeicherung über die Nacht: Während in der Nacht am Boden bei kühlen Temperaturen und fehlender Sonneneinstrahlung das Ozon wieder abgebaut wird, bleibt es in grösserer Höhe erhalten (in der sog. «Reservoirschicht») und wird am nächsten Tag wieder bis zum Boden heruntergemischt. Die vertikale Ausdehnung der bodennahen, nächtlichen Mischungsschicht sowie die Stärke des (turbulenten) Austausches zwischen Boden und Reservoirschicht bestimmen dabei den Betrag des teilweisen Abbaus des nächtlichen Ozonspeichers.

4. Emissionen

Bei der Diskussion der Resultate der POLLUMET-Studie wird von der klassischen Wirkungskette «Emission – Ausbreitung (Transport/turbulente Diffusion) – chemische Umwandlung – Immission/Deposition» der Schadstoffe ausgegangen. Das Problem der Emissionen wird zu Beginn diskutiert, die andern Aspekte werden je vernetzt in einem Abschnitt Feldexperimente und Modelle abgehandelt.

Die Erhebung von Emissionsdaten ist in den meisten Fällen sehr aufwendig. Deshalb werden die Emissionen häufig aufgrund von Strukturdaten oder Modellrechnungen für bestimmte Zeitschnitte berechnet. Für 100 Planungsregionen in der Schweiz wurden vom Bundesamt für Umweltschutz 1986 die Emissionsmengen von CO, VOC und NO_X für die Jahre 1950, 1970, 1984 und 2000 geschätzt. Rund 70% der NO_X-Emissionen stammen vom motorisierten Strassenverkehr. Bei den Kohlenwasserstoffen tragen die Quellgruppen Verkehr und Hausbrand je rund einen Fünftel sowie Industrie und Gewerbe zirka 60% zur Gesamtemission bei (vgl. Tab. 3).

Tab. 3: **Prozentuale Anteile der Quellgruppen an den NO_X- und VOC-Emissionen in der Schweiz im Jahre 1992 (ohne Berücksichtigung der biogenen Emissionen).**

Emissionskategorie	NOX	VOC
motorisierter Verkehr	66 %	19 %
Industrie und Gewerbe	29 %	64 %
Haushalte	5 %	17 %

In der Schweiz wurden von der Arbeitsgemeinschaft Meteotest und Carbotech im Rahmen von EUROTRAC/TRACT die Emissionen mit einer Rasterauflösung von 5x5 km berechnet. Die VOC-Emissionen aus Industrie, Gewerbe und Haushalt basieren auf Strukturdaten und wurden mittels Emissionsfaktoren und der Anzahl Arbeitsplätze bzw. Einwohner je Gemeinde bestimmt. Dabei beziehen sich die gängigen Emissionsfaktoren auf Jahresemissionen pro Bezugseinheit. Da die erstellten Emissionskataster vor allem für die Forschungsprojekte TRACT und POLLUMET (beide behandeln ausschliesslich Sommersmoglagen) verwendet werden, wurde auf die Bearbeitung der Stickoxidemissionen der Feuerungsanlagen, die vorwiegend in den Wintermonaten von Bedeutung sind, verzichtet. Die Emissionsdaten des Strassenverkehrs basieren auf den Erhebungen und Auswertungen im Rahmen der Revision des BUS-Berichtes Nr. 55. In den provisorischen Emissionskatastern ist das Verkehrsaufkommen auf zirka 10'000 Strassenabschnitten und etwa 1000 Zonen (Flächenverkehr zusätzlich zu den Strassenabschnitten) berücksichtigt. Die Abb. 4 und 5 zeigen die flächenhafte Verteilung der Stickstoffdioxid- bzw. VOC-Emissionen in der Schweiz nach den Berechnungen für POLLUMET. Dabei kommt deutlich zum Ausdruck, dass sich die NO_X-Emissionen im Gegensatz zu den VOC-Emissionen nicht nur auf die Stadtgebiete konzentrieren, sondern auch entlang der (rot eingezeichneten) Autobahnen sehr hohe Werte erreichen.

Wohl hat die Abschätzung der Stickoxidemissionen dank ausgedehnter Strassenverkehrszählungen bis heute eine befriedigende Genauigkeit erreicht, die Angaben der VOC sind jedoch noch mit grossen Unsicherheiten behaftet. Für die Ozonchemie ist nicht nur die Gesamtfracht, sondern ebenso die Aufteilung in einzelne VOC-

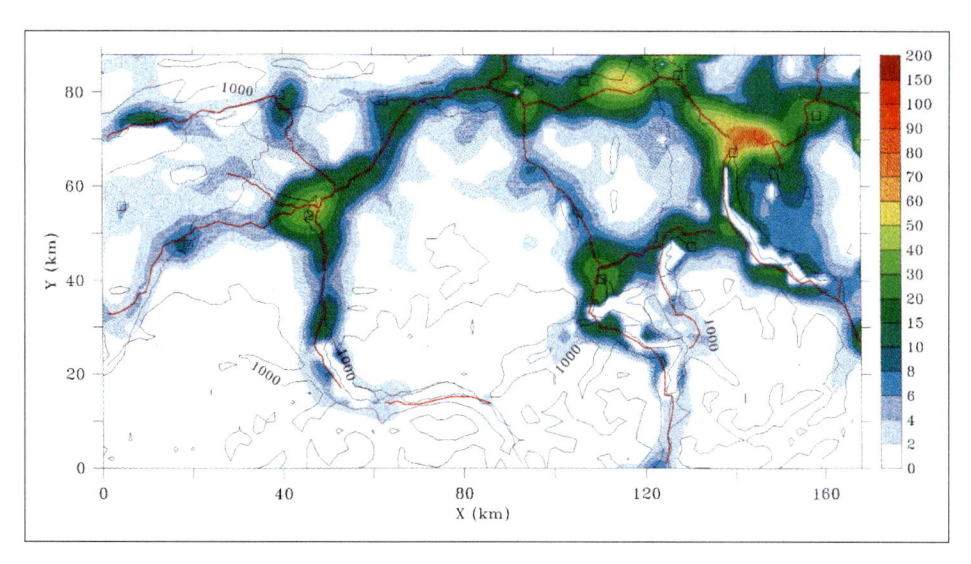

Abb. 4: Räumliche Verteilung der NOX-Emissionen im zentralen Schweizer Mittelland (Angaben in mmol/km² • sec).

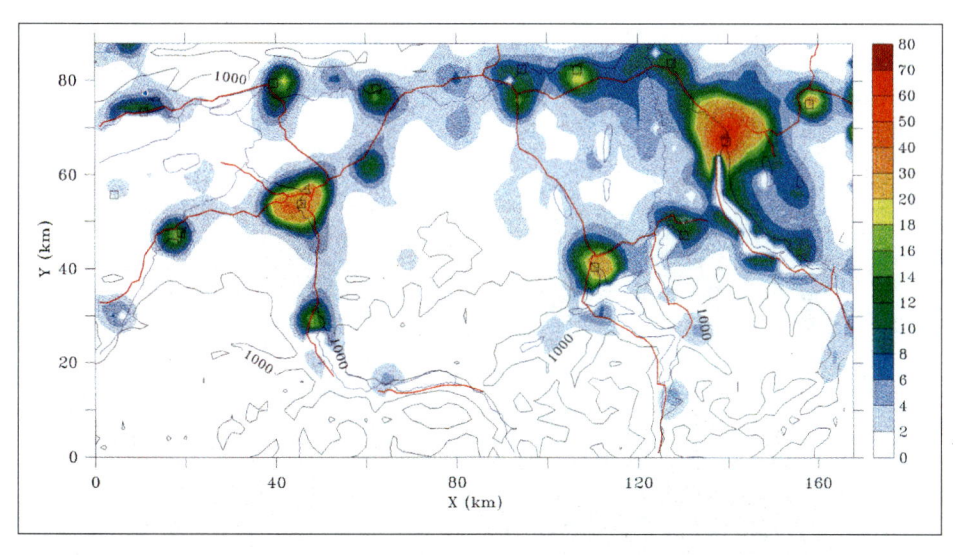

Abb. 5: Räumliche Verteilung der VOC-Emissionen im zentralen Schweizer Mittelland (Angaben in mmol/km² • sec).

Gruppen von grosser Bedeutung, da die einzelnen Kohlenwasserstoffe unterschiedlich reaktiv sind und auch grosse Unterschiede in den Reaktionszeiten aufweisen, d.h. gewisse Arten reagieren bedeutend rascher als andere. Die Schwierigkeiten bei der Bestimmung der VOC-Emissionen sind einer der wichtigsten Gründe für die Unsicherheiten bei den heutigen Modellrechnungen.

Während die natürlichen Stickoxidemissionen (vor allem aus den Böden) selbst im Sommer kaum mehr als 8% ausmachen (BUWAL, 1996), werden aus der Biosphäre eine Vielzahl von Kohlenwasserstoffen emittiert, die für die Atmosphärenchemie eine bedeutende Rolle spielen. ANDREANI-AKSOYOGLU und KELLER (1995) haben eine erste sorgfältige Abschätzung für die Schweiz vorgenommen. Sie kommen auf eine Menge von jährlich etwa 87'000 t biogene VOC's, wobei die vor allem von den Nadelbäumen emittierten Monoterpene 97% ausmachen. Auch Gräser, Getreide und Gemüse geben VOC's an die Luft ab, wobei neben Isopren und Monoterpenen auch andere Substanzen dabei sind, welche zum Teil noch nicht identifiziert sind (BUWAL, 1996). Immerhin machen die biogenen VOC's 41% der gesamten in der Schweiz emittierten Fracht aus, was klar darauf hinweist, dass dieser Anteil bei der Photooxidantienproduktion nicht vernachlässigt werden darf.

5. Einige Ergebnisse experimenteller Untersuchungen

Im Mittelpunkt der Feldexperimente (vgl. Tab.1) standen vor allem die dreidimensionale Verteilung von Ozon und dessen Vorläuferstoffen innerhalb des Schweizer Mittellandes sowie die entsprechenden Ausbreitungsprozesse. Mit Fesselballonsondierungen wurden dabei die vertikalen, mit Flugzeugmessungen, Gasballonen und zahlreichen Bodenstationen die horizontalen Verteilungsmuster untersucht. Anhand der zeitlichen Entwicklung dieser Muster konnten Rückschlüsse auf die ablaufenden Ausbreitungsvorgänge gezogen werden.

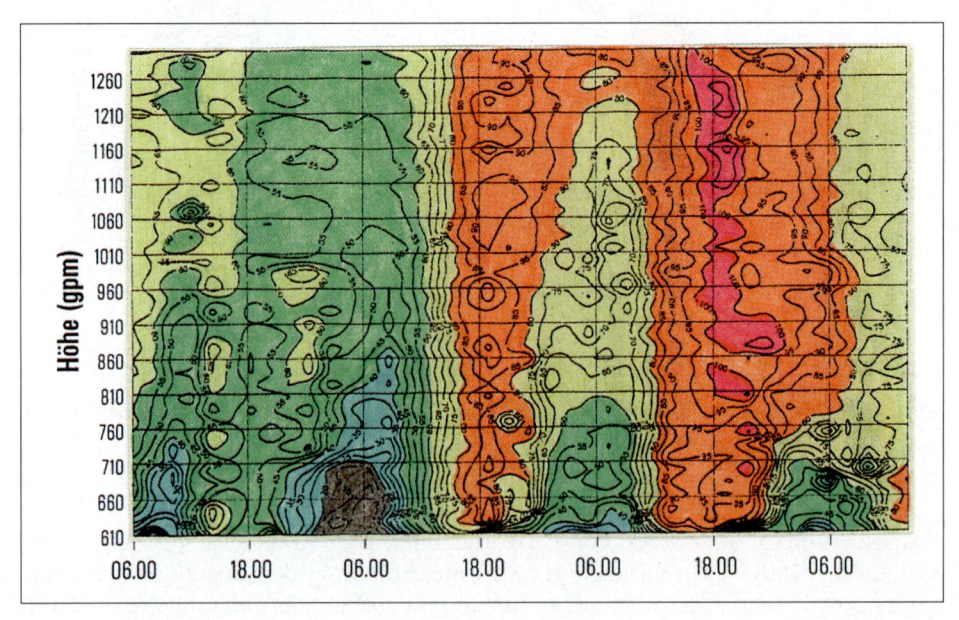

Abb. 6: Zeitliche Entwicklung der Ozonkonzentrationen in der unteren Grenzschicht über Rosshäusern vom 9.7.1991, 0600 bis 12.7.1991, 1400 MESZ (Angaben in ppb).

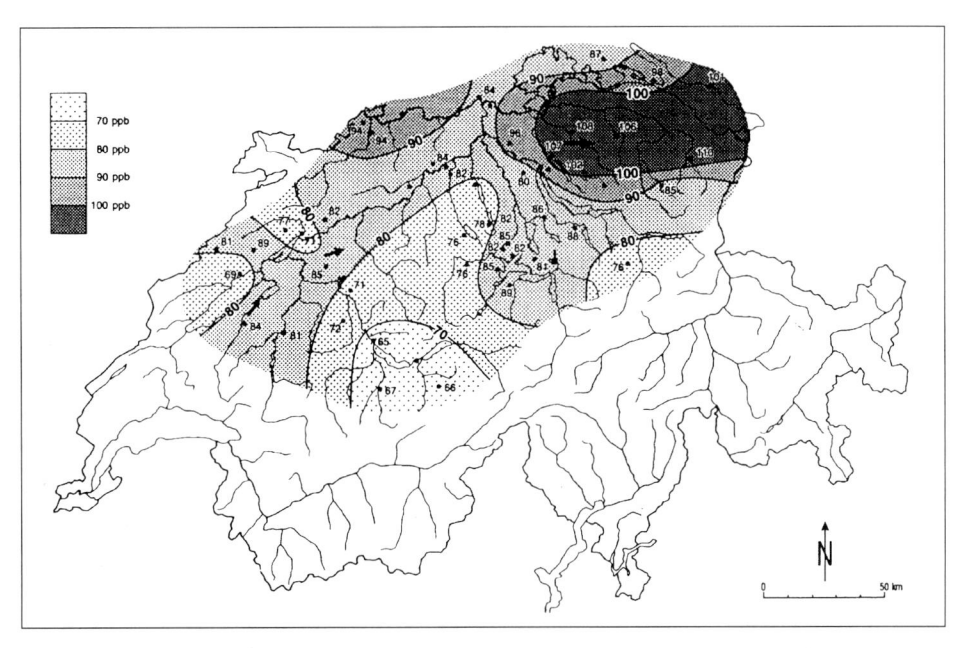

Abb. 7: Regionale Verteilung des maximalen Halbstundenmittelwertes der Ozonkonzentration an Bodenmessstationen des Schweizer Mittellandes bei Westwind am 11.7.1991 (Angaben in ppb).

Abb. 6 zeigt als Beispiel die zeitliche Entwicklung der vertikalen Ozonverteilung über Rosshäusern (westlich von Bern in ländlicher Umgebung) während der IOP II-1991. Deutlich zu sehen ist der über einige Tage hinweg erfolgende Anstieg der maximalen Ozonkonzentration in allen Höhenlagen. Ebenfalls klar erkennbar ist der Tagesgang der Konzentration in allen Höhen, wobei das Ozon in Bodennähe in der Nacht praktisch vollständig abgebaut wird. In grösserer Höhe bleibt es nicht vollständig, aber doch zu einem bedeutenden Teil erhalten. Weiter fällt auf, dass am Morgen das in der Höhe in der sogenannten Reservoirschicht gespeicherte Ozon infolge der Erwärmung und der einsetzenden thermischen Durchmischung rasch bis an den Boden hinuntergemischt wird und nachfolgend ein in allen Höhen parallel laufender Anstieg der Konzentration abläuft. Der trotz stabiler Schichtung in der Nacht erfolgte Ozonabbau in der Reservoirschicht ist für das Schweizer Mittelland in dieser Stärke spezifisch und kommt unter anderem durch die Lage in Gebirgsnähe zustande. Die in der Nähe von Bergen ausgedehnten Lokalwindsysteme sowie der für das Mittelland typische nächtliche Low-Level-Jet sorgen für stark wechselnde Windverhältnisse während der Nacht auch in grösseren Höhen und für vertikalen turbulenten Austausch von Luftmassen unterschiedlicher Konzentration.

Die horizontale Verteilung der Ozonkonzentration gibt vor allem auch Hinweise auf die regionalen Konzentrationsunterschiede und damit auf den Einfluss von regionalen Schadstoffquellen auf die Ozonproduktion. Die Quantifizierung dieses Einflusses lässt auch Schlüsse auf die mögliche Wirkung von Emissionsminderungsmassnahmen zu. Abb. 7 zeigt ein Beispiel für die aus Bodenstationsdaten von Langfristmessnetzen gewonnene räumliche Verteilung der nachmittäglichen maximalen Ozonkonzentrationen über dem deutschschweizerischen Mittelland. Die Unterschiede zwischen minimal (Thun, Berner Oberland) und maximal (Raum östlich von Zürich) belasteten Regionen betragen in diesem extremen Fall bis zu 40 ppb (80 g/m^3). Normalerweise sind die Unterschiede allerdings kleiner und liegen im Bereich von etwa 20 ppb. Klar erkennbar ist hier die bei relativ starkem Westwind im Lee der Stadt Zürich entstehende «Abluftfahne». Bei für hohe Ozonkonzentrationen eher typischen Schwachwindlagen sind die hohen Konzentrationen vornehmlich um die starken (Agglomerationen Zürich, Genf, Basel) respektive grossflächigen Quellgebiete (Raum Innerschweiz, Jurasüdfuss) konzentriert.

Die grössten räumlichen Unterschiede bestehen in der Schweiz zwischen Alpennord- und Alpensüdseite. Während sich kein europäisches Grossquellgebiet (d.h. eine Grossmetropole) in der Nähe des Mittellandes befindet (die Transportzeit der Luftmassen aus den Regionen München, Lyon oder Stuttgart beträgt fast immer mehr als einen Tag), liegt die Südschweiz im direkten Einflussbereich der Agglomeration Mailand. Während Messflügen wurde der Transport von Ozon aus dieser Region ins Tessin mehrmals eindeutig identifiziert. Damit kann auf der Alpennordseite mit Minderungsmassnahmen die Erzeugung von über der europäischen, grossräumigen Hintergrundkonzentration liegenden Spitzenwerten direkt beeinflusst werden, während im Tessin auch Massnahmen im benachbarten Ausland getroffen werden müssen.

Zur Untersuchung des Dunstes während Sommersmogphasen über dem Schweizer Mittelland wurden erstmals auch AVHRR-Daten des polarumlaufenden Satelliten TIROS-N-NOAA verwendet. Dazu wurde ein Modell entwickelt, mit dem Dunstintensitäten ohne Einbezug von zusätzlichen Simultanmessungen berechnet werden können. Dieses Dunstberechnungsmodell, das auf dem Prinzip der Berechnung der physikalischen Grösse «Luftlicht», die proportional zur Wirkung der dunstverursachenden Teilchen in der untersten troposphärischen Luftschicht ist, erlaubt neben der Berechnung der total vorhandenen Dunstintensität eine quantitative Trennung der beiden koexistenten Dunstformen «Trockendunst» (engl. *haze*) und «Feuchtdunst» (engl. *mist*). Mit den AVHRR-Daten wurden Dunstzeitreihen während Sommersmogperioden der Jahre 1989 bis 1995 berechnet und eingehend analysiert. Dunstzeitreihen der Sommer 1990 und 1991 konnten auch während den intensiven POLLUMET-Beobachtungsphasen bearbeitet werden. Hier ergab sich die Gelegenheit, die Dunstberechnungen mit verschiedenen bei POLLUMET erhobenen Daten zu vergleichen und einen möglichen Bezug von Luftschadstoffen zur Dunstsituation zu prüfen.

Mit den Zeitreihenanalysen konnte aufgezeigt werden, dass das Dunstphänomen stark massstabsabhängig ist: Lokal können relativ grosse Unterschiede in den Dunstintensitäten beobachtet werden. Überregional hingegen zeigen sich die Dunstbelastungen bei Filterung der lokalen, streng begrenzten Phänomene relativ einheitlich und sind in hohem Mass abhängig von der Wetterlage (Dauer einer Hochdrucklage, Windstärke). Im regionalen Massstab können erhöhte Dunstbelastungen, die in Gebieten besonders starker Luftpartikelemissionen (z.B. Grossraum Zürich) oder aufgrund topographischer Verhältnisse auftreten, meist in Zusammenhang mit der vorherrschenden Windrichtung erkannt werden. Sie sind dem generellen, überregionalen Trend überlagert. Erstaunlich deutlich zeigten die Analysen, dass regional und überregional jeweils zwei unterschiedliche Dunsttrends gleichzeitig auftreten, und

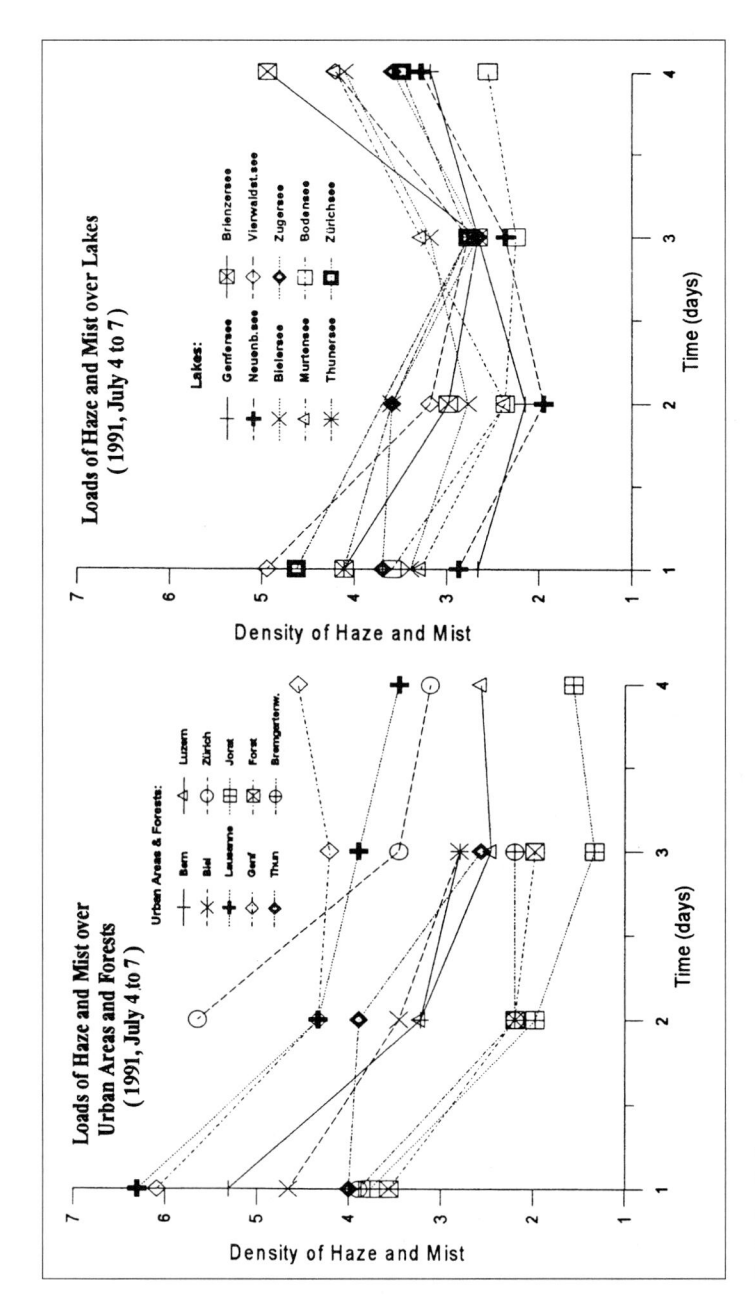

Abb. 8: Dunstintensitäten im Schweizer Mittelland (4.–7. 7. 1991).

zwar einerseits über Wasserflächen (den Mittellandseen) und andererseits über Landgebieten.

Auf Abb. 8 kann dieses abweichende Verhalten der Dunstintensitäten über Seen während der POLLUMET-Beobachtungsphase von 1991 deutlich erkannt werden. Die unterschiedlichen Tendenzen der Dunstsituationen über den Seen beziehen sich nicht nur auf den Gesamtdunstgehalt, sondern zeigen sich auch im Verhältnis von

217

Feucht- zu Trockendunst. Während über Wasser der Trockendunstanteil eine eher untergeordnete Rolle spielt, kann über Landgebieten dieser trockene Anteil für den Gesamtdunstgehalt eine grosse Rolle spielen. Erwähnenswert ist ebenfalls, dass die jeweiligen Trends über den unterschiedlichen Mittellandseen in einer Zeitreihe sehr ähnlich sind, was darauf schliessen lässt, dass auch hier die Wetterlage massgeblich beeinflussend wirken dürfte.

Beim Vergleich von berechneten Dunstintensitäten mit den in POLLUMET erhobenen Daten der gasförmigen Schadstoffe Ozon plus NO_X konnte erstmals ein Zusammenhang nachgewiesen werden: Die Berechnungen ergaben durchwegs hohe Korrelationen, so dass davon ausgegangen werden kann, dass die Dunstsituation einen verlässlichen Hinweis auf die Schadstoffsituation gibt. Diese Erkenntnis könnte bedeuten, dass für die Erfassung sommerlicher Schadstoffsituationen im schweizerischen Mittelland zukünftig Satellitendaten als Ergänzung zu bestehenden Bodenstationsmessungen von Luftschadstoffen eingesetzt werden könnten!

6. Ein Blick auf ausgewählte Modellergebnisse

An dieser Stelle können lediglich zwei ausgewählte Resultate der beiden in Tabelle 2 erwähnten Modellgruppen (Lagrange- und Eulermodelle) diskutiert werden. Abb. 9 zeigt die Ozonkonzentration entlang einer Trajektorie vom Thüringerwald über Mün-

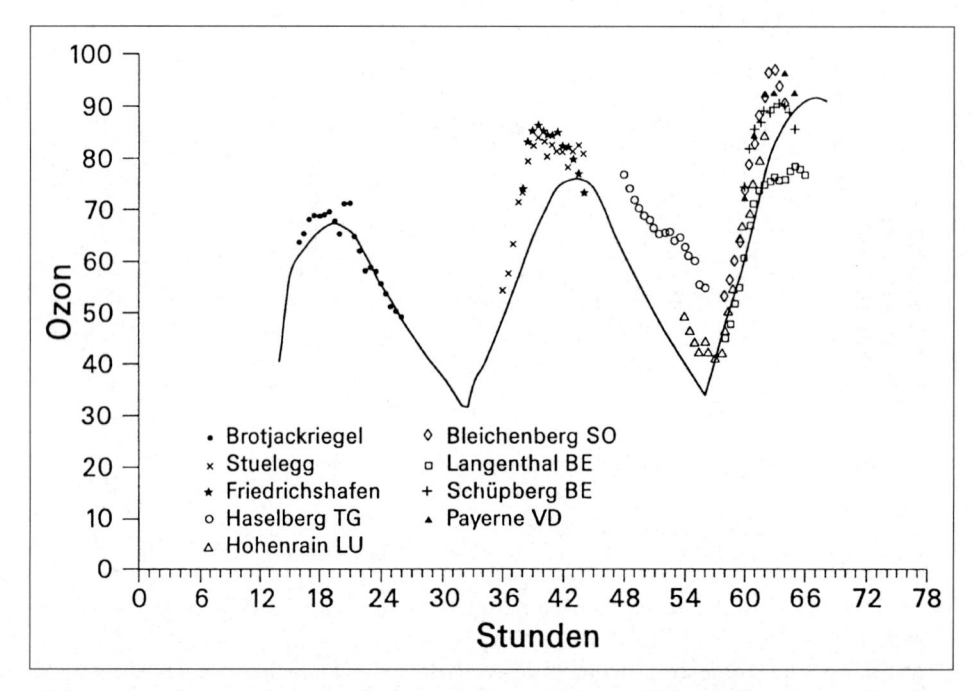

Abb. 9. Berechnung der Ozonkonzentration mit dem HPTM entlang einer Trajektorie Thüringerwald–Bern vom 24.–26.7.1990. Die Symbole markieren Messungen von Bodenstationen.

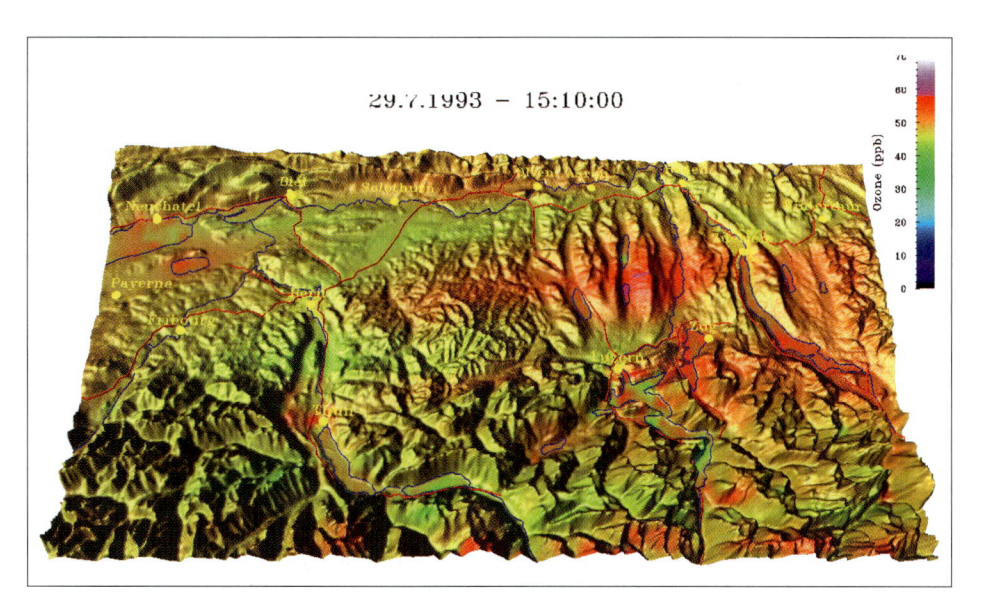

Abb. 10 A: Die simulierte bodennahe Ozonkonzentration am 29.7.1993, 15.10 Uhr.

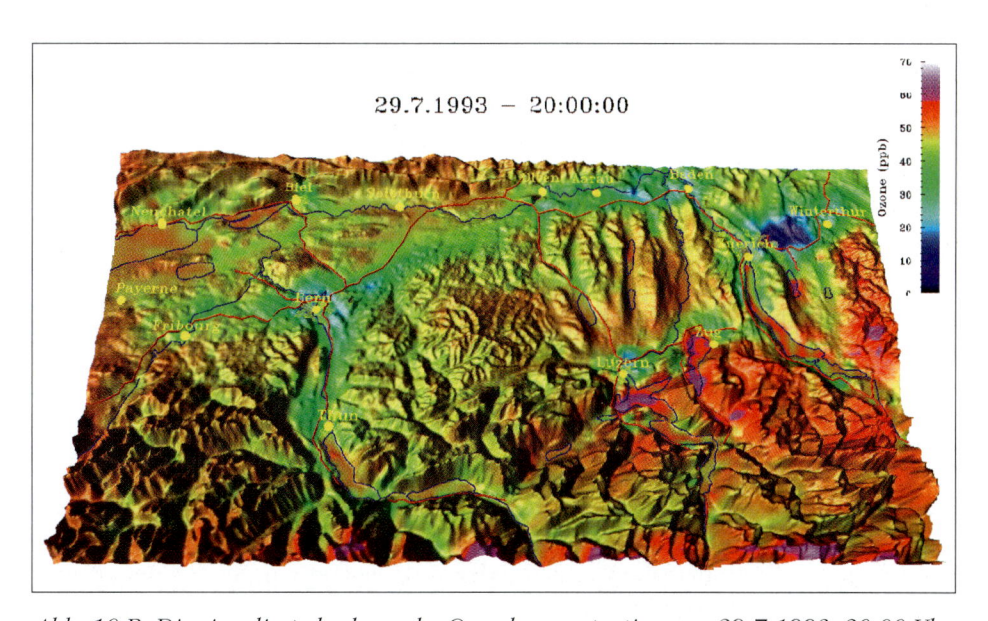

Abb. 10 B: Die simulierte bodennahe Ozonkonzentration am 29.7.1993, 20.00 Uhr.

chen, Bodensee, Zürich bis in die Gegend von Bern. Sie wurde von DOMMEN et al. (1995) für die in WANNER et al. (1993) beschriebene Sommersmoglage mit Nordostwind (Bise), die während der IOP I-1990 herrschte (vgl. Tab. 1), für die Zeit vom 24.–26.6.1990 mit dem HPTM (vgl. Tab. 2) berechnet. Die entsprechenden Mischungsschichthöhen wurden aus KÜNZLE und NEU (1994) entnommen. Das Modell reproduziert die entlang der Trajektorie eingetragenen punktuellen Bodenmessungen an ländlichen Stationen, insbesondere die von Tag zu Tag ansteigenden nachmittäglichen Ozonmaxima, in befriedigender Weise.

Sollen in Ergänzung zur Chemie auch meteorologische und Oberflächenprozesse in genügender Feinheit berücksichtigt werden, so empfiehlt sich der Einsatz von Euler-Modellen. BERPHOMOD (Bernese Photochemical Model) ist ein komplettes prognostisches Euler-Modell mit je einem Strahlungs-, Boden-, Biosphären-, Strömungs-, Turbulenz-, Chemie- und Depositionsmodul (PEREGO, 1996). Es ist damit in der Lage, die oft nichtlinearen Prozesse, die in Wechselwirkung stehen, realitätsnah zu simulieren. Die Abb. 10A und B zeigen je eine Simulation eines Sommersmogtages mit Westwind (IOP II-1993), und zwar für den Nachmittag des 29.7.1993 um 15.10 Uhr sowie für den frühen Abend um 20.00 Uhr. Dargestellt wird lediglich die unterste der 26 berechneten, 100 m mächtigen Schichten (PEREGO, 1996).

Am Nachmittag (Abb. 10 A) hat sich unter Westwindeinfluss und bei guter vertikaler Durchmischung der Grenzschicht eine recht homogene Ozonverteilung auf einem Niveau um 50 ppb aufgebaut. Lediglich im Lee der Agglomerationen Bern, Zürich und Luzern sind recht grossräumige Ozonplumes auszumachen.

Am frühen Abend (Abb. 10 B) wird die Ozonproduktion gestoppt, und besonders in den Städten und entlang der rot eingezeichneten Autobahnen wird das Ozon durch die Stickoxidemissionen massiv abgebaut. Einzelne städtische Plumes (z.B. Bern, Luzern) werden bereits durch die katabatischen Winde aus dem Alpenraum nach Norden verlagert. In den geschützten Tälern und über Seen (Vierwaldstättersee, Zürichsee) bleiben relativ hohe Konzentrationen erhalten.

7. Überprüfung von Luftreinhaltemassnahmen

Erste Überlegungen zu Luftreinhaltemassnahmen können Abb. 3 entnommen werden: Wird davon ausgegangen, dass in weiten Teilen des ländlichen Schweizer Mittellandes eine «low NO_X-Chemie» vorherrscht und dass sich das NO_X/VOC-Verhältnis im Bereich des Pfeils A-B befindet, so leuchtet ein, dass in diesem Fall vor allem eine Reduktion der Stickoxidemissionen zu einer effizienten Ozonreduktion führt. Tabelle 4 zeigt die Ozonmaxima, die entlang der Ost-West-Trajektorie, die auch Abb. 9 zugrunde lag, für verschiedene Reduktionsszenarien mit den Modellen HPTM und HPM (vgl. Tab. 2) berechnet wurden. Dabei wird die bekannte Tatsache sichtbar, wonach nur eine massive Reduktion der Vorläufersubstanzen zu einer erheblichen Ozonreduktion führen kann.

Abb. 11 zeigt die mit BERPHOMOD für den 29./30.7.1993 simulierten Konzentrationen des NO, des NO_2, der Alkane und des Ozons. Dabei wurde eine vertikale Ozonsäule ohne Advektion, aber unter Einbezug der Deposition gerechnet. Sichtbar wird, wie NO zuerst O_3 abbaut, dann aber mit Hilfe der Alkane den nachmittäglichen Ozonaufbau bewirkt. Das Modellresultat zeigt zudem, dass das Ozon in dieser (quellennahen) Situation bei einer lediglich 50%igen Reduktion der NO noch anzusteigen vermag. Bei einer drastischen 90%igen Reduktion werden die nachmittäglichen Ozonmaxima jedoch markant gekappt.

Tab. 4: Mit den Modellen HPTM und HPM berechnete Ozonmaxima entlang der Ost-West-Trajektorie gemäss Abb. 9, berechnet für verschiedene Reduktionsszenarien (BUWAL, 1996).

Reduktionsszenario NO_X/VOC (%)	Berechnete HPTM	Ozonmaxima HPM
100/100	91	89
50/100	84	81
100/50	84	87
50/50	81	81

Für die zukünftige Luftreinhaltepolitik im Schweizer Mittelland lässt sich abschliessend festhalten, dass eine massive NO_X-Reduktion fast in jedem Fall als effektivste Massnahme zur Reduktion der sommerlichen Ozonmaxima zu bezeichnen ist. Nur in den grossen Plumes von Genf oder Zürich dürfte eine kombinierte NO_X-/VOC-Reduktion noch leicht wirkungsvoller sein. Allerdings müssten hier zuerst detaillierte Untersuchungen angesetzt werden (BUWAL, 1996).

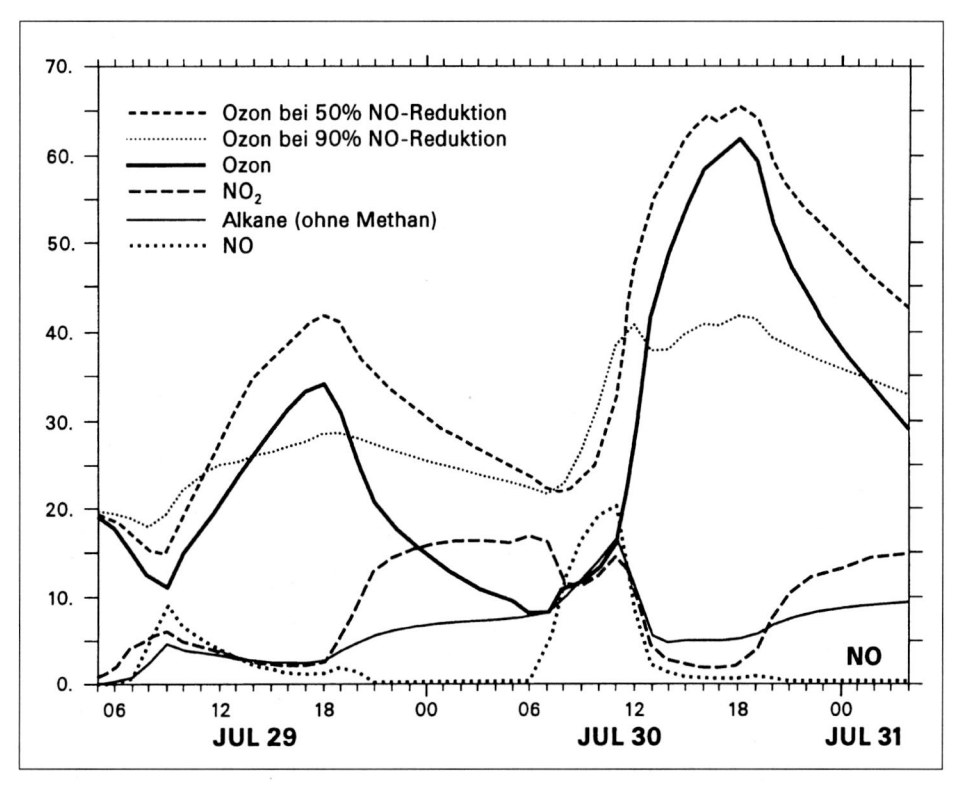

Abb. 11: Die Konzentrationen der wichtigsten Substanzen in Bodennähe im Tagesverlauf.

Verdankungen

Die Autoren bedanken sich beim Schweizerischen Nationalfonds zur Förderung der wissenschaftlichen Forschung sowie beim Bundesamt für Umwelt, Wald und Landschaft herzlich für die Unterstützung durch mehrere namhafte Forschungsbeiträge. Frau S. Schriber sei für die Bearbeitung des Manuskripts und Herrn A. Brodbeck für die kartographische Hilfe bestens gedankt.

Literatur

ANDREANI-AKSOYOGLU, S. & KELLER, J., 1995: Estimates of monoterpene and isoprene. Emissions from the forests in Switzerland. J. Atmos. Chem., 20, 1–17.
BUWAL, 1996: Resultate von POLLUMET (Arbeitstitel Schlussbericht), in Vorbereitung.
DOMMEN, J., NEFTEL, A., SIGG, A. & JACOB, D.J., 1995: Ozone and hydrogen peroxide during summer smog episodes over the Swiss Plateau: Measurements and model simulations: J.Geophys. Res., 100, 8953–8966.
KÜNZLE, T. & NEU, U., 1994: Experimentelle Studien zur räumlichen Struktur und Dynamik des Sommersmogs über dem Schweizer Mittelland. Diss. Geogr. Institut Univ. Bern.
MATHYS, H., MAURER, R., MESSERLI, B., WANNER, H. & WINIGER, M., 1980: Klima und Lufthygiene im Raum Bern. Veröffentl. der Geogr. Komm. d. Sz. Naturf. Ges., 7, 40 S.
PEREGO, S., 1996: Ein numerisches Modell zur Simulation des Sommersmogs – Anwendung in der Schweiz. Diss. Geogr. Institut Univ. Bern.
WANNER, H., 1988: Geschichte der Meteorologie und Klimatologie an der Universität Bern. Manuskript, 21 S.

Persönlich
Der Erstautor, Heinz Wanner, geboren 1945 in Biel, ist Professor für physische Geographie und Leiter der Forschungsgruppe für Klimatologie und Meteorologie am Geographischen Institut der Universität Bern. Er studierte in Bern und Grenoble Geographie mit den Schwerpunkten Klimatologie und Atmosphärenchemie. Als Postdoc arbeitete er am Department of Atmospheric Science der Colorado State University in Fort Collins sowie im ALPEX-Programm der Weltorganisation für Meteorologie. Seine Forschungsgebiete sind: Klimadynamik der Alpen, Gebirgsmeteorologie, Luftverschmutzung. Er begegnete Bruno Messerli erstmals 1968 in der Vorlesung über Naturlandschaften und war vom dynamischen und jugendlichen Privatdozenten so begeistert, dass er sich von ihm nach dem Sekundarlehrerabschluss zum Weiterstudium überreden liess.
Adresse: Geographisches Institut der Universität Bern, Hallerstr. 12, 3012 Bern.

Highland-Lowland Interactions und der Stickstoffkreislauf

Vom Toggenburg, vom Hohen Atlas, von Kenya und dem Bielersee

Peter Germann

Einleitung

Die Bodennutzung in Gebirgen zeichnet sich häufig dadurch aus, dass nutzungsgünstige Areale in grössere eingebettet sind, die lediglich extensiv genutzt werden können. Die Nutzungsintensität von Arealen richtete sich in vortechnischer Zeit nach dem Verhältnis des menschlichen Energieaufwands, der zur Erzeugung von Produkten erbracht werden musste, zum Wert, der den Produkten beigemessen wurde. Durch die zunehmenden wirtschaftlichen Verflechtungen über grössere Distanzen hinweg, aber auch durch die Freizügigkeit der Bewohner, durch die Zufuhr von Fremdenergie und durch die Entwicklung technischer Hilfsmittel – wie Strassen und Maschinen – hat sich die Intensität der Nutzung verschoben.

Die Urproduktion ist meistens bestrebt, möglichst haltbare und transportierbare Produkte in konzentrierter Form herzustellen. Aus diesem Bestreben heraus entwickelten die Bodennutzer in verschiedenen Gebirgsräumen der Welt regionalspezifische Nutzungsmethoden. Trotz der Vielfalt in der Nutzung mussten immer wieder dieselben limitierenden Faktoren überwunden werden. Als elementare Voraussetzung einer längerdauernden Nutzung musste die Versorgung der Bevölkerung mit Energie – in Form von Lebensmitteln, Futter und Heizmitteln – und mit Rohstoffen wie Baumaterialien und Fasern gesichert werden. Durch eine geeignete Vorratsbewirtschaftung konnten Versorgungskrisen überwunden werden. Je kleiner der Nutzungsraum war und je schwächer die Handelsbeziehungen zu Nachbarregionen ausfielen, desto vielfältiger mussten die Produktionsformen innerhalb eines Nutzungsraumes gestaltet werden, damit er dauernd besiedelt und bewirtschaftet werden konnte.

Gerade im Gebirge treten die Beziehungen zwischen den intensiv und extensiv nutzbaren Arealen besonders deutlich in Erscheinung, weil sie, bedingt durch die ausgeprägten Höhenunterschiede, oft nahe beieinander liegen. Der menschliche Energieaufwand zur Beschaffung von Produkten aus den extensiv genutzten Arealen musste durch die erhöhten Erträge aus den intensiv genutzten Arealen mindestens ausgeglichen werden. Andernfalls musste längerfristig auf einen energiegünstigeren Ersatz der betreffenden Produkte umgestellt oder vollständig auf sie verzichtet werden.

Vielerorts wird die Schwerkraft geschickt zur Konzentration von Produkten genutzt, wie zum Beispiel beim Holzreisten, beim Einbringen von Wildheu als auch bei der Umleitung von Wasser für die Bewässerung oder zur Produktion mechanischer Energie.

Auch das Weidevieh kann zur extensiven Nutzung herangezogen werden. Fleisch, Milch, Fett, Leder oder Wolle können damit produziert werden. Dieses Verfahren spart dem Bewirtschafter Energie. Solange die Energiebilanz für die Weidetiere insgesamt positiv ausfällt, können die Herden aufgebaut werden. Generell nimmt die Grösse der Weidetiere mit zunehmender Unwegsamkeit des beweideten Gebietes ab.

Toggenburg

Von einer weiteren Produktion durch Weidetiere berichtet Ulrich BRÄKER (1788) in «Der Arme Mann im Tockenburg» (Kapitel X): *«Die Magd schafte er* [U. Bräkers Vater, Anm. d. Verf.] *ab; und dingte dafür einen Gaissenknab, da er jetzt einen Fasel Gaissen gekauft, mit deren Mist er viel Waid und Wiesen machte.»* Hier wird offenbar die Bodennutzung intensiviert. Die Magd, der vor allem häusliche Arbeiten oblagen, wird zugunsten eines Hüterbuben entlassen. Zudem wird in eine Herde von Ziegen investiert, die im Laufe der Jahre auf über hundert Tiere anwächst. Nicht die Fleisch- oder die Milchproduktion stehen für Uelis Vater im Vordergrund, sondern die Produktion von Mist aus extensiv genutzten Arealen zur Ertragssteigerung ohnehin intensiv genutzter Flächen.

Mit Bestimmheit kannte der ältere Bräker die Zusammenhänge zwischen dem Mist und dem Stickstoffkreislauf nicht, denn RUTHERFORD entdeckte erst 1772 das Element Stickstoff (N). Sogar Justus LIEBIG erlag zu Beginn seiner agrochemischen Studien im ersten Drittel des 19. Jahrhunderts dem Irrtum, dass der hohe Anteil des Luftstickstoffs den Pflanzen eine genügende Versorgung mit N-Verbindungen gewährleisten müsste. Erst mit dem Fortschritt seiner Analysenmethoden entwickelte er in späteren Jahren ein differenzierteres Bild, in dem auch der pflanzenverfügbare Stickstoff in das Konzept der Minimumfaktoren einbezogen wurde (HEILENZ, 1988).

Hoher Atlas

Mit Bruno MESSERLI weilte ich im Mai 1992 im Hohen Atlas in Marokko. Der morgendliche Auftrieb der zahllosen Herden von brandmageren Ziegen in die grossenteils übernutzten, ferngelegenen und steilen Weiden im Becken von Tagoundaft ergab aus meiner damaligen Sicht der ländlichen Ökonomie keinen Sinn, zumal die Bauern dem Schaffleisch den Vorzug geben und das Ziegenfleisch eher selten konsumieren. Im Laufe der Doktor- und Diplomarbeiten von Daniel Maselli und Michael Geelhaar klärte sich das Bild allmählich (MASELLI, 1995; GEELHAAR, 1995).
In der traditionellen Landwirtschaft wurden auf bewässerten Terrassen intensiv Mais, Gerste, Hackfrüchte und Gemüse angebaut. Walnuss-, Mandel- und Obstbäume, in Hainen in der Nähe der Siedlungen angelegt, ergänzten die Erträge. Zudem besass jede Familie nach Möglichkeit eine Kuh zur Milchversorgung.

Grosse Gebiete zwischen den dörflichen Siedlungen waren von lockeren Wäldern bestockt mit der Steineiche *(Quercus ilex)* als Hauptbaumart. Unter den Bäumen hatte sich eine Gras- und Krautvegetation eingestellt, die durch die Ziegen und Schafe beweidet werden konnte. Das Kleinvieh wurde abends in Pferchen zusammengetrieben, wo der produzierte Mist periodisch zusammengerecht und sackweise auf Eseln zu den bewässerten Terrassenäckern gebracht wurde.

Bis zum Zweiten Weltkrieg verschaffte diese Wirtschaftsform der ländlichen Bevölkerung einen bescheidenen Wohlstand. Doch dann mussten auf Geheiss der französischen Kolonialmacht die Bäume geschlagen und zu Holzkohle verarbeitet werden. Der Mangel eines rechtlich geregelten Eigentums an der Waldweide erleichterte den Franzosen die Durchsetzung ihrer Massnahmen. Die üblichen Folgen traten ein. Der an sich nicht sehr mächtige Humushorizont zersetzte sich rasch und wurde weggespült. Durch den Unterbruch im Kreislauf der organischen Substanz verarmten die Gras- und Krautvegetation sowie die Kleintierherden zunehmend. Was von dieser Wirtschaftsform noch übrig blieb, war die zu Beginn der 90er Jahre beobachtete suboptimale Ziegenwirtschaft.

Kenya

Bruno MESSERLI führte mich auch in die Region des Mt. Kenya ein, wo ich zur Zeit an einem Wasserbewirtschaftungsprojekt beteiligt bin. Auf einem Rückflug nach Zürich sass ich neben Joshua, einem Kenyaner, der in der Schweiz seinen Vetter ferienhalber besuchte. Bald stellte sich heraus, dass er als Gemüsebauer mit seiner grossen Familie in der Nähe von Mombassa einen etwa 6 ha umfassenden Betrieb bewirtschaftet. Er befinde sich eben in einer privilegierten Lage, erklärte er mir, denn hinter seinem Hof beginne das herrenlose Bergland. Hier hüten seine Söhne die Ziegen und die wenigen Milchkühe. Der Dung von Ziegen und Kühen werde sorgfältig eingesammelt und auf die Äcker gebracht. Dadurch produziere er qualitativ einwandfreies Gemüse, das beim Verkauf an die Hotels und Restaurants in Mombassa immer gute Preise erziele. Und darum könne er, Joshua, sich die Reise zu seinem Vetter in die Schweiz eben leisten. So beruht auch Joshuas Wohlstand auf der Mistproduktion extensiv genutzter Areale, die zur Ertragsverbesserung der intensiv genutzten Äcker beiträgt.

Bielersee

Anlässlich von Kursen zur forstlichen Standortkartierung 1992 und 1993 am Jurasüdhang oberhalb des Bielersees wies Kollege Otto HEGG (HEGG, 1992) in den mediterran geprägten Flaumeichenwäldern auf den pflanzensoziologisch noch nicht erreichten Klimax hin. Die Ziegenbeweidung, die bis in die 50er Jahre hinein erfolgte, lässt sich an der Artenzusammensetzung der Pflanzengesellschaften heute noch deutlich erkennen. Auch hier wurden die Ziegen zur Produktion von Mist für die tiefergelegenen Rebberge in die steilen Wälder getrieben.

Der Stickstoff in der Nahrungskette
(In den *Anmerkungen* sind die Masseinheiten zusammenfassend erläutert.)

Der Mensch
Der durchschnittliche tägliche Bedarf pro Person an Proteinen und Aminosäuren beträgt etwa 60 g/(P·d). Je nach Alter und Geschlecht bestehen erhebliche Unterschiede. Das Element Stickstoff ist gewichtsmässig mit etwa 20–30% daran beteiligt. Unser durchschnittlicher täglicher N-Bedarf beträgt damit etwa 15 bis 20 gN_B/(P·d) oder jährlich etwa 7 kgN_B/(P·a). Die essentiellen Aminosäuren stammen zur Hauptsache von Tieren, der mengenmässig überwiegende Anteil der übrigen Aminosäuren und Proteine kann auch von den Pflanzen geliefert werden. Der optimale Stickstoffbedarf der rund 7 Mio. Bewohner der Schweiz beträgt demnach etwa 49 000 tN_B/a oder $3,5 \times 10^9$ $molN_B$/a.

Wie der Stickstoff vom Mist in die Nahrungskette gelangt
Abb. 1 zeigt die Elemente des Stickstoffkreislaufs zwischen der Atmo-, Anthropo-, Pedo- und Hydrosphäre. Der im Mist enthaltene Stickstoff gelangt über die beiden Flüsse «Wurzeln, Pflanzenreste, Hofdünger, Klärschlamm» und «Hofdünger, Mineraldünger, Klärschlamm, Niederschläge» in den Kreislauf. Die beiden Speicher N_{org} und NH_4^+ (Ammonium) werden dadurch alimentiert. Die organischen Stickstoffverbindungen, zusammengefasst mit N_{org}, liegen in Form von Aminosäuren, Peptiden und Proteinen vor. N_{org} ist auf die lebende und tote organische Substanz im Boden, hauptsächlich auf den Humus, beschränkt.

Die N_2-fixierenden Mikroorganismen, wie die Knöllchenbakterien der Leguminosen, die Strahlenpilze der Erlen, freilebende Bakterien wie *Azotobacter*, sowie die Blau-

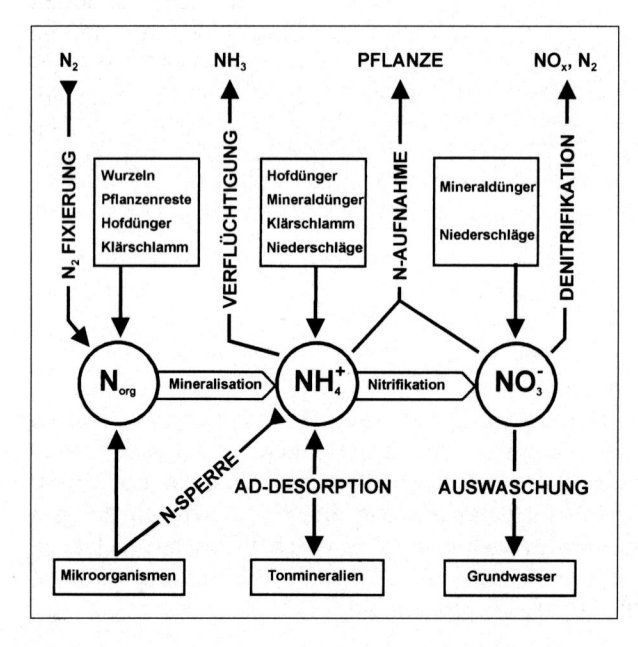

Abb. 1: *Elemente des Stickstoffkreislaufes im Bereich des Bodens. (FURRER & STAUFFER, 1986)*

grünen Algen speisen den Speicher N_{org} zusätzlich, in dem sie den elementaren Stickstoff N_2 aus der Luft biochemisch binden. In natürlichen Systemen beträgt die N_2-Fixierung etwa 5%, die übrigen 95% stammen aus der Rezyklierung von abgestorbenen Pflanzenteilen und zu einem geringeren Teil aus den abgestorbenen Mikroorganismen (GISI et al., 1990).

Durch die Mineralisation, auch Ammonifikation genannt, wird der Stickstoff allmählich in Ammonium, NH_4^+, umgewandelt. An der Mineralisierung ist eine Vielzahl von chemo-heterotrophen Mikroorganismen beteiligt, wobei ihnen organische Kohlenstoffverbindungen die Energie liefern. Das Kohlenstoff-Stickstoffverhältnis C/N in einem Boden ist daher ein wichtiger Indikator für die Pflanzenverfügbarkeit von N_{org}.

Ammonium kann als Kation von den Tonmineralien sorbiert werden. Pflanzen können Ammonium durch die Wurzeln aufnehmen, doch kommen ihnen in der Regel die autotrophen Mikroorganismen zuvor. Einerseits können Mikroorganismen das Ammonium in ihre Zellen einbauen. Aus dem Gesichtspunkt der Düngerbewirtschaftung wird dieser Übergang als N-Sperre bezeichnet. Andrerseits verwandeln die nitrifizierenden Bakterien das energiereiche Ammonium NH_4^+ durch die Nitrifikation in das energiearme Nitrat, NO_3^-. Weil die nitrifizierenden Mikroorganismen von der frei werdenden Energie leben, verläuft die Nitrifikation deutlich schneller als die Ammonifikation beziehungsweise die Mineralisation.

Das Nitrat kann von den Pflanzenwurzeln ohne Konkurrenz der Mikroorganismen aufgenommen werden, weil der Stickstoff keine Energie mehr an die letzteren abgeben kann. Das anionische Nitrat wird hingegen von den ebenfalls mehrheitlich negativ geladenen Tonteilchen abgestossen. Intensive Niederschläge waschen es daher sehr leicht aus dem Bodenprofil aus.

Die vollständige Nitrifikation durchläuft sämtliche Oxidationsstufen des Stickstoffs. Sie kann aber nur dann bis zum Nitrat ablaufen, wenn genügend Sauerstoff im Boden vorhanden ist. Andernfalls treten Verbindungen niedriger Oxidationsstufen auf, die als Gase, wie elementarer Stickstoff (N_2) oder als Stickoxide (NO_x) dem Boden entweichen. Diese Vorgänge werden mit dem Begriff der Denitrifikation zusammengefasst. Unter anaeroben Bedingungen, wie sie zum Beispiel in verdichteten Böden vermehrt auftreten, entsteht aus dem Ammonium direkt flüchtiges Ammoniak (NH_3).

Stickstoffkreislauf und Energieumsätze

Der Inhalt chemischer Energie von Atomen und Molekülen wird *chemisches Potential* genannt und in J/mol ausgedrückt. Für die Potentiale der mineralischen Stickstoffformen gilt:

$$2NH_4^+ + 3O_2 \rightarrow 2NO_2^- + 2H_2O + 4H^+ \qquad -(2 \times 276 \text{ kJ/mol}) \quad (1)$$

$$2NO_2^- + O_2 \rightarrow 2NO_3^- \qquad -(2 \times 73 \text{ kJ/mol}) \quad (2)$$

Mit dem Ammonium erreicht der Stickstoff mit der Wertigkeit –III die tiefste Oxidationsstufe. Diese Stufe stellt gleichzeitig das höchste chemische Potential dar. Am anderen Ende der Energieskala beinhaltet das Nitrat mit der höchsten Oxidationsstufe das niedrigste Potential des Stickstoffs. Das Potential von N_{org} liegt zwischen diesen beiden Endformen und variiert je nach der Bindungsform von N.

Die Abgabe der Protonen H⁺ gemäss Gleichung (1) trägt zur Versauerung der Böden bei. Bei der vollständigen Nitirifikation gewinnen die autotrophen Bakterien also 349 kJ/mol Energie. Weil der Stickstoff von den Pflanzen hauptsächlich als Ammonium biochemisch weiterverarbeitet wird, müssen sie wieder 349 kJ/mol Energie zur Nitratreduktion aufwenden.

Das chemische Aufbrechen der Dreifachbindung N≡N des Luftstickstoffes, auch Dissoziation genannt, benötigt 942 kJ/mol. Die Stickstoff fixierenden Mikroorganismen beziehen die dafür nötige Energie aus der Oxidation von organischen Kohlenstoffverbindungen, wobei die Knöllchenbakterien der Leguminosen etwa 15% der von den Wirtspflanzen assimilierten Sonnenenergie verbrauchen. Zum Vergleich: Zur Synthetisierung von Ammoniak (NH_3) aus N_2 werden im Haber-Bosch – einem Verfahren zur Herstellung von Ammoniak direkt aus dem Stickstoff der Luft und aus Wasserstoff – Temperaturen von 550 °C und Drücke von 200 bar eingesetzt.

Zum Vergleich des Energieumsatzes wird der Bedarf an Wärmeenergie zur Verdunstung von Wasser herangezogen. Zur Umwandlung von fühlbarer in latente Verdunstungswärme werden etwa 36 kJ/(mol H_2O) aufgenommen. Die vollständige Reduktion von 1 mol NO_3^- in 1 mol NH_4^+ benötigt etwa das zehnfache, und die Dissoziation von 1 mol N_2 etwa das 26-fache dieser Energiemenge. Die Stickstoffreduktion ist im Vergleich zum Verdampfen von Wasser ein energieintensiver Prozess.

Zunächst wird angenommen, dass der gesamte N_B-Bedarf der Bevölkerung der Schweiz durch den «natürlichen» N-Kreislauf gedeckt werden kann. Zur Dissoziation der 5% von $3,5 \times 10^9$ $molN_B$/a wird ein Energiefluss von etwa 5,3 MW benötigt. Ferner wird angenommen, dass die gesamte Menge von N_{org} zweimal vollständig zu NH_4^+ reduziert werden muss, bevor sie als N_B mit den Nahrungsmitteln aufgenommen werden kann. Hiezu wird ein Energiefluss von etwa 77,5 MW benötigt. In einem Alternativmodell wird angenommen, dass sämtliches N_B aus der Dissoziation nach Haber-Bosch stammt, wofür 106 MW benötigt würden.

Als Vergleich wird die jährliche meteorologische Verdunstung in der Region Bern herangezogen. Sie beträgt etwa 500 mm H_2O/a. Sie beansprucht einen durchschnittlichen Energiefluss von etwa 1 GW pro 25 km², was etwa der mittleren Leistung eines Kernkraftwerkes entspricht. Im Vergleich zum Energiebedarf für die meteorologische Verdunstung einer Fläche von 25 km² nimmt sich die Energie, die zur Bildung von N_B benötigt wird, bescheiden aus.

Aus diesen Vergleichen wird gefolgert, dass weder die mineralischen Stickstoffvorräte noch die angebotene Energie die biologischen Stickstoffumsätze und damit das Pflanzenwachstum einschränken. Dieser Befund wird bestärkt durch den Anteil des elementaren Stickstoffs in der Atmosphäre von 78%. In natürlichen Systemen limitiert vor allem das Angebot von organischen Kohlenstoffverbindungen, die als Nährmedien für die ammonifizierenden Mikroorganismen geeignet sind, den Umsatz an organischem Stickstoff. Analoge biochemische Beschränkungen finden sich auch bei der Photosynthese, der Reduktion von CO_2 in organische Verbindungen mit Hilfe des Sonnenlichtes. Von der zur Verfügung stehenden Sonnenenergie werden nur etwa 0,02% für diesen, praktisch sämtliches Leben ermöglichenden Prozess verwendet.

Fluss-limitierte Systeme sind charakterisiert durch einen äusserst haushälterischen Umgang mit dem betreffenden Stoff. So berichtete HEGG (1990), dass 27 Jahre nach der letzten Düngung von Borstgrasrasen auf der Schynigen Platte in den Pflanzen immer noch eine deutlich erhöhte Stickstoffkonzentration festgestellt werden konnte.

In fluss-limitierten Systemen, die auf nahezu unerschöpfliche Vorräte zurückgreifen können, entwickeln sich raffinierte Verfahren zur Beschleunigung oder zur Konzentration der spärlichen Umsätze. Die Kleinviehhaltung ist dafür ein typisches Beispiel. Auch die Pflanzen selbst haben sich im Laufe der Evolution zu effizienteren Einheiten zusammengeschlossen. Neben den symbiontischen Knöllchenbakterien und Strahlenpilzen, die den Wirtspflanzen eine direkte Stickstoffquelle erschliessen, müssen auch die Mykorrhizasymbiosen erwähnt werden. Der Durchmesser von Pilzhyphen (Pilzfäden) ist etwa 5 bis 10 mal kleiner als jener der Hauptwurzelstränge von höheren Pflanzen, der im Bereich von etwa 30 bis 60 µm liegt. Die mykorrhizierten höheren Pflanzen sind dadurch mit entsprechend feineren Poren im Boden verbunden. Das mobile NO_3^-, aber auch andere spärlich vorhandene Pflanzennährstoffe können via Hyphen von den Pflanzen wesentlich effizienter genutzt werden als nur von den Wurzeln allein.

Ganz allgemein sind Mangelerscheinungen Ausdruck einer angespannten Versorgungslage. Aus Untersuchungen von SCHEFFRAHMS (1994) an spätmittelalterlichen und frühneuzeitlichen Gräbern ist bekannt, dass grössere Teile der damaligen Bevölkerung unter Eiweissmangel litten.

Landesweiter Stickstoffumsatz
Einen landesweiten Überblick über Stickstoffquellen und -senken vermittelt die vom BUWAL (1993) veranschlagte Stickstoffbilanz der Pedosphäre:

Importe in die Pedosphäre
a) aus der Anthroposphäre
    Mineraldünger   69 kt N/a
    Futtermittel   23 kt N/a
  * Klärschlamm, Kompost   5 kt N/a
    Total von Anthropo- in Pedosphäre   97 kt N/a
b) aus der Atmosphäre
  * Fixierung in landw. Systemen   72 kt N/a
  * übrige Fixierung   12 kt N/a
    Deposition   84 kt N/a
  * Blitze   1 kt N/a
    Total von Atmo- in Pedosphäre   169 kt N/a
Total N-Importe in die Pedosphäre   **266 kt N/a**

Exporte aus der Pedosphäre
a) in die Anthroposphäre
  * Nahrungsmittel   29 kt N/a
    (übrige landw. Güter nicht erfasst)
b) in die Atmosphäre
    Denitrifikation Landwirtschaft   100 kt N/a
    (N_2 80; N_2O 20)
    Denitrifikation übrige Böden   33 kt N/a
    (N_2 26; N_2O 7)
    NH_3 aus der Landwirtschaft   47 kt N/a
    Total Export in die Atmosphäre   180 kt N/a

c) in die Hydrosphäre
    Oberflächenabfluss   17 kt N/a
    Auswaschung Landwirtschaft   37 kt N/a
    Auswaschung Wald   12 kt N/a
    Total Export in die Hydrosphäre   66 kt N/a
    Total N-Exporte aus Pedosphäre   **275 kt N/a**

Folgende geschlossene N-Kreisläufe werden für die Pedosphäre angenommen:
    Rauhfutter und Stroh   180 kt N/a
    Hofdünger   155 kt N/a
    Ernterückstände, Gründüngung   200 kt N/a
    Total Umsatz Kreisläufe   **535 kt N/a**

Angesichts der enormen Umsätze von 275 kt N/a Export und 266 kt N/a Import und angesichts der Ungewissheit bei der Schätzung der einzelnen N-Flüsse wird die geringe Differenz von 9 kt N/a in der Bilanz als nicht signifikant betrachtet.

Mit * sind jene Bilanzglieder bezeichnet, die in der solaren Landwirtschaft – das sind nach PFISTER (1990) jene landwirtschaftlichen Betriebsverfahren, die nur mit hofeigenen Stoffen und Energie produzieren – eine hervorragende Bedeutung einnahmen. Der Hofdünger, der Dung der Weidetiere und die Fixierung des Luftstickstoffs bilden die einzigen Möglichkeiten zur Stickstoffdüngung. Es ist interessant festzustellen, dass die landwirtschaftliche N_2-Fixierung vom BUWAL mit 72 kt/a veranschlagt wird, und N_B aus unserer Schätzung lediglich 49 kt/a beträgt. Es stellt sich die Frage, ob bei optimaler Handhabung der gesamte N_B-Bedarf unserer Bevölkerung durch die Fixierung gedeckt werden könnte.

Zusammenfassung und Folgerungen

Anhand von vier unabhängigen Fallbeispielen wurde gezeigt, dass die extensive Beweidung von Gebirgsgegenden durch das Vieh, insbesondere das Kleinvieh, zu einer Konzentration von organischen Stickstoffverbindungen in intensiver bewirtschafteten Böden führte. Diese räumlich beschränkten Highland-Lowland Interactions führten zu einer Kumulation von landwirtschaftlichen Produkten, die ihrerseits einen Warenaustausch innerhalb einer Region, möglicherweise sogar über diese hinaus, intialisierten und aufrecht erhielten.

Diese Art der Kumulation ist nicht auf Gebirgsräume beschränkt, doch äussert sie sich hier besonders deutlich. Die grossen, extensiv bewirtschafteten Areale sind einerseits in der Regel schlecht zugänglich und bleiben damit vor anderer Nutzung verschont. Andrerseits fördern die verhältnismässig geringen Entfernungen zwischen extensiv und intensiv bewirtschafteten Arealen diese Bewirtschaftungsform.

Die auf der mikrobiellen Ebene dargelegte N-Flusslimitierung zeigt sich analog auch auf der makrobiellen Ebene. Die zur Aufkonzentrierung des Mists vom Kleinvieh benötigte Energie muss durch den Weidegang beschafft werden. Wenn diese Energie in zu geringer Konzentration anfällt, wie dies am Beispiel der heutigen Bewirtschaftung in Tagoundaft gezeigt wurde, ist eine Verarmung des gesamten

Systems zu erwarten. Hier wird spekuliert, dass bei weiterer Verarmung das Gebiet nur noch halbnomadisch oder sogar nur noch nomadisch bewirtschaftet werden kann. Die vollständige Aufgabe der traditionellen Nutzung dürfte jedoch die realistischste Alternative darstellen.

Eine Betrachtung der antiken mediterranen Landwirtschaft unter den hier dargelegten Gesichtspunkten der N-Bewirtschaftung könnte möglicherweise zu interessanten Zusammenhängen zwischen Klima- und Landschaftsveränderungen im Mittelmerraum führen. Nach MONTANARI (1993) assen die Römer wenig Fleisch. Sie konnten damit erhebliche Mengen Energie sparen, weil die vegetarische Ernährung etwa 5 bis 10 mal energieeffizienter verläuft als die Ernährung mit tierischen Produkten. Hingegen musste der Stickstoffkreislauf anderweitig aufrecht erhalten werden. Die Zusammenhänge zwischen Erosion und Ziegenwirtschaft sind hinlänglich bekannt. Die Verbindung der letzteren zur Stickstoffbewirtschaftung könnte wertvolle Hinweise auf die damalige Erosionsproblematik liefern, woraus möglicherweise Schlüsse für die Lösung rezenter Erosions- und Bewirtschaftungsprobleme gezogen werden könnten.

Die heutige Marginalisierung von früher extensiv bewirtschafteten Arealen in Gebirgen sollte auch unter dem Gesichtspunkt der enormen Mengen von ausgebrachten mineralischen N-Düngern betrachtet werden. Dadurch wurde der Rückzug aus den extensiv bewirtschafteten Arealen ziemlich sicher beschleunigt – unter Verarmung der vielfältigen Highland-Lowland Interactions. Vielleicht ergäbe sich über die Betrachtung des Stickstoffkreislaufes eine Möglichkeit, heute brachliegende, ehemals extensiv genutzte Areale wieder ähnlich zu nutzen. Damit könnten das Landschaftsbild und die Highland-Lowland Interactions vermehrt gepflegt werden. Allerdings müsste für den derart produzierten Mist ein Markt erschlossen werden, was angesichts der enormen Stickstoffüberflüsse kein einfaches Unterfangen darstellte.

Anmerkungen

1 mol	enthält $6{,}0 \times 10^{23}$ Atome oder Moleküle.
1 J	(«Joule») ist das Mass für die Energie in SI-Einheiten. 1 [J] = 0,238 cal. 1 cal ist jene Wärmemenge, die 1 cm^3 Wasser um 1 °C erwärmt.
1 W	(«Watt») ist das Mass für die Leistung oder den Energiefluss in SI-Einheiten. 1 W = 1 J/s.
1 g/(P·d)	1 Gramm pro Person und pro Tag
1 kg/(P·a)	1 Kilogramm pro Person und pro Jahr
1 mol/a	1 mol pro Jahr
1 mmH$_2$O/a	1 Liter Wasser pro Quadratmeter und Jahr
k ... =	10^3 («kilo»)
M ... =	10^6 («mega»)
G ... =	10^9 («giga»)

Literatur

BRÄKER, U., 1788: Der arme Mann im Tockenburg. Diogenes Verlag AG, Zürich, 1993, 319 S.
BUWAL, 1993: Der Stickstoffhaushalt in der Schweiz. Schriftenreihe Umwelt Nr. 209, 74 S.
FURRER, O. J. & STAUFFER, W., 1986: Stickstoff in der Landwirtschaft. Gas-Wasser-Abwasser 66: 460–472.
GEELHAAR, M., 1995: Mutations socio-économiques dans le Bassin de Tagoundaft, Haute Atlas, Maroc. AFRICAN STUDIES SERIES A12, Geographica Bernensia, Bern, 199–219.
GISI, U., SCHENKER, R., SCHULIN, R., STADELMANN, F. X. & STICHER, H., 1990: Bodenökologie. Georg Thieme Verlag, Stuttgart, 304 S.
HEGG, O., 1990 & 1992: Mündliche Mitteilungen aus dem Institut für systematische Geobotanik der Universität Bern.
HEILENZ, S., 1988: Das Liebig-Museum in Giessen. Verlag der Ferber'schen Universitätsbuchhandlung Giessen, 58S.
MASELLI, D., 1995: L'écosystème montagnard-agro-sylvo-pastoral de Tagoundaft (Haut Atlas occidental, Maroc): ressources, processus et problèmes d'une utilisation durable. African Studies Series A12, Geographica Bernensia, Bern, 1–197.
MONTANARI, M., 1993: Der Hunger und der Überfluss – Kulturgeschichte der Ernährung in Europa. Verlag C.H.Beck, München, 251 S.
PFISTER, C., 1990: The Early Loss of Ecological Stability in an Agrarian Region. In: Brimblecombe, P. & PFISTER, C.,(eds.): The Silent Countdown. Springer, Heidelberg, 265 S.
SCHEFFRAHM, 1993: Mündliche Mitteilung aus dem Anthropologischen Institut der Universität Zürich.

Persönlich
Diesen Artikel widme ich der Erinnerung an die sieben Jahre, die ich mit Dir, lieber Bruno, am Geographischen Institut der Universität Bern verbringen durfte. Ich wünsche Dir weiterhin viel Erfolg in Deinen Unternehmen während des wohl unabhängigsten Abschnitts Deiner Karriere.
Prof. Dr. Peter Germann, Abteilung Bodenkunde, Geographisches Institut der Universität Bern

Bremgarten bei Bern – Die Umsetzung raumplanerischer und ökologischer Anliegen in den Ortsplanungen 1964 bis 1995

Klaus Aerni

1. Einleitung

Bremgarten ist eine kleine Vorortsgemeinde nördlich von Bern (Abb. 1), in der Bruno Messerli von 1968 bis 1974 mit seiner Familie gewohnt hat. – Hier sind in diesen Jahren die grundlegenden Konzepte zum MAB-Programm entstanden; hier hat er aber auch sein Wissen der Gemeinde zur Verfügung gestellt. Als Vizepräsident der Planungskommission setzte er sich von 1971–73 mit dem ihm eigenen Engagement für die Bewahrung und Pflege der Umweltqualität des lokalen Lebensraumes Bremgarten ein – eine Vorausnahme der Idee «nachhaltiger Entwicklung», wie sie Bruno Messerli später auf internationaler Ebene vertreten half.

Im Folgenden werden zunächst der Lebensraum Bremgarten und das wechselvolle Schicksal der Gemeinde skizziert. Im Zentrum stehen danach die Wechselbeziehungen zwischen übergeordneten und kommunalen Entscheiden, die im Laufe der letzten 50 Jahre das heutige Erscheinungsbild von Bremgarten geprägt haben.

2. Bremgarten – vom Naturraum über die Feudalherrschaft zur Umlandgemeinde

Der Plan von Bollin (1811) zeigt sehr schön die Gliederung des Naturraumes, in welchem sich im Laufe der Jahrhunderte die heutige Gemeinde entwickelt hat (Abb. 2 oben). Birchiwald und Bremgartenwald liegen auf gleicher Höhe und sind durch die Aare getrennt, die sich seit der letzten Eiszeit immer tiefer eingeschnitten und ältere Talbodenreste als Terrassen zurückgelassen hat. Damit entstanden die drei Ebenen Birchi, die Terrasse mit dem heutigen Dorf und zuunterst die Seftau.

Innerhalb dieser Landschaft bot die Aarehalbinsel eine geschützte Lage. Hier entstanden wohl im 11. Jh. als Zentrum der Freiherrschaft Bremgarten eine Burg mit einem kleinen Burgstädtchen sowie eine Kirche. Da die Freiherren es nicht mit dem 1191 gegründeten Bern, sondern mit dem Habsburg verpflichteten Freiburg hielten, zerstörte Bern 1298 Burg und Städtchen Bremgarten. 1306 gelangte die Freiherrschaft Bremgarten an die Johanniterkomturei Münchenbuchsee, 1343 wurde davon die Herrschaft Reichenbach (heute Gemeinde Zollikofen) abgetrennt.

Nach der Reformation säkularisierte Bern die Klöster und schuf neue Landvogteien und Herrschaften. Aus der Komturei Münchenbuchsee entstanden die Landvogtei Münchenbuchsee und die Herrschaft Bremgarten. Die übriggebliebenen Dorf-

Abb. 1: Bremgarten bei Bern, 1854 und 1993.
1854 ist Bremgarten ein ländlicher Raum und die Stadt Bern hat sich noch nicht über den mittelalterlichen Grundriss hinaus entwickelt. Seither hat sich Bern rundum ausgedehnt und Bremgarten ist zu einer Agglomerationsgemeinde geworden. (Karte 1854: Originalzeichnung zur Dufourkarte, Karte 1993: Landeskarte der Schweiz – Nr. 1166 Bern, Reduktion auf 1:50 000. Reproduziert mit Bewilligung des Bundesamtes für Landestopographie vom 29. 5. 1996).

schaften Oberlindach, Niederlindach und Herrenschwanden wurden als Stadtgerichtsbezirk Bremgarten direkt dem Stadtgericht unterstellt. Die Stadt ermöglichte es 1545 Hans Franz Nägeli, dem Eroberer der Waadt, die Fläche der heutigen Gemeinde als «Herrschaft Bremgarten» zu kaufen (FALLET, 1991: 10–12).
Der Wald in der Herrschaft Bremgarten war damals nur teilweise gerodet (FALLET, 1991: 214 ff.). Neben dem Schlossgut bestanden nur zwei Einzelhöfe, das «Birchigut» auf dem Plateau und seit 1510 «Stuckishaus» (vgl. Abb. 2).
Die Verkehrslage der Herrschaft hatte sich seit 1466 durch den Bau der Neubrücke verbessert, da sie sowohl der Landstrasse Bern–Frienisberg–Aarberg–Neuenburg/Biel wie auch der nördlich von Stuckishaus nach Osten abzweigenden Strasse nach Mün-

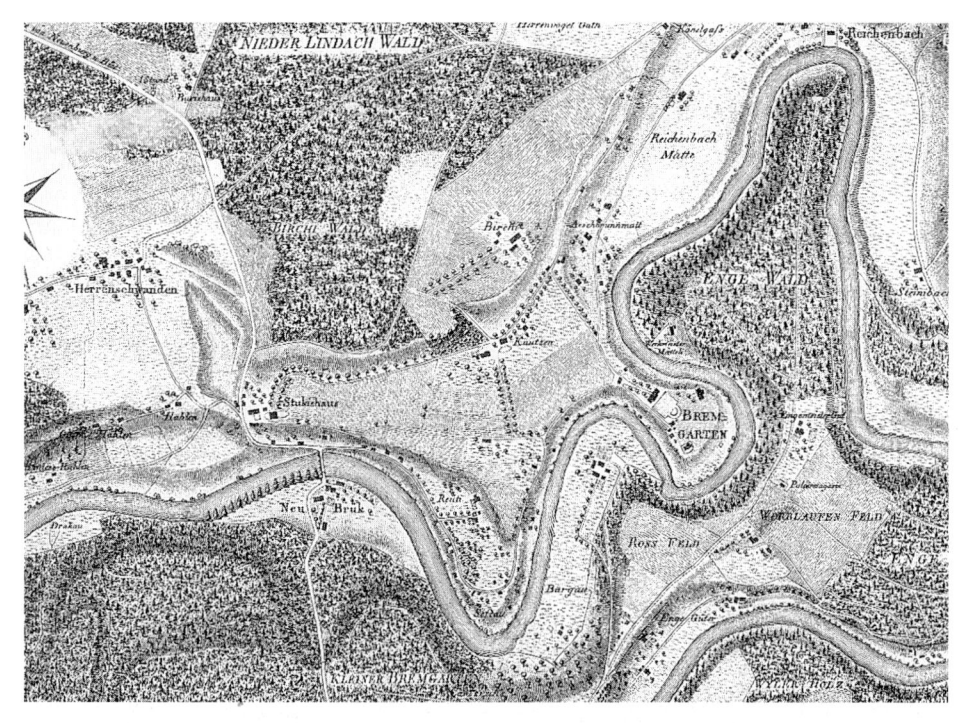

Abb. 2: Bremgarten nach dem Plan von R.J.Bollin 1811 und Flugaufnahme 1994. (M. Lutz)

chenbuchsee–Solothurn diente (SIMON, 1947:179). Von diesen beiden Strassen gingen jedoch nur geringe Wirtschaftsimpulse aus. Als Albrecht Frisching 1766 die Herrschaft Bremgarten übernahm, zählte sie 14 Häuser mit Wohnraum. Die damalige Kirchgemeinde umfasste zusätzlich auch noch 91 bewohnte Häuser in der Herrschaft Reichenbach (Zollikofen) und im Stadtgerichtsbezirk Bremgarten. Es war daher nicht überraschend, dass der sparsame Grosse Rat 1767 beschloss, die Kirchgemeinde Bremgarten aufzuheben. Um die Kirchgemeinde nicht eingehen zu lassen und aus der Einsicht, dass blosser Grundbesitz keine Einkünfte bringt, suchte Albrecht Frisching seine «Herrschaft Bremgarten» dichter zu besiedeln. Durch Schenkung oder Verkauf von Bauparzellen an Zuzüger leitete er den ersten Bauboom in Bremgarten ein. So entstanden in den folgenden Jahren 54 neue Häuser und die Bevölkerung stieg auf 107 Haushaltungen. Daher kam der Grosse Rat am 3. Februar 1783 auf seinen früherern Entscheid zurück und widerrief die Aufhebung der Kirchgemeinde Bremgarten (FALLET, 1991: 20ff, 224ff).

1798 wurde die Freiherrschaft Bremgarten zur Ortsgemeinde Bremgarten-Herrschaft und 1832 zur Einwohnergemeinde Bremgarten. Die Industrialisierung ab 1850 berührte Bremgarten nur geringfügig. Die Nähe zur Stadt ermöglichte das Entstehen von Gärtnereien und Wäschereien, südlich der Aare boten eine Spinnerei und die Brauerei Felsenau Arbeitsplätze an.

Bremgarten verfügte nur über wenig Steuergelder. Die Finanzlage war am Ende des 1. Weltkrieges so kritisch, dass die Gemeinde von 1918 bis 1924 kommissarisch verwaltet wurde und der Regierungsrat die Eingemeindung nach Bern vorschlug. Die Wirtschaftskrise drückte. Niemand wollte das in Bremgarten verfügbare Bauland nutzen. 1934, 1938 und nochmals 1946 stellte Bremgarten an die Stadt Bern ein Gesuch um Eingemeindung. Bern zögerte und lehnte 1950 schliesslich den Anschluss der «armen» Stadtrandgemeinde ab. Dagegen bot es Bremgarten einen Gemeinde-

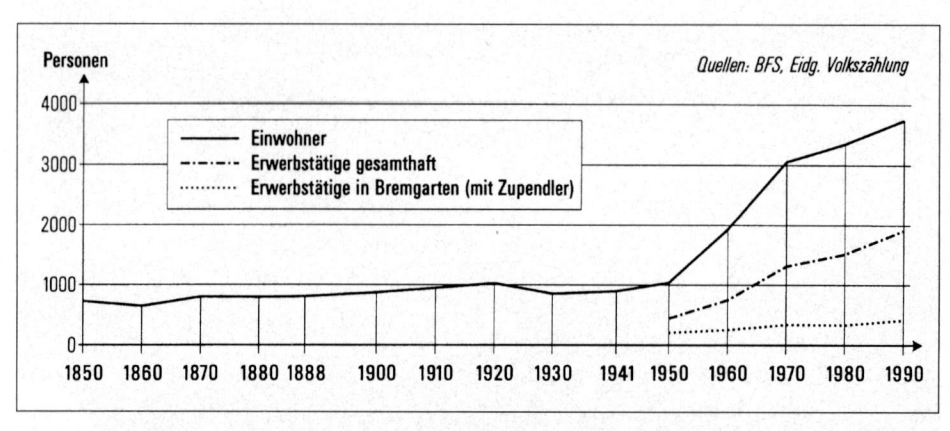

Abb. 3: Bevölkerungsentwicklung von Bremgarten 1850 bis 1990 (BFS: Volkszählungen). Die Bevölkerungszahl ist seit der Mitte des 19. Jahrhunderts nur wenig gewachsen, wobei die Wirtschaftskrise der Dreissigerjahre sich deutlich ausgewirkt hat. Ab 1950 setzte das Wachstum ein und Bremgarten wurde zu einer Agglomerationsgemeinde mit einem steigenden Anteil von Wegpendlern.

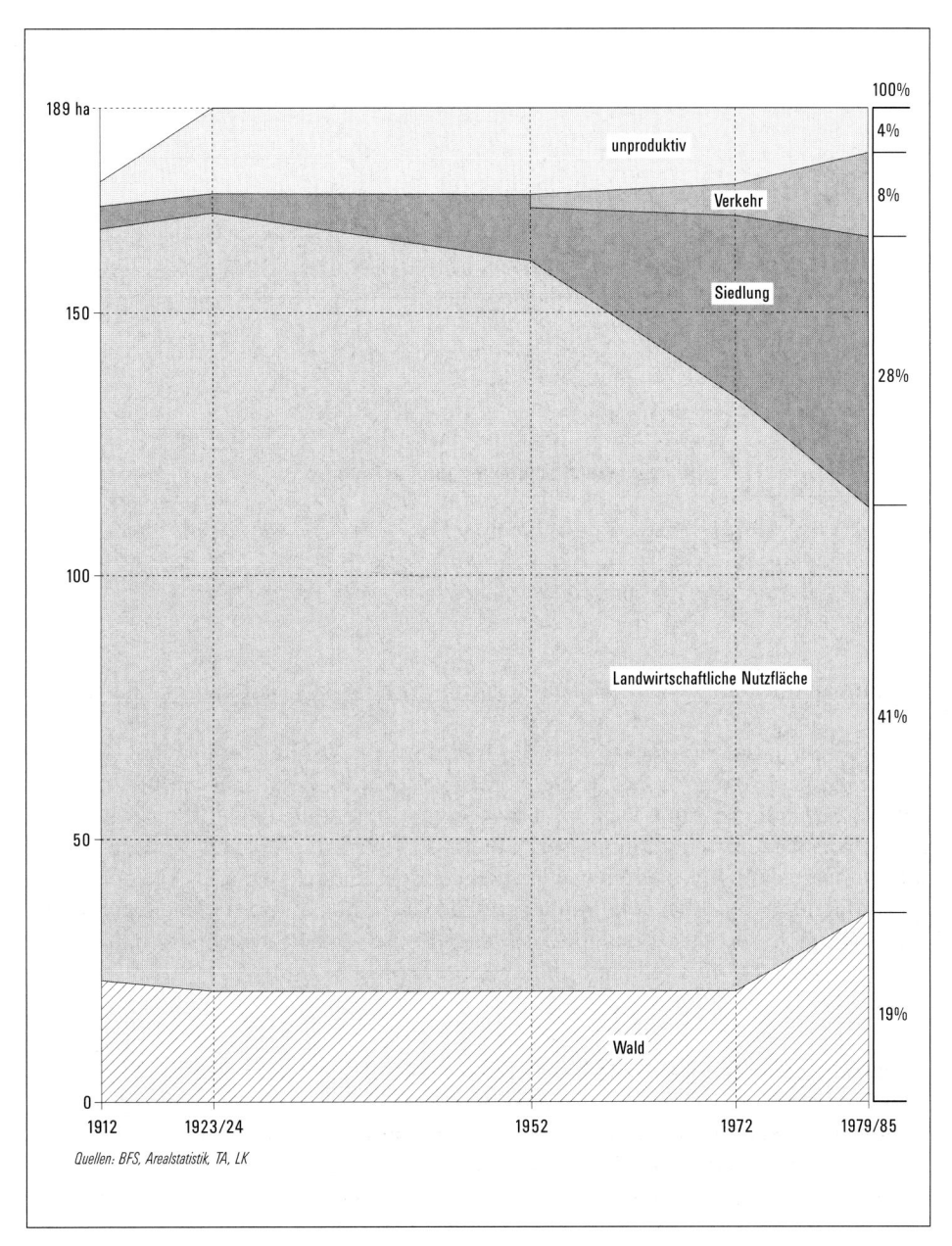

Abb. 4: Arealstatistik der Gemeinde Bremgarten 1912 bis 1985. In der Zwischenkriegszeit wuchsen Siedlung und Strassen nur wenig. Ab 1952 wurde Bremgarten zur Agglomerationsgemeinde mit raschem Wachstum von Siedlungs- und Verkehrsflächen. Die Zunahme der Waldfläche belegt einerseits die natürliche Verwaldung von nichtgenutzten Flächen am Aareufer und an den Hängen, andererseits wurden die Kriterien der Erhebung geändert und 10 Hektaren Gebüsch vom unproduktiven Bereich in die Kategorie Wald versetzt.

Bund und Kantone, externe Akteure

(Zeitachse 1950–1990 mit Ereignissen:
Gemeindeverband Bremgarten Bern 1953;
Ende Gemeindeverband 1962;
Baugesuche für 700 Wohnungen 1972;
BMR, Bundesbeschluss Raumplanung 17.3.1972;
Raumplanungsgesetz 1979;
Gesetz See- und Flussufer 6.6.1985;
Baugesetz Kt. Bern 9.6.1985;
Planungszonen FFF 11.6.1986)

Gemeinde und Einwohner, interne Akteure

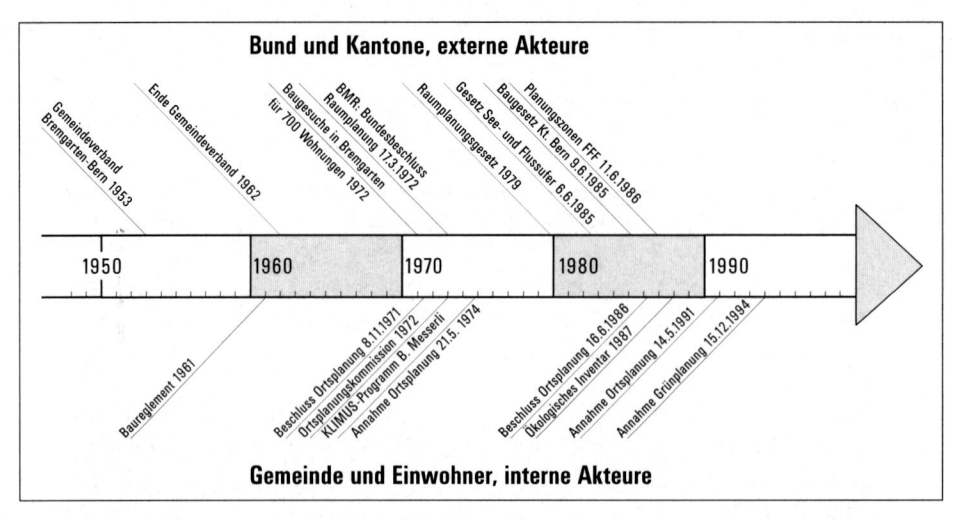

(Baureglement 1961;
Beschluss Ortsplanung 8.11.1971;
Ortsplanungskommission 1972;
KLIMUS-Programm B. Messerli;
Annahme Ortsplanung 21.5.1974;
Beschluss Ortsplanung 16.6.1986;
Ökologisches Inventar 1987;
Annahme Ortsplanung 14.5.1991;
Annahme Grünplanung 15.12.1994)

Abb. 5: Ortsplanung Bremgarten 1961–1995 – interne und externe Akteure. Die Gemeinde hat jeweils sehr rasch auf die Entscheide der externen Akteure reagiert. Daher folgten sich die Revisionen der Ortsplanung in kurzen Abständen.

verband an und zahlte von 1953–62 jährlich Fr. 100 000 als Darlehen (FALLET, 1991: 398ff).

In diesem Jahrzehnt wirkte sich die Konjunktur auch in Bremgarten durch die Nachfrage nach Bauland aus. Von 1950 bis 1960 verdoppelte sich die Bevölkerung auf rund 2000 Einwohner. Den 752 Erwerbstätigen standen 1960 in Bremgarten nur 242 Arbeitsplätze zur Verfügung (Abb. 3 und 4). Die Verknüpfung mit Bern als Arbeitsort war hergestellt; Bremgarten war eine Umlandgemeinde geworden, die nun wachsen wollte. In den nächsten Jahren musste die Gemeinde auf zahlreiche externe Einflüsse staatlicher und privater Akteure reagieren, und die Einwohnerschaft wahrte ihre Interessen mit Engagement und grossem Geschick (Abb. 5).

3. Bremgarten soll wachsen! Die Ortsplanung von 1961

Im Rückblick sehen wir heute, dass die 1950er Jahre einen Umbruch im Verhältnis Mensch-Umwelt gebracht haben, der zu einem wachsenden Verbrauch nicht erneuerbarer Ressourcen geführt hat (PFISTER, 1995). Die Arealstatistik der Gemeinde zeigt (Abb. 4), dass davon auch Bremgarten betroffen war und sich beispielsweise in diesen Jahren die landwirtschaftliche Nutzfläche stark vermindert hat.

In Bremgarten ist nach den Jahren der Wirtschaftskrise und des Zweifelns an der politischen Eigenständigkeit der Glaube an eine neue Zeit mit ungebrochenem Wachstum besonders deutlich fassbar. Das am 19.12.1961 beschlossene Baureglement (BR 1961) mit Zonenplan (Abb. 6) legt in Art 2 fest: «Das Baureglement gilt für das ganze Gemeindegebiet» und doppelt in Art. 33 nach: «Der Zonenplan enthält die Abgrenzung des Baugebietes vom übrigen Gemeindegebiet, welches der forstwirtschaftlichen Nutzung vorbehalten bleibt.» Damit wird ersichtlich, dass entsprechend der damaligen Rechtslage das noch nicht überbaute Gebiet als potentielles Bauland betrachtet wurde. Das Baugebiet ist in drei Etappen gegliedert, wobei die Erschliessung der zweiten und dritten Etappe noch einen Beschluss von Gemeinderat und Gemeindeversammlung erfordert.

Die Ausnutzungsziffer für alle Wohnzonen liegt auf 0,6 (Art. 30) und kann in den für Sonderbauvorschriften vorgesehenen Gebieten auf 0,75 festgelegt werden (Art. 38). Prinzipiell wird jedoch die offene Bauweise bevorzugt (Art. 19).

Das Reglement enthält keinen raumplanerischen Zweckartikel. Es beschwört zwar «die Schönheit oder erhaltenswerte Eigenart des Strassen-, Orts- und Landschaftsbildes, einschliesslich des Aareufers» (Art. 3), geht aber kaum über baupolizeiliche Vorschriften hinaus.

Dass in Bremgarten 1961 aber über die Ebene der Baupolizei hinaus gedacht wurde, zeigt sich in der Einleitung zum Reglement: «Die Gemeinde Bremgarten bei Bern erlässt nachstehendes Baureglement zur Förderung einer gesunden, sauberen und zeitgemässen Bauweise, einer zweckmässigen Erschliessung und Bebauung der vorhandenen, unvermehrbaren Baulandreserven im Bestreben, die charakteristische Eigenart und Schönheit des Landschaftsbildes zu erhalten und zu pflegen.» (BR 1961: a). Mit dem Hinweis auf die unvermehrbaren Baulandreserven formuliert Bremgarten auf lokaler Ebene eine Erkenntnis, die auf eidgenössischer Ebene erst rund 20 Jahre später im Raumplanungsgesetz (RPG 1979, Art. 1) als Forderung zum «haushälterischen Umgang mit dem Boden» erscheint.

Vorerst aber wollte Bremgarten wachsen.

4. Bremgarten setzt neue Ziele – Die Ortsplanung von 1974

In der Wachstumseuphorie der 1960er Jahre begannen sich vielerorts die Siedlungen ungeordnet auszudehnen. Daher erliess der Kanton Bern 1970 ein neues Bau- und Planungsrecht und verlangte von den Gemeinden eine Trennung des Baugebietes vom übrigen Gemeindegebiet (BauG 1970, Art. 20). Auf eidgenössischer Ebene ermöglichte ab 1971 das Gewässerschutzgesetz eine Eingrenzung des Baugebietes auf den Kanalisationsperimeter.

Während der Herausbildung dieser neuen Rechtslage hatten in Bremgarten mehrere Bauherrschaften Wohnbauprojekte mit hoher Ausnutzung vorbereitet. Anfangs 1971 wurden für die Ebene zwischen Dorf und Stuckishaus sowie für die Kiesgrube Hofstetter Sonderbauvorschriften vorgelegt. Der Bau von rund 900 Wohnungen und damit eine Verdoppelung der Einwohnerzahl standen bevor (BUND 28.4.1971, Abb. 5).

An der Gemeindeversammlung vom 30. Juni 1971 wurde über die künftige Entwicklung von Bremgarten heftig diskutiert. Es ging primär um die Frage, ob man die vorgeschlagenen Grossüberbauungen nach bisherigem Baureglement zu beurteilen habe, oder ob vorher durch eine Revision der Ortsplanung eine neue Zielsetzung zu entwickeln sei, auf die sich die geplanten Projekte auszurichten hätten. In der Folge unterzeichneten 595 Einwohner eine «Gemeindeinitiative zur Überarbeitung der Ortsplanung in Bremgarten» (NACHRICHTEN Nr. 35, 3.11.1971). Die

Gemeindeversammlung beschloss am 8. 11. 1971 mit 410 zu 119 Stimmen, zuerst zu planen und dann zu bauen. In der Planungskommission von 15 Mitgliedern erhielten die Geographen zwei Sitze, der eine als «Geograph» (K. Aerni), der andere erhielt aus Tarnungsgründen die Bezeichnung «Besiedlungsfachmann» (B. Messerli) und wurde Vizepräsident der Kommission.

Die Kommission arbeitete zunächst Zielvarianten für die bauliche Entwicklung aus. Die Varianten lagen schliesslich zwischen 6100 und 10 800 Einwohnern, die Bauzone sollte mehrheitlich die Ebenen oder zum Schutz der Landwirtschaft die Hänge umfassen (BUND 27. 8. 1972).

Die Meinungsbildung in Bremgarten wurde durch folgende zwei Tatsachen geprägt. Einerseits wurde im Vorfeld der Erarbeitung des RPG, dessen erster Entwurf 1975 abgelehnt worden ist, der «Bundesbeschluss über dringliche Massnahmen auf dem Gebiete der Raumplanung» vom 17. März 1972 erlassen (BMR 1972). Die Planungskommission Bremgarten beantragte fünf Wochen später dem Gemeinderat, beim Kanton das Birchiplateau und die Schlosshalbinsel als provisorische Schutzgebiete im Sinne des BMR bezeichnen zu lassen (OPK 24. 4. 1972).

Andererseits hatte Bruno Messerli im Frühjahr 1972 das Forschungsprogramm KLIMUS (Klima und Umweltschutz) gestartet und mit der klimatisch-lufthygienischen Analyse des Aaregrabens bei Bremgarten begonnen. Bereits am 9. Mai befürwortete er in der Kommission, bei der Beratung der Zielvarianten sollte man aus zwei Gründen eine tiefe Einwohnerzahl anvisieren. Einmal sollte «eine Reserve für die nächste Generation übrig bleiben». Zum andern wies er darauf hin, dass im Aaregraben Luftverunreinigungen als Folge der Inversionslagen lange liegen bleiben, so dass die tiefen Lagen generell nicht mit Gross-Siedlungen bebaut werden sollten (OPK 9. 5. 1972).

Am 18. August 1972 entschieden sich die Stimmberechtigten für die «Variante D» mit dem Richtwert von 6100 Einwohnern. Damit wurde eine mitteldichte Bebauung in der Ebene mit Steigerung gegen das Zentrum angestrebt, ohne jedoch Hochhäuser zu gestatten. Das Birchi und die Aarehalbinsel wurden, gestützt auf den BMR 1972, aus dem Baugebiet ins übrige Gemeindegebiet versetzt. Damit war der BMR in Bremgarten vier Monate nach dessen Inkraftsetzung berücksichtigt (Abb. 6). Am 21. 5. 74 stimmte die Gemeindeversammlung dem Baureglement und dem Zonenplan zu (BR 1974); am 6. 7. 1977 lehnte das Bundesgericht die letzten Einsprachen ab (AERNI, 1987: 3).

In der Zwischenzeit hatte die Schweizerische Stiftung für Landschaftsschutz und Landschaftspflege im April 1976 die Gemeinde Bremgarten und weitere 12 Schweizer Gemeinden ausgezeichnet, weil diese «es erreicht haben, die Schönheit wichtiger Partien ihrer natürlichen Umgebung vor Verhäuselung, Zubetonierung, Zerstückelung und derben Eingriffen zu bewahren...» (SSLL, 1977: 51). Zudem fand die «Ortsplanung Bremgarten» als Fallbeispiel für die Planung in einer rasch wachsenden Agglomerationsgemeinde Aufnahme in das Unterrichtswerk «Die Schweiz und die Welt im Wandel», das von einer Lehrergruppe im Auftrag des Delegierten für Raumplanung (Prof. M. Rotach) und der Erziehungsdirektion des Kantons Bern entwickelt wurde (AERNI et al., 1979).

Bremgarten verteidigte die selbstgesetzten Ziele kompromisslos. 1977 stellte ein Grundeigentümer mit Besitz auf dem Birchi ein Expropriationsbegehren für zwei

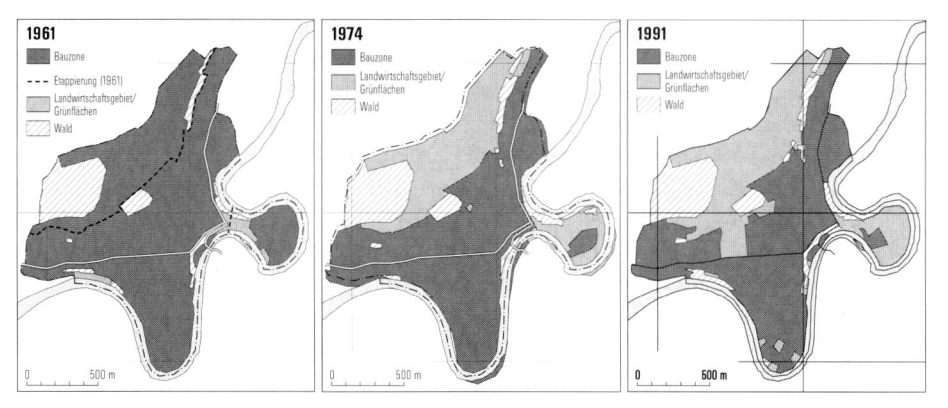

Abb. 6: Die Zonenpläne von Bremgarten. Der Vergleich der Zonenpläne von 1961, 1974 und 1991 zeigt, dass Bremgarten die Bauzone kontinuierlich reduziert hat. Der wichtigste Entscheid wurde 1974 mit der Umzonung des Birchiplateaus und der Aarehalbinsel gefällt. Zudem ist die kleine Zunahme der Waldfläche erkennbar.

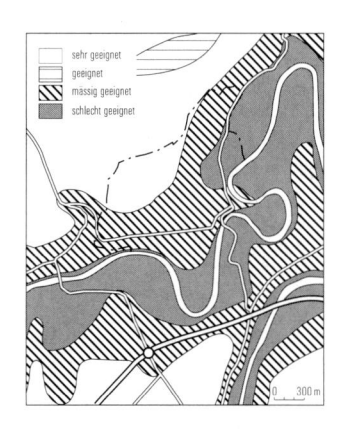

Abb. 7: Die Klimaeignung im Aaretal bei Bremgarten. Das Baugebiet der Gemeinde Bremgarten ist für Wohnen und Erholung klimatisch nur mässig bis schlecht geeignet. Eine Korrektur war nur durch die Reduktion der Bauzone und lufthygienische Vorschriften möglich.

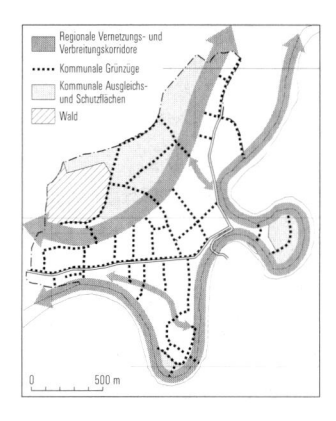

Abb. 8: Grünplanung Bremgarten, Konzeptplan 1994. Der naturnahe Hang zwischen der Ebene des Dorfes und dem Birchiplateau sowie das Ufer der Aare bilden die regionalen Vernetzungs- und Verbreitungskorridore. Birchiplateau, Aarehalbinsel und ein Teil der Seftau sind als kommunale Ausgleichsflächen vorgesehen. Hecken und Baumreihen sollen das Siedlungsgebiet und die Landwirtschaftsflächen untergliedern.

nach seiner Meinung zu Unrecht ausgezonte Parzellen. Das Verwaltungsgericht entschied 1980 nur bei einer Parzelle zugunsten der Gemeinde. Für die andere Parzelle musste die Gemeinde dem Eigentümer eine materielle Entschädigung von rund Fr. 740 000 auszahlen (BUND 17. 12. 1980). Dieser Gerichtsentscheid charakterisiert die damalige Rechtsauffassung in Fragen der Enteignung.

Nach dem Abschluss der Ortsplanung wurde die Planungskommission reduziert und mit dem Namen «Kommission zur Durchführung der Ortsplanung» (KDOP) bezeichnet. Mit dieser moralischen Verstärkung hatte sie nun die Grundsätze der Planung gegenüber den jahrelang gebremsten Bauinvestoren durchzufechten. Dabei erwies sich die von Bruno Messerli angeregte klimatische Untersuchung des Aaregrabens (MATHYS/MAURER, 1974: 60 f.) als wesentliches Steuerungsinstrument. Es bezeichnete die tiefen Lagen von Bremgarten zum Wohnen und zur Erholung als «schlecht geeignet» (Abb. 7). Besonders in der kalten Jahreszeit bilden sich häufig Inversionen, Schadstoffe aus Verkehr und Heizungen reichern sich darin an, und die Durchlüftung findet nur bei starken West- oder Nordwestwinden statt.

Mit dem Obligatorium von Gestaltungsplan mit Sonderbauvorschriften besass Bremgarten als eine der ersten bernischen Gemeinden die Möglichkeit, in den SV-Zonen zur Reduktion der Heizungsimmissionen auch Vorschriften zur Wahl der Energie und zur Stellung der Gebäudelängsachsen erlassen zu können. Angesichts eines sich abzeichnenden Engpasses in der Gas- und Elektrizitätsversorgung erstellte die Gemeinde ein «Wärmekollektiv». Das Prinzip besteht darin, das gereinigte und relativ warme Abwasser der ARA Bern nach Bremgarten zu leiten und ihm mit dezentralen Gasmotor-Wärmepumpen Heizenergie zu entziehen. Das Projekt wurde 1980 vorbereitet, 1983 beschlossen und funktioniert seit 1984/85. Neben den Zonen mit speziellen Vorschriften sind auch öffentliche Gebäude angeschlossen worden (von LERBER, 1985).

Eine andere Möglichkeit zur Reduktion von Luftschadstoffen wurde im Herbst 1980 durch die Verlängerung der Buslinie nach Stuckishaus genutzt. Dieser Ausbau erfolgte vor der Überbauung der Stuckishausgüter, um den neuen Arbeitspendlern von Anfang an ein öffentliches Verkehrsmittel zur Verfügung stellen zu können. Für die Velofahrer und die Verkehrsberuhigung dagegen wurden nur wenige Anstrengungen unternommen. Leider hat sich 1990 auch das Projekt eines Dorfplatzes nicht realisieren lassen.

Neben den Planungsproblemen im Siedlungsgebiet gewannen durch das Inkrafttreten des Raumplanungsnetzes auf den 1. 1. 1980 die Landwirtschaftszone und damit der Landschaftsschutz an Bedeutung.

5. Bremgarten plant seinen Lebensraum – 1986–1994. Von der Ortsplanung über die Uferschutzplanung zum Landschaftsschutz

Mehrere Gründe bewirkten, dass Bremgarten am 16. 6. 1986 eine weitere Revision der Ortsplanung beschloss: Erstens stellte sich die Frage, wie angesichts von Rezession, Umweltkrise und steigendem Wohnbedarf bei gleichbleibender Einwohnerzahl die bauliche Entwicklung weitergehen sollte. Zweitens lagen neue Gesetze vor, die es zu berücksichtigen galt (Abb. 5): das RPG 1979, das bernische See- und Flussufergesetz (SFG 1982) und das bernische Baugesetz (BauG 1985). Die vom Kanton 1986 erlassenen Planungszonen (PZ 1986) zum Schutz des Kulturlandes (Fruchtfolgeflächen = FFF) bezogen sich in Bremgarten auf die bereits erschlossenen Baugebiete der Kalchackerebene und auf die für eine Vergrösserung des Friedhofs vorgesehene Fläche. Die Aktion des Kantons zur Auszonung von ackerfähigem Land verlief in Bremgarten vorerst erfolglos, da die Gemeinde in ihrer Einsprache vom 7.7. 1986 darauf verweisen konnte, dass sie bereits in der Ortsplanung 1974 das Baugebiet reduziert habe. Zudem sei Bremgarten für die Auszonung einer teilerschlossenen Parzelle zu einer materiellen Entschädigung von Fr. 738059 verurteilt worden. Ferner habe die Gemeinde in den 1974 übriggebliebenen Bauzonen Vorinvestitionen getätigt (Busverlängerung, Kanalisations- und Wasserversorgungsnetz, Wärmekollektiv, Schulen) und Sonderbauvorschriften erlassen. Das Thema wurde wider Erwarten fünf Jahre später erneut aufgegriffen.

Schwieriger als das Problem der Fruchtfolgeflächen war die Analyse der Zusammenhänge zwischen dem sozialen Wandel und der laufenden baulichen Entwicklung im Hinblick auf die Erhaltung des Kulturlandes und der natürlichen Lebensgrundlagen. Rückblickend ergab sich die Feststellung, dass von 1970 bis 1985 der Bau von 475 Wohnungen bei grossem Landverbrauch (Abb. 4) nur einen Bevölkerungszuwachs von 600 Personen bewirkt hatte, was einem Verhältnis von drei Wohnungen auf vier Zuzüger entspricht. Der Bau von weiteren 400 Wohnungen hätte die verbleibende Baulandreserve endgültig konsumiert (drWECKER, 31.5.1989).

Diese unerfreuliche Perspektive führte zu drei Planungsmassnahmen, die auf eine breite Mitwirkung der Bevölkerung abgestützt werden konnten: (1.) Verlangsamung der Bautätigkeit durch Etappierung der laufenden Überbauungen, (2.) bessere Nutzung der vorhandenen Bauten durch Aufhebung der Ausnützungsziffer und Ermöglichung einer vertikalen Verdichtung und (3.) Ausscheiden einer Baulandreserve für die nächste Generation. Mit dieser Lösung (Abb. 6) wurde nachträglich eine der vom Kanton 1986 gewünschten Fruchtfolgeflächen durch die Einsicht der Gemeinde realisiert und gleichzeitig die Weiterexistenz des Chutzen-Gutes als Landwirtschaftsbetrieb sichergestellt (BERZ, 1990). (Damit wurde eine meiner Maximen im Planerischen Wirklichkeit, wonach «Planen» auch einmal als «Bremsen» verstanden werden muss. Geht nämlich die Veränderung unserer Umwelt rascher vor sich als unsere Lerngeschwindigkeit, dann kann das System ausser Kontrolle geraten.)

Die Ausarbeitung besonderer Uferschutzvorschriften war eine Folge des Gesetzes über See- und Flussufer (SFG 1982). Die damit anvisierten Ziele der Zugänglichkeit, des Schutzes und der Erhaltung der Uferlandschaft sind nicht widerspruchsfrei. In der Ausgestaltung des von der Region ausgearbeiteten Richtplanes hatte Bremgarten für seinen Uferbereich eine gute Ausgangslage. Der im Entwurf postulierte Reckweg entlang der Aare unter Auslassung der Schlosshalbinsel war bereits Ende der 1970er Jahre im Zusammenhang mit der Kanalisation erstellt worden.

Im Rahmen des Mitwirkungsverfahrens wurde deutlich, dass die Gestaltung des Lebensraumes in- und ausserhalb der Siedlung ein wichtiges öffentliches Anliegen geworden war. Bundesrat Arnold Koller hat sich 1993 zu diesem Problem wie folgt geäussert: «In der Bewahrung und Gestaltung eines lebendigen Natur- und Land-

Abb. 9: Grünplanung Bremgarten: Ausschnitt aus dem Richtplan. Der Landschaftsrichtplan setzt sich aus dem Plan und den zugehörigen Bestimmungen zusammen.
Legende: ▬ Landschaftsschutzgebiete   ▬ Ausgleichsflächen
           ▬ Grünverbindungen   ▬ Öffentliche Grünanlagen
Landschafts- 102 oberer Hang   103a Stuckishausgüter
räume: 103b Dorf Nord   106 Aarehalbinsel

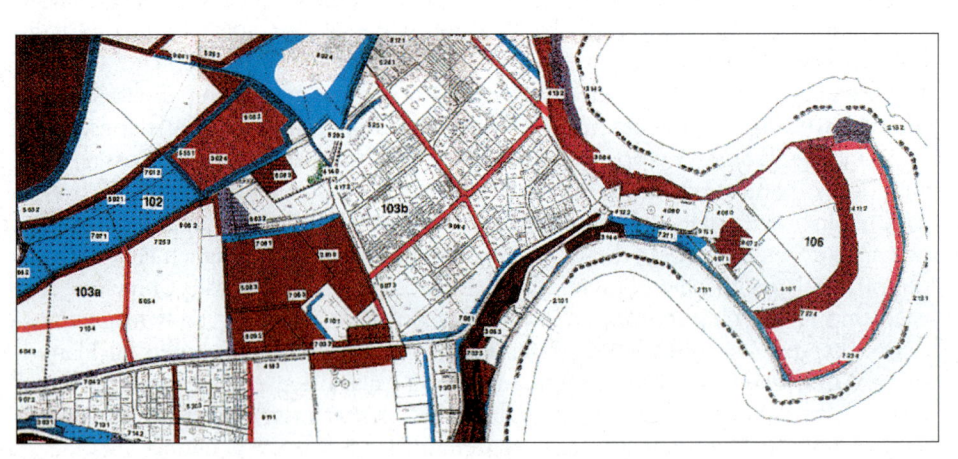

Abb. 10: Grünplanung Bremgarten: Ausschnitt aus dem Massnahmenplan. Der Massnahmenplan setzt sich aus dem Plan und den zugehörigen Massnahmenblättern zusammen.
Legende: z.B. Massnahme Nr. 7 01 3 (= Massnahmeblatt 7 01 3)

Lebensraumtypen	Laufnummern	Prioritäten in der Realisierung
1 Landschaftsraum	01	1 ▬ sofort – permanent
2 Wasser, Ufer, Quellen, Feuchtgebiete	02	2 ▬ kurzfristig 0–4 Jahre
3 Wald mit wertvollen Waldbeständen	03	3 ▬ Mittelfristig 4–8 Jahre
4 Einzelbäume	. .	4 ▬ Langfristig 8–16 Jahre

5 Waldsäume, Hecken, 6 Obstgehölze und Obstbaumreihen
7 Mager und Trockenstandorte, Vernetzungs - und Pufferflächen
8 Spezielle Planungsgebiete, 9 Historische Verkehrswege

schaftsraumes sehe ich daher eine der zentralen Herausforderungen der zukünftigen Raumplanung – dies nicht im alleinigen Interesse einiger Pflanzen und Tiere, sondern als langfristig nicht zu unterschätzender Beitrag zur Lösung des Drogen- und Gewaltproblems. Das Erlebnis einer ästhetischen und vielfältigen Natur- und Kulturlandschaft kann wie kaum ein anderes unserer Jugend den Wert des Lebens und den Respekt vor der Schöpfung anderer und seiner selbst vor Augen führen» (KOLLER, 1994: 21).

Bereits 1987 hatten in Bremgarten vier Bürger ein «ökologisch orientiertes Inventar» der Gemeinde Bremgarten erarbeitet (BÖHM et al., 1987), das jedoch nicht mehr in die weitgehend abgeschlossene Ortsplanung integriert werden konnte. Daher wurde die Grünplanung von der Ortsplanung abgekoppelt und einem paritätischen Ausschuss von Mitgliedern der Planungskommission und des Vereins Pro Bremgarten übertragen. Der Gemeinderat wurde in Art. 47 des Baureglementes (BR 1991) verpflichtet, ein ökologisch orientiertes «Inventar der Lebensräume für Pflanzen und Tiere» zu erstellen, das der Information und der Bewusstseinsbildung der Bevölkerung diene, periodisch zu überarbeiten und den veränderten Verhältnissen anzupassen sei. Innerhalb der nächsten vier Jahre (d.h. bis 1995) habe er zudem der Gemeindeversammlung einen ergänzenden Plan der «Schutzgebiete und -objekte» zum Beschluss vorzulegen. Mit der Genehmigung des Baureglementes und der Uferschutzvorschriften im Mai 1991 bewilligte die Gemeinde auch einen ersten Kredit für die Grünplanung, womit ein Landschaftsplaner als Fachmann und Koordinator der Grünplanung eingesetzt werden konnte.

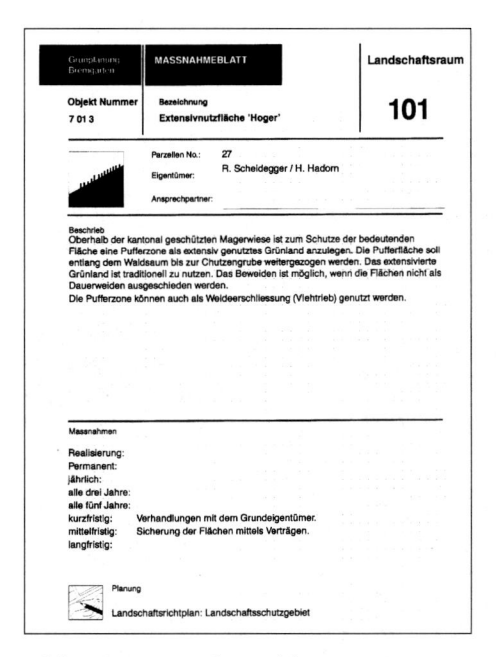

Abb. 11: Massnahmenblatt zur «Extensivnutzfläche Hoger» (Objekt Nummer 7 01 3).

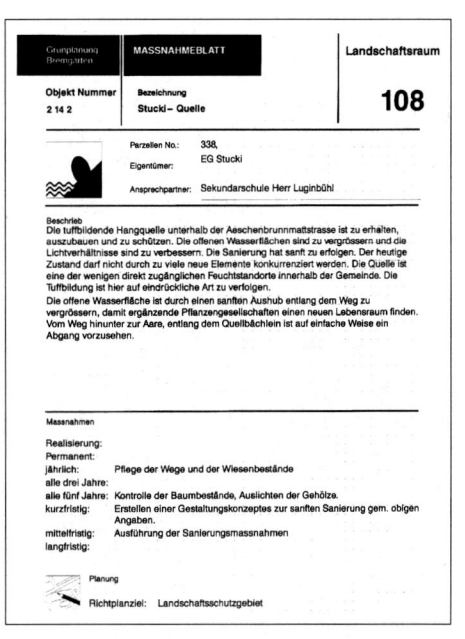

Abb. 12: Massnahmenblatt zur «Stucki-Quelle». (Objekt Nummer 2 14 2)

Ziel der Landschaftsplanung ist die Sicherung, Entwicklung und Vernetzung naturnaher Lebensräume sowie die Erhaltung und Entwicklung der traditionellen Kulturlandschaft. Vom Start an wurden im «Grünplanungsausschuss» zwei Arbeitsrichtungen gepflegt, einerseits die Entwicklung der Arbeitsinstrumente, andererseits die praktischen Arbeiten. Bei den Pflegeaktionen in der Kiesgrube und am Aareufer beteiligten sich sofort der Verein Pro Bremgarten, die Schulen und weitere Interessierte (Abb. 13).
Von 1991 bis 1994 entstanden folgende Instrumente (STEINER, 1994):
1. Konzeptplan der regionalen und kommunalen Vernetzungskorridore (Abb. 8)
2. Richtplan mit verwaltungsanweisender Festlegung von Schutzgebieten, Grünverbindungen, Ausgleichsflächen und öffentlichen Grünanlagen (Abb. 9)
3. Schutzplan mit grundeigentümerverbindlich festgelegten Schutzgebieten, Schutzobjekten und historischen Verkehrswegen
4. Massnahmenplan (Abb. 10) mit Prioritätsstufen und zugehörigen Massnahmenblättern (Abb. 11 und 12).

Im Dezember 1994 wurde die Grünplanung von der Gemeindeversammlung gutgeheissen. Seither koordiniert und betreut die vom Gemeinderat eingesetzte «Arbeitsgruppe Landschaft» die Umsetzung. Der Kanton bezeichnete in seiner Stellungnahme die Dokumente zusammenfassend als «seriöse, vollständige und vorbildliche Landschaftsplanung». Eine besondere Belohnung für die Gemeinde Bremgarten ist die Aufnahme ihrer Grünplanung als eines von drei Fallbeispielen in die Publikation

Abb. 13: Schüler beim Bau des Feuchtbiotopes bei der «Stucki-Quelle» (1995).

«Landschaftsplanung in der Gemeinde – Chance für die Natur», die der Schweizerische Bund für Naturschutz und die Ingenieurschule Rapperswil (SCHUBERT und CONDRAU, 1995: 22–27) im zweiten Europäischen Naturschutzjahr herausgegeben haben.

6. Ausklang

Die Entwicklung von Bremgarten ist in drei Richtungen hin lehrreich. Einmal zeigt sie im langfristigen Werden exemplarisch den Wandel einer kleinen Gemeinde von der ehemaligen feudalen Struktur zum heute urban geprägten Raum. Ferner illustriert sie eine kommunale Raumplanung mit allmählicher Ablösung quantitativer durch qualitative Ziele. Schliesslich belegt sie, dass eine kleine Stadtrandgemeinde mit der Hilfe initiativer und tatkräftiger Personen in der Basis und in der Führung die Chance hat, die Entwicklung ihres Lebensraumes positiv beeinflussen zu können.
Noch ist das Ziel weit entfernt, jedoch «der Weg ist das Ziel» (IDARio 1995: 9).

Literatur

AERNI, K. et al., 1979: Ortsplanung Bremgarten. In: Die Schweiz und die Welt im Wandel. Teil 1: Arbeitshilfen und Lernplanung, S. 97. Teil 2: Lehrerdokumentation, S. 414–428. Bern: Staatlicher Lehrmittelverlag und Geographica Bernensia (Bände S 4 und S 5).
AERNI, K., 1987: Geschichtliche Entwicklung und bisheriger Ablauf der Ortsplanung. In: Nachrichten aus dem Gemeindehaus, Sondernummer zur Information und zur Mitwirkung der Bevölkerung bei der Revision der Ortsplanung der Gemeinde Bremgarten b. Bern, 15. April 1987.
BUND – «Der Bund», Tageszeitung. Bern.
«drWECKER», Monatliches Morgenblatt für Bremgarten und Umgebung. Hrsg.: R. Weiss. Bremgarten.
FALLET, E.M., 1991: Bremgarten, Berner Heimatbücher Nr. 141. Bern.
IDARio – Interdepartementaler Ausschuss Rio, 1995: Elemente für ein Konzept der nachhaltigen Entwicklung. BUWAL. Bern.
KOLLER, A., 1994: Zu den Problemfeldern der Raumplanung im allgemeinen und des Boden- und Raumplanungsrechts im speziellen. Festansprache zum 50jährigen Jubiläum der Schweizerischen Vereinigung für Landesplanung (1943–1993). In: Schweizerische Vereinigung für Landesplanung (Hrsg.), 1994: Raumplanung vor neuen Herausforderungen, S. 17–29. Bern.
von LERBER, M. et al., 1985: Wärmekollektiv Bremgarten b.Bern – Ein Beitrag zum Umweltschutz durch Alternativenergie. Bremgarten.
MATHYS, H. & MAURER, R., 1974: Der Aaregraben nördlich von Bern – Eine klimatische Untersuchung als Planungsgrundlage. Beiträge zum Klima der Region Bern, Nr. 8. Bern.
MATHYS, H., MAURER, R., MESSERLI, B., WANNER, H., WINIGER, M., 1980: Klima und Lufthygiene im Raum Bern – Resultate des Forschungsprogrammes KLIMUS und ihre Anwendung in der Raumplanung. Beiträge zum Klima in der Region Bern, Nr. 10. Bern.
«NACHRICHTEN» aus dem Gemeindehaus Bremgarten. Bremgarten
PFISTER, Ch. (Hrsg.), 1995: Das 1950er Syndrom. Bern.
SCHUBERT, B., CONDRAU, V., 1995: Landschaftsplanung in der Gemeinde – Chance für die Natur. Hrsg.: Schweiz. Bund für Naturschutz und Ingenieurschule Rapperswil. Basel.
SIMON, W., 1947: Chronik von Bremgarten bei Bern. Bremgarten.
SSLL – Schweizerische Stiftung für Landschaftsschutz und Landschaftspflege, Bern, 1977: Schweizer Gemeinden schützen ihre bedrohte Landschaft. In: Revue «Schweiz Suisse Svizzera Switzerland», hrsg. von der Schweiz. Verkehrszentrale, Heft 4/77. Zürich.

Statistische Quellen und Planungsgrundlagen

BauG 1970 – Baugesetz des Kantons Bern vom 7. Juni 1970. Bern.
BauG 1985 – Baugesetz des Kantons Bern vom 9. Juni 1985. Bern.
BERZ, B., 1990: Erläuterungsbericht zur Ortsplanungsrevision Bremgarten.
BFS – Bundesamt für Statistik:
Arealstatistik: 1912, 1923/24, 1952(Q 246), 1972 (Q 488), 1979/85
Bevölkerungsstatistik: Eidgenössische Volkszählungen 1950 (Q 251), 1960 (Q 364), 1970 (Q 498, Q 476), 1980 (Q 704), 1990 (Bevölkerungsentwicklung 1850–1950, Band 1; Erwerbsleben, Band 3)
BMR 1972 – Bundesbeschluss über dringliche Massnahmen auf dem Gebiete der Raumplanung, 17. März 1972. Bern.
BÖHM, B., LÜSCHER, D., SIMON, H., WITTWER, F., 1987: Ökologisch orientiertes Inventar der Gemeinde 3047 Bremgarten bei Bern.
BR 1961 – Baureglement der Einwohnergemeinde Bremgarten bei Bern vom 19. Dezember 1961. (mit Zonenplan)
BR 1974 – Baureglement der Einwohnergemeinde Bremgarten bei Bern vom 21. Mai 1974. (mit Zonenplan)
BR 1991 – Einwohnergemeinde Bremgarten bei Bern: Baureglement und Uferschutzvorschriften vom 14. Mai 1991 mit Teilrevision vom 9.6.1992. (mit Zonenplan)
DäHLER, B., ALTHAUS, J., 1973: Ortsplanung Bremgarten, Technischer Bericht.
GSG 1971 – Bundesgesetz über den Schutz der Gewässer gegen Verunreinigung vom 8. Oktober 1971. Bern.
KDOP – Protokolle der Kommission zur Durchführung der Ortsplanung Bremgarten, 1975 ff.
OPK – Protokolle der Ortsplanungskommission Bremgarten, 1972–1974.
PZ 1986 – Beschluss der Baudirektion des Kantons Bern: Schutz des Kulturlandes, Erlass von Planungszonen, 29.5.1986. (Verfügung betreffend Bremgarten vom 11.6.1986)
RPG 1979: Bundesgesetz über die Raumplanung vom 22.6.1979.
SFG 1982 – Gesetz über See- und Flussufer vom 6. Juni 1982.
STEINER, M., 1994: Bericht zur Grünplanung von Bremgarten.

Persönlich

Bruno Messerli und ich lernten uns im Sommer 1952 im Feld kennen – in der Infanterie-Rekrutenschule Bern. Später ermunterte er mich zum Weiterstudium. Seit 1974 nutzen wir die Chancen einer sich ergänzenden und freundschaftlichen Zusammenarbeit im selben Institut.
Ich danke den Herren R. Grädel, M. Lutz und M. Steiner für Anregungen und die Durchsicht des Textes sowie den Herren A. Brodbeck, H.-R. Egli und M. Steiner für die Gestaltung der Vorlagen.
Klaus Aerni, 1932, geboren in Hasle bei Burgdorf. Professor für Kulturgeographie am Geographischen Institut der Universität Bern.

Prozesse in Wildbächen –
ein Beitrag zur Hochgebirgsforschung

Hans Kienholz, Rolf Weingartner, Christoph Hegg

Zusammenfassung

Die hydrologischen und geomorphologischen Prozesse in Wildbächen stellen keine einfachen Kausalketten dar, sondern sind Teile eines hochkomplexen Systems, das durch die Verhältnisse im Einzugsgebiet (Klima, Geologie, Vegetation usw.) bestimmt ist und das natürlichen (z.B. Klimänderungen) und vom Menschen induzierten Veränderungen (Landnutzung, Verkehrserschliessung, Wasserbauten usw.) unterliegt. Mögliche Klima- und Umweltveränderungen können die Bedingungen in einem Wildbacheinzugsgebiet so verändern, dass sich ihre Auswirkungen nicht mehr aus den in der Vergangenheit gewonnenen Erfahrungen abschätzen lassen, sondern gute Systemkenntnisse und zuverlässige Simulationsmodelle erfordern. Dazu sind wesentlich bessere Informationen über die beteiligten Prozesse und deren Wechselbeziehungen nötig, als dies heute der Fall ist. Aus diesem Grunde werden in Wildbach-Testgebieten detaillierte Untersuchungen durchgeführt und neue Messtechniken und Simulationsverfahren entwickelt. Als Beispiele werden Ergebnisse aus Simulationen der Abflussbildung und die Entwicklung eines Geschiebetracers dargestellt und diskutiert.

1. Einleitung

Wildbäche stellten schon immer eine grosse Bedrohung der menschlichen Existenz in den Alpentälern dar. Zeugnis davon liefern zahlreiche historische Dokumente, Beschreibungen und Sagen, die von den Verheerungen berichten, die ein Wildbach an diesem oder jenem Ort angerichtet habe.

Für die Vorgänge in einem Wildbacheinzugsgebiet sind die in den Hängen und im Gerinne fliessenden Wassermengen von zentraler Bedeutung. Gewitter, aber auch Dauerregen oder eine starke Schneeschmelze führen vielfach zu Hochwassersituationen. In den steilen Hängen und Gerinnen erodiert das oberflächlich abfliessende Wasser immer wieder erhebliche Gesteins- und Erdmassen, während versickertes und unterirdisch abfliessendes Wasser häufig zur Destabilisierung von Hängen beiträgt, so dass grosse Gesteins- und Erdmassen das Wildbachgerinne in Form von Rutschungen oder Hangmuren erreichen.

Diese Prozesse bedeuten Gefahr von Überschwemmungen, von Übermurungen und von Uferunterspülungen. Sie führen zur Gefährdung von Menschenleben, zur Zerstörung von Sachwerten oder zu Verkehrsbehinderungen. Die hydrologischen und geomorphologischen Prozesse stellen nicht eine einfache Kausalkette dar, sondern sind Teile eines hochkomplexen Systems, das durch die Verhältnisse im Einzugsgebiet (Klima, Geologie, Vegetation usw.) bestimmt ist und das natürlichen (z.B. Klimänderungen) und vom Menschen induzierten Veränderungen (Landnutzung, Verkehrserschliessung, Wasserbauten usw.) unterliegt.

2. Fragen

Bewusstes Umgehen mit Naturgefahren allgemein und mit den Wildbachgefahren im besonderen setzt voraus, dass die gefährlichen Prozesse bekannt sind und dass definiert ist, welche Risiken eingegangen werden dürfen und welche Mittel allenfalls zu deren Reduktion eingesetzt werden sollen und können.

«*Was kann passieren?*» ist die Frage, die sich bei der Beurteilung der Wildbachgefahren stellt. In der Praxis werden heute verschiedene empirische Ansätze und Verfahren zu einer groben Abschätzung der Wildbachgefahren eingesetzt. Weltweit befassen sich zahlreiche Forschungsinstitutionen intensiv mit der Verbesserung der Lösungsansätze. Dabei geht auch die Forschung oftmals sehr pragmatisch vor. Sie konzentriert sich vor allem auf diejenigen Aspekte, bei welchen erfolgversprechende Lösungen am ehesten in Aussicht stehen. Dies führt dazu, dass der Wissensstand in den verschiedenen, für den Charakter von Wildbächen relevanten Fragen sehr unterschiedlich ist.

Im Rahmen einer Vorstudie für das schweizerische Nationale Forschungsprogramm «Klimaänderungen und Naturkatastrophen» (NFP 31) haben die Autoren (KIENHOLZ, HEGG, 1993) neben zahlreichen weiteren Fragen folgende Themenbereiche als vordringlich und relevant für die Grundlagenforschung dargestellt:

1. *Abflussbildung - Bedeutung der Vorgeschichte:* Welchen Einfluss hat das Niederschlagsgeschehen (oder Trockenzeiten!) vor einem Hochwasserereignis auf den Zustand (Füllungsgrad) der verschiedenen Wasserspeicher im Einzugsgebiet (Boden, Grundwasser) und damit auf die Prozesse der Abflussbildung beim Hochwasserereignis?
2. *Feststofflieferung ins Gerinne:* Wann, unter welchen Umständen und durch welche Prozesse (diffuse Erosion, Rutschungen, Hangmuren usw.) gelangen Feststoffe aus dem Hang in die Wildbachgerinne?
3. *Transportvorgänge in Gerinnen:* Wie werden die Feststoffe, im Besonderen das grobe Geschiebe in steilen Wildbachgerinnen, mobilisiert und verlagert («normaler Geschiebetrieb», «Verkippen und kollerndes Verlagern grosser Blöcke», «Murgang»)? Wie werden diese Vorgänge gesteuert?
4. *Querschnittsveränderungen der Gerinne bei von Hochwasserereignissen:* Wie verändern sich die Sohlenlage und die Böschungen in einem Wildbachgerinne während eines Hochwassers?

Diese Fragen verdeutlichen, dass bis heute nur ungenügende Kenntnisse über die Zusammenhänge zwischen den Gebiets- und Gerinne-Eigenschaften, dem Abfluss und den resultierenden Feststoff- bzw. Geschiebefrachten bestehen und dass zuverlässige Verfahren für deren Bestimmung weitgehend fehlen. Ein wesentlicher Teil der Wildbachgefahren geht von grossen, plötzlich auftretenden Geschiebe- und Murenfrachten aus. Deshalb sind heutige und künftige Forschungsarbeiten schwergewichtig darauf auszurichten, die Prozesse, die zur Bildung hoher Geschiebefrachten beitragen, besser zu erkennen, besser zu verstehen und ihre Wirkungsweise soweit als möglich in Modellen abzubilden. Beitragen zu einer Verbesserung des Kenntnisstandes können Untersuchungen, die sich einerseits auf die einzelnen dominanten Prozesse konzentrieren und andererseits auf eine gesamtheitliche Erfassung von Wildbachsystemen ausgerichtet sind.

Solche Untersuchungen sind zwingend notwendig, wenn die Frage im Sinne von «Was kann passieren, wenn ... ?» gestellt wird. Was kann beispielsweise passieren, wenn die Bergwälder grossflächig krank werden, die Vitalität der Bäume abnimmt, das Wurzelgeflecht weniger dicht und robust ist?

Was kann in unseren Wildbachsystemen passieren, wenn sich die Klimasituation verändert? Diese Frage ist hochaktuell: Aufgrund von Klimasimulationen wird die Temperatur im Verlaufe des nächsten Jahrhunderts im globalen Mittel um 2 bis 3°C ansteigen mit entsprechenden Folgen auf das Klima. Erwartet werden nicht nur eine Veränderung der mittleren Temperatur- und Niederschlagswerte, sondern auch eine Zunahme der Variabilität des Witterungsverlaufes und damit ein «turbulenteres» Wettergeschehen (SCHÄDLER, 1990, SCHORER, 1992). Die Erhöhung der mittleren Temperaturen wird zu einer Anhebung der Höhenstufen führen. Das Zurückschmelzen der Gletscher und die Verschiebung der Permafrostuntergrenze als primäre Folgen werden – je nach örtlichen Gegebenheiten – erwiesenermassen zu einer Freilegung zusätzlicher leicht mobilisierbarer Schuttmassen führen. Das «turbulentere» Wettergeschehen wird sich jedoch auch in tieferen Lagen (von der alpinen bis hinunter in die colline Höhenstufe) auswirken. Bedingt durch die Dämpfungswirkung der Vegetation werden hier die Reaktionen wahrscheinlich träger ausfallen und in einer ersten Phase weniger offensichtlich sein. Um so mehr ist es die Aufgabe der Forschung, hier mittel- und langfristige Entwicklungen zu erkennen und aufzuzeigen.

Veränderungen im Klimageschehen bzw. in den Umweltbedingungen dürften die Häufigkeit und das Ausmass von Extremereignissen stark beinflussen. Sie werden sich aber auch auf die Prozesse in den «ruhigen» Phasen zwischen den Ereignissen auswirken. Zu erwähnen sind in diesem Zusammenhang beispielsweise die Veränderungen bei den massgeblichen hydrologischen Speichern oder eine Intensivierung der Feststoffmobilisierung und -lieferung.

Mögliche Klima- und Umweltveränderungen können die Bedingungen in einem Wildbacheinzugsgebiet so verändern, dass sich ihre Auswirkungen nicht mehr aus den in der Vergangenheit gewonnenen Erfahrungen abschätzen lassen. Fragen im Sinne von «Was kann passieren, wenn?», können deshalb nur mit guten Systemkenntnissen und mit Hilfe von zuverlässigen physikalischen Modellen beantwortet werden. Dazu sind wesentlich bessere Informationen über die beteiligten Prozesse und deren Wechselbeziehungen nötig, als dies heute der Fall ist.

Dabei werden «passive» Experimente, das heisst die gründliche Beobachtung und Auswertung von natürlichen Ereignissen und deren Spuren, wo immer sie auch auftreten, nach wie vor einen sehr hohen Stellenwert haben. Wesentlich für den Aufbau eines besseren Systemverständnisses für Wildbachsysteme sind jedoch aktive, gezielt angesetzte Versuche im Labor und im Gelände.

3. Die Testgebiete Rotenbach und Spissibach

Im Hinblick auf die Klärung der im vorangehenden Kapitel aufgeworfenen Fragen führen die Gruppen für Hydrologie und Geomorphologie des Geographischen Instituts der Universität Bern Untersuchungen in den wildbachkundlichen Testgebieten Rotenbach (Schwarzsee, Kt. Freiburg) und im Spissibach bei Leissigen durch (Abb. 1). «Die Forschung in hydrologischen Einzugsgebieten ist der unmittelbarste Zugang zu Einsichten in die Prozesse des Wasserhaushaltes und in ihre Variabilität in Raum und Zeit. Durch die Umsetzung der gewonnenen Kenntnisse in Modelle lassen sich Prozesse simulieren, und dies kann wiederum unser Prozessverständnis erhöhen. Die verifizierten Modelle können schliesslich z.B. zur räumlichen Interpolation von Punktmessungen, der Vorhersage von Abflussmengen oder zur Hochwasserwarnung verwendet werden» (LANG et al., 1994). Die Wildbacheinzugsgebiete des Rotenbachs und des Spissibachs sind naturräumlich wie nutzungsmässig unterschiedlich beschaffen und bieten sich deshalb an, hydrologisch-geomorphologische Prozesse unter verschiedenen Rahmenbedingungen zu studieren. Wie alle geschlossenen Einzugsgebiete weisen sie den entscheidenden Vorteil auf, dass die hydrologischen und geomorphologischen Systemantworten am Ausgang räumlich integral erfasst werden können. Aus der schematischen Darstellung des generellen Messkonzeptes in Abb. 2 geht hervor, dass diese Systemantworten in verschiedenen Massstabsebenen untersucht werden müssen.

3.1 Das Testgebiet Rotenbach der WSL

Das Testgebiet Rotenbach (Schwarzsee, Kt. Freiburg) wird von der Eidg. Forschungsanstalt für Wald, Schnee und Landschaft (WSL, Birmensdorf) betreut. Der Rotenbach mündet etwa zwei Kilometer nördlich des Ausflusses des Schwarzsees

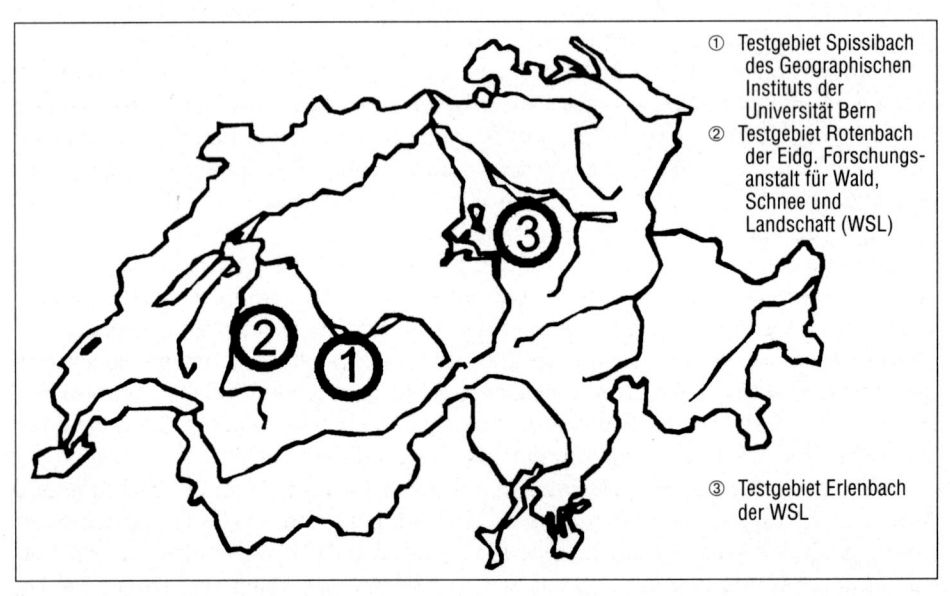

Abb. 1: Testgebiete der Wildbachforschung in der Schweiz (vgl. Kienholz et al. 1996).

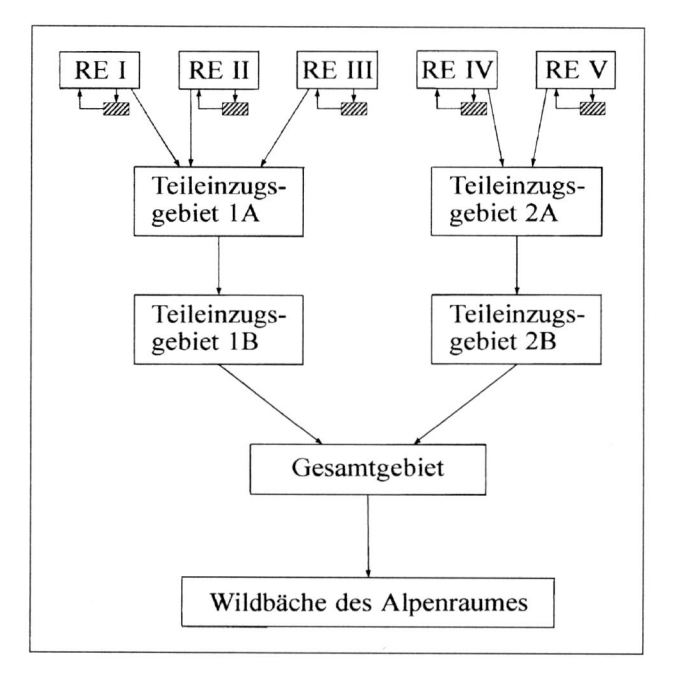

Abb. 2: Generelles Messkonzept (RE: Raumeinheit mit ähnlichen naturräumlichen Bedingungen)

von Westen her in die Warme Sense. Das Einzugsgebiet mit einer Fläche von 1,66 km² und einer mittleren Höhe von 1455 m über Meer liegt an der Ostabdachung des Schweinsberges im Wildflysch der Gurnigelzone. Die Abflussmessstation Rotenbach befindet sich auf 1275 m über Meer.

Tab. 1: Hydrologische Kennwerte des Rotenbachs

Kenngrösse	Wert
mittlerer Jahresabfluss (1971–1979)	85 l/s
mittlere Jahresabflusshöhe (1971–1979)	1617 mm
Gebietsniederschlag, unkorr. (1971–1979)	1841 mm
Verdunstung	224 mm
jährlicher Abflusskoeffizient	0.88
Abflussregime	nival de transition
$HQ_{2.33}$	≈ 4.8 m³/s; ≈ 2.9 m³/s km²
$HQ50$	≈11.5 m³/s; ≈ 6.95 m³/s km²
$HQ100$	≈14 m³/s; ≈ 8.45 m³/s km²
Niederschlagsintensität 1 Std., 2.33 Jahre	21 mm/h
Niederschlagsintensität 1 Std., 100 Jahre	46 mm/h
Niederschlagsintensität 24 Std., 2.33 Jahre	2.3 mm/h
Niederschlagsintensität 24 Std., 100 Jahre	5.5 mm/h

In der Tabelle 1 sind wichtige Kennwerte dieses Wildbacheinzugsgebietes zusammengestellt. Der Rotenbach gehört zu den schweizerischen Einzugsgebieten mit den höchsten spezifischen Hochwasserabflüssen. Die 50jährliche Spitzenabflussspende beträgt rund 6950 l/s km², die 100jährliche gar 8450 l/s km². Auffallend ist die nach der Wasserbilanz berechnete sehr kleine Gebietsverdunstung von nur 224 mm. Sie liegt weit unter dem nach dem Verfahren von BAUMGARTNER et al. (1983) geschätzten «Erwartungswert» von 430 mm. Dies verdeutlicht einmal mehr die hohe Abflussbereitschaft des Gebietes. Über den Topoindex, der beim TOPMODEL (BEVEN et al., 1994) eine zentrale Rolle spielt, wurde versucht, die Eigenschaften des Gebietes zu visualisieren (Abb. 3): Hohe Topoindex-Werte bedeuten eine hohe Bereitschaft zur Sättigung und damit rasches Ansprechen bei Niederschlagsereignissen. Es kann gezeigt werden, dass zwischen den Topoindex-Werten und den Böden im Einzugsgebiet des Rotenbachs signifikante Zusammenhänge bestehen: Hohe Topoindex-Werte treten in jenen Rasterzellen auf, in denen Böden mit deutlichen Nässezeigern, z.B. Hanggleye mit Oxydationsflecken, kartiert wurden.

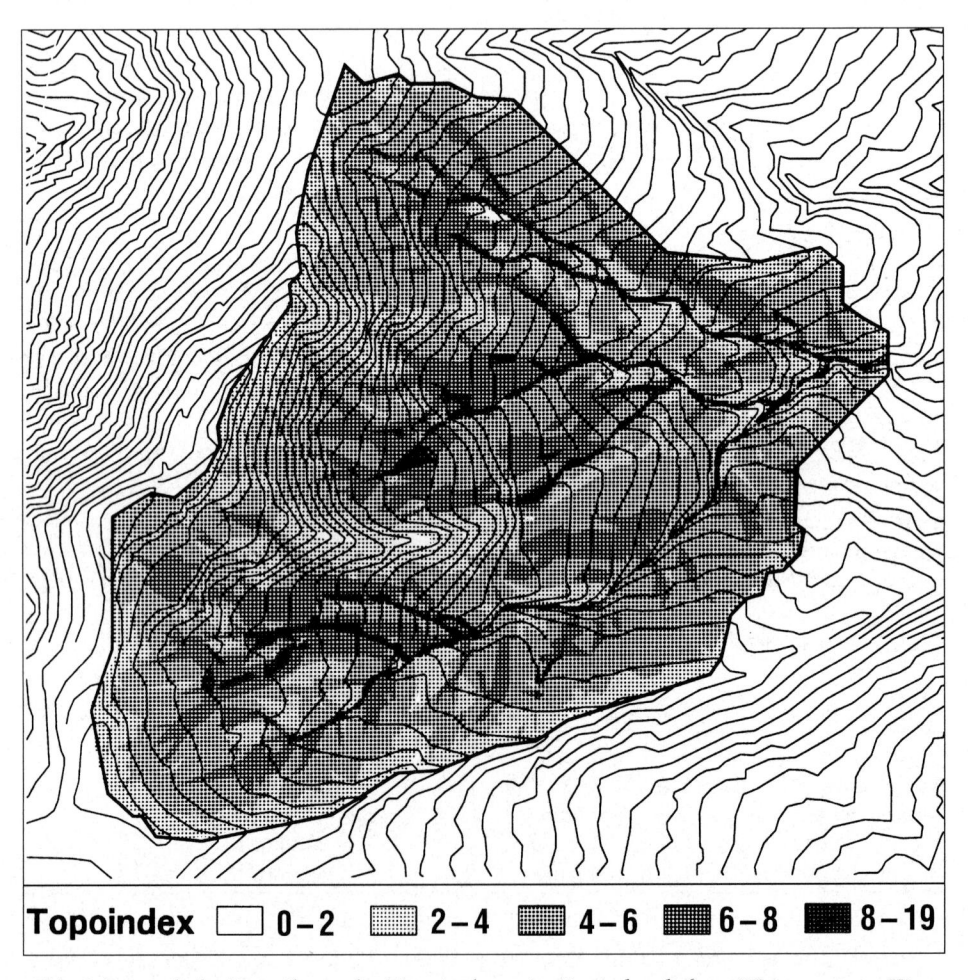

Abb. 3: Räumliche Verteilung des Topoindexes im Rotenbach (aus Weingartner, Kienholz, 1994).

3.2 Spissibach–Leissigen: Das Wildbach-Testgebiet der Universität Bern

3.2.1 Das Einzugsgebiet des Spissibaches

Das Testgebiet Spissibach liegt im Berner Oberland, am Südufer des Thunersees oberhalb des Dorfes Leissigen (vgl. Abb. 1). Es erstreckt sich vom Morgenberghorn (2249 m ü. M.) bis zur Mündung in den Thunersee (558 m ü. M.) bei Leissigen (vgl. Abb. 4). Es umfasst eine Fläche von zirka 2,6 km^2 und weist eine mittlere Hangneigung von zirka 28° auf. 45% des Einzugsgebiets sind waldbedeckt und 43% sind Weideland oder Nasswiesen. Der obere Teil des Spissibaches liegt im Bereich der Wildhorndecke mit einer Schichtabfolge von der unteren Kreide bis ins Tertiär. Bei den süd- bis ultrahelvetischen Gesteinen im mittleren und unteren Bereich des Einzugsgebietes handelt es sich um eocäne Globigerinenmergel, die sich anhand der darin enthaltenen Sandstein- und Kalkeinlagerungen in einzelne Schuppen oder Gesteinspakete unterteilen lassen. Aufgrund ihrer chaotischen Lagerung ist von einem Melange zu sprechen, das sowohl sedimentären wie auch tektonischen Ursprung besitzt (HUNZIKER, 1992). Generell stehen im Spissibach vor allem sehr verwitterungsanfällige Gesteine an. Einzig die Gipfelpartie des Morgenberghorns wird von relativ resistenten Kieselkalken gebildet. Diese hohe Verwitterungsanfälligkeit des Gesteins ist zusammen mit der grossen Hangneigung als Hauptursache für die zahlreich zu beobachtenden Hangprozesse anzusehen. Dank dieser Voraussetzungen eignet sich der Spissibach für die Analyse dieser Prozesse ausgezeichnet.

3.2.2 Das Messnetz

Beim Messnetz im Spissibach ist zwischen dem Grundmessnetz und den Kleinstgebieten zu unterscheiden. Das Grundmessnetz dient der Erfassung von Input und Output des ganzen Einzugsgebiets sowie ausgewählter Teileinzugsgebiete (vgl. Abb. 4). Es besteht aus zwei Klimastationen, drei Niederschlagssammlern und vier kombinierten Abfluss-, Leitfähigkeits- und Geschiebemessstellen, und erlaubt die detaillierte Erfassung der Wasser- und Feststoffflüsse.

In den Kleinstgebieten werden die ablaufenden hydrologisch-geomorphologischen Prozesse detailliert studiert. Sie sind mit einer Abflussmessstelle mit Normüberfall, einem Geschiebeabsetzbecken und einem automatischen Schwebstoff-Probeentnahmegerät ausgerüstet. Diese Instrumentierung erlaubt die mikroskalige Erfassung des Abflusses und des Feststoffaustrages. Um auch den durch eine grössere Rutschung verursachten Feststoffaustrag erfassen zu können, wird für alle Kleingebiete der Ist-Zustand mit einem detaillierten digitalen Terrainmodell dokumentiert. Tritt ein Ereignis auf, das die Kapazität des Absetzbeckens übersteigt, wird eine Neuvermessung durchgeführt, und der Austrag kann aus der Differenz zwischen den zwei Terrainmodellen berechnet werden.

4. Erste Ergebnisse und Entwicklungsarbeiten

Während im hydrologischen Bereich erste Simulationen bereits erfolgreich durchgeführt werden konnten, sind im Zusammenhang mit der Feststoffverlagerung noch verschiedene messtechnische Probleme zu lösen, Analysemethoden zu entwickeln und Simulationsmodelle zu entwerfen. Dieser Stand der Arbeiten soll im folgenden anhand von zwei Beispielen aufgezeigt werden.

Abb. 4: Das Grundmessnetz im Einzugsgebiet des Spissibaches.

4.1. Abflussbildung – erste Ergebnisse

Bei der Abflussbildung, die für das Verständnis der wildbachhydrologischen Prozesse von zentraler Bedeutung ist, lassen sich sowohl im Gesamtgebiet des Spissibachs als auch im Teileinzugsgebiet Baachli deutlich zwei Komponenten unterscheiden, deren Auftreten massgeblich von der Intensität der auslösenden Niederschläge beeinflusst wird: Bei hohen Intensitäten sind die schnell ablaufenden Prozesse dominant; sie führen zu einer steilen, ausgeprägten Hochwasserganglinie. Es muss vermutet werden, dass dabei oberflächennahe laterale Flüsse in gerinnenahen Flächen und Makroporen eine entscheidende Rolle spielen. Bei kleineren Niederschlagsintensitäten dominieren die langsameren Abflussbildungsprozesse; sie führen zu weniger markanten Hochwasserganglinien. Diese langsame Komponente macht sich auch bei den markanten, durch intensive Niederschläge ausgelösten Hochwasserereignissen mit einem zeitlich verzögerten zweiten Peak in der Ganglinie bemerkbar (vgl. Abb. 5).

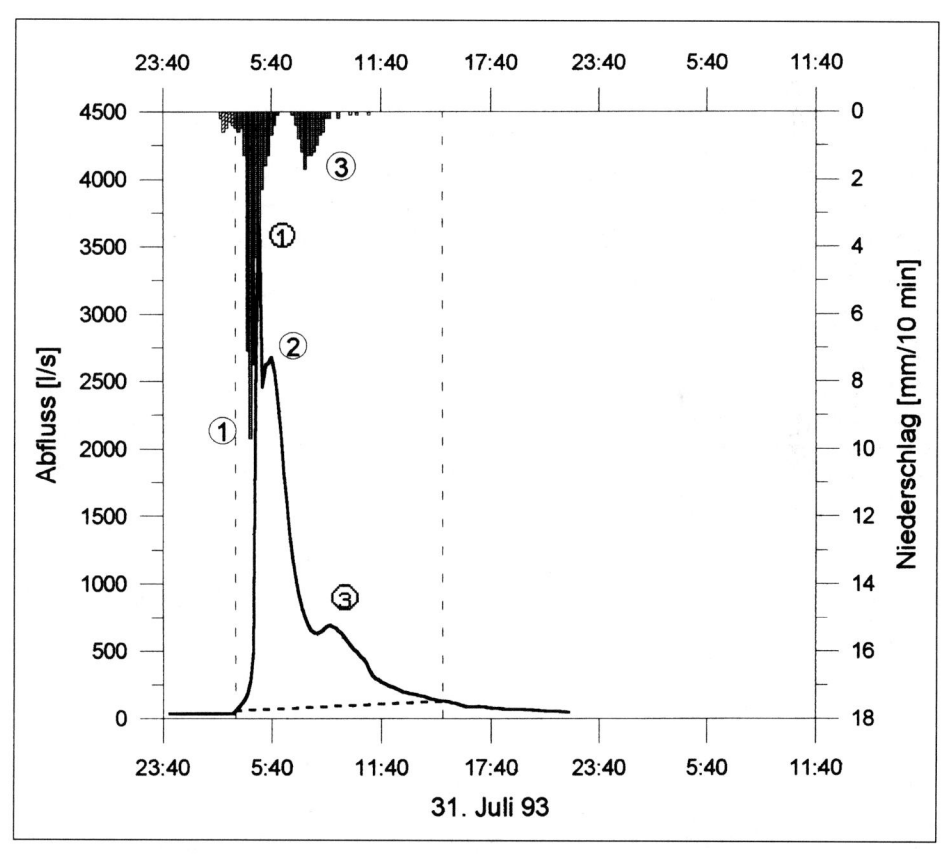

Abb. 5: Das Hochwasser vom 31. Juli 1993 im Spissibach illustriert das zweigipflige Verhalten des Einzugsgebiets. Der Niederschlagspeak (1) verursacht die Abflussspitzen (1) und (2). Der Niederschlagspeak (3), der eine wesentlich geringere Intensität aufweist, hat nur eine Abflussspitze (3) zur Folge.

Der Ablauf eines Hochwasserereignisses wird massgeblich vom Zustand der abflussrelevanten Speicher bei Ereignisbeginn beeinflusst. Zur Charakterisierung dieser Anfangsbedingungen werden oftmals Vorregensummen wie VN_5 und Vorregenindizes wie VN_{21} beigezogen:

$$VN_5 = \sum_{i=1}^{5} N_i$$

$$VN_{21} = \sum_{i=1}^{21} k^i * N_i$$

N: Tagesniederschlag
i: Tag vor dem Hochwasserereignis
k: Koeffizient k< 1

Verschiedene Studien verdeutlichen nun aber, dass sich diese Parameter nicht eignen, weil sie die entscheidenden Steuerfaktoren zu pauschal beschreiben (z.B. BARBEN und WEINGARTNER, 1995). Deshalb wurde in einer Untersuchung im Wildbacheinzugsgebiet des Rotenbachs (Fläche: 1,6 km², Kanton Freiburg) beispielhaft versucht, die Ausgangsbedingungen von Hochwasserereignissen mit dem Bilanzmodell BROOK (FEDERER und LASH, 1978) physikalisch plausibel zu parametrisieren. Mit dem BROOK-Modell lassen sich die Schwankungen des Sättigungsdefizits der relevanten Speicher – insbesondere jene des Bodenspeichers – zeitlich hochaufgelöst erfassen. Vergleiche mit real beobachteten Bodenwasserständen bestätigten die Plausibilität der modellierten Werte, so dass die Frage des Zusammenhangs zwischen den Anfangsbedingungen eines Hochwasserereignisses und dem Spitzenabfluss differenzierter als mit den Vorregenparametern angegangen werden konnte. In Tabelle 2 sind die Korrelationen zwischen den Spitzenabflussmengen und wichtigen Rahmenparametern dokumentiert. Die Auswertungen im Rotenbach zeigten, dass grundsätzlich zwischen kurzen und länger andauernden Hochwasserereignissen zu unterscheiden ist.

Tab. 2: Korrelationen zwischen den Spitzenabflussmengen (Q_{max}) und wichtigen Rahmenparametern von je 18 kurzen und langen Hochwasserereignissen im Rotenbach. Bei den ausgewählten Ereignissen handelt es sich um die 36 grössten, ausserhalb der Schneeschmelzperiode aufgetretenen Hochwasser mit Spitzenabflüssen von mehr als 2 m³/s ($r_{sign.}$ (α = 5%) = 0.333)

Parameter		lange Hochwasserereignisse mit Scheitelanstiegszeiten über 5 Stunden Q_{max}	kurze Hochwasserereignisse mit Scheitelanstiegszeiten unter 5 Stunden Q_{max}
N_{sum}:	Niederschlagssumme des N/A-Ereignisses	0.20	**0.68**
r_{max}:	Max. Intensität des N/A-Ereignisses	**0.53**	0.36
Sädef:	Sättigungsdefizit der Wurzelzone vor Ereignisbeginn	-0.09	**0.60**

Bei längeren Ereignissen mit eher kleinen Niederschlagsintensitäten wird der Bodenspeicher unabhängig von der Grösse des Sättigungsdefizits in der Regel gefüllt. Das Sättigungsdefizit ist allerdings im Flyschgebiet des Rotenbachs zu keiner Jahreszeit sehr gross. Erst wenn die Speicher gesättigt sind, setzt der Abfluss ein. Die Variationen der Niederschlagsintensitäten wirken sich dann direkt auf die Hochwassergangline aus, wie aus der signifikanten Korrelation zwischen r_{max} und Q_{max} hervorgeht. Das Sättigungsdefizit übt demnach keinen signifikanten Einfluss auf den Hochwasserabfluss aus. In Abb. 6 (oben) ist ein charakteristisches Ereignis dieses Typs dargestellt.

Grundsätzlich verschieden sind die Verhältnisse bei den Hochwasserereignissen mit kurzen Anstiegszeiten: Grosse Aufmerksamkeit verdient die positive (!) Korrelation zwischen dem Sättigungsdefizit und der Abflussspitze: Je höher das Sättigungsdefizit ist, um so höher fällt die Abflussspitze aus. Offensichtlich wirkt das Sättigungsdefizit bei diesem Ereignistyp nicht abflussverzögernd und -dämpfend. Die Wasserleitfähigkeit des Bodens nimmt mit abnehmendem Wassergehalt ab. Das bedeutet, dass ein vor Ereignisbeginn eher trockener Boden eine verhältnismässig kleine Infiltrationskapazität aufweist, so dass die hohen Niederschlagsintensitäten dieses Typs die Infiltrationskapazitäten mindestens zeitweilig überschreiten und lokal einen oberflächlichen bis oberflächennahen Abfluss provozieren. Dabei ist aber auch in Betracht zu ziehen, dass nach längeren Trockenperioden in der tonigen Bodenmatrix des Rotenbach-Gebietes Schwundrisse entstehen können, die als bevorzugte, schnelle Wasserwege dienen. Abb. 6 (unten) zeigt ein für diesen Typ charakteristisches N/A-Ereignis. Bei diesem Ereignistyp setzt der Abfluss unmittelbar nach dem Niederschlagsbeginn ein.

Aufgrund dieser Untersuchungen basiert das «Worst-case»-Szenario im Wildbacheinzugsgebiet des Rotenbachs auf jenem Ereignis, bei dem intensive Niederschläge auf einen ausgetrockneten Boden fallen.

Das Rotenbach-Einzugsgebiet weist – wie bereits erwähnt – im Vergleich mit anderen schweizerischen Einzugsgebieten ähnlicher Flächen ausserordentlich hohe Abflussspenden auf (Tab. 1). Wie die Ergebnisse der Modellierungen mit dem TOPMODEL belegen, können diese hohen spezifischen Abflüsse nur durch einen sehr hohen Anteil der beitragenden Flächen an der Gesamtfläche, durch oberflächliche bzw. oberflächennahe laterale Fliesswege und/oder durch ein ausgeprägtes System von Makroporen, die als schnelle laterale Fliesswege dienen, zustande kommen.

4.2. Entwicklung des Geschiebetracers Legic®

Da für verschiedene wichtige Prozesse der Feststoffmobilisierung und -verlagerung keine unter den besonders anspruchsvollen Bedingungen eines Wildbaches erprobten Messsyteme zur Verfügung stehen, bilden Arbeiten im Zusammenhang mit der Weiterentwicklung der Messtechnik einen wichtigen Bestandteil der gegenwärtigen Arbeiten. Als Beispiel wird hier die Entwicklung eines Geschiebetracers skizziert. Angaben über die Bewegung einzelner Geschiebekörner in einem Gerinne bilden die Grundlage für alle probabilistischen Ansätze zur Simulation des Geschiebetransports, so z.B. für das Verfahren PROBLOAD (vgl. HEGG, 1996). Um derartige Informationen zu erhalten, werden einzelne Geschiebekörner mit sogenannten Geschiebetracern markiert und auf ihrem Weg verfolgt. Herkömmliche Magnet- oder Radiotracer haben den Nachteil, dass die Steine während der Bewegung nicht beobachtet werden können, oder dass ihre Lebensdauer eng begrenzt ist (vgl. z.B. BUSSKAMP und GINTZ, 1994). Deshalb wurde am Geographischen Institut der Universität Bern ein neuartiger Geschiebetracer entwickelt und getestet (BURREN, 1995). Grundlage für diesen Geschiebetracer bildet das berührungslose Schliess- und Iden-

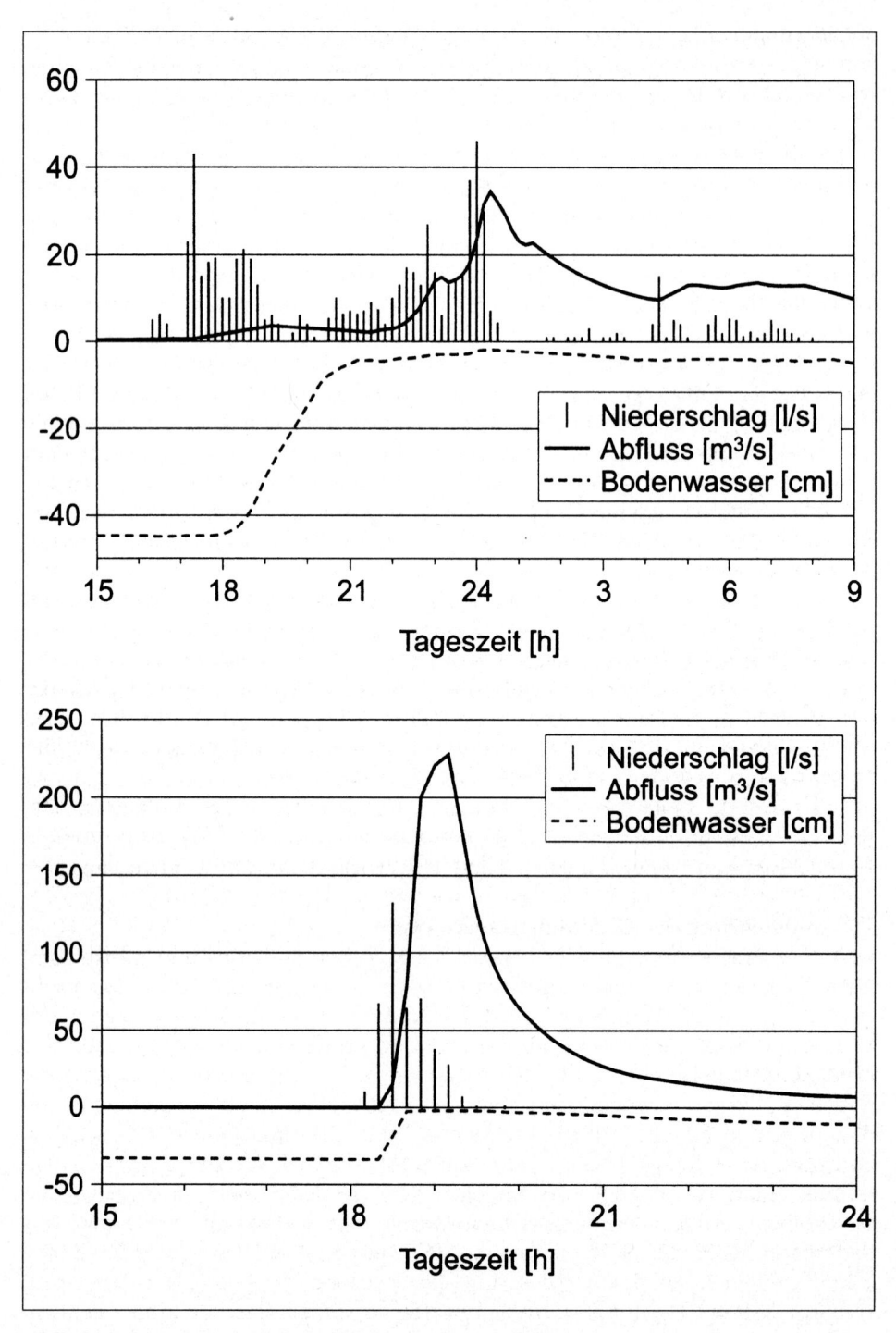

Abb. 6: Charakteristische Hochwasserereignisse im Kleingebiet Rotenbach (Q: Abflussmenge, P: Niederschlag, BW: Bodenwasserpegel).

tifikationssystem Legic®. Herzstück dieses Systems ist eine Steuereinheit mit einer angeschlossenen kreisförmigen Antenne. In der näheren Umgebung dieser Antenne wird ein elektromagnetisches Feld aufgebaut. Gelangt nun die zweite Hauptkomponente des Systems, ein Mikrochip mit einer eigenen kleinen Antenne (etwa in der Grösse einer Kreditkarte) in dieses Feld, können die beiden Teile miteinander kommunizieren und gegenseitig Daten austauschen. Dabei bezieht der Mikrochip seine Betriebsenergie aus dem Feld der Antenne der Steuereinheit, ist also unabhängig von der Stromversorgung, z.B. durch eine Batterie, und hat so eine beinahe unbegrenzte Lebensdauer.

Für den Einsatz als Geschiebetracer wird die Steuereinheit in der Nähe einer Abflussmessstelle installiert und deren Antenne so im Bachbett befestigt, dass das Geschiebe bei einem Hochwasser über die Antenne hinweg transportiert wird. Der Mikrochip mit seiner kleinen Antenne wird in Steine eingesetzt, die oberhalb der Messstation im Bach ausgesetzt werden. Werden nun bei einem Hochwasser die markierten Steine mobilisiert und an der im Bachbett befestigten Antenne vorbei transportiert, kann festgestellt werden, wann welcher Stein die Messstation passiert. Zusammen mit den Abflussmessungen und den vor dem Aussetzen aufgezeichneten Eigenschaften des bewegten Steins und seiner Einbettung im Bachbett, erlaubt diese Information Rückschlüsse auf die Mobilisierungs- und Transportbedingungen. Werden mehrere Antennen hintereinander fest im Bachbett eingebaut, kann ein Stein durch das ganze Gerinnesystem verfolgt werden.

Das Gewicht der Steuereinheit ist so gering, dass sie auch in schwierigem Gelände, wie dies das Bett eines Wildbachs die Regel ist, getragen werden kann. Für die Zukunft ist deshalb geplant, ausgesetzte Steine zwischen Hochwasserereignissen mit einer tragbaren Antenne aufzuspüren, um so zusätzliche Informationen über die bevorzugten Ablagerungsstellen und -situationen zu erhalten.
BURREN (1995) konnte die Funktionstüchtigkeit des erläuterten Systems in verschiedenen Labor- und Feldversuchen nachweisen. Zur Zeit sind deshalb Arbeiten im Gange, im Spissibach feste Messstellen mit einer Steuereinheit und einer Antenne einzubauen, sowie eine grössere Serie von Steinen, die mit einem Mikrochip markiert sind, bereitzustellen. Dieses neuartige Messsystem wird in Zukunft einen genaueren Einblick in die Bewegung einzelner Geschiebekörner in einem Wildbach erlauben.

Literatur

BARBEN, M., WEINGARTNER, R., 1995: Hochwasserereignisse in Wildbächen – Analyse grösserer Ereignisse im Rotenbach (Schwarzsee). In: Schweizer Ingenieur und Architekt 113. Jahrgang, Nr. 21:499–502, Zürich.
BAUMGARTNER, A., REICHEL, E., WEBER, G., 1983: Der Wasserhaushalt der Alpen. München.
BEVEN, K.J., LAMB, R., QUINN, P., ROMANOWICZ, R., FREER, J., 1995: TOPMODEL and GRIDATB: A User's Guide to the Distribution Versions, CRES Technical Report TR110 (2nd Edition), Lancaster University.
BURREN, S., 1995: Entwicklung eines neuen Geschiebetracers. Unveröffentlichte Diplomarbeit am Geographischen Institut der Universität Bern.
BUSSKAMP, R., GINTZ, D., 1994: Geschiebefrachterfassung mit Hilfe von Tracern in einem Wildbach (Lainbach, Oberbayern). In: BARSCH, D., MÄUSBACHER, R., PÖRTGE, K.-H., SCHMIDT, K.-H.: Messungen in fluvialen Systemen, Feld- und Labormethoden zur Erfassung des Wasser- und Schwebstoffhaushaltes. Springer-Verlag, Berlin, Heidelberg.

FEDERER, A., LASH, D., 1978: BROOK: A Hydrologic Simulation Model for Eastern Forests. Water Resources Research Center, Report No. 19, New Hampshire.
HEGG, Ch., 1996: Zur Erfassung und Modellierung von gefährlichen Prozessen in steilen Wildbacheinzugsgebieten. Geographica Bernensia. Geographisches Institut der Universität Bern. (in Vorb.)
HUNZIKER, G., 1992: Zur Geologie im Gebiet Leissigen – Morgenberghorn (Berner Oberland). Unveröffentlichte Diplomarbeit am Geologischen Institut der Universität Bern.
KIENHOLZ, H., HEGG, C., 1993: Naturkatastrophen: Wildbäche, synoptische Gefahrenbeurteilung und Synthese. Vorstudie Nr.12, Nationales Forschungsprogramm 31: «Klimaänderungen und Naturkatastrophen», Bern.
KIENHOLZ, H., KELLER, H., AMMAN, W., WEINGARTNER, R., GERMANN, P., HEGG, Ch., MANI, P., RICKENMANN, D., 1996: Zur Sensitivität von Wildbachsystemen. Schlussbericht Projekt NFP-31. VdF, Zürich. (in Vorb.)
LANG, H., BRAUN, L., ROHRER, M., STEINEGGER, U., 1994: Was bringt uns die Forschung in hydrologischen Einzugsgebieten? In: Beiträge zur Hydrologie der Schweiz Nr. 35: 52–60, Bern.
SCHÄDLER, B., 1990: Abfluss. Mitt. der Versuchsanst. für Wasserbau, Hydrologie und Glaziologie. ETHZ. Nr. 108: 109–125, Zürich.
SCHORER, M., 1992: Extreme Trockensommer in der Schweiz und ihre Folgen für Natur und Wirtschaft. Geographica Bernensia G40, Bern.
WEINGARTNER, R., KIENHOLZ, H., 1994: Zur Sensitivität von Wildbachsystemen. Konzepte und erste Ergebnisse aus Untersuchungen in den Testgebieten Rotenbach (Schwarzsee) und Spissibach (Leissigen). In: Beiträge zur Hydrologie der Schweiz Nr. 35: 120–133, Bern.

Persönlich

Hans Kienholz. *In seiner Vorlesung und seinen Übungen zur «vergleichenden Länderkunde» bzw. zu «Typlandschaften» hat uns Bruno Messerli vor dem Hintergrund eines kritischen Naturdeterminismus unterschiedlichste Lebensräume der Erde mit grosser Begeisterung nähergebracht und uns mitgerissen zum definitiven Entscheid für ein Geographie-Studium ... mitgerissen auf unvergessliche Exkursionen nach Sizilien und in die zentrale Sahara. Nicht nur mitgerissen, sondern uns in einer diskret, aber nachdrücklich fordernden Art zur selbständigen Arbeit und verbindlichen Diskussionsbeiträgen geführt. Wohltuend im Stil die erste offene Ausschreibung von Assistentenstellen an unserem Institut, das Glück zu den Auserkorenen gehören zu dürfen. Fordern, Fördern und Freiheitlassen, diese drei F – meist in der für mich «richtigen» Gewichtung – haben sein Verhältnis zu mir fortan geprägt. Obschon selber in der Paläogeomorphologie und Paläoklimatologie verwurzelt, hat er meine Arbeiten in die Richtung der anwendungsorientierten Forschung und in die Prognostik von Naturgefahren angeregt und gefördert. Trotz – nein – wegen der daraus folgenden fachlichen Eigenständigkeit haben wir immer wieder Brücken schlagen können, sei es im Rahmen der MAB-Projekte oder der Fragestellung zu den «Highland-Lowland-Inteactive-Systems» in Nepal.*

Rolf Weingartner. *Bruno Messerli hat für meine wissenschaftliche Entwicklung eine entscheidende Rolle gespielt: Er hat mich gelehrt, die richtigen Fragen zu stellen, Probleme zu erfassen und zu formulieren; er hat die Rahmenbedingungen geschaffen, um nach eigenständigen Lösungen suchen zu können, und er hat anlässlich von Vorlesungen, Vorträgen und Exkursionen demonstriert, wie diese Lösungen präzis, engagiert und überzeugend präsentiert werden können. Mit Bruno Messerli durfte und darf ich Wissenschaft als Faszination erleben!*

Aktive Blockgletscher:
Bewegung und Prozessverständnis

Dietrich Barsch

1. Einleitung

Im Jahre 1968 publizierten Bruno MESSERLI und Max ZURBUCHEN – leider an entlegener Stelle – ihren Aufsatz über die photogrammetrische Bestimmung der Vorwärtsbewegung der Blockgletscher Weissmies (Laggintal) und Grosses Gufer (Aletsch). Mit Hilfe der von ihnen erstmals auf Blockgletschern angewandten Aero-Photogrammetrie eröffneten sie eine neue Phase in der Erfassung des Bewegungsbildes von aktiven Blockgletschern. Die damaligen Ergebnisse sind in die seither stark intensivierte Blockgletscherforschung eingeflossen und z.B. in überarbeiteter Form (Abb. 1 und 2) im zusammenfassenden Buch von HAEBERLI (1985) erneut publiziert worden.

MESSERLI & ZURBUCHEN konnten zeigen, dass der Blockgletscher Weissmies zwischen 1958 und 1964 trotz deutlicher horizontaler Bewegungskomponente einen nicht unbeträchtlichen Volumenverlust (50 000 m^3) hinnehmen musste. Heute, mehr als ein Vierteljahrhundert später, sei die Frage erlaubt: was wissen wir wirklich über das Bewegungsbild aktiver Blockgletscher? Und vor allem: wie sieht es mit unserem Prozessverständnis in Bezug auf die Bewegung aus?

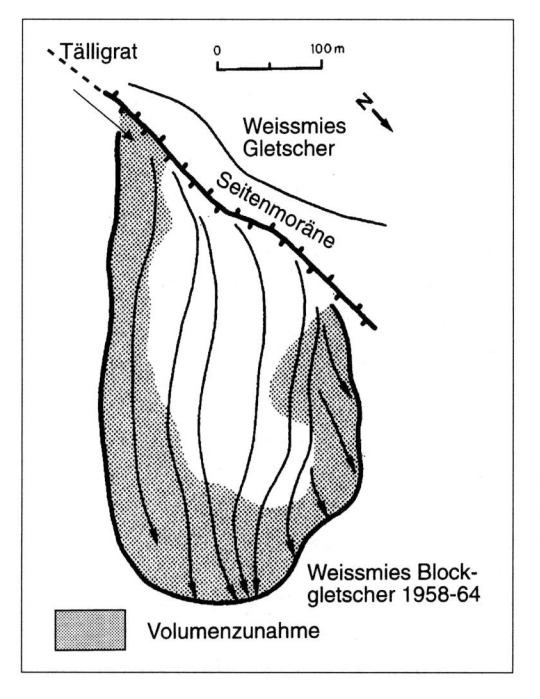

Abb. 1: Stromlinien auf dem Blockgletscher Weissmies (Laggintal). Aus HAEBERLI (1985: 89) nach der Aufnahme von MESSERLI & ZURBUCHEN 1968. Die gerasterte Fläche stellt die Gebiete mit Volumenzunahme 1958–64 dar.

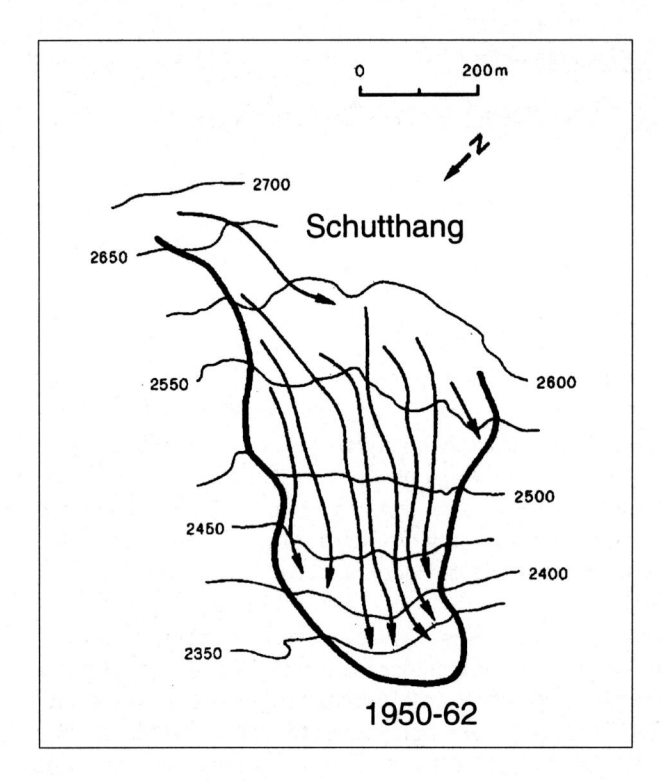

Abb. 2: *Stromlinien auf dem Blockgletscher Grosses Gufer (Aletsch). Aus HAEBERLI (1985: 90) nach der Aufnahme von MESSERLI & ZURBUCHEN (1968).*

2. Problemstellung

Aktive Blockgletscher sind – nach allen Informationen, die bis heute weltweit zusammengetragen worden sind – das Ergebnis von Kriechvorgängen im eisübersättigten alpinen Permafrost (WAHRHAFTIG & COX, 1959; BARSCH, 1969 a,b; HAEBERLI, 1985; BARSCH, 1992). Blockgletscher sind also gefrorene Schuttmassen, deren Eisgehalte im Durchschnitt bei 50–60%, deren Mächtigkeiten bei 30 bis 100 m liegen dürften (BARSCH, 1996). Dabei ist, wie vor allem die von HAEBERLI organisierte Bohrung durch den Blockgletscher Murtel I gezeigt hat, nicht unbedingt der ganze Eiskörper in Bewegung. Nach WAGNER (1992) findet sich in diesem Blockgletscher in 28–32 m Tiefe eine stark verformbare Schicht, in der 75% der Bewegung erfolgt. Es liegt nahe, unter diesen Voraussetzungen eine stetige Verformung über längere Zeiträume anzunehmen. Die Bewegung der aktiven Blockgletscher wird deshalb – in Parallelität zu jener der Gletscher – als permanentes Kriechen im stationären Zustand (secondary creep) bei geringen bis moderaten Belastungen (100–200 kPa) beschrieben. Ihre Verformung wird kongruent zum Fliessgesetz nach GLEN für polykristallines Eis angesehen (PATERSON, 1981, 1994; HAEBERLI, 1985).

Die Messungen von MESSERLI & ZURBUCHEN haben über den sechsjährigen Zeitraum Horizontalkomponenten der Bewegung von maximal etwa 65 cm/a ergeben; sie haben aber auch durch die Bestimmung der Vertikalkomponente die ersten

Andeutungen dafür erbracht, dass die Bewegung der Blockgletscher kein triviales Problem darstellt. MESSERLI & ZURBUCHEN haben diese Komplexität bereits angedeutet, auch wenn zum damaligen Zeitpunkt noch keine Informationen über mehrjährige oder gar saisonale Messungen der Bewegung aktiver Blockgletscher existierten. Wir wissen heute, dass sich viele Hinweise dafür finden, dass Blockgletscher nicht unbedingt stationäre Verformungsgeschwindigkeiten aufweisen, sondern dass kurzfristige Geschwindigkeitsänderungen auftreten. Es ist daher ein grundsätzliches Problem, welche Folgerungen aus dem Bewegungsverhalten aktiver Blockgletscher gezogen werden können und welche Ableitungen sich daraus für ihren Bewegungsprozess selbst ergeben.

3. Das Bewegungsbild aktiver Blockgletscher

Die einleuchtende Annahme, dass die Bewegung der Blockgletscher eine Folge der plastischen Verformung des Eisgehaltes ist, führt direkt zur weitergehenden Folgerung, dass sie sich – wie schon betont – im Zustand einer stationären Kriechbewegung (secondary creep) befinden. Diese These wird durch Messreihen gestüzt. So ist die Vorrückgeschwindigkeit des Blockgletschers Val da l'Acqua über Jahrzehnte (1920–1980) mit 40–45 cm/a ungefähr konstant geblieben (JÄCKLI, 1978). Im Bereich seiner Stirn weist der Blockgletscher Macun I eine konstante Bewegung von 14,2 cm/a über 21 Jahre (1967–1988) auf, wobei der Fehler zwischen ±0,3 und ±0,6 cm/a liegen dürfte (BARSCH & ZICK, 1991).

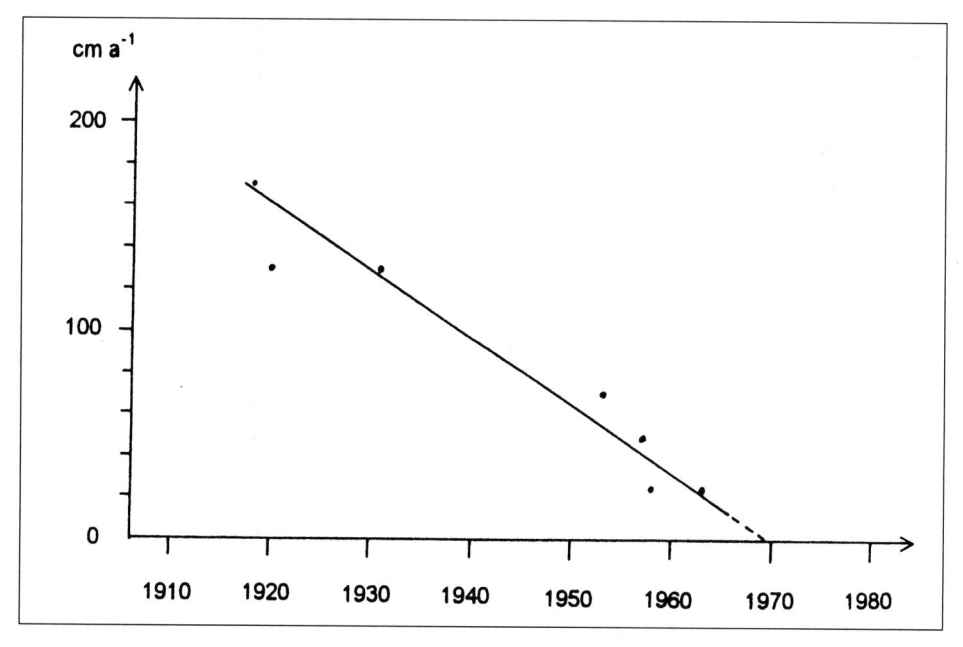

Abb. 3: Abnahme der Bewegungsgeschwindigkeit des Blockgletschers Val Sasso (Unterengadin). Nach verschiedenen Quellen aus BARSCH (1996).

Dieses einheitliche Bild wird gestört durch andere Messreihen, die überraschende Schwankungen in der horizontalen Bewegungskomponente der Blockgletscher erkennen lassen. Da sind z.B. die Messungen auf älteren Luftbildern (BARSCH & HELL, 1975; BARSCH, 1996), die deutlich erkennen lassen, dass die Blockgletscher Murtel I, Albana und Albana West zwischen 1932 und 1955 noch deutliche horizontale Bewegungsbeträge erkennen lassen, in der Periode 1955–1971 dagegen fast zum Stillstand gekommen sind. Besonders deutlich lässt sich dies für den berühmten Blockgletscher Val Sassa (Abb. 3) belegen, der in den Jahren um 1915/1920 mit Geschwindigkeiten von über 160 cm/a vorgerückt ist, der aber um 1971 praktisch inaktiv war (BARSCH, 1973, 1996). Dieses Verhalten erlaubt den nicht unberechtigten Schluss, dass die Blockgletscherbewegung von der Temperaturentwicklung abhängig ist. Wir können diese Geschwindigkeitsabnahme als Folge der Erwärmung in den Alpen nach dem weitverbreiteten Gletschervorstoss um 1920/26 deuten. Daraus folgt, dass das stationäre Kriechverhalten der Blockgletscher nur bei gleichbleibenden (thermischen) Verhältnissen und nur über kürzere Zeiträume angenommen werden kann. Es scheint zudem, dass das gleichbleibende Verhalten nur einige Dekaden andauert.

Leider kann auch diese – an sich einleuchtende Annahme – nicht unangefochten als gültig angesehen werden. Es gibt Gegenbeispiele. So zeigt etwa der Blockgletscher Äusseres Hochebenkar (Obergurgl/Tirol) bisher nicht erklärte Änderungen in der Bewegungsgeschwindigkeit (Abb. 4), die nicht als ein einfaches Inaktiv-Werden gedeutet werden können, sondern ein Pulsieren zu repräsentieren scheinen. Allerdings stellt dieser Blockgletscher im Bewegungsverhalten eine Besonderheit dar, da er über eine Kante auf einen steilen Hang fliesst und dadurch sehr hohe Kriechge-

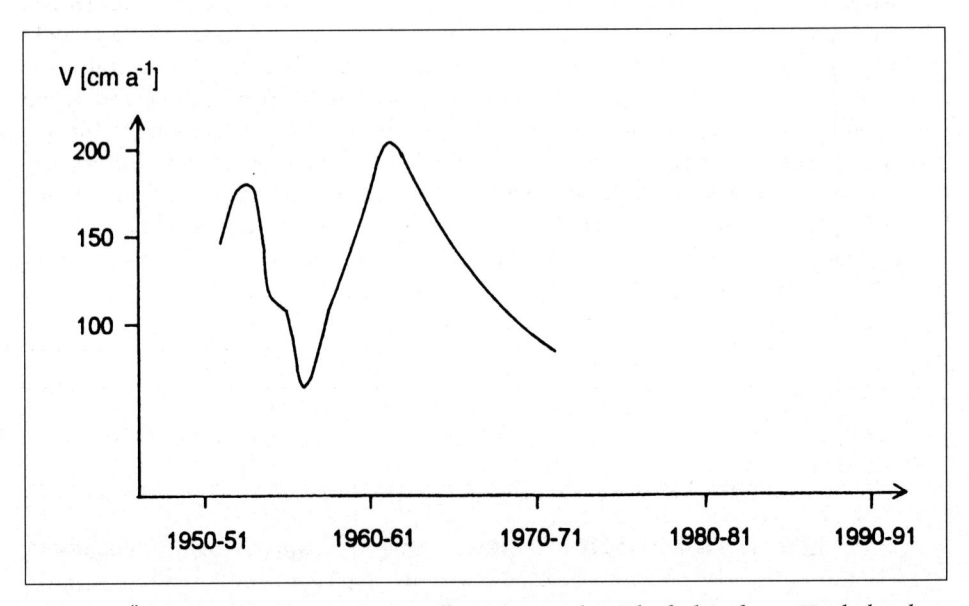

Abb. 4: Änderungen der Horizontalbewegung des Blockgletschers Hochebenkar. Daten aus VIETORIES (1972), vgl. BARSCH (1996).

schwindigkeiten erreicht. Doch gibt es auch andere Belege für Geschwindigkeitsänderungen von Blockgletschern. Ein Beispiel bildet die Messreihe 1979/83–1991 in der Combe de Laurichard von FRANCOU & REYNAUD (1992). Hier zeigt die Linie A nach einer Periode mit konstanter Geschwindigkeit (1979–1986) ein Auffächern der Bewegungsbeträge.

Viel erstaunlicher ist es jedoch, dass auf Blockgletschern auch saisonale Änderungen in der horizontalen Fortbewegung existieren. Leider besitzen wir in dieser Hinsicht nur Informationen von drei Blockgletschern (Murtel I und Muragl, BARSCH & HELL, 1975, sowie Gruben, HAEBERLI, 1985). Im Fall der Oberengadiner Blockgletscher ist Anfang der siebziger Jahre die sommerliche Horizontalgeschwindigkeit signifikant höher als die winterliche. Im Fall des Walliser Blockgletschers ist aufgrund der Messzeiträume die Aussage nicht so eindeutig; zudem ergibt sich hier ein Unterschied zwischen dem unteren und dem oberen Teil des Blockgletschers. Während der untere Teil im Herbst 1981 und im frühen Sommer 1982 höhere Kriechgeschwindigkeiten zeigt, bewegt sich der untere Teil zu diesen Zeitpunkten deutlich langsamer. Im Frühling 1982 war das gemessene Verhalten genau umgekehrt. Im Prinzip deutet sich hier ein harmonikaartiges Verhalten des Blockgletschers an, das dem schon besprochenen Pulsieren bei den horizontalen Bewegungsbeträgen von Jahr zu Jahr zu entsprechen scheint.

Die vertikale Komponente der Blockgletscherbewegung wird leider nur selten gemessen. Sie ist als Resultierende der Höhenabnahme durch Hangabwärtsbewegung sowie der Massenzufuhr bzw. -abfuhr zu denken. Auf dem Blockgletscher Weissmies (Abb. 1) können MESSERLI & ZURBUCHEN (1968) zeigen, dass die Zunge um 30 cm/a eingesunken ist (1958–1964). Gegen die Wurzelzone des Blockgletschers (Abb. 1) nimmt der Betrag des Einsinkens um ca. ein Drittel ab. Neben Zonen mit ausgesprochenen Verlusten gibt es Bereiche mit Volumenzunahmen im Gebiet der rechten Wurzelzone – in der Schutt vom Schutthang des Tälligrates in den Blockgletscher fliesst –, auf der rechten Blockgletscherseite sowie rechts und links von der Stirn. Die zusätzliche Volumenzunahme im Bereich der Stirn lässt sich wohl am ehesten als Folge eines Kompressionsfliessens deuten. Dies gilt wohl auch für den Übergang vom Schutthang des Tälligrates in den Blockgletscher. Für alle übrigen Bereiche kann auch heute keine einleuchtende Erklärung gegeben werden. Auf alle Fälle deuten diese Werte an, dass hier komplexe Fliessverhältnisse vorliegen. Am Blockgletscher Äusseres Hochebenkar lässt sich das ebenfalls belegen. Nach PILLEWIZER (1957) und VIETORIS (1972) ergibt sich folgendes Bild:

Profil	1936–1956	1953–1962
2700–2600 m	–29 cm/a	+
2580–2530 m	–59 cm/a	+/– gleich
2450–2500 m	+59–88 cm/a	–

Im obersten Profil hat in der zweiten Periode, entgegen den Verhältnissen 1936–1956, eine Volumenzunahme stattgefunden. Das mittlere Profil ist ungefähr gleich geblieben und das unterste hat eine Volumenabnahme erfahren. Die Verhältnisse haben sich also umgekehrt.

Zusammenfassend kann – entsprechend der Theorie eines stationären Kriechens – eine gleichförmige Bewegung der Blockgletscher über mehrere Dekaden belegt werden. Ebenso ist die stetige Geschwindigkeitsabnahme über Jahrzehnte, vermutlich als Folge klimatischer Erwärmung, beobachtet worden; sie kann bis zur Inaktivität führen. Überraschend sind dagegen Varianzen in der horizontalen Geschwindigkeit, die von Jahr zu Jahr aufzutreten scheinen, sowie das saisonal differenzierte Kriechverhalten. Durch die Berücksichtigung der vertikalen Bewegungskomponente wird ausserdem deutlich, dass im Blockgletscher pulsierende Mächtigkeitsänderungen auftreten. Dieses Pulsieren scheint in einigen Fällen auch durch die Änderungen der Horizontalkomponente von Jahr zu Jahr belegt zu sein.

4. Diskussion der Befunde

Wenn auch bisher die Zahl der Messungen der saisonalen und der vertikalen Bewegungen auf Blockgletschern noch ungenügend ist, so lassen sich doch aus den bisher vorliegenden Messungen einige Folgerungen ziehen:

1. Blockgletscher scheinen auf Klimapendelungen deutlich zu reagieren, falls gewisse Schwellenwerte in der regionalen und lokalen Erwärmung überschritten werden. Im Bereich der Untergrenze der Blockgletscherverbreitung (BARSCH, 1980) werden zuvor aktive Blockgletscher bei den beobachteten Temperaturerhöhungen im Verlauf einiger Jahrzehnte inaktiv. Sie reagieren damit offensichtlich auf das Ansteigen der Untergrenze des aktiven alpinen Permafrostes (HAEBERLI, 1992).
2. Aktive Blockgletscher zeigen – entgegen unseren bisherigen Vorstellungen – saisonale sowie interannuelle pulsierende Bewegungen sowohl in der Horizontal- wie in der Vertikalkomponente, die nicht in das Bild einer stetigen Kriechverformung passen.

Der erste Punkt ist relativ einsichtig. Das Inaktiv-Werden aktiver Blockgletscher aus klimatischen Gründen erfolgt über eine mehr oder weniger stetige Abnahme der Geschwindigkeit. Im Zungenbereich nimmt dabei die Mächtigkeit des ungefrorenen Mantels (Deckschicht) zu. So konnte auf inaktiven Blockgletschern eine sommerlich ungefrorene Schicht von mehr als 10 m Mächtigkeit seismisch festgestellt werden, während die Auftauschicht auf aktiven Blockletschern nicht mächtiger als 3–4 m ist (BARSCH, 1973). Das legt nahe, dass die Abnahme der Bewegungsgeschwindigkeit eine Folge der zunehmenden Hemmung durch eine ungefrorene Schuttmasse im Frontbereich ist.

Das Pulsieren in den horizontalen und vertikalen Bewegungskomponenten macht dagegen ein Umdenken erforderlich. Während ein stärkeres Einsinken der Oberfläche in warmen Sommern noch verständlich erscheint, muss das Pulsieren im Kriechvorgang selber liegen. Da wir wohl Gleitvorgänge bei der Bewegung der Blockgletscher weitgehend ausschliessen können, müssen wir über Widerstände beim Kriechen selber nachdenken. Eine mögliche Erklärung des Pulsierens könnte darin gesehen werden, dass sich – vielleicht bedingt durch thermische Änderungen, durch wechselnde interne Wassergehalte oder durch Änderung der internen Strukturen – Widerstände im Blockgletscher aufbauen, die nur ruckweise überwunden werden können. Folgerichtig muss deshalb angenommen werden, dass Kompressions- und Extensionsfliessen miteinander abwechseln, wie es schon WHITE (1987) vom Arapahoe-Blockgletscher beschrieben hat. Über die Ursachen dieser Bewegungsänderungen liegen bisher keine konzeptionellen Vorstellungen vor. Inwieweit in diesem Verhalten prinzipielle Unterschiede zur Bewegung temperierter Gletscher zum Ausdruck kommen, kann z.Zt. ebenfalls nicht entschieden werden.

5. Folgerungen

Es erscheint dringend notwendig, dass in Zusammenarbeit von Geomorphologen, Physikern, Glaziologen und Ingenieuren das Kriechen alpinen Permafrostes neu überdacht wird. Nummerische Modelle auf physikalischer Basis müssten entwickelt werden. Sie könnten vermutlich Erklärungsmodelle für dieses Verhalten bieten. Solange dies nicht geschehen ist, ist die Bedeutung der Blockgletscher als Indikatoren für unsere Hochgebirgssysteme unter dem Einfluss einer wärmeren Atmosphäre eingeschränkt. Unter dem Druck der Prognosen zu Global Change ist ein ruhiges Zuwarten nicht zu verantworten. Wir müssen mehr über Bewegung und Reaktion aktiver Blockgletscher wissen, um sie gezielt als Indikatorsysteme, als natürliche Monitoren im Hochgebirge benutzen zu können.

Literatur

BARSCH, D., 1969a: Studien und Messungen an Blockgletschern in Macun, Unterengadin. In: Kaiser, K. (ed.): Glazialmorphologie. Zeitschrift für Geomorphologie.
BARSCH, D., 1969b: Permafrost in der oberen subnivalen Stufe der Alpen. In: Geographica Helvetica 24: 10–12.
BARSCH, D., 1973: Refraktionsseismische Bestimmung der Obergrenze des gefrorenen Schuttkörpers in verschiedenen Blockgletschern Graubündens, Schweizer Alpen. In: Zeitschrift für Gletscherkunde und Glazialgeologie 9: 143–167.
BARSCH, D., 1980: Die Beziehung zwischen der Schneegrenze und der Untergrenze der aktiven Blockgletscher. In: JENTSCH, C. & LIEDTKE, H. (eds.): Höhengrenzen in Hochgebirgen. Arbeiten aus dem Geographischen Institut der Universität des Saarlandes 29: 119-133.
BARSCH, D., 1992: Permafrost creep and rockglaciers. Permafrost and Periglacial Processes 3: 175–188.
Barsch, D., 1996 (im Druck): Rockglaciers. Indicators for the Present and Former Geoecology in High Mountain Environments. Springer Series in Physical Environment. Heidelberg.
BARSCH, D. & HELL, G., 1975: Photogrammetrische Bewegungsmessungen am Blockgletscher Murtel I Oberengadin, Schweizer Alpen. In: Zeitschrift für Gletscherkunde und Glazialgeologie 11: 111–142.
BARSCH, D. & ZICK, W., 1991: Die Bewegungen des Blockgletschers Macun I von 1965–1988 (Unterengadin, Graubünden, Schweiz). In: Zeitschrift für Geomorphologie N.F. 35: 9–14.
FRANCOU, B. & RENAUD, L., 1992: 10 years surficial velocities on a rock glacier (Laurichard, French Alps). Permafrost and Periglacial Processes 3: 209–213.
HAEBERLI, W., 1985: Creep of mountain permafrost: internal structure and flow of alpine rock glaciers. Mitteilungen der Versuchsanstalt für Wasserbau, Hydrologie und Glaziologie, ETH Zürich 77: 142S.
HAEBERLI, W., 1992: Possible effects of climatic change on the evolution of alpine permafrost. Catena Supplement 22: 23–35.
JACKLI, H., 1978: Der Blockstrom in der Val dal Acqua im Schweizerischen Nationalpark. In: KASSER, P. (ed.): Jahrbuch der Schweizerischen Naturforschenden Gesellschaft 1978, wissenschaftlicher Teil: 213–221.

MESSERLI, B. & ZURBUCHEN, M., 1968: Blockgletscher im Weissmies und Aletsch und ihre photogrammetrische Kartierung. In: Die Alpen 3: 139–152.
PATERSON, W.S.B., 1981: The physics of glaciers. Oxford: 380 pp.
PATERSON, W.S.B., 1994: The physics of glaciers. Kidlington (Elsevier). 3rd edition: 480pp.
PILLEWIZER, W., 1957: Untersuchungen an Blockströmen der Ötztaler Alpen. In: Geomorphologische Abhandlungen. Abhandlungen des Geographischen Instituts der Freien Universität Berlin 5 (Otto-MAULL-Festschrift): 37–50.
VIETORIS, L., 1972): Über die Blockgletscher des Äusseren Hochebenkars. In: Zeitschrift für Gletscherkunde und Glazialgeologie 8: 169–188.
WAGNER, S., 1992: Creep of Alpine permafrost, investigated on the Murtel Rock Glacier. Permafrost and Periglacial Processes 3: 157–162.
WAHRHAFTIG, C. & COX, A., 1959: Rock glaciers in the Alaska Range. In: Geological Society of America, Bulletin 70: 383–436.
WHITE, S. E., 1987: Differential movement across transverse ridges on Arapaho rock glaciers, Colorado Front Range,. U.S.A. In: GIARDINO, J.R., SHRODER, J.F. & VITEK, J. D. (eds.): Rock glaciers. London: 145–149.

Persönlich
Der vorliegende Aufsatz ist meinem Freund Bruno Messerli und seinem Beitrag zu der Pionierleistung in der Blockgletscherforschung gewidmet.
Prof. Dr. Dietrich Barsch, Geographisches Institut der Universität Heidelberg

«Die mit allen Vorsichtsmassnahmen der kritischen Naturwissenschaft angelegte, auf breiter, moderner geologischer und mythologischer Basis durchgeführte Untersuchung ...» (TOLLMAN A. & E., 1993: 20).

Das Ereignis von Köfels im Ötztal (Tirol) und die Sintflut-Impakt-Hypothese

Helmut Heuberger

Abstract: *The Köfels event in the Ötz Valley (Tyrol) and the flood-impact hypothesis.* – In the flood-impact hypothesis (TOLLMANN, A. & E., 1993) the well dated Köfels event has an important position due to findings of fused rock (impactit?) and shock(?) lamellae etc. connected with a huge landslide and synchronous(?) other landslides nearby. But not one of the claimed evidences is standing the test.

1. Einführung

Bei der zweiten ALPQUA-Exkursion standen Bruno Messerli und ich am 4.9.1970 erstmals gemeinsam vor dem Rätsel des «Ereignisses von Köfels» im Ötztal (Tirol, Österreich). Geklärt waren

– der Bergsturz vom Funduskamm, der Ötztal und Horlachtal verriegelte (Abb. 3, 4) und mit über 2 km³ der weitaus grösste in den kristallinen Alpen ist (ABELE, 1974), und

– das nacheiszeitliche Alter durch ein Radiokarbondatum von Holz (8710 ± 150 vor heute) aus der bergsturzverschütteten Horlachtal-Mündungsschlucht (HEUBERGER, 1966: 36ff).

Das Rätsel gab der *«Bimsstein von Köfels»* auf. Diese natürliche Gesteinsschmelze war ebenfalls beim Ereignis von Köfels entstanden, wie schon PICHLER (1863) und TRIENTL (1895) erkannt hatten.

1.1 Bisherige Hypothesen zum Ereignis von Köfels

Die Energie für diese Aufschmelzung schrieb man zuerst einem jungvulkanischen Ereignis zu. Die *Vulkanhypothese* war aber nicht zu halten. Unter anderem wurde ihr der Boden durch einen Taststollen entzogen, der 1951 für ein hydroelektrisches Projekt vom Bereich Umhausen unter Niederthai vorgetrieben wurde (Abb. 3). Dadurch wurde klar, dass der «Maurachriegel» quer über das Ötztal nicht aus zerrüttetem anstehenden Fels besteht, sondern von einer gewaltigen Bergsturzmasse gebildet wird. Sie liegt in der Horlachtalmündung der verschütteten Mündungsstufe dieses Tales auf, die aus völlig ungestörtem Fels besteht (ASCHER, 1952).

Abb. 1: Der Bergsturz von Köfels von Südosten, von der Reichalpe. Rechts der durch den Abbruch erniedrigte Funduskamm, darunter die Bergsturzmasse von Köfels. (Aufn. des Verf., 3.8.1977)

F. E. SUESS (1937) und STUTZER (1937) führten erstmals den Bimsstein («Köfelsit») auf einen Meteorit-Einschlag zurück. Spuren von meteoritverwandtem Material im Bimsstein (KURAT & RICHTER, 1968, 1972) schienen das dann eindeutig zu beweisen, allerdings – offenbar unwiederholbar – nur in einer einzigen Probe. SURENIAN (1988a,b, 1989, 1993) fand Zeugen von Schockmetamorphose am Bimsstein und am Augengneis von Köfels, und zwar (1988a) sogar im Abrissgebiet des Bergsturzes – ein weiteres starkes Argument für die *Impakt-Hypothese*.

Dazu kam durch PREUSS (1971, 1974) ein neuer Gedanke: Die Bergsturzmasse selbst habe an ihren Bewegungsflächen durch Reibungshitze das Gestein aufgeschmolzen. In ERISMANN et al. (1977) bewies ERISMANN durch Berechnungen und ein Experiment zwingend, dass dieser Bergsturz auf solche Weise «Friktionit» erzeugt haben *muss (Friktionit-Hypothese)*. Die alten Bimssteinfundstellen liegen nahe an sekundären Gleitflächen, nirgends aber direkt darauf. In der Maurachschlucht 1981 gefundene Friktionite (Abb. 3; MASCH et al, 1985; PREUSS, 1986) halten sich allerdings mit allen Friktionitstadien – von den Breccienbildungen bis zur Aufschmelzung – an Fugen in der Bergsturzmasse.

Der bisher wichtigste Zeuge für Friktionitbildung fand sich im nepalischen Langtang-Tal, Himalaya. Dort ist die Basisgleitfläche eines noch grösseren, älteren Bergsturzes Hunderte von Metern lang mit einem durchgehenden Friktionitbelag aufgeschlossen (MASCH & PREUSS, 1977; HEUBERGER et al., 1984; MASCH et al., 1985).

1.2 Die Sintflut-Impakt-Hypothese und das Ereignis von Köfels

Der bedeutende Alpengeologe Alexander TOLLMANN und seine Gattin, die 1995 leider verstorbene Geologin Edith (KRISTAN-) TOLLMANN, haben 1993 ein aufregendes Buch veröffentlicht: «Und die Sintflut gab es doch. Vom Mythos zur historischen Wahrheit» (dieses Buch und seine Verfasser sind gemeint, wenn es im folgenden heisst: «Das Buch», oder «die Verfasser» oder nur «S....»). Demnach begannen bei Neumond zu Herbstbeginn im September 9545 vor heute um etwa 3 Uhr früh MEZ (S. 264) die Einschläge von sieben Bruchstücken eines Kometen in verschiedene Weltmeere und lösten eine Kette von Katastrophen aus, u.a. Flutwellen – eben die Sintflut. Ein kleineres Stück des Kometen habe das Ereignis von Köfels bewirkt.

Das Jahr leiten die Verfasser aus folgenden genauer oder ungefähr datierten Naturvorgängen ab (Tabelle S. 252): vom Ereignis von Köfels (Schlüsseldatum!), von etwa gleich alten(?) Tektiten in Australien und Vietnam, vom Mammutsterben, von Säurekonzentrationen in einem Grönlandeis-Bohrkern, von Radiokohlenstoffzacken in Jahrringkurven, von einer auffälligen Temperaturzunahme während der frühen Nacheiszeit, angezeigt durch Pollendiagramme (S. 224ff) usw. (siehe dazu DEUTSCH et al., 1994). Die genauere Zeit, den Kometen selbst, seine Richtung und die Zahl seiner Haupttrümmer leiten die Verfasser aus der vergleichenden Analyse von Mythen ab; für Köfels ist die nordische Edda zuständig. Die Glaubwürdigkeit der Mythen wird danach bewertet, inwieweit die beschriebenen Szenen mit den Vorstellungen von den Impaktereignissen übereinstimmen, die sich die Verfasser am Beispiel des «Dinosaurier-Impaktes» der Endkreidezeit zurechtgelegt haben. Dabei sei es gleichgültig, ob die Mythen von Gewesenem oder von Prophezeiungen sprechen, da die Weltuntergangsprophezeiungen in ihrer Genauigkeit nur einem in die Zukunft projizierten Sintfluterlebnis entsprechen könnten (S. 102).

Verkürzte Darstellungen in wissenschaftlichen Zeitschriften (so E. KRISTAN-TOLLMANN, E. & TOLLMANN, A., 1992 und 1994) führten bereits zu gemeinsamer, harter Kritik an dieser Sintflut-Impakt-Hypothese von 13 Verfassern aus Österreich (G. KURAT ist dabei!), Deutschland, den Niederlanden, den USA, Kanada, Südafrika und Australien (DEUTSCH et al., 1994).

An dieser Stelle sei nur auf die Zusammenhänge mit dem Ereignis von Köfels eingegangen, einem der wichtigsten Zeugen der Sintflut-Impakt-Hypothese.

2. Köfels – einiges zum Wissensstand

2.1 Zeitliche Einstufung

Die Verfasser gehen (S. 140) nach H. SUESS und B. BECKER von einem Korrekturfaktor von +8% für die konventionellen Radiokarbondaten aus und kommen damit für den Holzfund aus der bergsturzverschütteten Horlachtal-Mündungsschlucht (konventionell 8170 ± 150 vor heute) auf 9407 ± 150 v. h.. Für die fehlenden 138 Jahre auf ihr Impaktjahr 9545 v. h. finden die Verfasser eine Überbrückung in meiner Aussage (HEUBERGER, 1975: 233; ausführlicher: HEUBERGER 1966, 36ff)), das Holz sei erst unmittelbar nach der Verriegelung der Schlucht hier abgelagert worden (aber natürlich nicht erst nach 138 Jahren!). Hier sei ergänzt, dass G. ABELE im Herbst 1993, ein Jahr vor seinem viel zu frühen Tod, in Aufschlüssen endgültige Beweise

Abb. 2: Bergsturz von Köfels, Luftbild Nr. 4229/69 vom 24. 9. 1969. Norden ist rechts, wie in Abb. 3. (Vervielfältigt mit Bewilligung des Bundesamtes für Eich- und Vermessungswesen (Landesaufnahme) in Wien, Zi.L 70 162/96.)

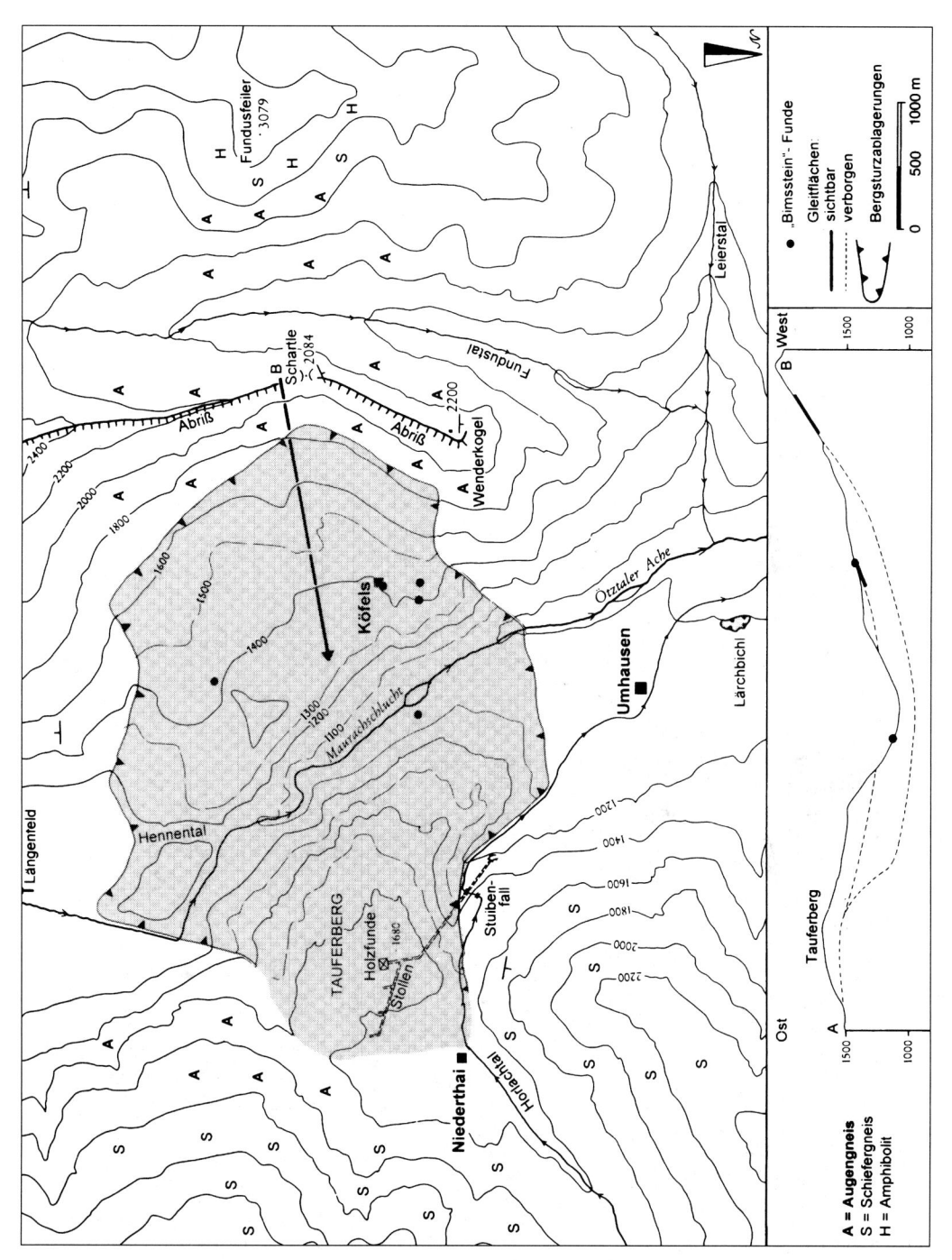

Abb. 3: Bergsturz von Köfels. Karte, Profil mit Teilung der Sturzmasse an der Mündungsstufe des Horlachtals. Norden ist rechts (Ergänzt nach HEUBERGER et al., 1984: 349, Fig. 3).

dafür fand, dass die Terrasse von Niederthai nicht aus Stausedimenten besteht, sondern aus Schottern, die dank ihrer Wassersättigung durch die Bergsturzmassen mobilisiert und – mit Einschlüssen von Bergsturztrümmerwerk – hier abgelagert wurden (vgl. ABELE, 1996). Demnach sind Bergsturz, Niederthaier Terrasse und Holz gleich alt.

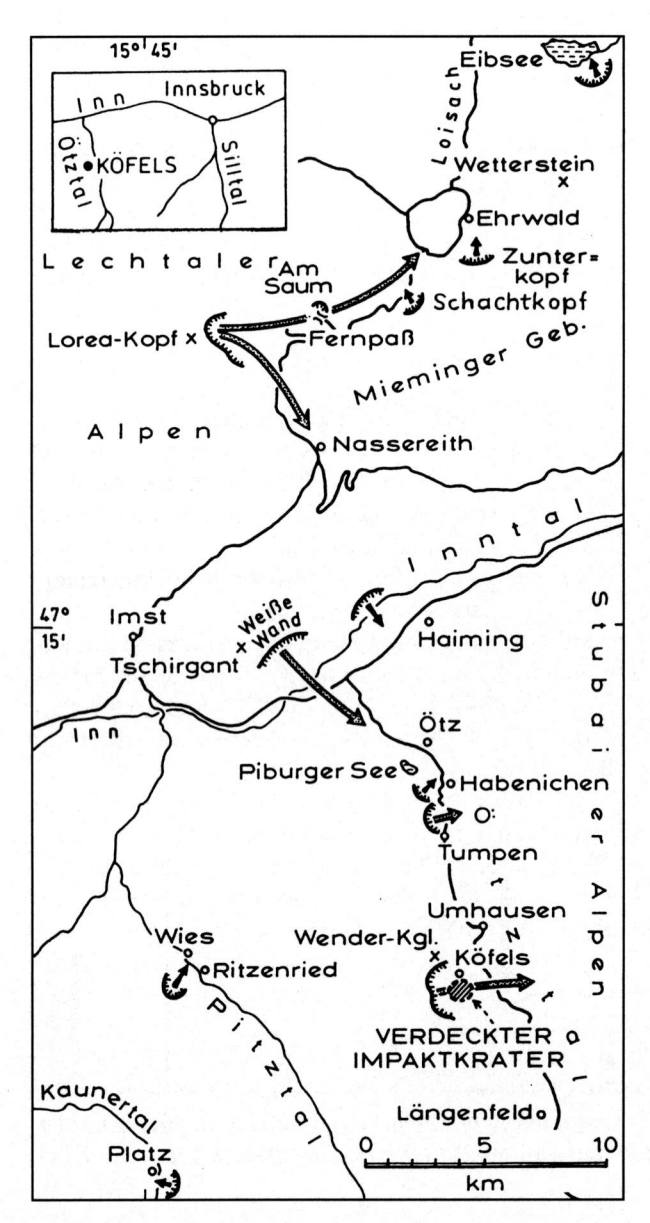

Abb. 4: «Skizze der in der Umgebung von Köfels gehäuft auftretenden Bergstürze die – überwiegend oder ausschliesslich – auf den Impakt zurückgehen.» (Abb. 39 mit Text aus TOLLMANN, A. & E., 1993, 142 («Habenichen» = Habichen). – Lageskizze aus Abb. 38, S. 140)

Der Korrekturfaktor von +8% für die Radiokarbondaten ist eine heute nicht mehr vertretbare Vereinfachung. Nach dem Korrekturprogramm calib 3.03 von STUIVER und REIMER (Radiocarbon 35, 1993: 215–230) ergibt sich für das erwähnte Holz nach 1 sigma 7943–7542 v. Chr., nach 2 sigma 8034–7480 bzw. 7456–744 v. Chr. A. TOLLMANN kann aufatmen: Das Kometenjahr fällt da hinein. Übrigens: Wo einer sintflutverdächtigen Datierung rund 45 Jahre zum Kometenjahr fehlen, werden (S. 260) an 1950 («vor heute») einfach die Jahre bis wirklich heute angestückelt(!).

2.2 Die Beweise für den Impakt

Im Buch sind nur die Vulkan- und die Impakt-Hypothese erwähnt. Der isolierte Fund meteoritverwandten Materials im «Bimsstein» (KURAT & RICHTER, 1968, 1972) deutet aber nicht auf einen Kometen hin, taugt als Beweis also wenig (S. 141). Als Hauptargument bleiben nur SURENIANs Zeugen von Schockmetamorphose am Bimsstein und Augengneis von Köfels übrig (1.1). Doch diese Strukturen zeigen, wie LEROUX & DOUKHAN (1993) und LYONS et al. (1993) nachwiesen (siehe auch DEUTSCH et al., 1994: 648), keine Stosswellenwirkung an, sondern ausschliesslich Erhitzung. Diese aber gab es an der Basis des Bergrutsches schon im Abrissbereich (ERISMANN et al., 1977, Abb. 6).

2.3 Krater und Stratigraphie

Die Verfasser sehen nicht, wie Vertreter der Vulkan- und der Impakt-Hypothese, in der Nische von Köfels einen Krater. Für sie ist der Impakt-Krater unter den vom Einschlag ausgelösten Bergsturzmassen verschwunden (S. 138). Doch der Auswurf müsste in der nachträglich wenig veränderten Landschaft bei der Seltenheit des Augengneises noch zu finden sein. Das ist aber nicht der Fall.

Gibt es, ausser SURENIANs nicht mehr haltbaren Zeugen von Schockmetamorphose (2.2), noch unmittelbare Hinweise auf den Impakt?

Wie oben erwähnt, erschloss 1951 ein Stollen unter der Trümmermasse Tauferberg–Niederthai die verschüttete Mündungsstufe des Horlachtals (Abb. 3), deren Fels keine jungen Störungen zeigt (ASCHER 1952: 132f). Passt dieser Befund, der schon der Vulkanhypothese zum Verhängnis wurde, zum Grenzbereich des Impaktkraters? Im Nördlinger Ries (S. 292) ist das anders.

Der heutige, nach dem Bergsturz erheblich niedrigere Gratbereich des Funduskammes ist stark zerrüttet. Seinen Westhang zum Fundustal kennzeichnen auffallende Blockmassen. Diese stauten sich aber unterhalb des Schartle am Eisrand eines spätglazialen Fundustalgletschers (HEUBERGER 1966: 27) und bedecken somit einen Hangrest, der älter ist als der Bergsturz. Diese ungewöhnlichen Blockmassen wie auch die Zerrüttung des hier anstehenden Gesteins sind also viel älter als der Bergsturz von Köfels und könnten als dessen zeitlich weit zurückreichende Vorboten gedeutet werden. Vorboten des Kometen?

Ergänzt man demnach den abgebrochenen Funduskamm nach dem Ötztal hin, so lag beim angeblichen Impakt, also vor dem Bergsturz, die Nische von Köfels mit ihren heutigen Fundstellen des Bimssteins weit von der Oberfläche entfernt tief im Berginneren. Wie soll der Bimsstein als Impaktit vor dem Bergsturz dorthin gelangt sein?

Ähnliches fragt man sich bei den Friktioniten unten in der Maurachschlucht (1.1): Die Gesteinsschmelze (Glas, selten Bimsstein) findet sich völlig unzertrümmert im feinzertrümmerten Bergsturzmaterial an Bewegungsflächen, die erst in der Bergsturzmasse enstanden. Diese Schmelzen sind somit hier das Jüngste und können nicht als Impaktite vor dem Bergsturz entstanden sein.

3. Fernwirkungen durch das «Impaktbeben»

Von Vertretern der Vulkan-Hypothese (TRIENTL, 1895; PENCK, A., 1925) übernahmen die Verfasser die Folgerung, das Ereignis von Köfels bzw. die «Köfelser Periode» (REITHOFER, 1932: 341) habe die linienhaft angeordnete Kette von Bergstürzen ausgelöst, die PENCK bis zum Eibsee-Bergsturz verfolgt hatte. In ihre Karte (Abb. 4) fügten sie auch alle übrigen kleinen Bergstürze der Umgebung ein, die sie auf den geologischen Karten fanden. Nur einzelne dieser Bergstürze sind bisher datiert. Am weitesten von Köfels entfernt ist der Eibsee-Bergsturz. Er ist nun anhand mehrerer Radiokarbondaten auf 3700 v. h. bestimmt (JERZ & v. POSCHINGER, 1995). Zu jung!

Für den Tschirgant-Bergsturz gibt es laut PATZELT & POSCHER (1993, – im Buch ist die Veröffentlichung ohne Zitat erwähnt) ein eindeutiges Radiokarbondatum für einen 10–12m tief verschütteten Fichtenstamm bei Sautens: 2885 ± 20. Nach dem Buch beziehen sich diese Daten «offensichtlich» auf Nachstürze (S. 143). Leider nein! Die Proben für alle hier bekannten Radiokarbondaten stammen vom Südrand des Bergsturzes, fern jeder Möglichkeit eines Nachsturzes vom Tschirgant.

Mehr und mehr Bergstürze, die man früher für späteiszeitlich hielt, rücken nach heutigem Forschungsstand in die Nacheiszeit (ABELE, 1994, 1996). Dafür gibt es offensichtlich auch noch andere Ursachen als den Sintflut-Kometen. Aber *ein* Trost bleibt für das Buch: Von einem einzigen der abgebildeten Bergstürze (Abb. 4) wird ein Bezug zum Ereignis von Köfels angenommen: vom Bergsturz von Tumpen, wie HEUBERGER (1977: 20–23; 1994: 293) durch die Beziehung zwischen der Talverschüttung dahinter und den Bergsturzmassen von Köfels plausibel machen konnte. Doch für die Auslösung dieses so nahen Bergsturzes genügt der Bergsturz von Köfels allein, denn dieser muss nach ERISMANNs Energieberechnungen (ERISMANN et al., 1977) ein Lokalbeben verursacht haben.

4. Die Friktionit-Hypothese

Die Friktionit-Hypothese erklärt das meiste, was die Impakt- und die Sintflut-Impakt-Hypothesen schuldig bleiben (ERISMANN, 1979, siehe auch LAHODYNSKY et al., 1993 und DEUTSCH et al., 1994). Kannten TOLLMANNs diese Hypothese nicht? Doch! A. TOLLMANN (1977: 374ff) verwarf sie sofort. Sein Haupteinwand dagegen war der isolierte Fund meteoritverwandten Materials im Bimsstein durch KURAT und RICHTER (1968, 1972). Um diesen Fund ist es still geworden. Und das Buch will ja einen Kometen beweisen, nicht einen Meteoriten. Warum mieden die Verfasser die Auseinandersetzung mit der Friktionit-Hypothese?

5. Ausblick

Das Ereignis von Köfels erweist sich als nicht sehr brauchbares Beweisstück für die Sintflut-Impakt-Hypothese. A. TOLLMANN, den ich trotz der Sintflut-Impakt-Hypothese als Geologen hochschätze, wird sich vielleicht nicht beirren lassen. Es ist ja auch schade um die Impakt-Annahmen, denn ihr Verlust bedeutet, dass wir wieder ohne Antwort auf die Frage dastehen, was der unmittelbare Anlass für den Bergsturz von Köfels war.

Literatur

ABELE, G., 1974: Bergstürze in den Alpen, ihre Verbreitung, Morphologie und Folgeerscheinungen. Wissenschaftl. Alpenvereinshefte 25.

ABELE, G., 1991: Der Fernpassbergsturz, eine differenzielle Felsgleitung. Jahresber. d. Zweigvereins Innsbruck d. Österr. Geogr. Ges. 1989–90 (1991), 22–32.

ABELE, G., 1994: Large rockslides: Their causes and movement on internal sliding planes. Mountain Research and Development 14/4, 315–320.

ABELE, G., 1996: Rockslide movement supported by the mobilization of groundwater-saturated valley floor sediments. Zeitschr. f. Geomorphologie (in Druck).

ASCHER, H., 1952: Neuer Sachbestand und neue Erkenntnisse über das Bergsturzgebiet von Köfels (nach Befunden im Taststollen, welcher ins Horlachtal vorgetrieben wurde). Geologie u. Bauwesen 19, 128–134.

DEUTSCH, A., KOEBERL, C., BLUM, J. D., FRENCH, B. M., GLASS, B. P., GRIEVE, R., HORN, P., JESSBERGER, E. K., KURAT, G., REIMOLD, W. U., SMIT, J., STÖFFLER, D., TAYLOR, S. R., 1994: The impact-flood connection: Does it exist? Terra Nova 6, 644–650.

ERISMANN, T., 1979: Mechanism of large landslides. Rock Mechanics 12, 15–46.

ERISMANN, T., HEUBERGER, H. & PREUSS, E., 1977: Der Bimsstein von Köfels (Tirol), ein Bergsturz-«Friktionit». Tschermaks Mineralogische und Petrographische Mitt. 24, 67–119.

HEUBERGER, H., 1966: Gletschergeschichtliche Untersuchungen in den Zentralalpen zwischen Sellrain- und Ötztal. Wissenschaftl. Alpenvereinshefte 20.

HEUBERGER, H., 1975: Das Ötztal. Bergstürze und alte Gletscherstände, kulturgeographische Gliederung. In: Tirol. Ein geograph. Exkursionsführer. Innsbrucker Geograph. Studien 2, 213–249.

HEUBERGER, H., 1977: Zur Gletscher- und Landschaftsgeschichte. In: Böden des inneralpinen Trockengebietes in den Räumen oberes Inntal und mittleres Ötztal (Bericht über eine Exkursion der ÖBG im Jahr 1971). Mitt. d. Österr. Bodenkundl. Ges. 18, 10–23 und 45–46.

HEUBERGER, H., 1994: The giant landslide of Köfels, Ötztal, Tyrol, Mountain Research and Development 14, H. 4, 290–294.

HEUBERGER, H., MASCH, L., PREUSS, E., SCHRÖCKER, A., 1984: Quaternary landslides and rock fusion in Central Nepal and in the Tyrolean Alps. Mountain Research and Development, 4, 345–362.

JERZ, H. & v. POSCHINGER, A., 1995: Neuere Ergebnisse zum Bergsturz Eibsee-Grainau. Geologica Bavarica 99, 383-398.

KRISTAN, E. & TOLLMANN A., 1992: Der Sintflut-Impakt / The flood impact. Mitt. d. Österr. Geolog. Ges. 84, 1991 (1992), 1–63.

KRISTAN, E. & TOLLMANN A., 1994: The youngest big impact on earth deduced from geological and historical evidence. Terra Nova 6, 209–217.

KURAT, G. & RICHTER, W., 1968: Ein Alkalifeldspat-Glas im Impaktit von Köfels/Tirol. Naturwissenschaften 55, 490.

KURAT, G. & RICHTER, W., 1972: Impaktite von Köfels. Tschermaks Mineralog. u. Petrograph. Mitt. 17, 23–45.

LAHODYNSKY, R., LYONS, J. B. & OFFICER, C. B., 1993: Phänomen Köfels – eine nur mühsam akzeptierte Massenbewegung. Geologie des Oberinntaler Raumes (Schwerpunkt Blatt 144 Landeck). Arbeitstagung 1993 der Geologischen Bundesanstalt, 159–162.

LEROUX, H. & DOUKHAN, J.-C., 1993: Dynamic deformation of quartz in the landslide of Köfels, Austria. European Journal of Mineralogy, 5, 893–902.

LYONS, J. B., OFFICER, C. B., BORELLA, P. E., & LAHODYNSKY, R., 1993: Planar lamellar substructures in quartz. Earth and Planetary Science Letters, 119, 431–440.
MASCH, L. & PREUSS, E., 1977: Das Vorkommen des Hyalomylonits von Langtang, Himalaya (Nepal). Neues Jahrbuch f. Mineralogie, Abhandlungen 129 (3), 299–311.
MASCH, L., WENK, H. T. & PREUSS, E., 1985: Electron mycroscopy study of hyalomylonites – evidence for frictional melting in landslides. Tectonophysics 115, 131–160.
PATZELT, G. & POSCHER, G., 1993: Der Tschirgant-Bergsturz (Haltepunkte 2a,b, 3a,b, Exkursion D). Geologie des Oberinntaler Raumes (Schwerpunkt Blatt 144 Landeck), Arbeitstagung 1993 d. Geolog. Bundesanstalt, 208–213.
PENCK, A., 1925: Der postglaziale Vulkan von Köfels im Ötztale. Sitzungsberichte d. Preuss. Akademie d. Wissenschaften 12, 218–225.
PICHLER, A., 1863: Zur Geognosie Tirols. II. Die vulkanischen Reste von Köfels. Jahrbuch d. Geol. Reichsanstalt 13, 591–594.
PREUSS, E., 1971: Über den Bimsstein von Köfels/Tirol. Fortschritte d. Mineralogie, 49, Beiheft 1, 70.
PREUSS, E., 1974: Der Bimsstein von Köfels im Ötztal/Tirol, die Reibungsschmelze eines Bergsturzes. Jahrbuch d. Vereins zum Schutze der Alpenpflanzen und -Tiere 39, 85–95.
PREUSS, E., 1986: Gleitflächen und neue Friktionitfunde im Bergsturz von Köfels im Ötztal, Tirol. Material und Technik 14, 169–174, Dübendorf/Zürich.
REITHOFER, O., 1932: Neue Untersuchungen über das Gebiet von Köfels im Ötztal. Jahrbuch der Geologischen Bundesanstalt 82, 275–342.
STUTZER, O., 1937: Die Talweitung von Köfels im Ötztal (Tirol) als Meteorkrater. Zeitschr. d. Deutschen Geol. Gesellsch. 88, 523–525.
SUESS, F. E., 1937: Der Meteorkrater von Köfels bei Umhausen im Ötztale, Tirol. Neues Jahrbuch f. Mineralogie, Geologie u. Paläontologie, Abhandl. 72, Beilageband, Abt. A, 98–155.
SURENIAN, R., 1988a: Scanning electron microscope study of shock features in pumice and gneiss from Koefels (Tyrol, Austria). Geolog. Paläontolog, Mitt. 15, 135–143, Innsbruck.
SURENIAN, R., 1988b: Structural features and microanalyses of pumice from Köfels (Tyrol, Austria). Berichte d. Geolog. Bundesanstalt 15: 26.
SURENIAN, R., 1989: Shock metamorphism in the Koefels structure. 52nd Annual Meeting of the Meteoritical Society, Wien, Abstracts and Program, 234–235.
SURENIAN, R., 1993: Das Köfels-Ereignis im Ötztal: Überblick über Geomorphologie und Forschungsgeschichte. Geologie d. Oberinntaler Raumes (Schwerpunkt Blatt 144 Landeck), Arbeitstagung 1993 d. Geolog. Bundesanstalt, 151–155.
TOLLMANN, A., 1977: Geologie von Österreich, Bd. I: Die Zentralalpen. Wien (Deuticke), 374f.
TOLLMANN, A. & E., 1993: Und die Sintflut gab es doch. Vom Mythos zur historischen Wahrheit. München (Droemer), 560S.
TRIENTL, A., 1895: Die Bimssteine von Köfels. Tiroler Landeszeitung (Imst) 50, 6.

Persönlich

*Helmut Heuberger, *1923 in Innsbruck, Studium (nach Kriegsdienst mit schwerer Verwundung) in Innsbruck (auch ein Semester in Zürich), dort Hilfsassistent, Assistent, Habilitation. Gastdozentur Hamburg, Lehrstuhlvertretung FU Berlin, 1972 Professor in München (Universität), 1980 Lehrstuhl in Salzburg, 1991 Emeritierung.*

Hochgebirgsforschung (vorwiegend Geomorphologie, Gletschergeschichte): Ostalpen, Nepal-Himalaya, japanische Hochgebirge und nordwestlichster Tien-Schan (Kirgisien).

Meine erste Begegnung mit Bruno Messerli fand statt, als dieser am 28. 9. 1966 mit dem Innsbrucker Institut Kontakt suchte (Gletschergeschichte).

Prof. Dr. Helmut Heuberger, Institut für Geographie, Universität Salzburg